高等职业教育系列教材　工程机械类专业

工程机械液压系统分析及故障诊断与排除

主　编　孙立峰　吕　枫
参　编　王路峰　张　磊　侯文静
　　　　刘苗苗　许琳川　张一弛
　　　　闫伟英
主　审　张凯良

机械工业出版社

本书共分 7 章，内容包括工程机械液压传动系统分析基础，典型工程机械液压传动系统分析，工程机械液压传动系统故障诊断与排除基础，常见液压元件与液压系统故障分析与排除，典型工程机械液压系统故障分析与排除，工程机械液压传动系统的污染控制，以及工程机械液压传动系统、元件、工作介质的使用与维护。

本书对工程机械液压系统原理、故障的分析详尽、条理清晰、图文并茂、内容全面，便于教学与自学。本书可作为高职高专、中等职业学校工程机械制造、使用和维修专业的专业课教材，也可作为相关专业的短期培训班培训教材，还可供广大工程机械生产、售后服务、使用、维修和管理技术人员学习参考。

图书在版编目（CIP）数据

工程机械液压系统分析及故障诊断与排除/孙立峰，吕枫主编．—北京：机械工业出版社，2013.11（2025.1 重印）

高等职业教育系列教材．工程机械类专业

ISBN 978-7-111-44690-3

Ⅰ．①工⋯　Ⅱ．①孙⋯②吕⋯　Ⅲ．①工程机械-液压系统-高等职业教育-教材　Ⅳ．①TU6

中国版本图书馆 CIP 数据核字（2013）第 264045 号

机械工业出版社（北京市百万庄大街 22 号　邮政编码 100037）
策划编辑：王海峰　责任编辑：王海峰　李　超
版式设计：霍永明　责任校对：姜艳丽
封面设计：赵颖喆　责任印制：张　博
北京建宏印刷有限公司印刷
2025 年 1 月第 1 版第 8 次印刷
184mm×260mm・18 印张・443 千字
标准书号：ISBN 978-7-111-44690-3
定价：54.80 元

电话服务
客服电话：010-88361066
　　　　　010-88379833
　　　　　010-68326294
封底无防伪标均为盗版

网络服务
机　工　官　网：www.cmpbook.com
机　工　官　博：weibo.com/cmp1952
金　书　网：www.golden-book.com
机工教育服务网：www.cmpedu.com

前　言

近年来，在我们国家的各项建设工作都在突飞猛进地发展的影响下，工程机械产业得到了快速增长，工程机械数量的增多促进了工程机械使用与维修行业的繁荣，因而急需大量的工程机械维修技术人员和技术工人。为了满足公路交通行业对工程机械制造、使用和维修人才培养的迫切需求，特别是随着我国职业教育近些年来的稳步发展，多所院校开设了工程机械制造、使用和维修专业或相关技术的短期培训班，并开设工程机械液压系统分析及故障诊断与排除专业课程。目前市场上适合这门课程教学要求的教材较少，不便于教学。为了更好地培养社会急需人才，我们组织编写了本书。

本书是在征求了企业、社会和学校的教学培训要求，满足校企合作、工学结合的前提下，并参考了大量与工程机械液压系统分析及故障诊断与排除相关的资料，结合编者多年来从事工程机械液压技术的科研、设计、制造及专业教学工作的实践经验编写而成的。本书的内容特点是：突出实用性，力求内容全面、循序渐进，原理分析详尽，注重理论与实践教学的结合；叙述条理清晰、逻辑性强、简明易懂，图示清晰、图文对应。

本教材共分7章，分别阐述了工程机械液压传动系统分析基础，典型工程机械液压传动系统分析，工程机械液压传动系统故障诊断与排除基础，常见液压元件与液压系统故障分析与排除，典型工程机械液压系统故障分析与排除，工程机械液压传动系统的污染控制及工程机械液压传动系统、元件、工作介质的使用与维护。

本书可作为高职大专、中等职业学校工程机械制造、使用和维修专业的专业课教材、也可作为相关专业的短期培训班培训教材，还可供广大工程机械生产、售后服务、使用、维修和管理技术人员学习参考。

本书由内蒙古交通职业技术学院孙立峰、吕枫任主编，参加编写的还有内蒙古交通职业技术学院王路峰、张磊、侯文静、刘苗苗、许琳川、张一弛、闫伟英。全书由福建省泉州职业信息学院张凯良教授任主审，张教授对本书的编写提出了宝贵的意见和建议，在此表示衷心的感谢。

由于编者水平有限，不妥之处敬请专家、读者批评指正。

编　者

目　录

前言

第一章　工程机械液压传动系统分析基础 ………………… 1

第一节　液压传动系统的组成、特点与要求 …………………… 1
一、工程机械液压传动系统的组成与特点 ……………………… 1
二、对工程机械液压传动系统的要求 …… 1

第二节　液压传动系统的类型 …………… 2
一、开式循环系统与闭式循环系统 ……… 2
二、单泵与多泵系统 …………………… 4
三、定量与变量系统 …………………… 6
四、执行元件的串联、并联与串并联系统 ……………………… 7
五、有级调速系统、无级调速系统及复合调速系统 …………… 10
六、手控系统与电控系统 ……………… 19

第三节　变量系统中变量泵的控制方式 …… 19
一、流量控制（速度控制） …………… 19
二、压力控制 …………………………… 19
三、功率控制 …………………………… 19
四、压力控制与恒功率控制同时使用 …………………………… 21
五、多泵系统的控制 …………………… 22

第四节　液压传动系统的分析内容与方法 ………………………… 28
一、对液压系统工作原理的分析 ……… 28
二、对液压传动系统性能的分析 ……… 28

第五节　液压传动系统图的阅读与分析方法 ……………………… 33
一、了解机械设备的功用和对液压系统的要求 ………………… 33
二、了解系统中所用的液压元件，估计和分析元件在系统中的作用 ………………………………… 34
三、分析系统工作原理 ………………… 34
四、综合分析系统和元件 ……………… 34

第六节　液压传动系统的性能指标及评价 ………………………… 35
一、经济性指标——液压系统的效率 …………………………… 35
二、节能性指标——功率利用率 ……… 36
三、调速性指标——调速范围和微调特性 ……………………… 37
四、机械特性指标——液压系统刚度 …………………………… 37
五、工作性能指标——操纵性能、负载能力 …………………… 37
六、冲击、振动与噪声 ………………… 38
七、安全性能 …………………………… 38
八、维修性能及价格特性 ……………… 38

第二章　典型工程机械液压传动系统分析 ……………………… 39

第一节　推土机液压传动系统分析 ……… 39
一、TY180 型推土机液压系统 ………… 39
二、TY320 型（小松 D155A 型）推土机液压系统 ……………… 40
三、小松 D355A 型推土机液压系统 …… 42

第二节　铲运机液压传动系统分析 ……… 44
一、CLZ-9 型斗门自装式铲运机液压系统 ……………………… 44
二、日本小松公司铲运机液压系统 …… 47
三、前苏联铲运机液压系统 …………… 47

第三节　平地机液压传动系统分析 ……… 48
一、PY180 型平地机液压系统 ………… 49
二、PY190 型平地机液压系统 ………… 51
三、美国卡特皮勒 G 系列平地机液压系统 ……………………… 53

第四节　装载机液压传动系统分析 ……… 56
一、ZL50 型装载机液压系统 …………… 56
二、KLD80 型装载机液压系统 ………… 62
三、ZL90 型装载机液压系统 …………… 62
四、CAT966D 型装载机工作装置部分液压系统 ………………… 65

五、进口 5m³ 斗容量装载机液压
　　　　系统 ………………………………… 66
　　六、ZL100 型装载机液压系统 ……… 68
　　七、全液压轮式装载机液压系统 …… 73
　　八、轮式装载机液压系统分析小结 … 76
　第五节　挖掘机液压传动系统分析 …… 76
　　一、WY40 型挖掘机液压系统 ……… 78
　　二、WY60 型挖掘机液压系统 ……… 79
　　三、WY100 型挖掘机液压系统 ……… 81
　　四、WY100A 型挖掘机液压系统 …… 84
　　五、WY160 型挖掘机液压系统 ……… 84
　　六、WY180 型挖掘机液压系统 ……… 87
　　七、挖掘机液压系统分析小结 ……… 90
　第六节　振动压路机液压传动系统分析 … 91
　　一、振动压路机液压控制系统的常见
　　　　液压回路分析 …………………… 91
　　二、振动压路机整机液压控制系统
　　　　分析 …………………………… 106
　　三、振动压路机液压系统小结 …… 111
　第七节　稳定土拌和机液压传动系统
　　　　分析 …………………………… 113
　　一、WBY210 型全液压稳定土拌合机
　　　　液压系统 ……………………… 114
　　二、MPH100 型液压稳定土拌合机液
　　　　压系统 ………………………… 115
　第八节　沥青混凝土摊铺机液压传动
　　　　系统分析 ……………………… 117
　　一、沥青混凝土摊铺机概述 ……… 117
　　二、LTU4 型全液压沥青混凝土摊
　　　　铺机 …………………………… 118
　　三、TITAN411 型全液压沥青混凝
　　　　土摊铺机 ……………………… 120
　　四、SA125 型履带式沥青混凝土
　　　　摊铺机 ………………………… 122
　第九节　水泥混凝土摊铺机液压传
　　　　动系统分析 …………………… 124
　　一、水泥混凝土摊铺机概述 ……… 124
　　二、SF-350 型四履带滑模式水泥
　　　　混凝土摊铺机液压系统 ……… 126
　　三、HTG4500 型轨道式水泥混凝土
　　　　摊铺机 ………………………… 135
　　四、Curbmaster 型轨道式水泥混凝
　　　　土摊铺机 ……………………… 137

　第十节　移动式起重机液压传动系统
　　　　分析 …………………………… 139
　　一、起重机械常用液压回路 ……… 140
　　二、汽车起重机整机液压系统 …… 144
　　三、汽车起重机液压系统小结 …… 156

第三章　工程机械液压传动系统故障诊断与排除基础 ………………… 158
　第一节　液压传动系统故障概述 ……… 158
　　一、液压传动系统故障的概念 …… 158
　　二、液压传动系统故障的模式 …… 158
　　三、液压传动系统故障的征兆 …… 159
　　四、液压传动系统故障的分类 …… 159
　　五、液压传动系统故障的特点 …… 160
　第二节　液压传动系统故障诊断技术
　　　　概述 …………………………… 161
　　一、液压传动系统故障诊断的概念 … 161
　　二、液压传动系统故障的原因 …… 162
　　三、液压传动系统故障诊断的准备
　　　　条件 …………………………… 162
　　四、液压传动系统故障诊断的策略 … 163
　　五、液压传动系统故障诊断技术
　　　　分类 …………………………… 163
　第三节　液压传动系统故障诊断方法 … 164
　　一、观察诊断法 …………………… 164
　　二、逻辑分析法 …………………… 165
　　三、仪器检测法 …………………… 172
　　四、计算机辅助诊断法 …………… 172
　第四节　液压传动系统故障诊断与排除
　　　　步骤 …………………………… 173

第四章　常见液压元件与液压系统故障分析与排除 ………………… 175
　第一节　液压泵故障分析与排除 ……… 175
　　一、液压泵的常见故障分析 ……… 175
　　二、各类型液压泵常见故障、产生原因
　　　　及排除措施 …………………… 178
　第二节　液压马达与液压缸故障分析与
　　　　排除 …………………………… 181
　　一、液压马达的常见故障分析与排除 … 181
　　二、液压缸的常见故障分析与排除 … 183
　第三节　液压控制阀故障分析与排除 … 188
　　一、方向控制阀故障分析与排除 … 188
　　二、压力控制阀故障分析与排除 … 193

三、流量控制阀故障分析与排除 …… 202
四、电-液伺服阀故障分析与排除 …… 206
五、电-液比例阀故障分析与排除 …… 206
六、多路阀故障分析与排除 …… 207
第四节　液压辅助元件故障分析与
　　　　排除 …… 208
一、非金属密封件故障分析与排除 …… 208
二、蓄能器故障分析与排除 …… 209
三、过滤器故障分析与排除 …… 209
四、压力表故障分析与排除 …… 210
第五节　液压系统故障分析与排除 …… 212
第六节　液力系统故障分析与排除 …… 214

第五章　典型工程机械液压系统故障分析与排除 …… 216

第一节　推土机液压系统故障分析与
　　　　排除 …… 216
第二节　液压叉车、装载机液压系统故障
　　　　分析与排除 …… 217
一、CPC 05 型液压叉车故障分析与
　　排除 …… 217
二、装载机液压系统故障分析与排除 …… 219
三、ZL50 装载机液压系统故障分析
　　与排除 …… 219
第三节　挖掘机液压系统故障分析与
　　　　排除 …… 223
一、挖掘机的故障诊断与排除 …… 223
二、YW180 挖掘机液压系统故障
　　分析与排除 …… 224
第四节　振动压路机液压系统故障
　　　　分析与排除 …… 226
一、振动压路机的一般常见故障
　　诊断与排除 …… 226
二、YZC12Z 振动压路机液压系统
　　常见故障诊断与排除 …… 227
第五节　摊铺机液压系统故障分析
　　　　与排除 …… 229
一、LTU4 型沥青混凝土摊铺机故障
　　分析与排除 …… 229
二、滑模式混凝土摊铺机故障分析
　　与排除 …… 230
第六节　移动式起重机液压系统故障
　　　　分析与排除 …… 233
一、QY8 起重机液压系统故障分析
与排除 …… 233
二、QY16 起重机液压系统故障分析
与排除 …… 235

第六章　工程机械液压传动系统的污染控制 …… 237

第一节　液压系统的污染物及其危害 …… 237
一、污染物的概念 …… 237
二、液压污染物的分类 …… 237
三、液压污染的来源（原因） …… 238
四、液压污染的危害 …… 238
第二节　污染物特征描述及污染度 …… 239
一、污染量 …… 239
二、污染物的特征描述 …… 239
三、油液污染度表示法 …… 240
四、油液污染度（污染物含量）
　　的测定 …… 242
第三节　目标清洁度与取样 …… 245
一、目标清洁度的设定 …… 246
二、液压油的取样 …… 246
第四节　液压系统的污染控制 …… 247
一、液压元件在制造、装配及液压系统
　　安装过程中的污染控制 …… 247
二、液压系统在使用过程中的污染
　　控制 …… 251

第七章　工程机械液压传动系统、元件、工作介质的使用与维护 …… 253

第一节　液压泵与液压马达的使用与
　　　　维护 …… 253
一、液压泵与液压马达的选型 …… 253
二、液压泵与液压马达的安装、使用
　　与维护 …… 254
三、液压泵和液压马达的维修 …… 255
第二节　液压缸的使用与维护 …… 256
一、液压缸的性能试验 …… 256
二、液压缸的使用注意事项 …… 257
三、液压缸的拆卸检查 …… 257
四、液压缸的组装、安装 …… 258
第三节　液压控制阀的使用与维护 …… 259
一、液压控制阀的安装与使用 …… 259
二、液压控制阀的维修内容及方法 …… 259
第四节　辅助元件的使用与维护 …… 260
一、密封件的安装 …… 260

二、油管的装配注意事项 …………… 260
三、过滤器的安装与维护 …………… 261
四、蓄能器的安装与使用 …………… 261
第五节 液压油的选用与合理使用 ………… 262
一、对液压油的基本要求 …………… 262
二、液压油的选用 …………………… 262
三、合理使用液压油 ………………… 264
第六节 液力传动系统的使用和
维护 ………………………… 264
一、正确使用工作油 ………………… 265
二、正确使用液力系统 ……………… 266

第七节 工程机械液压系统的安装
使用与维护 …………………… 267
一、液压系统的安装、清洗与调试 …… 267
二、液压系统的使用与维护 ………… 270
第八节 典型工程机械及液压系统的
维护与保养 …………………… 274
一、装载机液压系统的维护与保养 …… 274
二、LTU4型沥青摊铺机的液压系统
技术维护 …………………… 275
三、压路机的维护与保养 …………… 276

参考文献 …………………………………… 279

第一章 工程机械液压传动系统分析基础

第一节 液压传动系统的组成、特点与要求

一、工程机械液压传动系统的组成与特点

工程机械液压传动系统和机械传动系统、电力传动系统一样，是工程机械传动系统的重要传动形式之一。

不同种类、型号的工程机械液压传动系统可以是不一样的，但它们总不外乎是由液压基本回路组成的。每一个液压基本回路在系统中一般只用来实现某一项作用。例如：调压、减压、增压、卸荷、缓冲补油等压力回路；调速、限速、制动、等调速回路；换向、顺序、锁紧、浮动等换向回路等。这些液压基本回路又是由液压元件组成的，例如：液压泵、液压缸、液压马达、各类液压控制阀及辅助液压元件。

液压传动系统具有机构简单、体积小、重量轻、动作迅速、换向快、运行平稳、可实现无级调速、调速范围大、易于实现自动化、可实现恒力和恒转矩运行、可自动实现过载保护、使用寿命长、易于实现标准化、系列化、通用化等特点，因而在工程机械上应用广泛，近年来发展迅速。液压传动系统已成为高科技的重要领域之一。

通过学习和掌握液压传动系统基本回路的组成、原理及特点，能对实际的工程机械液压传动系统变复杂为简单地去认识与分析。因而，学习液压基本回路的组成与原理是学习工程机械液压传动系统的基础。但必须指出，任何一个具体的回路方案不是固定不变的，随着液压技术的不断进步与发展，人们必然会不断创造出更多更先进的液压元件和更合理的液压回路。

二、对工程机械液压传动系统的要求

工程机械液压传动系统的主要要求是保证其具有良好的性能。为此，一个好的或较好的液压传动系统应满足以下几个要求：

1) 当主机工作载荷变化大，并在具有急速冲击和振动的情况下工作时，系统要有足够的可靠性。
2) 系统具有较完善的安全装置，如执行元件的过载、卸荷、限速、保护装置等。
3) 减小系统的发热量，保证系统连续工作时液压油温度不超过65℃。
4) 由于工程机械多在野外作业，工作条件恶劣，为了保证系统和元件的正常工作，系统必须设置良好的加油、吸油及液压油过滤装置。
5) 大型工程机械应考虑配有应急能源。为了减轻驾驶员的劳动强度，可采用先导操纵。
6) 系统要尽可能简单，应易于安装和维修。

第二节 液压传动系统的类型

液压传动系统由各类液压元件所组成，按照油液的循环方式，系统中液压泵的数目、形式以及执行元件的供油方式不同，液压传动系统的基本类型主要有以下几种：

一、开式循环系统与闭式循环系统

根据液压系统中油液循环的方式不同，液压系统可分为开式循环系统与闭式循环系统。

1. 开式循环系统（简称开式系统）

开式循环系统是指液压泵从油箱中吸油，然后经换向阀给液压缸或液压马达供油以驱动工作机构对外做功，液压缸或液压马达的回油再经换向阀流回油箱，油箱作为油液循环的起点和终点，如图1-1所示。开式循环系统具有以下特点：

1）结构简单。由于系统本身具有油箱，散热条件很好，充分发挥散热冷却、沉淀杂质及分离空气和水分的作用，因而应用广泛。但是，油箱体积大，且与大气相通，使油液与大气接触面积较大，会使空气易溶于油中，从而渗入系统，导致工作机构的不平稳及其他不良后果。为保证机构的运动平稳性，在系统的回路上可设置背压阀，但这又会引起附加的能量损失，使油温升高。

2）一般采用定量泵或单向变量泵。考虑到泵的自吸能力，避免产生吸空现象，对自吸能力较差的液压泵，通常将其工作转速限制在额定转速的75%以内，或增设一个辅助泵。

3）开式循环系统通过操纵换向阀使系统工作机构换向。操纵换向阀换向时，易产生压力冲击，换向阀的节流损失将变为热量，从而使油温升高。

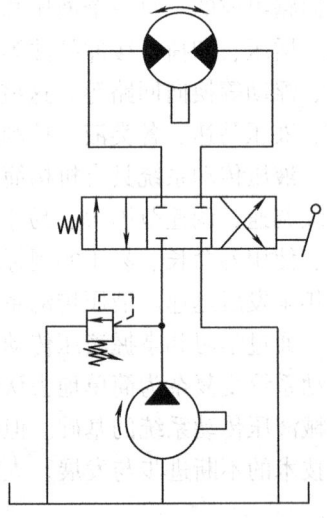

图1-1 开式循环系统

4）当开式循环系统带有较大惯性的负载时，在惯性负载的作用下，液压马达将呈液压泵工况运行，此时如果换向阀在中位，则原来的回油管中将产生很高的压力，使液压马达急剧制动。为了限制其产生过大的制动压力，需要在液压马达的进、出油管之间设双向溢流阀以防止过载。

5）开式循环系统在换向和制动的过程中，惯性运动的能量消耗在节流发热中（能耗制动）。例如：起重机在吊重下放时，液压马达呈液压泵工况，为防止超速，必须在回油管路上设置节流阀，进行节流限速。这将造成大量的能量损失，并使油液发热。

综上所述，开式循环系统结构简单，仍为大多数工程机械所采用。

2. 闭式循环系统（简称闭式系统）

液压泵的进、出油管直接与执行元件的回、进油管相接，形成一个闭合回路，工作液体在系统管路中进行封闭循环，这种系统称为闭式循环系统，如图1-2所示。

如图1-2所示，液压泵A与液压马达B的进、出油管首尾相接，形成一个闭合回路。操纵液压泵A的变量机构，便可控制液压马达B的速度和换向。为防止过载，设置由溢流阀3

与单向阀4、5组成的双向安全阀，系统压力由溢流阀（过载阀）3调定。为补充系统泄漏，设置由补油泵C，溢流阀6及单向阀1、2组成的向低压管路补油回路，补油压力由溢流阀6调定（调压值应比液压马达所需背压略高），补油泵C的供油量应略高于系统的泄漏量。

闭式循环系统具有以下特点：

1）这种系统的油液基本在闭合回路内循环，泵的自吸性好。

2）闭合回路中的油液与油箱交换的流量仅为系统的泄漏流量，因而，油箱仅为系统补油，流量小，容积较小，结构较为紧凑。

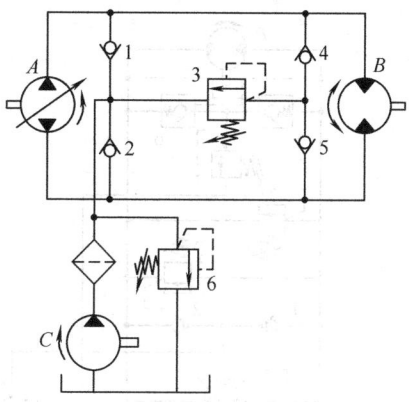

图1-2 闭式循环系统
1、2、4、5—单向阀 3、6—溢流阀
A—液压泵 B—液压马达 C—补油泵

3）油箱容积小，系统油液与空气接触面积小，空气不易进入系统，油液中空气含量较少，因而系统运转平稳性较好。

4）工作机构的变速与换向通过调节液压泵或液压马达的变量机构来实现，因而减小了（在开式循环系统中）换向、调速、制动过程中所出现的液压冲击与能量损失，调速、换向和制动比较平稳。

5）系统中执行元件的回油直接流到泵的入口，泵在回油压力下吸油，因而对泵的自吸能力要求较低。

6）为防止过载，必须设置双向安全阀。

7）为补充系统的泄漏，必须设置补油泵及补油阀，补油压力应比执行元件所需背压略高，由溢流阀调定，供油量应略高于系统泄漏量。

8）由于油液基本在闭合回路中循环，与油箱交换油流量小，油的散热与过滤条件差，因而温升较高。在发热量较大的闭式循环系统中，为了减小温升，改善散热状况，系统中增加置换油路，将部分低压油排回油箱加以冷却，这样需要向系统增加补油量。

9）为了换向、调速及制动，一般需采用双向变量泵及双向变量马达。

10）结构复杂，成本高。

图1-3a所示为半闭式循环系统。溢流阀3、4组成双向安全阀，单向阀1、2组成补油阀，液控单向阀5、6组成低压油置换选择阀（也可由图1-3b所示的液控换向阀组成置换油路）。辅助泵C经单向阀1或2向系统补充冷油；高压管中的油经控制油路（图中虚线）顶开液控单向阀5或6到油箱。当系统工作压力达到或超过溢流阀3或4所调定的压力时，溢流阀打开溢流，从而防止过载。正反两个方向的最高工作压力由溢流阀3、4所调定。辅助泵C的补油压力由溢流阀8调定（一般为0.6~1MPa，当执行元件为低速大转矩时取大值）。背压阀7的调定压力比溢流阀8略低0.1~0.2MPa。辅助泵C的流量一般可按主泵A的流量的20%~30%来选择。这样的系统实际上是一个半闭式循环系统（简称半闭式系统）。

一般情况下，闭式循环系统中的执行元件若采用双作用活塞杆式液压缸时，则由于大、小腔作用面积不等，在工作中会使功率利用率下降。所以在闭式循环系统中的执行元件一般为液压马达。例如大型液压挖掘机、起重机中的回转系统，全液压压路机的行走系统与振动系统，

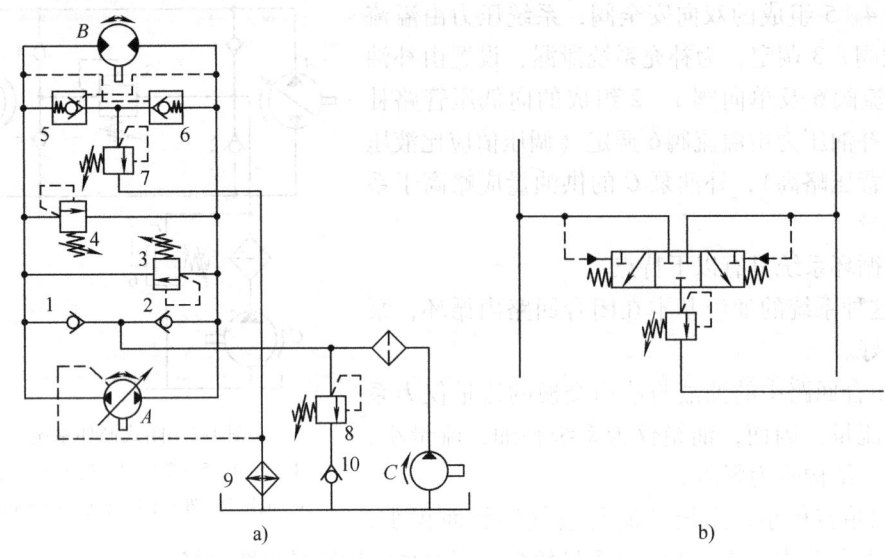

图 1-3 半闭式循环系统
1、2、10—单向阀 3、4、8—溢流阀 5、6—液控单向阀 7—背压阀 9—过滤器
A—主泵 B—液压马达 C—辅助泵

稳定土拌和机的行走与转子系统等,它们一般为闭式循环系统,执行元件均为液压马达。

现在许多液压元件生产厂家将闭式循环系统中的各个阀(如补油阀、防过载阀、低压热油置换油路)集成到液压泵或液压马达当中,使用时只需将液压泵与液压马达的进、出油口用两根油管对接,再接好吸油与漏油管即可,使用非常方便。但是,这种闭式循环系统看不到内部连接管道,故障诊断难度大,诊断时必须要根据原理图逐项排查。

二、单泵与多泵系统

按系统中液压泵的数目系统可分为单泵系统与多泵系统。

1. 单泵系统

由一台液压泵向一个或多个执行元件供油的液压系统称为单泵系统。图 1-4 所示为一轮式挖掘机的液压系统,本机的执行元件有五个液压缸与一个液压马达,由一个液压泵供油。发动机功率为 29.4kW,斗容量为 $0.2 \sim 0.3 m^3$,其行走部分为机械传动。其特点是:

1) 适用于不需要进行多种复合动作的工程机械,如推土机、铲运机等铲土运输机械。

2) 适用于功率较小、工作变动不太频繁的工程机械,如起重量较小的汽车起重机、斗容量在 $0.4 m^3$ 以下的小型挖掘机、高空作业车、叉车等。

2. 多泵系统

采用两个或两个以上的液压泵作为液压系统的动力元件的系统,称为多泵系统。双泵系统、三泵系统均称为多泵系统。

多泵系统的应用有两种场合,一种是由几个泵分别驱动不同的执行元件;另一种是由几个泵驱动一个执行元件,以求满足对流量的特殊要求。

由于多回路、多执行元件的系统中采用多泵系统,使生产率、发动机利用率提高的同时还使机器的操作简便、灵活、可靠。在大中型工程机械中,由于动作多,要求控制灵活,因此大多采用多泵系统。

（1）双泵系统　对于某些大型的工程机械，如液压挖掘机、液压起重机的工作循环中，既需要实现多执行元件的复合动作，又需要某一执行元件的动作能进行单独调节，采用单泵系统对功率的利用率及对满足性能要求方面显然是不够理想的。为了有效地利用发动机的功率、提高工作性能，就必须采用双泵（或多泵）系统。

双泵系统实际上是两个单泵系统的组合，每台泵可以分别向各自回路中的执行元件供油，这两个回路互不干扰，可以各自独立进行工作，也可以进行复合动作，每台泵的功率是根据各自回路中所需要的功率而定的。当系统中只需要进行单独动作而又要充分利用发动机功率时，可采用双泵合流的供油方式，即将两台泵的流量同时供给一个执行元件。这样可使工作机构的运移动速度加快一倍，从而进一步提高生产率和发动机利用率。这种双泵液压系统在中小型液压挖掘机和起重机中应用广泛。

图 1-5 所示为某液压挖掘机的双泵双回路液压系统。图中 A 泵向动臂缸、斗杆液压缸、回转液压马达及左行走马达供油，组成一个回路；B 泵向铲斗液压缸、动臂液压缸、斗杆液压缸、右左行走马达供油，组成另一个回路，故称为双泵双回路液压系统。

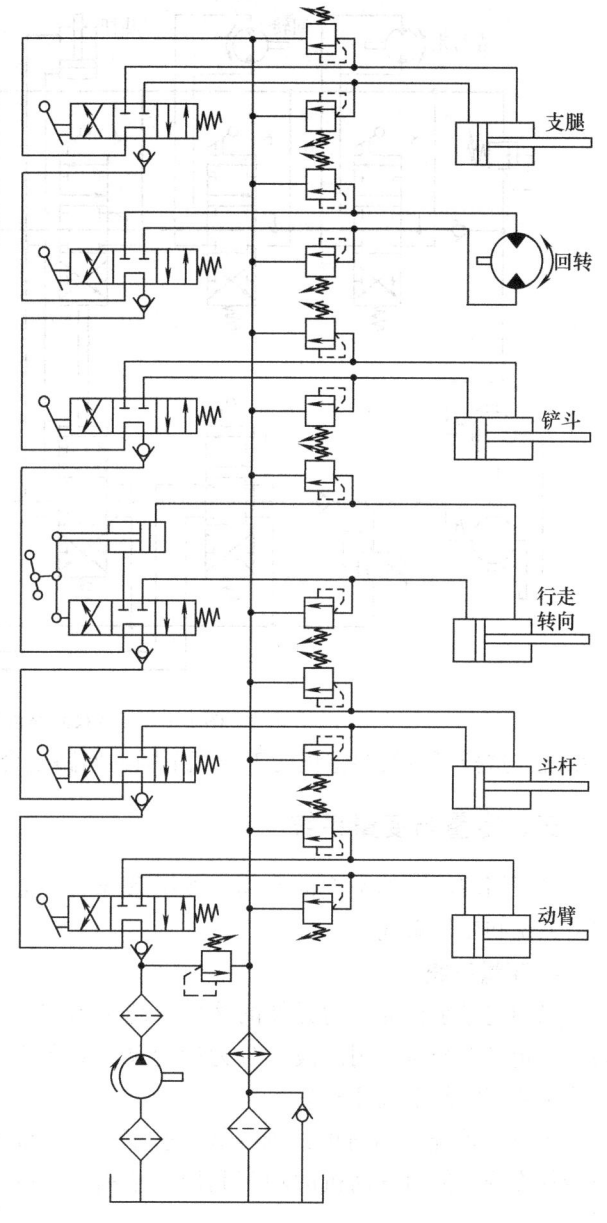

图 1-4　单泵系统

这两个回路互不干扰，可以各自独立地进行工作，也可保证进行复合动作。在挖掘工作的一个周期内，由于动臂和斗杆都存在着各自单独动作的可能，为提高生产率，采用了泵 A 与泵 B 双泵合流的方式，即换向阀 2 与 3 的阀芯串联，换向阀 4 与 5 的阀芯串联。当动臂或斗杆单独动作时，可以实现双泵合流，单独向动臂液压缸或斗杆液压缸供油，从而实现动臂液压缸或斗杆液压缸的快速伸出和缩回，进一步提高生产率和发动机的利用率。

（2）三泵系统　为了进一步改进液压挖掘机、液压起重机等的性能，在大型液压挖掘机和起重机中采用了三泵系统。图 1-6 所示为某大型液压挖掘机的三泵液压系统。

这种三泵液压系统的特点是：回转机构为独立的闭式循环系统，另外两个回路为开式循

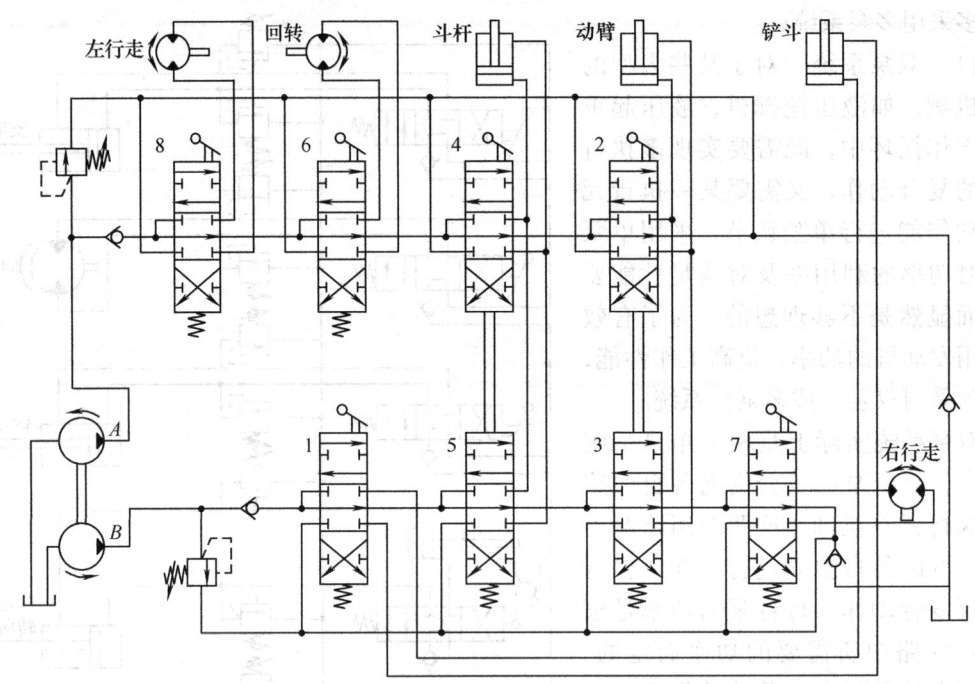

图 1-5 双泵双回路液压系统

环系统。这样可以按照主机的工况把不同的回路组合在一起,以获得主机最佳的工作性能。

三、定量与变量系统

按所用液压泵的类型的不同,液压系统可分为定量系统和变量系统。

1. 定量系统

采用定量泵作为动力元件的液压系统称为定量系统。定量系统所采用的液压泵为齿轮泵、双作用叶片泵或固定斜盘式柱塞泵。

定量泵系统结构简单,成本低,速度平稳,油液冷却充分。但对发动机的功率利用率不高,效率低。

在定量系统中,液压泵的输入功率理论上是按照公式 $P = pq/\eta$(p 为液压泵出口液压油压力、q 为油液流量、η 为液压泵的总效率)进行选取。对于定量系统,当发动机转速一定时,流量 q 也一定,而压力 p 是根据液压系统工作循环中需要克服的最大工作阻力确定的,液压系统工作阻力是变化的,因而,液压泵的功率是随着工作阻力的变化而变化的,在一个循环中液压泵在达到满负荷下工作的工况是很少的,所以液压泵的功率利用率低。据统计,在挖掘机液压系统中,定量泵功率的平均利用率为 54%～60%(见图 1-7)。

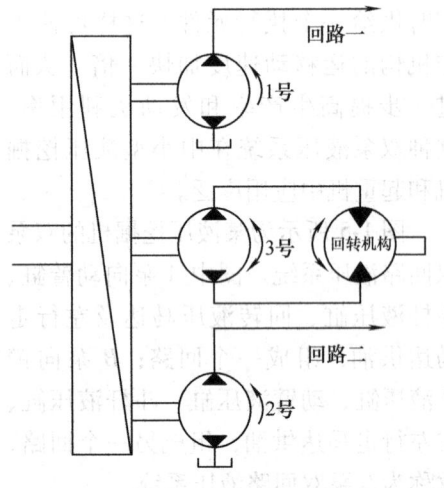

图 1-6 三泵液压系统

在液压系统中,液压泵的理论功率与发动机的有效功率之比为 0.8～1.2,对于定量泵,其功率比值可取在 1 以上,但应小于发动机的功率储备,以避免突然过载时造成发动机熄火而影响正常工作。

虽然如此，但由于定量系统结构简单、造价低廉，因此应用仍比较广泛。

2. 变量系统

利用变量泵作为动力元件的液压系统为变量系统。变量系统所采用的液压泵为单作用叶片泵或柱塞泵，且以柱塞泵居多。变量系统比较复杂，价格高，操纵方式多样，尤其是电液-比例技术的应用，使液压系统流量和功率的调节更加方便准确。在变量系统中，变量泵的输出流量可以根据负载需要来调整，按需供油，系统的效率较高。因此，虽然变量系统的价格较高，但仍然得到广泛的应用。有关变量系统的控制方式、分类、特点等内容将在下一节中详细讲述。

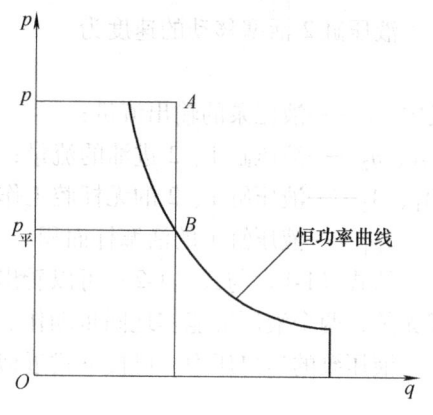

图 1-7　定量系统与变量系统功率利用对比

四、执行元件的串联、并联与串并联系统

在液压系统中，当一台泵向两个或两个以上的执行元件供油时，按向执行元件的供油方式不同液压系统可分为串联、并联与串并联系统。

1. 串联系统

在液压系统中，当一台泵向一组多路换向阀控制的执行元件供油时，上一个执行元件的回油是下一个执行元件的进油，这样的系统称为串联系统。

如图 1-8 所示，前一个液压缸的回油路通过换向阀与后一个液压缸的进油路相连接。因此，后一个液压缸的进油就是前一个液压缸的回油。系统工作情况可用图 1-9 所示的简图来分析。

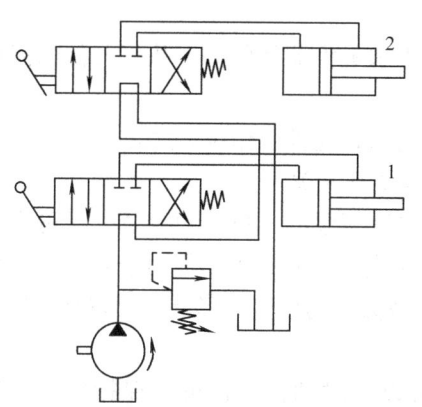

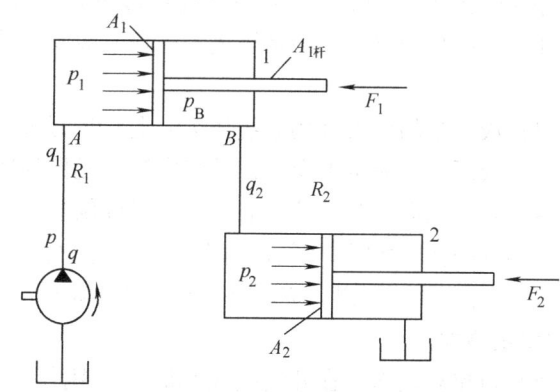

图 1-8　串联系统图　　　　　　图 1-9　串联系统分析

从图 1-9 中可以看出，液压缸 1 的活塞移动速度 v_1 为

$$v_1 = q_1/A_1 = q/A_1 \tag{1-1}$$

从液压缸 1 的有杆腔排出的流量为

$$q_2 = v_1(A_1 - A_{1杆})$$

液压缸 2 活塞移动的速度为

$$v_2 = q_2/A_2 \tag{1-2}$$

式中　q——液压泵的输出流量；

　　　q_1、q_2——液压缸 1、2 进油的流量；

　　　A_1、A_2——液压缸 1、2 的无杆腔工作面积；

　　　$A_{1杆}$——液压缸 1 的活塞杆面积。

从式（1-1）与式（1-2）可以看出，当液压泵输出流量不变时，液压缸运动速度与外负载无关，两个液压缸能实现同步动作。

液压泵的出口压力 p 可按下式近似计算

$$p = R_1 + p_1$$

$$p_1 = p_B(A_1 - A_{1杆})/A_1 + F_1/A_1$$

取 $(A_1 - A_{1杆})/A_1$ 近似为 1，则 $p_1 = p_B + F_1/A_1$，且

$$p_B = R_2 + p_2$$

$$p_2 = F_2/A_2$$

所以有

$$p = R_1 + R_2 + F_1/A_1 + F_2/A_2 \tag{1-3}$$

式中　R_1、R_2——液压缸 1、2 进油管的压力损失；

　　　p_1、p_2——液压缸 1、2 无杆腔工作压力；

　　　F_1、F_2——液压缸 1、2 的工作负载；

　　　p_B——液压缸 1 有杆腔工作压力；

　　　$A_{1杆}$——液压缸 1 的活塞杆截面积。

由式（1-3）可以看出，系统中液压泵出口压力约等于整个管路系统的压力损失与两液压缸内各有效压力之和。

由以上分析，可归纳出串联系统有以下几个特点：

1）液压泵的流量（为系统最大流量）是按动作中需求最大流量的一个执行元件的流量选取的。

2）液压泵的压力（为系统压力）是同时动作的所有执行元件工作压力之和。

3）液压泵的流量不变时，系统中执行元件的速度与负载无关。

4）当主泵向多路阀控制的各执行元件供油时，只要液压泵的出口压力足够，便可实现各执行元件的同时动作（复合动作），且各执行元件的速度与负载无关。但由于各执行元件的压力是叠加的，所以，克服外负载的能力将随着外负载数量的增多而降低，否则泵的出口压力要足够大。

5）可单独动作。在外负载较小时，各执行元件可以同时动作，且可以保持较高的速度；外负载较大时，由于供油压力的限制，要使各执行元件同时动作就较困难了。因此，串联系统一般用于高压小流量的单泵系统中。

2. 并联系统

在系统中，当一台泵向一组多路阀控制的执行元件供油时，各执行元件同时获得系统里来的一部分油，这样的系统称为并联系统。

如图 1-10 所示，当一台泵向一组液压缸供油时，各液压缸的进油经过多路换向阀控制

直接与液压泵的供油路相通，而液压缸另一腔的回油又经过多路换向阀的控制与总回油路相通。因此，液压泵输出的液压油可以同时供给各个液压缸工作。系统工作情况可用图 1-11 所示的简图来分析。

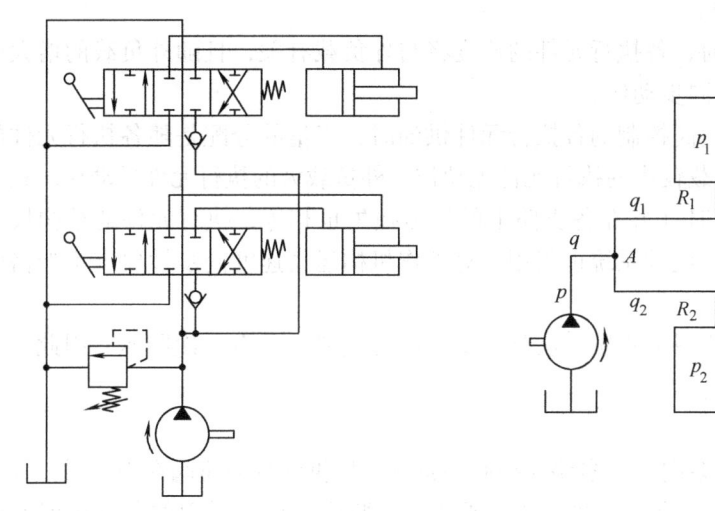
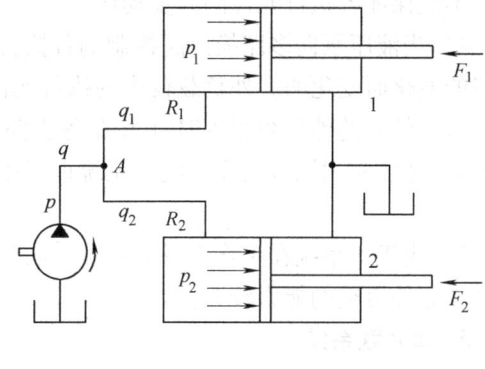

图 1-10 并联系统　　　　　图 1-11 并联系统分析图

从图中可以得出，液压泵的流量 q 为

$$q = q_1 + q_2 \tag{1-4}$$

式中　q——液压泵的输出流量；

q_1、q_2——进入液压缸 1、2 的流量。

式（1-4）表明液压泵的输出流量等于各分支油路的流量之和。

液压泵的出口压力可按下式计算：

$$p = p_1 + q_1^2 R_1 = p_2 + q_2^2 R_2 \tag{1-5}$$

式中　p——液压泵的出口压力（令 A 点至液压泵出口压力损失为零，即 A 点处压力也为 p）；

p_1、p_2——液压缸 1、2 的进油腔压力；

R_1、R_2——两分支油路上的液阻。

式（1-5）表明液压泵的出口压力等于单支路压力损失与该支路液压缸内有效压力之和。

根据公式（1-5）讨论以下几种情况：

1) 当 $R_1 = R_2$，$p_1 = p_2$ 时，则 $q_1 = q_2$，即进入两个液压缸的流量相等。

2) 当 $R_1 = R_2$，$p_1 > p_2$ 时，则 $q_1 < q_2$，即进入两个液压缸的流量不等，外载荷大的液压缸进入的流量小，外载荷小的液压缸进入的流量大。

3) 当 $p_1 = p_2 + q_2^2 R_2$ 时，$q_1 = 0$，$q_2 = q$，即此时液压泵输出的全部流量进入液压缸 2，这时液压泵出口压力 $p = p_2 + q_2^2 R_2$。

4) 当 $p_1 > p_2 + q_2^2 R_2$ 时，一方面液压泵输出的全部流量进入液压缸 2，另一方面液压缸 1 的油液将在外载荷的推动作用下进入液压缸 2。为了防止这种液压缸的油液倒流的现象，需要在各液压缸进油管上设置单向阀，如图 1-10 所示。

由以上分析，可归纳出并联系统有以下几个特点：

1）液压泵的流量是按可动作时的各执行元件流量之和选取的。可见对泵的流量要求较大。

2）泵的压力是按各执行元件中最高的一个所需压力（包括执行元件所需最高压力及其油路压力损失之和）选取的。

3）当液压泵流量不变时，各执行元件的速度将与外负载有关，且随外负载的增大而减小。不能保证各执行元件的同步动作。

4）当液压泵向多路换向阀控制的各执行元件供油时，流量的分配是随各执行元件的外负载的变化而变化的。外负载较小的执行元件先动作，外负载大的执行元件后动作。只有当各执行元件上的外负载相等时（并在各支路上的压力损失也相等，执行元件的结构尺寸也相等），才能实现同步动作。此种系统也仅用于对工作机构运动速度同步性要求不严格的设备上。

5）由于该系统在工作中只需克服一次外负载，即分支路上只有一次降压，因此，执行元件克服外负载的能力较大。

3. 串并联系统

在系统中，当一台液压泵向一组多路阀控制的执行元件供油且多路阀在中位时，各单联换向阀的进油路是串联的，回油路是并联的，或者前一联阀工作时后面的各联阀就不能工作，这样的系统称为串并联系统。

如图 1-12 所示，这种系统在任何时候只能有一个液压缸工作，不能进行复合动作，而且前一个换向阀动作就切断了后面的换向阀的进油路，各液压缸只能顺序单动。故这种系统又称为顺序单动系统。

串并联系统有以下几个主要特点：

1）液压泵的流量和压力均按系统中各执行元件单动时所需的最大流量和最大压力进行选取。

2）当液压泵流量不变时，动作的执行元件的速度与负载无关。

3）当前一联换向阀工作进油时，其后各单联换向阀得不到进油而不能工作，也就是说后面的各单联换向阀要进行工作，其前面的各单

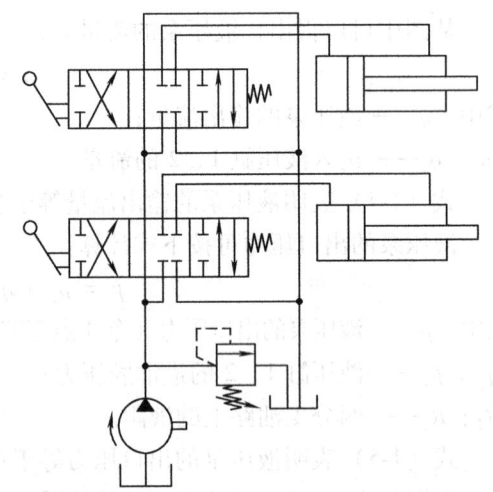

图 1-12　串并联系统

联换向阀均必须保持在中位工作。系统在任何时候只能是一个执行元件在工作。因此这种系统又称为优先油路系统。可见这种系统不能实现复合动作，可防止误操作。

五、有级调速系统、无级调速系统及复合调速系统

液压传动的工程机械，其液压传动系统可以在保持原动机的功率和转速不变的情况下方便地实现大范围的调速。调速的方法是，只要改变进入执行元件的流量或者改变液压泵和液压马达的排量即可。按改变流量与排量的方法不同，液压系统可分为有级调速系统、无级调速系统及复合调速系统。

1. 有级调速系统

在一些具有较大功率又要求具有很大调速范围的液压工程机械上常采用有级调速系统。有级调速的方法有很多，如：

1）用合流阀来改变系统内是单泵供油或者双泵供油的二级调速。图 1-13 所示为用合流阀来改变泵组连接方式的有级调速系统。合流阀 3 处于左位时，泵 1 与泵 2 各自单独向分管的执行元件供油，此时为低速状态；若换向阀 4 控制的执行元件不工作（此时换向阀 4 在中位）则可将合流阀 3 置于右位工作，使泵 1 和泵 2 合流共同向换向阀 5 控制的执行元件供油，此时为高速状态。调速范围的大小由两个泵的流量而定。

2）用双速阀或二位四通电磁阀来改变内曲线柱塞马达工作柱塞的数量或有效作用次数的有级

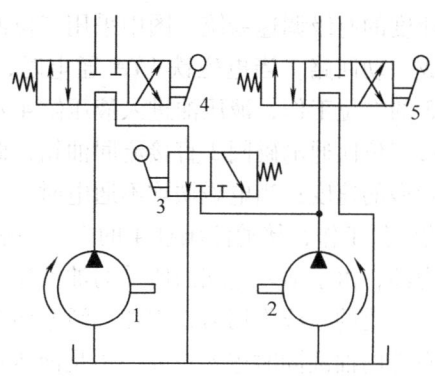

图 1-13　有级调速系统

调速，以及改变多台液压马达的串并联连接方式从而调节系统速度的有级调速。图 1-14 所示为某机械行走机构的有级调速系统。系统中有两个相同的液压马达 1、2 彼此连接在一起，共同驱动某一侧的行走机构（图中表示单侧）。利用二位四通电磁阀 3 来改变液压马达的串并联连接方式来调节行走速度的有级调速。二位四通电磁阀 3 在图示的上位工作时，液压马达 1、2 并联工作，液压马达输出低速；操纵二位四通电磁阀 3 下位工作时液压马达 1、2 串联工作，则液压马达输出高速，使速度提高一倍，从而实现二级调速。注意，高速时输出转矩比低速时减小一半。

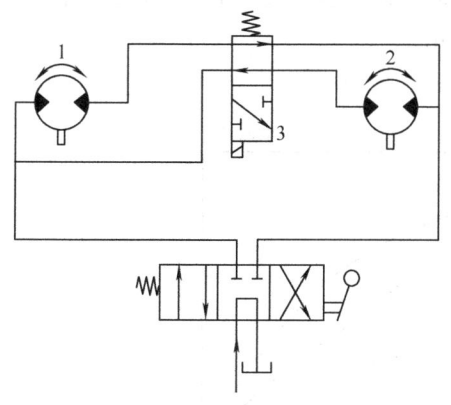

图 1-14　有级调速系统

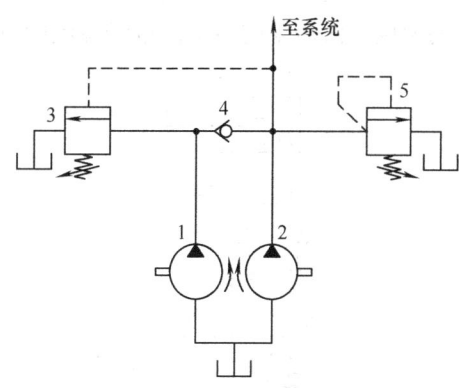

图 1-15　有级调速系统

3）用顺序阀（作卸荷阀用）实现低压大流量泵与高压小流量泵是否合流供油的有级调速。图 1-15 所示为用顺序阀（作卸荷阀用）解决低压大流量泵与高压小流量泵是否合流供油的有级调速系统。图中泵 1 为大流量泵，泵 2 为小流量泵，当系统压力较低，低于卸荷阀（顺序阀）3 所调定的压力时，卸荷阀 3 关闭，泵 1 输出的油液经单向阀 4 与泵 2 输出的油液合流共同向系统供油，实现快速运动。当系统压力较高，高于卸荷阀 3 所调定的压力时，卸荷阀 3 打开，泵 1 输出的油液经卸荷阀 3 流回油箱卸荷，由泵 2 单独向系统供油，单向阀

4 在系统压力下关闭,实现慢速运动。系统压力由溢流阀 5 调整。

4) 用液压缸的差动连接来调节系统速度的有级调速系统。图 1-16 所示为用液压缸的差动连接来调节系统速度的有级调速系统。图中采用三位四通电磁阀 3 连接成差动回路。当电磁铁 1YA 通电时,三位四通电磁阀 3 的左位工作,液压油进入液压缸 4 左腔,右腔回油经过三位四通电磁阀 3 直接流回油箱,此时液压缸 4 输出较慢的速度;当电磁铁均不通电时,三位四通电磁阀 3 的中位工作,接通液压缸 4 的左、右腔,并同时接通压力油,由于活塞左端面所受的油液作用力大于活塞右端面所受的油液作用力,因此,活塞向右运动,此时活塞右腔的油液同时进入左腔,于是液压缸 4 输出较快的

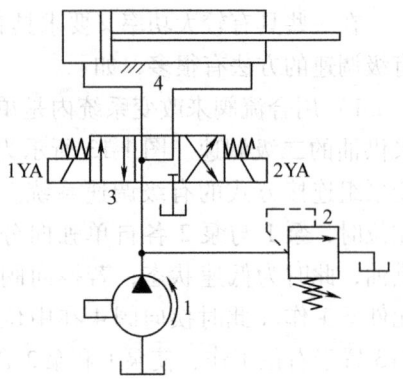

图 1-16 有级调速系统

速度。这样便实现了二级调速。这种回路简单、经济,应用较多。

2. 无级调速系统

不管是采用流量控制阀(工程机械常采用手动换向阀)调节流量,还是采用改变液压泵或液压马达的排量,均能在一定的范围内实现无级调速。无级调速一般分为节流调速、容积调速、容积节流调速三种。

(1) 节流调速 采用节流阀调节进入执行元件的流量从而实现速度调节的方法称为节流调速。节流调速按节流阀安装位置不同分为进油节流调速、回油节流调速、旁路节流调速及复合节流调速。

1) 进油节流调速。如图 1-17 所示,节流阀安装在液压缸的进油路上,液压泵输出的压力油经节流阀进入液压缸,调节节流阀的开口大小即可调节进入液压缸的流量,从而调节液压缸的速度,液压泵的多余流量经溢流阀流回到油箱。

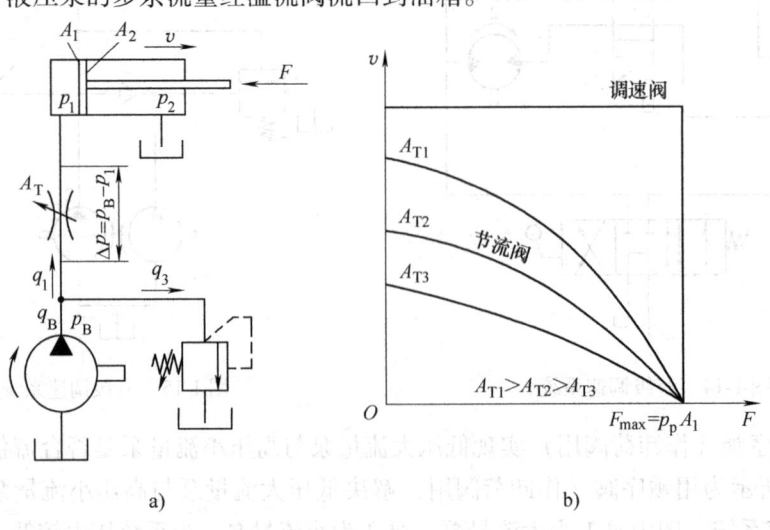

图 1-17 进油节流调速
a) 调速回路 b) 速度-负载特性曲线

该系统在工作过程中溢流阀处于常开状态,则液压泵总是按溢流阀所调定的压力供油,

与外负载无关。但是当外负载变化时,节流阀前后的压差相应地发生变化,致使流过节流阀的流量发生相应的变化,因而,液压缸的工作速度也发生变化。所以,进油节流调速不能保证执行元件运动速度的平稳性。由于没有背压,当外负载突然减小时可能产生突然快进,使运动更加不平稳。为了改变这种情况,通常在回油路上加装一个背压阀,但背压阀要消耗一部分能量。另外,进油节流调速的液压油通过节流阀时要发热,因而,进入液压缸的油液温度较高,使泄漏增加。进油节流调速溢流损失大,系统效率低,一般很少单独采用。

2) 回油节流调速。如图 1-18 所示,节流阀安装在液压缸的回油路上,限制液压缸的回油流量,从而限制液压缸的进油流量,调节节流阀的开口大小同样可达到调节液压缸速度的目的,液压泵的多余流量经溢流阀流回到油箱。

该系统在工作过程中同进油节流调速系统一样,溢流阀处于常开状态,液压泵的供油压力也是由溢流阀所调定的,基本保持不变。当外载荷变化时节流阀前后的压差相应地发生变化,致使流过节流阀的流量发生相应的变化,因而,液压缸的工作速度也发生变化。所以,回油节流调速也存在着液压缸的运行速度随外负载的变化而变化的问题,也不能保证执行元件运动速度的平稳性。另外,液压缸的回油压力(即背压)随外负载的变化而变化,负载越小,背压越大。当液压缸无杆腔进压力油而外负载又很小时,由于液压缸无杆腔有效作用面积大于有杆腔有效作用面积,因此,背压有可能超过液压泵的供油压力,这样,就需要提高液压缸的有杆腔和回油路的结构强度及密封性能。

回油节流调速的主要特点:由于节流阀在回油路上而产生较大的背压,与进油节流调速相比,运动速度比较平稳。尽管其他指标不如后叙的复合节流调速,但仍有应用。

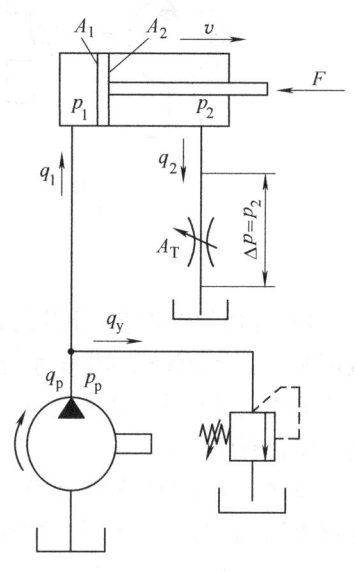

图 1-18 回油节流调速

进油节流调速和回油节流调速在工作过程中液压泵的供油压力和流量是不变的,液压泵的流量和溢流阀的调整压力按最大运动速度和最大外负载来选择,这样,当液压系统低速轻载工作时能量损失相当大,损失的能量又转化为热能使系统油温升高。因此,在高压大流量液压系统中很少采用。

3) 旁路节流调速。如图 1-19 所示,节流阀安装在分支油路上,与液压缸并联,液压泵输出的油液分成两路,一路进入液压缸,另一路经节流阀流回油箱,调节支路上节流阀的开口大小可调节回油箱的流量,即可改变主油路进入液压缸的流量,从而达到调节液压缸工作速度的目的。

该系统在正常工作过程中溢流阀处于关闭状态,只有当系统过载时溢流阀才打开,起安全保护作用。液压泵的供油压力与负载成正比,随负载的变化而变化,不是定值。所以,这种调速方法比前述的两种调速方法(进油节流调速、回油节流调速)效率高,液压系统发热有所改善,发热少,能量利用较合理。但节流阀前后压差、工作流量及液压缸工作速度受负载变化的影响大,调速特性、系统刚度及运动平稳性比前述两种方法更差,且调速范围小。这种调速方法仅用于系统功率较大、速度较高、运动平稳性要求较低及调速范围较小的场合,一般也不单独使用。

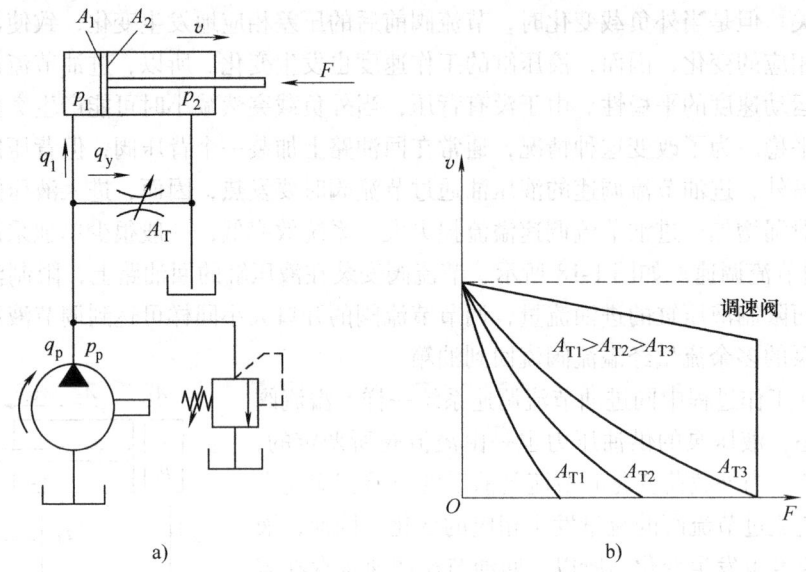

图 1-19 旁路节流调速
a) 调速回路　b) 速度-负载特性曲线

4) 复合节流调速。上述的几种节流调速方法在某一液压系统中综合使用时称为复合节流调速。复合节流调速根据系统要求在系统中组合使用各种节流调速方法，使各种节流调速方法的优缺点互补，从而使其微动性能优良、调速范围大、刚度高。尽管其效率低，在工程机械中仍有应用。

总之，由于节流调速系统结构简单可靠、成本低、使用与维修方便、调速范围大（调速比可达 100 以上）及低速微动性能好，所以在工程机械上应用广泛。使用节流阀的调速系统，能量损失大，系统发热量大，效率低，变负荷下的运动速度平稳性较差。为了克服速度平稳性较差这个缺点，可用调速阀代替节流阀。由于调速阀本身能在负载变化的条件下保证节流阀进出口的压差不变，使用调速阀后，节流调速系统的稳定性（负载特性）将得到改善。但由于调速阀中包含了减压阀与节流阀的压力损失，同样存在溢流阀的功率损失，故采用调速阀的调速系统的功率损失比采用节流阀的调速系统的功率损失还要大一些。

(2) 容积调速　容积调速系统是利用改变液压泵或液压马达的排量来改变执行元件速度的调速方法。按照油路的循环方式，容积调速系统可分为开式循环系统与闭式循环系统。按照液压泵与液压马达的组合方式不同，容积调速可分为三种基本类型：

1) 变量泵-定量马达（或液压缸）容积调速系统。图 1-20a 所示为变量泵-液压缸调速回路。通过改变液压泵 1 的排量来调节液压缸 5 的运动速度。工作时，溢流阀 2 关闭，作安全阀用。

图 1-20b 所示为变量泵-定量马达调速回路。通过改变液压泵 1 的排量来调节液压马达 7 的转速。液压泵 8 为补油用的辅助泵，它的流量为变量泵最大输出流量的 10%~15%。辅助泵的供油压力由溢流阀 9 确定，并使变量泵的吸油口有一个较低的压力，以改善吸油性能。溢流阀 2 常闭，作安全阀用，防止系统过载。

该系统有以下特性：

① 由于变量泵能将流量调得很小，故可获得较低的速度，因此调速范围大。

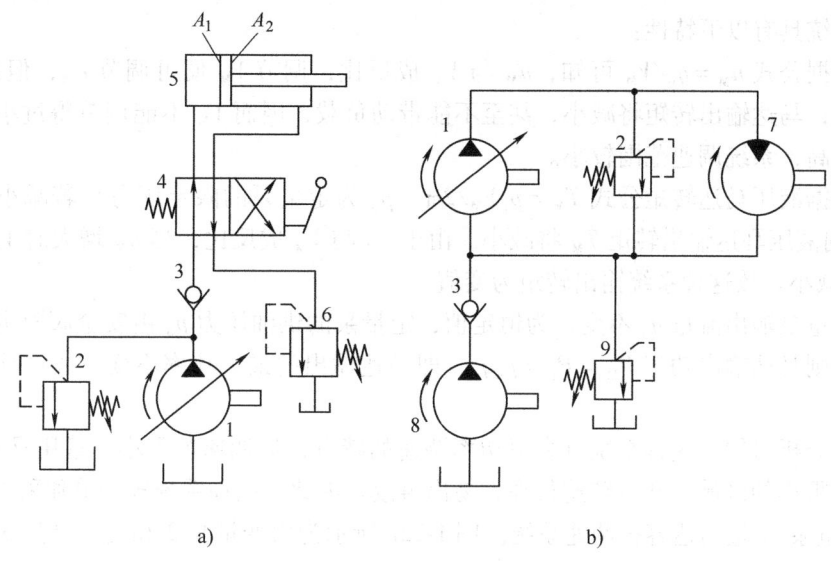

图 1-20 变量泵-定量马达（或液压缸）调速
a）变量泵-液压缸调速回路 b）变量泵-定量马达调速回路

② 如不计系统损失，从液压马达的转矩公式 $T_M = p_p V_M / 2\pi$（p_p 为变量泵的压力，V_M 为液压马达的排量）和液压缸的推力公式 $F = p_p A$（A 为液压缸的有效作用面积）来看，p_p 由安全阀限定，V_M 和 A 均固定不变，因此，液压马达（或液压缸）输出的转矩（或推力）为恒定值，故这种调速称为恒转矩（恒推力）调速。

③ 如不计系统损失，液压马达（液压缸）的输出功率 P_M 等于液压泵的输出功率 P_p，即 $P_M = P_p = p_p V_p n_p = p_p V_M n_M$（式中，$V_p$ 为变量泵的排量，n_p 为变量泵的转速，V_M 为马达的排量，n_M 为马达的转速），p_p、V_M 为常量，因此，回路输出的功率随马达转速的改变呈线性变化，效率高。

2）定量泵-变量马达容积调速系统。图1-21a 所示为由定量泵1和变量马达2组成的闭式容积调速回路。定量泵输出流量 q_p 不变，通过调节变量马达2的排量 V_M，便可调节马达的转速 n_M。系统的最大压力由溢流阀3调定，补油泵4持续补油以补偿泄漏，并由溢流阀5保持低压管路及补油的压力。图1-21b 所示为该回路的输出特性曲线。

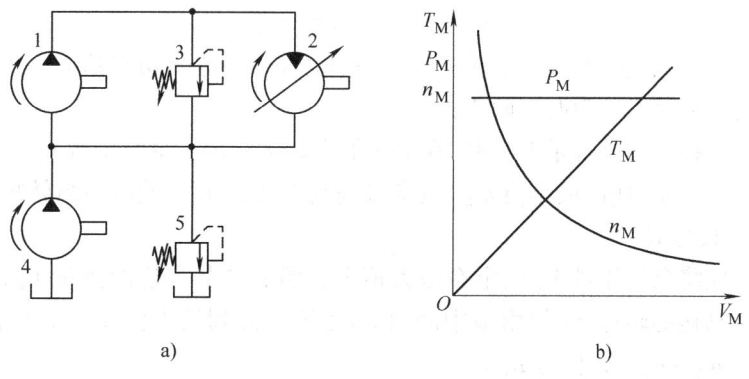

图 1-21 变量马达调速
a）调速回路 b）输出特性曲线

这种系统具有以下特性:

① 根据公式 $n_M = q_p/V_M$ 可知,n_M 与 V_M 成反比,调节 V_M 便可调节 n_M,但是如果 V_M 调节得过小,马达输出转矩将减小,甚至不能带动负载,因而 V_M 不能调节得过小,故限制了转速的提高,系统调速范围较小。

② 根据液压马达转矩公式 $T_M = p_p V_M/2\pi$(p_p 为定量泵的限定压力)若减小液压马达排量 V_M,则液压马达输出转矩 T_M 将减小。由于 n_M 与 V_M 成反比,当 n_M 增大时 V_M 将减小,则 T_M 也将减小。故这种系统输出转矩为变值。

③ 定量泵输出流量 q_p 不变,为恒定值,定量泵的供油压力 p_p 由安全阀限定,若不计压力损失,则马达输出功率 $P_M = P_p = p_p q_p$,即马达输出的最大功率不变。故这种调速称为恒功率调速。

经以上分析可知,这种系统具有恒功率调速的特点,但调速范围小,且用马达换向时,要经过排量很小的区域,此时转速很高,易出事故。因此,此种系统较少单独采用。

3) 变量泵-变量马达容积调速系统。图 1-22a 所示为由变量泵 2 和变量马达 3 组成的闭式容积调速回路。通过改变变量泵排量 V_p 或液压马达的排量 V_M,便可调节马达的转速 n_M。因此扩大了系统的调速范围,也扩大了液压马达的转矩和功率的输出特性的选择性。这种调速系统是上述两种调速系统(恒转矩、恒功率调速系统)的组合。具有上述两种调速系统的特点。图 1-22b 所示为该回路的输出特性曲线。

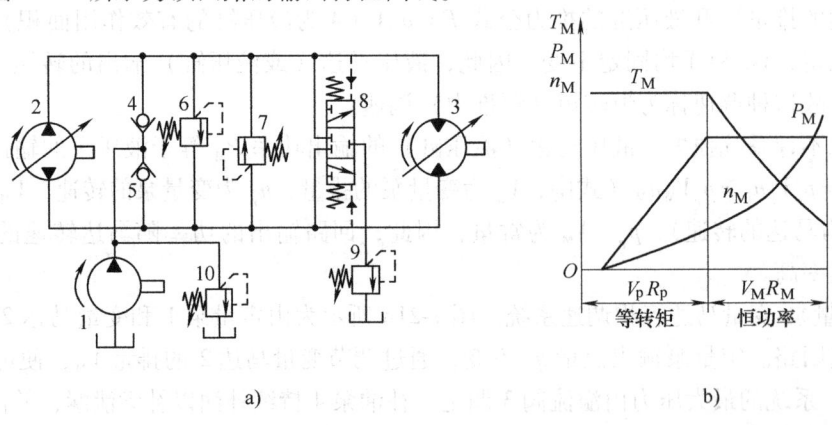

图 1-22 变量泵-变量马达调速
a) 调速回路 b) 输出特性曲线

许多设备要求在低速时有较大的转矩,在高速时又希望输出功率基本不变,所以,在马达转速由低向高调节时,分为两个阶段:

第一阶段,应将马达的排量 V_M 固定在最大值上,然后调节泵的排量 V_p,使其流量 q_p 逐渐增加,马达的转速 n_M 便由最小值 n_{Mmin} 逐渐升高到中间值 n'_M,此阶段恒转矩调速,调速范围为 $n_{Mmin} \sim n'_M$,代号 R_p。

第二阶段,应将泵的排量 V_p 固定在最大值上,然后调节马达的排量 V_M,使其排量 V_M 由大逐渐减小,马达的转速 n_M 便由最中间值 n'_M 逐渐升高到最大值 n_{Mmax},此阶段恒功率调速,调速范围为 $n'_M \sim n_{Mmax}$,代号 R_m。

因此,系统总的调速范围为 $n_{Mmin} \sim n_{Mmax}$,调速比 $R = n_{Mmax}/n_{Mmin}$ 可达 100 以上。

变量泵-变量马达调速的优点是调速范围大,不需要节流和溢流,没有节流损失与溢流损失，能量运用比较合理，油液发热小，温升小，有较高的工作效率，适用于大功率液压系统，在工程机械液压系统中应用广泛。

在容积调速系统中，泵的工作压力是随负载而变化的，而液压泵与执行元件的泄漏量随着工作压力的提高而增大，由于泄漏的影响，使液压马达的转速随着负载的增大而有所下降。变量泵和变量马达的结构复杂，成本高。

(3) 容积节流调速（又称联合调速） 所谓容积节流调速，就是容积调速与节流调速的组合调速方式。这种调速方法是采用变量泵供油，用节流阀或调速阀改变流入或流出液压缸的流量，以实现泵的供油量与液压缸所需的流量基本匹配。

工程机械常用的容积节流调速方法有：限压式变量泵和调速阀组成的联合调速系统、差压式变量泵和节流阀组成的联合调速系统、恒功率变量泵和手动换向阀组成的联合调速系统等。

1）限压式变量泵和调速阀组成的联合调速系统。如图1-23所示，该系统由限压式变量泵1供油，压力油经装在进油路上的调速阀3（也可装在回油路上）进入液压缸工作腔，回油经背压阀4返回油箱。通过调节调速阀中的节流阀通流面积大小来改变进入液压缸的流量，控制液压缸的运动速度。而限压式变量泵的输出流量 q_p 和液压缸所需流量 q_1 相适应，是通过限压式变量泵实现的。假如 q_p 瞬间大于 q_1 时，多余的油液迫使泵的供油压力上升，根据限压式变量泵的工作原理可知，当压力升高时，泵的输出流量 q_p 便自动减小，至 q_p 与 q_1 相等为止。这种调速方法没有溢流损失，系统发热小，速度刚性也比较好。

限压式变量叶片泵工作原理见图1-24。

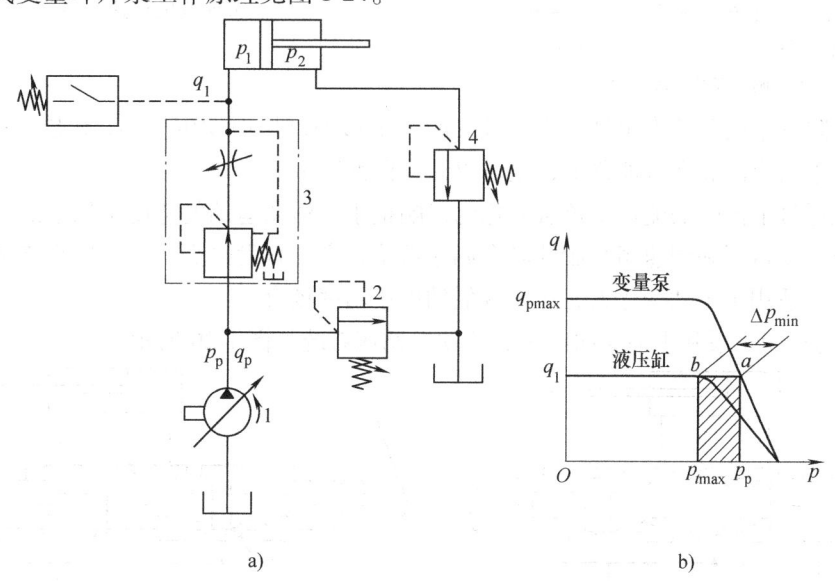

图 1-23 限压式变量泵和调速阀的调速
a) 调速回路　b) 输出特性曲线

2）差压式变量泵和节流阀组成的联合调速系统。如图1-25所示，差压式变量泵和限压式变量泵不同，后者的流量由泵的出口压力来控制，而前者的流量则用节流阀两端的压差控制。这种系统虽然采用节流阀4调速，但在工作时节流阀前后产生的压力差反馈作用在叶片定子两侧的控制柱塞1、2上，液压泵通过控制活塞的作用，来保证节流阀4前后压差（$p_p - p_1$）基本不变，从而使通过节流阀的流量保持稳定。因此系统也保证了泵的输油量始终与节流阀的调节流量相适应。当节流阀开口调大时，p_p 就会降低，偏心距 e 增大，泵的输油量 q_p 也增大；反之当节流阀开口调小时，泵的输油量也减小。从而达到调速的目的。

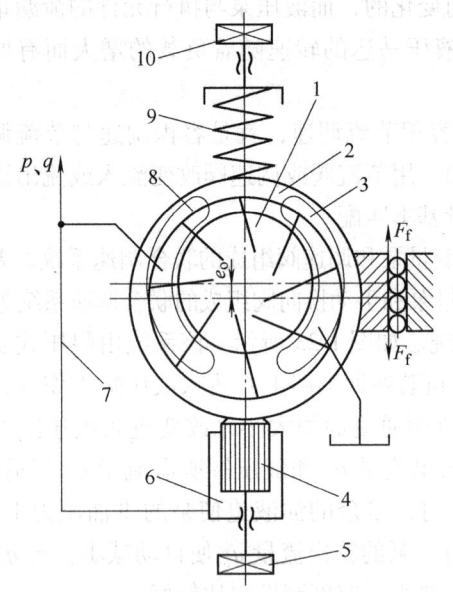

图 1-24 限压式变量叶片泵工作原理
1—转子 2—定子 3—吸油窗口 4—活塞
5—螺钉 6—活塞腔 7—油道 8—压油窗
口 9—调整弹簧 10—调压螺钉

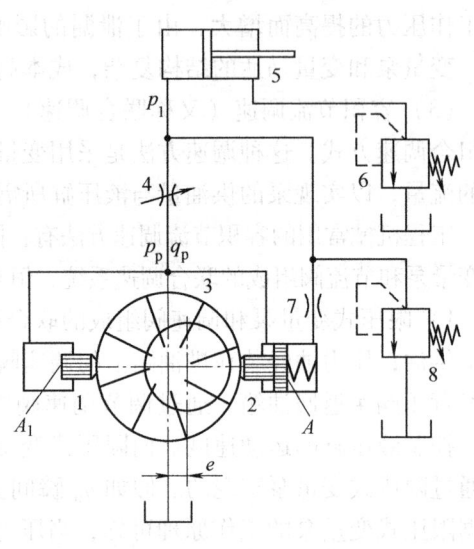

图 1-25 差压式变量泵和节流阀的调速回路

系统中阻尼小孔 7 的作用是防止变量泵的定子移动过快而发生振荡，6 是背压阀，8 是安全阀。图中安全阀装在进油路上，也可以装在回油路上。

此系统通过节流阀的流量受负载变化的影响很小，活塞运动的速度是稳定的。此系统的效率比限压式变量泵和调速阀组成的联合调速系统要高，且发热少。在低速小流量的场合使用性能尤佳。适用于负载变化大、速度较低的中小功率场合。

3）恒功率变量泵和手动换向阀组成的联合调速系统如图 1-26 所示。

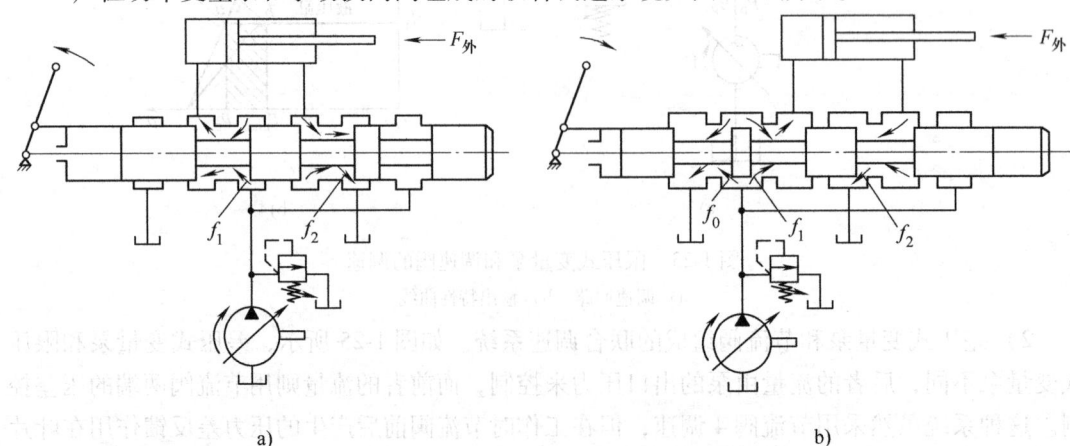

图 1-26 恒功率变量泵和手动换向阀的调速回路
a）进油 + 回油节流 b）进油 + 旁路节流

3. 复合调速

将有级调速、无级调速组合在一起应用，从而使液压系统获得所需要的各种速度及性能要求的调速系统称为复合调速系统。复合调速系统已在许多大型工程机械的液压系统中广泛应用，如 NK800 型液压起重机液压系统。

六、手控系统与电控系统

根据工作要求的不同，一些液压系统对执行元件的工作速度、行程等没有严格要求，对这样的系统利用人工进行控制，采用手动控制即为手控系统，如多数工程机械均采用手控系统。而另一些液压系统对执行元件的运动速度、位置等都有严格要求，它们的控制需采用电气、液体、机械及电子计算机手段，统一将它们称为电控系统。这种控制方式多用于液压系统比较复杂的自动控制，如自动或数控机床、机器人所采用的系统等。

第三节 变量系统中变量泵的控制方式

在大型工程机械中，大多采用变量泵系统，这是因为其效率高，变量控制多样化。只要功率匹配得合理，便具有明显的节能效果。因而，有必要对变量泵系统的变量泵控制方式、方法进行分析。

变量泵控制方式是指变量泵的变量机构根据什么信号、按照什么规律变化。变量泵控制方式按控制信号的来源可分为：机械控制式、（包括手动、脚踏、凸轮及杠杆等）、系统压力控制式、系统流量控制式等；按变化规律可分为：恒压控制、恒功率控制、恒流量控制等；也可以是它们的组合构成复合的多功能控制系统。下面介绍几种常见的控制方式。

一、流量控制（速度控制）

根据输入控制指令控制变量泵的斜盘倾斜角度，进而控制泵的排量的控制方式，称为流量控制。其特性曲线如图 1-27 所示。这种控制方法在大中型工程机械中一般不单独使用，而是与其他控制方式组合在一起使用。

二、压力控制

以压力为信号，当系统压力达到一定值时，通过压力调节元件的作用，液压泵的排量迅速减小，这种控制方法称为压力控制。其工作原理如图 1-28a 所示，其特性曲线如图 1-28b 所示。这种控制方法对于溢流阀动作频繁的系统具有显著的节能效果。

三、功率控制

功率控制是根据压力信号，使泵的功率按照预定的规律变化的一种控制形式。在变量系统中，变量泵的控制规律通常采用恒功率控制，使泵的流量与压力的乘积不变，即按恒功率规律变化，称恒功率控制。通常恒功率控制所采用的变量泵为轴向柱塞泵。

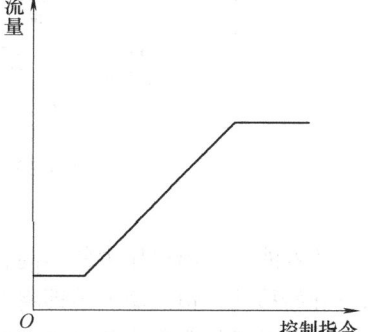

图 1-27 流量控制特性曲线

恒功率控制原理及特性曲线如图 1-29 所示。

恒功率控制由功率调节器实现,工作原理如图 1-29a 所示。功率调节器的活塞杆连接液压泵的变量机构,活塞杆的移动推动变量机构动作进行变量。控制活塞左侧有可调的弹簧预紧力的作用,控制活塞右腔与液压泵出口接通,控制活塞右端面受泵出口压力油作用。

图 1-29b 中:p_0 为起调压力,p_{max} 为调节终了压力,q_{min} 为最小调节流量,q_{max} 为最大调节流量,α_{min} 斜盘最小倾角,α_{max} 斜盘最大倾角,p_1、p_2、q_1、q_2 为液压泵在调节范围内某工况下的对应压力和流量。

当液压泵出口压力对控制活塞右端面的作用力低于设置的弹簧预紧力的区段时,弹簧不被压缩,活塞杆不动,液压泵斜盘倾角处于最大角度,此时段液压泵排量最大,流量也最大,且保持不变,特性曲线为一段直线,如图 1-29b 所示。

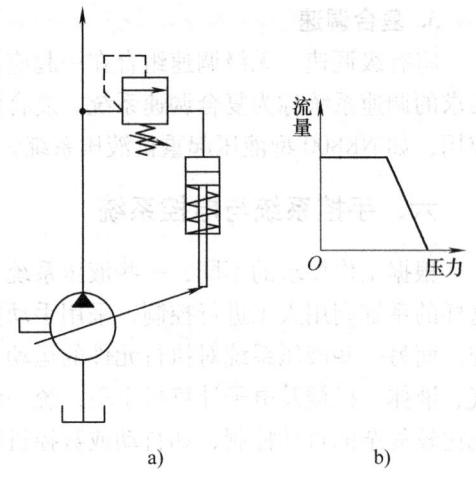

图 1-28 压力控制原理及特性曲线
a) 工作原理 b) 特性曲线

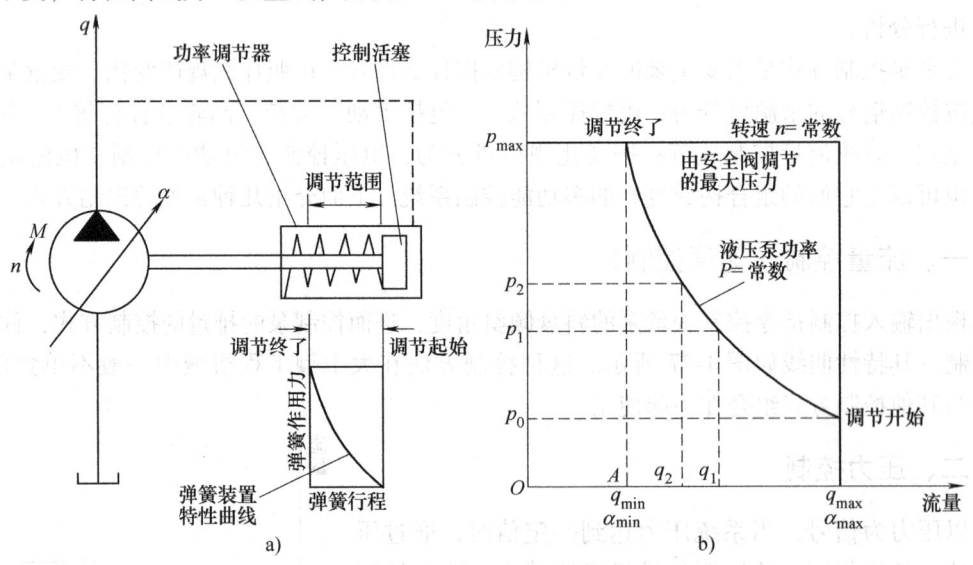

图 1-29 变量泵的恒功率控制原理及特性曲线
a) 工作原理 b) 特性曲线

随着液压泵出口压力的提高,当液压作用力达到弹簧预紧力时,弹簧将开始被压缩,活塞将开始移动,恒功率调节即将开始,如图 1-29b 中所示调节开始点。此时,液压泵出口压力与弹簧设置的预紧力相平衡,功率调节器此位置称为调节起始位置;在此位置,作用在功率调节器的控制活塞上的压力 p_0 称为起调压力;液压泵斜盘倾角仍处于最大角度,排量、流量最大,且保持不变。

随着液压泵出口压力从 p_0 开始增高,液压作用力大于弹簧预紧力,弹簧逐渐被压缩,活塞移动,进行恒功率调节;液压泵斜盘倾角逐渐减小,排量、流量逐渐减小,如图 1-29b

中所示曲线段状态。

当液压泵出口压力达到最大值 p_{max} 时，弹簧被压缩量也同时达到最大，液压泵斜盘倾角达到最小，排量、流量也达到最小，此时功率调节器的位置称为调节终了位置，如图 1-29b 中所示调节终了点。此时作用在功率调节器的控制活塞上的压力 p_{max} 称为调节终了压力。

当液压泵出口压力从最大值 p_{max} 继续增加时，弹簧已无压缩量，控制活塞不再移动，液压泵斜盘倾角处在最小，排量、流量也处在最小状态不变。通常系统中要设置安全阀以限制最大压力。

从调节起始位置到调节终了位置之间的区段称为调节范围，此段的弹簧压缩量为弹簧行程，对应泵的出口压力 p_0 至 p_{max} 的范围。当泵的出口压力在调节范围内变化时，调节器中的弹簧弹力与控制活塞的行程二者之间近似双曲线的变化关系，如图 1-29a 中所示弹簧装置特性曲线。因而，在液压泵转速恒定时，液压泵出口压力与流量也近似于双曲线变化，即 $pq = P$ 为常数（p 为压力，q 为流量，P 为功率），如图 1-29b 中所示曲线段。也就是说，液压泵的出口压力与流量相应变化时，液压泵的功率不变。这样即实现了液压泵在调节范围内始终保持恒功率的工作状态特性。

变量泵的起调压力是由弹簧刚度和液压系统的要求决定的，调节终了压力是由液压系统的安全阀限定的。起调压力对应斜盘最大倾角即最大调节流量。调节终了压力对应斜盘最小倾角即最小调节流量。

由于液压泵的工作压力是随负载的变化而变化的，因此液压泵的流量也随负载的变化而变化，从而使工作机构的速度随负载的增大而减小，或随负载的减小而增大，使发动机的功率在调节范围内得到充分地利用。

恒功率控制变量泵的优点是，在调节范围内充分利用发动机功率；缺点是结构、制造工艺复杂，成本高。为防止发动机因过载而熄火，将液压泵的理论功率与发动机的有效功率之比限制在 0.8~1 之间。

四、压力控制与恒功率控制同时使用

将压力控制与恒功率控制同时使用，可使在超载时迅速减小泵的流量，使功率损失减小。其控制原理及特性曲线如图 1-30 所示。

如图 1-30a 所示，恒功率调节器有两个控制活塞，在其中一个活塞上作用有液压泵出口压力，另一个活塞上作用腔连接压力调节元件。当压力达到调节元件调定的压力时，液压油进入活塞上作用腔，推动活塞移动，使液压泵的排量迅速减小。此控制方法的特性曲线由恒功率控制曲线和压力控制曲线两部分组成，如图 1-30b 所示。

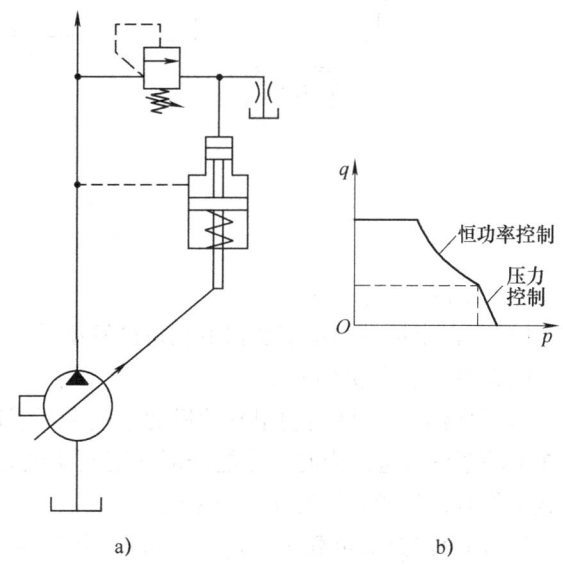

图 1-30 压力控制与恒功率控制同时使用
a）工作原理 b）特性曲线

如果系统设计得合理，工程机械大部分作业都在设定的起调压力 p_0 以下完成，即在定量状态下完成，只有重载荷时才在起调压力以上的恒功率控制范围内工作，这样可以减少油液通过溢流阀的损失，提高系统的效率。当系统超载及压力超过 p_{max} 时，迅速减小泵的流量，可使功率损失减少。一般大中型工程机械都采用这种控制方式。

五、多泵系统的控制

在多泵系统中，各泵的控制可以统一控制，也可各泵单独控制。

恒功率变量控制系统按其对发动机功率的利用情况不同可分为分功率变量系统和总功率变量系统。对于双泵双回路系统，恒功率变量控制系统又可分为分功率调节和总功率调节。

现以工程机械中常用的双泵双回路系统恒功率变量控制为例，说明两种基本类型的原理。

1. 分功率调节

分功率调节是指在双泵双回路系统中有两个主泵，由一个发动机驱动，每一个泵各有一个调节器，每一个泵的流量只受各泵所在回路压力的影响，而不受另一路压力的影响的恒功率变量方式。图 1-31a 所示为分功率调节的工作原理，图 1-31b 所示为分功率调节特性曲线。

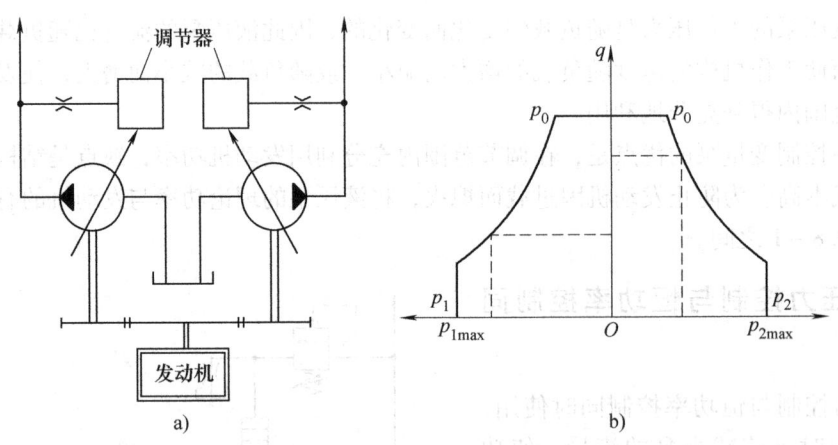

图 1-31 分功率调节
a) 工作原理　b) 特性曲线

分功率调节的特点：

1) 两台变量泵的功率之和不能超过发动机的功率。一般每台变量泵的功率选为发动机功率的 50%。控制机构简单。

2) 每台泵所供回路利用发动机功率最多不超过 50%，只有两台泵所供回路的负载压力均在恒功率调节范围内时，才能全部利用发动机的功率。当一个回路无负载而另一个回路满负载工作时，只能利用发动机功率的一半。

3) 两个回路的负载压力 p_1、p_2 可以不同，因而两台变量泵的流量也可以不等，即不能保证两个回路的执行元件的运动速度协调或同步关系。

4) 为了改善功率利用率，在单回路工作时，可采用合流方式供油。

2. 总功率调节

总功率调节是指在双泵双回路系统中有两个主泵，由一个发动机驱动，每一个泵各有一个调节器或者共用一个调节器，两个泵的出口压力均作用在调节器上，即按两个泵的工作压力之和进行流量调节，每一个泵的流量不仅受本身所在回路压力的影响，而且受另一路压力的影响的恒功率变量方式。按两泵共用一个调节器还是两泵各用一个调节器，总功率调节分以下两种：

（1）采用机械联动式调节的总功率调节　图1-32a所示系统为两台泵共用一个调节器，通过杠杆将两台泵的变量机构连接起来，两台泵出口的压力信号均作用在调节器上，按照两台泵的工作压力之和进行流量调节，从而实现恒功率控制。调节过程中，两台泵的斜盘倾角始终相等，流量也始终相等。在调节范围内两台泵的功率总和始终保持恒定，使其不超过发动机的驱动功率。其特性曲线如图1-32c所示。

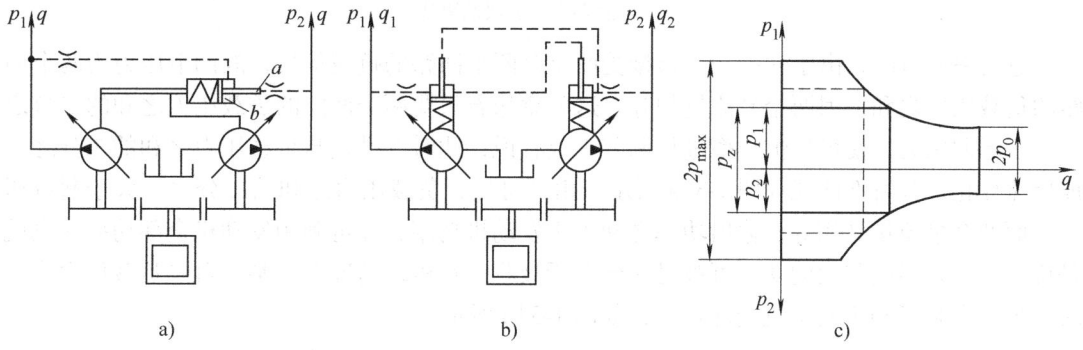

图1-32　总功率调节变量系统
a）机械联动式　b）液压联动式　c）特性曲线

（2）采用液压联动式调节的总功率调节　如图1-32b所示，此系统中两台泵各用一个调节器，两个调节器同时接受两个泵的压力信号，各调节器均按两个泵的压力总和进行流量调节，从而实现双泵同步变量的恒功率调节。其特性曲线如图1-32c所示。

总功率调节的特点：

1）发动机功率能得到充分利用。发动机功率可按实际需要在两个泵之间自动分配与调节，在极限条件下，当一台泵空转时，另一台泵可以输出全部功率。

2）两台泵流量始终相等，可保证两个回路的执行元件的动作同步。例如，可保证履带式全液压挖掘机左、右行走履带同步运行，便于驾驶员操作。

3）两个泵传递的功率不等，因此，其中的某一个泵有时在超载运行，对泵的寿命有一定的影响。

4）液压联动的总功率调节方式的特点是，它保留了两台泵具有各自独立调节的可能，这在多功能调节的系统中是十分必要的。

5）总功率调节与分功率调节的比较，在相同负载下性能有以下两个方面的不同：

① 在发动机功率利用方面。分功率调节时，只有两台泵所供回路的负载压力都在调节范围内时才能充分利用发动机的全部功率，且各为发动机功率的一半。在极端情况下，即当一回路无负载，另一回路满载工作时，只能利用发动机功率的一半。其特性曲线如图1-33所示。

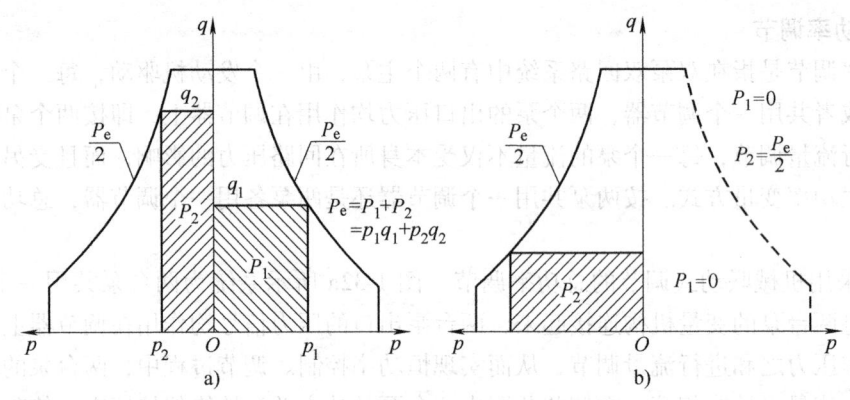

图 1-33　分功率调节特性曲线
a) 正常情况　b) 极端情况

总功率调节时，由于功率调节器接受两个泵两个回路的负载信号，故调节压力为两个回路的负载压力之和，因两个泵流量相等，这就意味着只要两个回路的负载压力之和的二分之一大于起调压力，便可按恒功率进行调节。或者说，此时的排量与负载压力之和的二分之一成反比变化。其特性曲线如图 1-34a 所示。由图可见，负载压力之和的二分之一大于起调压力，而两个泵流量又相等，输出功率之和等于发动机功率，即可利用发动机全部功率。也就是说，一台泵不能利用的功率可被另一台泵所吸收。在极端情况下，某一台泵负载压力为零时，另一台泵可利用发动机全部功率，如图 1-34b 所示。

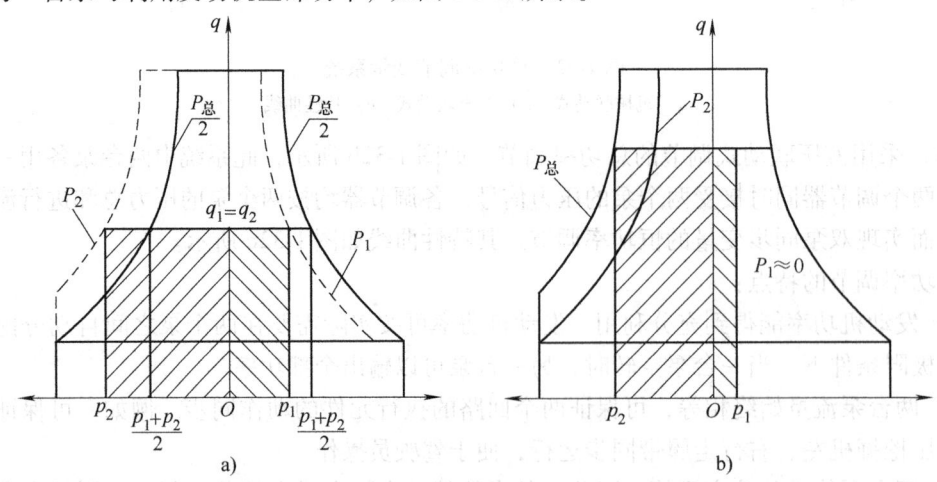

图 1-34　总功率调节特性曲线
a) 正常情况　b) 极端情况

可见，总功率调节比分功率调节更有效地利用发动机功率。

② 在输出流量方面。分功率调节两个泵的流量是不同的，流量随各泵所在回路负载压力的影响而变化，因此两个回路的执行元件的动作协调性受负载影响。

总功率调节两个泵的流量总是相等的，因此两个回路的执行元件的动作协调性不受负载影响。

③ 在寿命方面。总功率调节虽然对发动机功率利用充分，但当一台泵无负载时，另一

台泵将传递发动机全部功率,这样会降低发动机的寿命。而分功率调节不存在这样的问题。

3. 多功能控制

所谓多功能控制是上述各控制方法的综合应用。为了提高液压系统的效率、功率利用率及操纵性能,在大型工程机械中宜采用多功能控制。如:

(1) 总功率控制与恒压控制的组合 为了减少超载下的溢流损失而采用这种控制方式。在调节范围内时按恒功率调节,当任意一台泵超载时顺序阀即打开,使控制压力油进入功率调节器的恒压调节缸,使泵进入恒压调节,流量迅速接近于零,溢流损失大大减少,如图1-35所示。

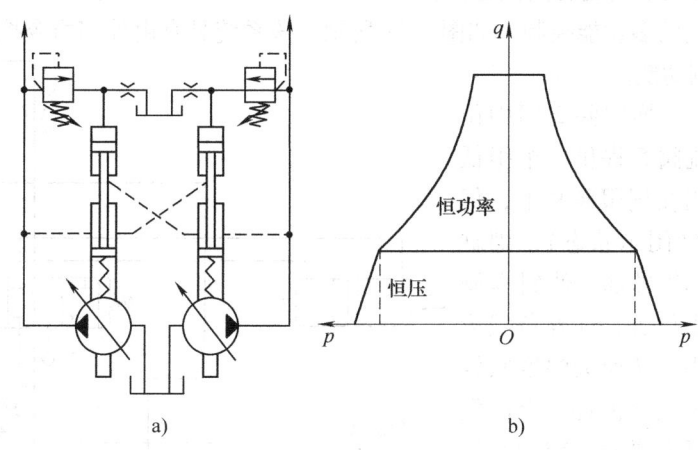

图 1-35 总功率及恒压控制
a) 工作原理 b) 特性曲线

(2) 利用发动机的转速信号控制液压泵的输出功率 虽然在双泵双回路系统中可采用总功率调节,泵的功率可按近似的恒功率调节,但是,仍不能充分利用发动机的转速特性。为了充分利用发动机的转速特性,可利用发动机的转速信号来控制液压泵的输出功率。如图1-36所示。

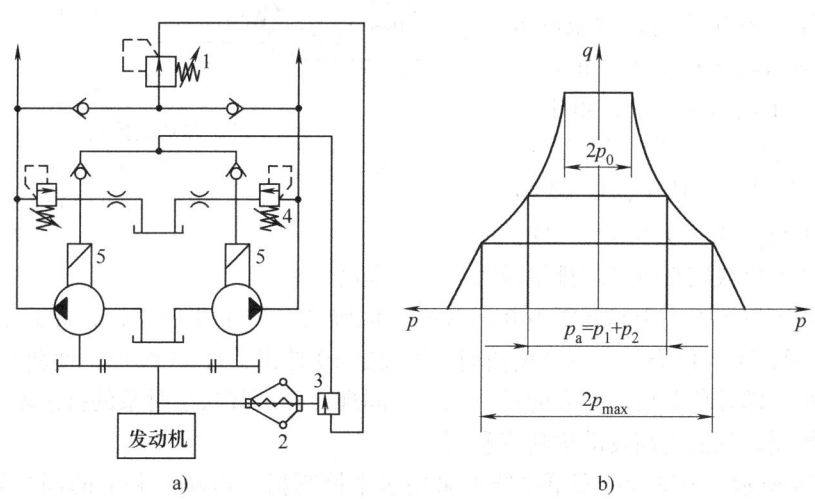

图 1-36 发动机转速控制
a) 工作原理 b) 特性曲线

1—减压阀 2—调速器 3—控制阀 4—溢流阀 5—调节器

该系统的流量调节是通过减压阀1与离心调速器2控制的控制阀3进行的。当负载增大时，发动机转速下降，离心调节器使控制阀阀口开大，则进入调节器5的压力增大，从而减小泵的排量，使发动机输出转矩和功率与外负载相适应。在调节范围内时，液压泵按恒功率调节。当压力大于顺序阀4调定的压力时，液压油经顺序阀4进入调节器5，使泵按恒压调节，防止过载，减少溢流损失，提高系统效率。

由于这种调节系统是按发动机实际转矩曲线进行调节的，因而可以在很大的转速范围内充分地利用发动机的转矩和功率，避免间接地利用压力信号的近似恒功率调节的误差。在多泵系统中采用这种调节就更有其优越性。

(3) 其他形式的多功能控制 如图1-37所示，该系统具有由外部指令控制流量的功能，还具有恒功率控制功能。

控制原理是：当换向阀2回中位时，回油路上节流阀5提供一个很低的控制压力，作用在伺服阀9上，伺服阀9右位工作（图示状态），则缸11回油，同时缸10进油，使斜盘倾角快速减小到最小位置，即外负载为零时泵的排量最小。从而大幅度减轻发动机负载，减小燃料消耗，提高发动机寿命。而且更主要的是减少系统中油液的无功循环，降低油温，提高系统效率。

当换向阀2处于工作位置（左位或右位）时，节流阀5前无压力，因而伺服阀9处于左位工作。当泵1的出口压力低于起调压力时，伺服阀8处于右位（图示状态）工作，此时缸10、11均接泵1出口压力油，由于缸10与缸11有效作用面积不同，缸11大于缸10，因而缸11伸出，缸10缩回，使斜盘倾角处于最大位置，泵的

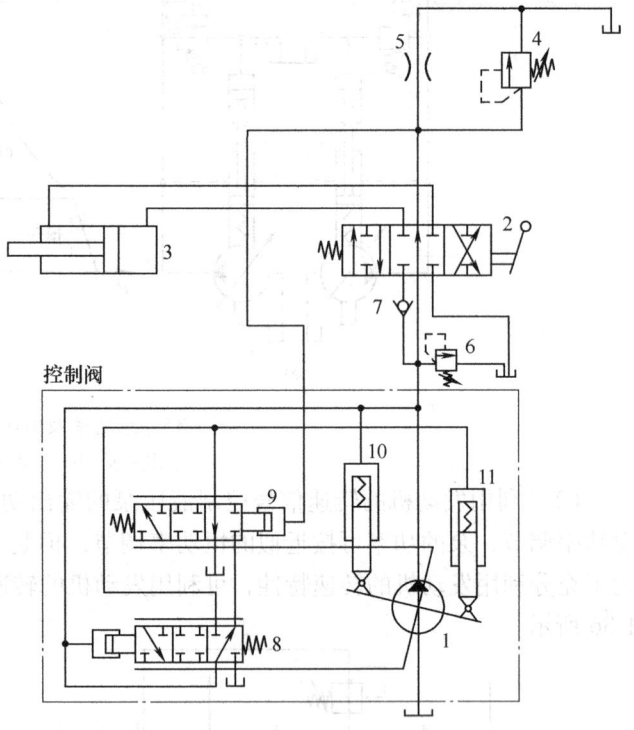

图1-37 多功能控制
1—泵 2—换向阀 3、10、11—缸 4、6—溢流阀
5—节流阀 7—单向阀 8、9—伺服阀

排量最大。即外负载较小时泵的排量最大，从而提高效率。

当泵1的出口压力大于起调压力并增大时，伺服阀8处于左位工作，此时缸10接泵1出口压力油，缸11经伺服阀8右位接油箱，因而缸10伸出，缸11缩回，使斜盘倾角减小，泵的排量减小。即外负载增大时泵的排量减小。同理，外负载减小时泵的排量增大，即进入恒功率调节控制，从而提高发动机功率利用。

如图1-38所示，该图为在多泵系统中采用多个控制指令恒功率调节的调节器工作原理图。调节器基本上由两个伺服阀P_1和P_2、一个二位三通阀P_3和从动部分斜盘控制液压缸及代表与斜盘联动的随动机构MN等组成。分别依靠内控指令A_1（自身变量泵Ⅰ输出的压力油）、互控指令A_2与E_2（从本系统另一个采用相同控制方式的变量泵输出及操纵控制系

统的压力油)、外控指令 D_1 (其他操作控制系统压力油) 和补偿指令 A_3 (其他定量泵输出的压力油) 等进行多种调节。从而达到在多泵系统中充分有效地利用功率。

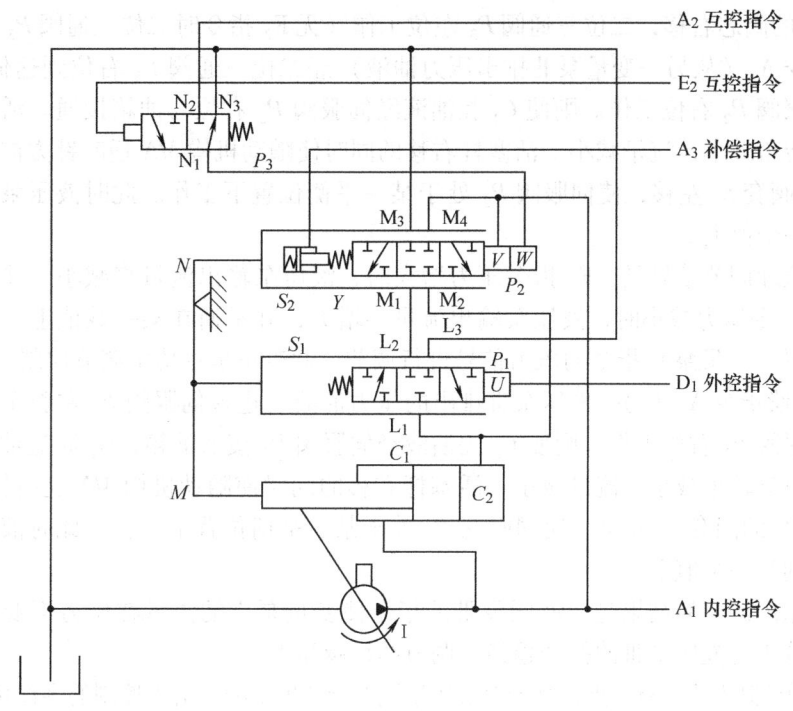

图 1-38 多功能调节工作原理

工作原理如图所示,当无控制信号(指令)时,伺服阀 P_1、P_2 处于非工作位(左位),二位三通阀 P_3 处于右位。

1) 当内(自)控指令 A_1 进入伺服阀 P_2 的 V 腔时,使其阀芯左移,伺服阀 P_2 右位工作。则使液压缸 C_2 腔油液经伺服阀 P_2 阀接通油箱,液压缸 C_1 腔进油,活塞杆右移缩回,使斜盘转角减小,流量减小。活塞杆右移的同时使随动机构 MN 逆时针方向转动,带动伺服阀 P_2 的阀套 S_2 左移,使伺服阀 P_2 处于某一平衡位置下工作。此时变量泵 Ⅰ 输出流量相应减少到某一个值上。

按上述原理调节的结果是,A_1 指令因外负载增大而指令压力增大时,变量泵 Ⅰ 输出流量将减小,并平衡在某一数值上;A_1 指令因外负载减小而指令压力减小时,变量泵 Ⅰ 输出流量将增大,并平衡在某一数值上。从而根据内控指令(自身压力信号)自动实现负载小时速度大,负载大时速度小的恒功率调节。

2) 当远(外)控指令 D_1 进入伺服阀 P_1 的 U 腔时,使其阀芯左移,伺服阀 P_1 右位工作。又由于伺服阀 P_2 无指令时处于左位,则使 C_2 腔油液经伺服阀 P_2 左位、伺服阀 P_1 右位接通压力油,C_1 腔与 C_2 腔压力相同但作用面积不同,活塞杆左移伸出,使斜盘转角增大,流量增大。活塞杆左移的同时使随动机构 MN 顺时针方向转动,带动伺服阀 P_1 的阀套 S_1 右移,使伺服阀 P_1 处于某一平衡位置下工作。此时变量泵 Ⅰ 输出流量相应增大到某一个值上。

按上述原理调节的结果是,D_1 指令因外负载增大而指令压力增大时,变量泵 Ⅰ 输出流量将增大,并平衡在某一数值上;D_1 指令因外负载减小而指令压力减小时,变量泵 Ⅰ 输出流量将减小,并平衡在某一数值上。从而自动实现按远(外)控指令的压力信号进行调节。

3) 当互控指令 E_2(另一变量泵Ⅱ排出的压力油液)进入二位三通阀 P_3 左腔时,使二位三通阀 P_3 的阀芯右移,二位三通阀 P_3 左位工作(无 E_2 指令时二位三通阀 P_3 处于右位)。则使互控指令 A_2(从另一变量泵Ⅱ排出压力油液)经二位三通阀 P_3 右位到达伺服阀 P_2 的 W 腔,使伺服阀 P_2 右位工作。则使 C_2 腔油液经伺服阀 P_2 右位与油箱接通。活塞杆右移缩回,使斜盘转角减小,流量减小。活塞杆右移的同时使随动机构 MN 逆时针方向转动,带动伺服阀 P_2 的阀套 S_2 左移,使伺服阀 P_2 处于某一平衡位置下工作。此时液压泵输出流量相应减小到某一个值上。

按上述原理调节结果是,E_2 指令压力增大时,液压泵输出流量将减小,并平衡在某一数值上;E_2 指令压力减小时,液压泵输出流量将增大,并平衡在某一数值上。从而自动实现按互控(另一变量泵)指令的压力信号进行调节。此时正是总功率调节控制的工况。

4) 当补偿指令 A_3(另一液压泵Ⅲ排出的压力油液)进入伺服阀 P_2 左腔 Y 时,使其阀芯左移,伺服阀 P_2 右位工作。则使 C_2 腔油液经伺服阀 P_2 接通油箱,C_1 腔进油,活塞杆右移缩回,使斜盘转角减小,流量减小。活塞杆右移的同时使随动机构 MN 逆时针方向转动,带动伺服阀 P_2 的阀套 S_2 左移,使伺服阀 P_2 处于某一平衡位置下工作。此时液压泵输出流量相应减小到某一个值上。

按上述原理调节的结果是,液压泵Ⅲ的指令使变量泵Ⅰ的流量在压力不变的情况下减小,则功率减小。液压泵Ⅲ的指令越强,调节结果越显著。

上述各种控制方式各有特点,都会对液压系统性能产生影响,由于控制的多样化,提高了系统性能,特别是使操纵性能大幅度提高,甚至在某种程度上对液压系统的性能起着支配作用。

第四节 液压传动系统的分析内容与方法

对工程机械液压传动系统的分析,是指对液压传动系统工作原理的分析和对液压传动系统性能的分析两个方面。

一、对液压系统工作原理的分析

分析工程机械传动系统的工作原理时,应按照一定的步骤。第一步,了解整机结构、组成、用途及液压系统的组成、主要参数,如发动机的型号、功率,液压泵的形式规格,系统工作的压力、额定电流,液压缸、液压马达的形式规格等;第二步,了解该机械的工作机构、行走机构等的工作要求,了解每一工作循环的主要动作,各动作之间的相互关系、操作控制方法;第三步,了解液压系统的形式、特点,包括回路组合方式等;第四步,掌握液压系统各组成元件的类型、工作原理、性能、用途。

对液压系统工作原理的分析是为正确使用、维护工程机械液压系统及准确迅速诊断与排除液压系统故障奠定坚实的基础。

二、对液压传动系统性能的分析

(一) 影响液压系统性能的因素

液压传动系统的种类虽然繁多,不同的机械也有其独特的要求,但是影响液压系统性能

的因素主要有以下几点:
1) 系统工作压力。
2) 液压系统类型。
3) 变量及功率调节方式。
4) 液压泵及执行元件的形式。
5) 回路的组合及合流形式。
6) 操纵控制方式等。

以上6点是分析液压系统性能的基本出发点。

(二) 影响液压系统性能的因素分析

1. 液压系统工作压力对系统性能的影响

液压系统的工作压力是由负载决定的,即

$$F = pS \tag{1-6}$$

式中　F——外负载作用力;
　　　p——系统工作压力;
　　　S——液压缸有效作用面积。

由式 (1-6) 可见,当外负载 F 一定时,若系统采用高压 p,则液压缸有效作用面积 S 小,即消耗材料少,占用空间小。因而,一般负载较小的设备宜采用低压系统;负载较大的设备则采用中、高压系统。但是,当系统压力增高时,由于油液的可压缩性,将对系统工作的稳定性产生影响,不易获得平稳的运动和准确的定位。另外,由于系统工作压力的提高,对密封性能及管路接头都提出了较高的要求,在某种程度上会增加维修工作量。对要求调速或换向频繁的液压系统,采用低压时虽然会使执行元件尺寸增大,但是却给扩大速度调节范围带来了方便,并且由于压力较低,使系统冲击振动小,噪声小,运动平稳。

2. 液压泵的数目对系统性能的影响

为了完成同一项工作,液压系统可以采用多种不同的类型。但不同类型的液压系统,系统性能不同。对工程机械这样的功率大、动作多的大型机械较多采用多泵系统。液压泵数目的不同对液压系统性能是有影响的。

单泵系统结构简单,成本低,但其操纵性不好,特别是采用定量泵时,效率低,发动机的功率不能充分利用。例如,当泵的转速不变时,泵的流量为常数,但外负载是随着工况变化的。通常驱动功率是按照最不利的工况确定的,因而实际平均功率总是低于最高功率,因此在低于最大负载工况工作时,将有大量的溢流损失或节流损失,使系统效率降低,并且发动机功率也未得到充分利用。

在多泵定量系统中,虽然各执行元件的协调动作性能得到改善,但系统效率及发动机功率的利用率仍未得到很好地改善。这是由于各泵的功率之和不能超过发动机的功率,当某执行元件单独工作时,功率的利用率及系统的效率将会大大降低,泵的数目越多,下降得越严重。

在多泵变量系统中,如系统中有两台泵和一台发动机,就存在着发动机的匹配问题,当两台变量泵采用总功率调节,负载力达到某一设定值时,便可自动完成恒功率控制,并且可根据回路负载的不同实现对发动机功率的自动匹配。因而,从功率利用率及调速范围来看,都有大幅度的提高。在大型工程机械中，特别是为了改善大型机械的操纵性能及各执行元件的协调性，以便进一步提高系统效率及功率利用率，可对某些使用频率较高的执行元件设置一台单独的供油泵，其他变量泵采用总功率调节。

图 1-39a 所示为某大型挖掘机的液压系统图，该系统使用频率较高的回转液压马达，单独由 3 号泵供油驱动，1 号、2 号泵采用压力补偿的恒功率控制（3 号泵优先）。其特性曲线如图 1-39b 所示，当 $p_3=0$ 时，1 号、2 号泵按恒功率曲线 ABC 工作，当 $p_3=p_{3max}$ 时，1 号、2 号泵按恒功率曲线 DEF 工作。这就是说，当 3 号泵无负载时（挖掘机不回转时），1 号、2 号泵吸收了发动机的全部功率；当 3 号泵有最大负载时（挖掘完成，在回转中），1 号、2 号泵吸收了发动机与 3 号泵功率之差。或者说，1 号、2 号泵消耗的功率与 3 号泵的负载压力成反比例变化。这就最大限度地利用了发动机的能量。也有的挖掘机液压系统采用变量泵和定量马达的闭式回路作为 3 号泵回路，由于起动停止时流量自动增减，溢流阀动作时间极少，因而进一步提高了系统效率和操纵性能。

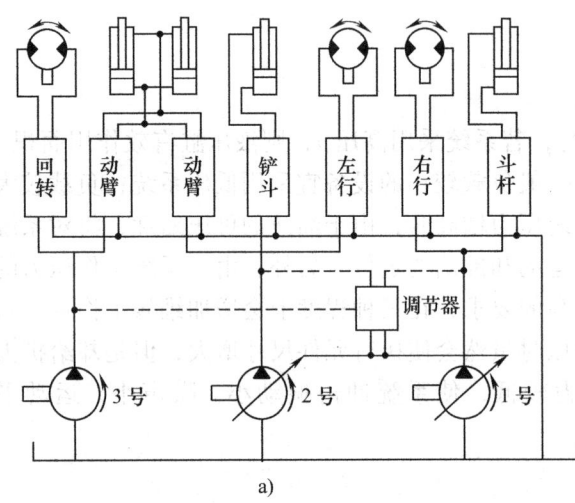
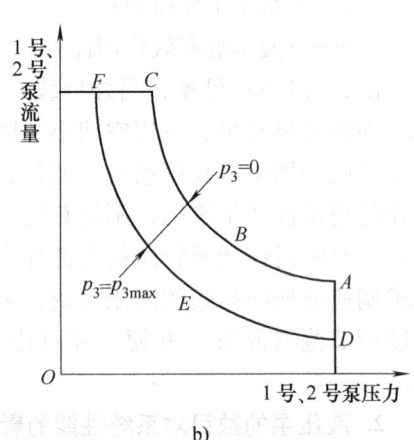

图 1-39 某大型挖掘机液压系统
a）液压系统图　b）特性曲线

3. 液压泵的形式及其控制方式对系统性能的影响

因为齿轮泵结构简单、工作可靠、对油液要求不高、价格低廉、便于维修，工程机械的液压系统如果功率不大，对运动平稳性及传动精度要求不高，就可以采用齿轮泵。在大型工程机械中，大多采用轴向柱塞泵。这是因为轴向柱塞泵的效率高且变量形式多样化，只要功率匹配合理，便有明显的节能效果。

液压泵控制方式对系统性能的影响在第三节中已做过详细的讲述。所述的各种控制方式各有其特点，都会对液压系统的性能产生影响，甚至在某种程度上对液压系统的性能起着支配作用，在此不再赘述。

4. 功率匹配方案对系统性能的影响

功率匹配包括两个方面的内容，一是使液压泵消耗的功率与发动机的功率保持平衡。如第三节所述的采用总功率、恒压及多功能等控制，可以获得较满意的效果。二是功率的分配问题，也就是执行元件所消耗的功率与液压泵所输出的功率的平衡问题。特别是系统中存在着多个执行元件及多台液压泵时，这是设计者必须考虑的问题。设计原则是各台泵所承受的负载尽可能均衡，并且其中某个执行元件不能利用的功率，有被其他执行元件利用的可能。下面以液压挖掘机为例说明功率匹配方案及合流的措施。

（1）分组方案 在液压挖掘机的双泵系统中，有6个执行元件与2台液压泵，大多数采用"三三制"分组方案，很少采用"二四"或"一五"制的分组方案。图1-40所示为液压挖掘机的双泵系统，采用"三三制"分组方案的示意图，具体分组如下。

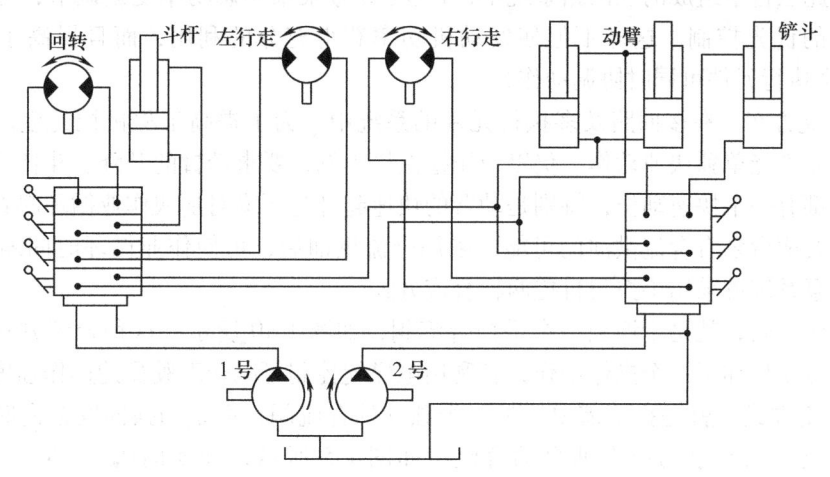

图1-40 "三三制"分组方案示意图

1号泵驱动组：斗杆液压缸、回转液压马达、左行走液压马达。
2号泵驱动组：动臂液压缸、铲斗液压缸、右行走液压马达。
在中小型液压挖掘机中，采用如下"三三制"分组方案也可获得较好的效果。
1号泵驱动组：铲斗液压缸、回转液压马达、左行走液压马达。
2号泵驱动组：动臂液压缸、斗杆液压缸、右行走液压马达。

由上述"三三制"分组方案实例发现，动臂液压缸与回转液压马达分在两个组，左、右行走液压马达分配在两个组，斗杆液压缸与铲斗液压缸分配在两个组。这样分配的原因是：

1）挖掘动作主要是由斗杆和铲斗的协调动作完成的，把它们分配在两个回路内便于协调动作，充分利用发动机的功率，并有单独动作的可能。

2）挖掘完成之后的起升动作主要由动臂完成，为了缩短作业时间，常需铲满起升与回转同时动作，并希望能有独立动作的可能，因此，将动臂液压缸与回转马达分配在两个回路内，对于充分利用发动机功率及提高动作的协调性均有显著的效果。

3）为了保证履带行走的直线性及有原地转弯的可能，把两个行走液压马达分配在两个回路内，不但使功率分配均衡，而且大大提高了行走系统对道路的适应性能。

实践已充分证明，上述的分配方案是合理的。

当采用三泵三回路系统时，则常采用下列分组方案。

① 如图1-39所示，回转采用定量泵开式系统时，方案如下。

1号泵驱动组：斗杆液压缸、右行走液压马达。

2号泵驱动组：动臂液压缸、铲斗液压缸、左行走液压马达。

3号泵驱动组：回转液压马达（合流向动臂）。

② 如图1-6所示，回转采用定量泵闭式系统时，方案如下。

1号泵驱动组：斗杆液压缸、右行走液压马达。

2号泵驱动组：动臂液压缸、铲斗液压缸、左行走液压马达。

3号泵驱动组：回转液压马达（无合流向动臂）。

即在由此三台泵组成的三回路系统中，1号、2号泵采用总功率变量调节，并采用3号泵压力补偿的优先控制。这样不但使发动机功率获得充分的利用，而且提高了操纵性能（至少有3个执行元件可同时协调动作）。

（2）合流方案 在多回路及多执行元件的系统中，为了提高工程机械的生产率，要求某几个执行元件能单独快速动作。仍以液压挖掘机为例，要求动臂的升降、斗杆的收放及铲斗的转向等都有一个快速动作，特别是动臂的快速起升与下降对加快作业循环起着重要的作用。这就需要两台泵有合流供油的可能。采用合流供油后，可使作业循环时间缩短20%～50%，对双泵系统可采用手控与自控两种合流方式。

手控合流方式，就是指增加一个手控合流阀，如图1-40所示。这种合流方式可靠、灵活性大，缺点是增加了一个操作动作，若利用电磁阀控制可减轻驾驶员的操作强度。

自控合流方式，就是指不需要增加一个独立的合流阀，而是当换向阀换向时由机械联动或液压联动使两台泵的压力油自动合流。如图1-5所示，即换向阀2、3的阀芯联动、换向阀4、5的阀芯也联动，只要操纵换向阀2或4，就可实现合流向动臂液压缸或斗杆液压缸供油。这种合流方法省去一个操纵动作，可减轻驾驶员的操纵强度。但是只要实现单一动作，液压系统就会双泵合流，无法保证单一动作时的单泵供油，操作的灵活性较差。

现以图1-40所示液压挖掘机的回转与动臂合流的手动方式为例，说明合流对液压系统性能的影响。

根据资料统计，动臂的升降与上部车体的回转在一个工作循环中约占60%的时间。因此，动臂的快速动作及动臂与回转的协调动作对于缩短作业时间、提高生产率具有重要的作用。分析液压挖掘机的实际回转过程可知，在回转工作的一个循环中，由于惯性的影响，几乎不存在等速阶段过程（在回转角小于120°时，等速时间很短）如图1-41所示。1m³的单斗液压挖掘机满斗回转90°只需5~6s的时间。这就是说，供油泵只需在加速阶段供油，减速阶段是靠惯性制动。因此，所需供油量少而时间短。而动臂液压

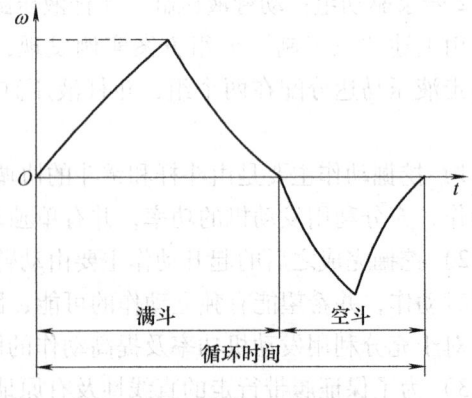

图1-41 液压挖掘机回转速度特性曲线

缸的容量比斗杆液压缸、铲斗液压缸都大，快速动作需要的流量就大。又由于回转液压马达与动臂液压缸是分配在两个回路内，因此，将两台泵的供油通过手动合流阀进行合流供给动臂液压缸，这对提高系统工作效率、缩短作业循环时间是有效的。特别是在三泵系统（图

1-39）中，当 3 号泵采用定量开式系统时，由于采用动臂合流，对于挖掘机的效率和性能的提高更为有利。

5. 操纵性能对液压系统性能的影响

众所周知，任何机械设备的操纵系统都在向轻量化、自动化和智能化方向发展。工程机械由于其作业条件的严酷及其价格特性的原因，自动化的程度还不高。但是，从减轻驾驶员的劳动强度、提高操作性能以及提高在危险场地或特殊环境的作业安全性角度考虑，已有不少采用自动控制系统（电-液控制系统）的实例。

为了提高操纵性，减轻驾驶员的劳动强度，可将手动换向阀改换成手动比例减压式先导阀控制主阀，或采用电-液动换向阀等。为了使工程机械能在山崖、滑坡、雪崩现场或处理没有爆炸的炸弹等危险场地作业，除了在机上操作能满足各种性能要求外，还能用无线电遥控操作工程机械。当指令机发射的无线电信号被驾驶室的接收机接收后，便可进行全部操作。很明显，实现这些操作的前提条件是工程机械的机电液一体化。

电-液控制技术在工程机械中的应用可以说还是刚刚开始，还有许多技术需要解决。虽然计算机技术在其他机械的控制系统中的应用正在不断地发展，但在工程机械上，目前尚未大量应用。随着机电液一体化技术的快速发展，性能可靠、成本低廉的传感元件以及具有接近电-液伺服阀性能而又有抗污染能力强、工作可靠、价格低廉的电-液比例阀的出现，电-液控制技术在工程机械液压系统的自动控制中的应用一定会越来越广泛。

第五节 液压传动系统图的阅读与分析方法

对液压传动系统性能和工作原理两个方面的分析，都离不开对液压传动系统图的阅读。液压传动系统图是用图形符号（或半结构图）表示的液压元件在系统中的作用及其连接关系的工程语言，它表明了液压执行机构的动作程序及其进行操作控制的方式和原理，液压系统图也被称为工作原理图，是设计中选用液压元件的依据，是液压设备在安装、调试与使用维修中不可缺少的技术文件。

要迅速正确地分析理解液压系统的性能和工作原理，必须能迅速正确地阅读液压系统图。要能迅速正确地阅读液压系统图，需要很好地掌握液压技术的基础知识，熟悉各种液压元件的工作原理、特性与功用，熟悉液压系统各种基本回路的特点，液压系统的基本形式及各种控制方法和液压图形符号的标准等。此外，多读多分析各类机械的典型液压系统，掌握其特点，对于阅读新的液压系统图可起到熟能生巧、触类旁通的作用。

如果要读的液压系统图附有工作原理说明书，可按说明书进行阅读，较为容易，如果没有工作原理说明，只有一张系统图（图上可能附有工作循环图、电磁铁动作循环表或简略的说明），则需要通过分析各元件的作用及油路连通情况弄清系统的工作原理。一般可参考下述步骤阅读液压系统图。

一、了解机械设备的功用和对液压系统的要求

根据系统图的名称、标题、元件的统计、工作循环图、电磁铁动作表及有关技术说明和要求等建立对机械设备的初步印象，了解液压设备的功用和各工况对液压系统的要求，了解和估计液压系统实现工作循环中对力、速度与方向这三个参数的要求等。

二、了解系统中所用的液压元件，估计和分析元件在系统中的作用

液压系统的工作原理和性能通常决定于组成这个系统的各个元件的组合方式、性能和功用，因此必须对系统图中各个元件加以分析研究。

查阅和分析元件，主要了解系统有什么元件，它们的工作原理及功用如何。要特别注意弄清一些半结构符号表示的元件或一些非标准符号表示的专用元件的工作原理和性能。

查阅和分析元件的方法：首先，查阅资料，分析液压系统的两个能量转换元件——动力元件（液压泵）和执行元件（液压缸和液压马达），且以执行元件为中心，将系统分解为若干个工作单元子系统；其次，单独分析每一个子系统，分析各种控制操纵装置及变量机构，了解其执行元件与相应的阀、泵之间的关系和具有哪些基本回路，参照阀的动作和执行元件的动作要求，理清其各动作对应的液流路线；再次，根据系统对各执行元件的互锁、同步及防干扰等要求，分析各子系统之间的联系，以及如何实现这些要求。最后分析一些辅助装置在系统中的作用。

分析时注意，液压系统实现各种复杂的动作或工作循环主要靠系统中各种控制操纵装置（阀类）和变量机构的作用。对于电控系统，尤其要注意电磁铁、压力继电器及行程阀等元件的动作表，明确工作循环中各元件的状态，它是阅读和分析系统图的重点和难点。

三、分析系统工作原理

为了便于分析系统的工作原理，往往需简要写出油液流动路线，并将系统中的各个元件和各类油路分别用编码表示。

分析时，从动力源——液压泵开始，将每台液压泵的各条油路的"来龙去脉"逐条弄清楚，分清楚驱动执行机构的油路（主油路）及其控制油路。写主油路的路线时，应按每个执行元件来写，从泵开始到执行元件，再回到油箱（闭式系统则是回到液压泵），成一完整循环。

在分析油液流动路线时，先从图面所示状态进行分析，然后再分析其他工作状态。要特别注意系统从一个工作状态转换到另一工作状态时，是哪些发信元件发出信号，使哪些换向阀和其他控制操纵元件动作改变其通路状态而实现的。对于一个循环，应在一个动作的油路分析完成后接着作下一个动作的油路分析，直到全部动作油路分析依次完成为止。

在分析油路时，还应注意各个主油路之间有无矛盾和相互干扰的现象。如有矛盾和相互干扰的现象，即表明该系统工作原理有误，或是分析有误。

四、综合分析系统和元件

在全面读懂液压系统、写出系统油液流动路线、了解运动循环及弄清系统工作原理之后，可根据系统所使用的基本回路的性能，对系统作综合分析，归纳总结整个系统的特点（如调速方式、调压方式、方向控制方式、控制特点及工作特点等），以加深对液压系统的理解。以上步骤并不是孤立和互不联系的，也并非是一成不变的。读图的程序大致是差不多的，只是有难易之别，对每一个具体液压系统可视情况具体分析。

第六节 液压传动系统的性能指标及评价

液压传动与其他传动方式相比，在控制精度、自动化程度及操作方便性方面有其明显的优势，所以，液压传动已成为工程机械广泛采用的传动方式之一。随着液压技术的发展，整机采用液压技术已成为国内外工程机械的发展趋势。因此，采用液压传动的工程机械性能的优劣，就取决于液压系统性能的优劣。那么，对液压系统的评价就间接地表明了工程机械性能的优劣。

工程机械液压系统性能的优劣是以系统中所用元件的好坏和所选择的基本回路恰当与否为前提的。对工程机械液压系统性能的要求及评价，应从以下几个方面的指标加以说明。

一、经济性指标——液压系统的效率

液压系统的效率是指对输入液压系统的能量利用的程度，它反映液压系统本身能量损失的多少。具体地说就是在一个工作循环中，各执行元件在每个工序中对外输出功率之和与输入系统的总功率之比。在保证主机性能要求的前提下，应使液压系统具有尽可能高的效率。由于不同的液压系统的结构不同，使用的液压元件不同，液压系统的效率在很大范围内变动。效率越低，能量损失越大。这种能量损失最终以热的形式出现，使系统的油温升高，会引起一系列的故障。系统中引起能量损失的因素很多，主要有以下几个方面。

1. 传动方案

对完成同一工作循环，采用定量泵加溢流阀的传动方案时，所用元件简单、造价低，但由于液压泵输出的流量不能在每个工序中被完全利用，而是在溢流阀调定的压力下将多余的油液溢流回油箱，使一部分能量转化为油液的温升损失掉，而油液温度升高，又促使泄漏增大，进一步降低系统效率，并使系统性能变差，其传动效率一般在30%左右。当采用变量泵系统时，泵的排量可根据负载的大小进行自动调节，效率可提高到70%~80%或更高。

2. 调速方案

节流阀调速简单、成本低，在中小型液压机械中广泛应用。但在节流调速过程中会产生较大的能量损失和溢流损失，其速度越低，这种损失越大，系统效率越低。当采用容积调速方案时，由于没有节流损失和溢流损失，使系统效率得到提高。

3. 换向阀换向过程中出现的能量损失

在开式系统中，工作机构的换向只能借助于换向阀封闭执行元件的进、回油路，先制动，后换向。当执行元件及其外载荷的惯性很大时，会使回油腔的压力很高，严重时可高达正常压力的几倍。油液在此压力的作用下从换向阀或制动阀的开口缝隙中挤出，从而使运动机构的惯性能变为热能损失掉，使系统的油温升高。在一些换向频繁、载荷惯性很大的系统（如液压挖掘机的回转系统）中，由于制动换向而产生的损耗是很大的，有可能成为系统发热的主要因素。

4. 元件本身的能量损失

元件的能量损失，包括液压泵、液压马达、液压缸和液压控制元件等的能量损失，以及管路中的能量损失。其中，液压泵、液压马达的能量损失为最大。

液压泵、液压马达的能量损失可用液压泵、液压马达的效率来表示,其效率值等于其机械效率与容积效率的乘积。液压泵、液压马达效率的高低,是其衡量质量好坏的主要指标之一。其机械效率、容积效率与多种因素有关,如液压泵、液压马达的结构、类型、工作压力、转速及工作油液的粘度等。每台液压泵或液压马达在其额定工作点具有最高的效率,当增高或降低工作压力和转速时,都会使效率降低。

管路和控制元件的结构同样会影响能量损失的大小,从而影响效率,因为油液流动的阻力与其流动状态有关。为了减少流动时的能量损失,可在结构上采取改进措施。如,增大管路的截面积以降低流速;增大控制元件的结构尺寸以增大通流量。但是,增大结构尺寸超过一定的数值会影响经济性。此外,应在控制元件结构中,使两个不同截面之间的过渡要圆滑,以尽量减少摩擦损失。

5. 溢流损失

当液压系统工作时,工作压力超过溢流阀(或安全阀、过载阀)的开启压力时,溢流阀开启,液压泵输出的流量部分或全部通过溢流阀溢流。溢流阀开启溢流的情况有下列几种:

1)回转机构的起动与制动过程。
2)负载太大,使得液压元件中的工作压力超过溢流阀的开启压力而仍继续工作。
3)工作机构或液压缸到达行程的终点极限位置,而换向阀还未回到中位。

在液压系统工作时,应尽量减少溢流损失。这可从设计和操作两个方面采取措施。

6. 背压损失

为了保证工作机构的运行平稳,常在执行元件的回油路上设置背压阀,背压越高,能量损失越大。一般而言,液压马达的背压要比液压缸的背压高,低速液压马达的背压要比高速液压马达的背压高。为了减少因回油背压而引起的损失,在保证工作机构运动平稳的前提下,尽可能减小回油背压,或利用背压做功。

总之,除了选用性能优良的液压元件、尽可能减少管路能量损失及尽可能采用高效率的液压回路等提高液压系统效率的主要途径外,液压泵的数目及控制方式、泵与执行元件的配合(在多执行元件或一个循环中具有多工序的系统中)等,都会影响到液压系统的效率。液压系统的效率是一个综合性的指标,不能单单按某一局部回路的设置是否合理来评价,必须把整个回路设置与整个工艺循环过程结合起来考虑,才能作出最后的正确评价。

二、节能性指标——功率利用率

功率利用率是指液压系统在工作循环中对发动机功率的利用程度,也就是整机效率问题。它不仅反映液压系统对发动机功率利用的好坏,而且对于节省能源也具有很重要的现实意义。对于多回路、多执行元件的系统,它不仅与各回路的设置及其相互间的配合有关,而且与液压泵数目及其控制方式有直接关系。例如,采用双泵变量系统比采用定量泵系统的功率利用要合理;而采用双联变量泵总功率调节系统比采用双联变量泵分功率调节系统的功率利用更加合理;在多数情况下,采用双泵合流及多功能控制能够更有效地利用发动机功率。为了提高发动机功率利用率,在工程机械液压系统中,对液压泵采用零位起调,即在工作压力小于液压泵起调压力时,液压泵的流量为最小。这样可以减少低压时的功率损失。

三、调速性指标——调速范围和微调特性

工程机械的特点是工作机构的载荷及其速度的变化范围较大,这就要求工程机械液压系统应具有较大的调速范围。不同工程机械的调速范围的要求是不同的,即使同一工程机械中,不同的工作机构调速范围也不一样。调速范围的大小可以用速比 i 衡量。

对于液压缸,有
$$i_G = v_{Gmax}/v_{Gmin}$$

式中 v_{Gmax}——液压缸最大运动速度;

v_{Gmin}——液压缸最小运动速度。

对于液压马达,有
$$i_M = n_{Mmax}/n_{Mmin}$$

式中 n_{Mmax}——液压马达最高转速;

n_{Mmin}——液压马达最低转速。

液压系统的调速范围与液压泵及执行元件的性能有关,或者说与系统的流量调节范围及系统压力有关。例如,液压缸节流调速系统中,液压缸的最大运动速度 v_{Gmax} 受到摩擦副最大运动速度的限制,一般 $v_{Gmax} \leq 0.4 \sim 0.5 \text{m/s}$。因此,液压缸的最大调速范围就取决于最小速度 v_{Gmin}。而 v_{Gmin} 又受到节流元件最小稳定流量的限制,节流元件的最小稳定流量又受负载压力的影响。

在变量泵-定量马达的容积调速系统中,液压马达的最高转速 n_{Mmax} 由液压泵所能提供的最大流量决定。液压马达的最小稳定转速 n_{Mmin} 却与液压马达的结构有关。对于低速大转矩液压马达,其最低转速取决于变量泵所能提供的最小稳定流量。

由上述分析可见,液压系统的调速范围不仅与调速方案有关(容积调速范围大于节流调速范围),而且与调节元件及执行元件的自身结构有关。

所谓微调特性,是反映执行元件速度调节灵敏度的一个指标。它除了取决于调节元件本身的特性及控制方法外,还与系统的动态特性有关。不同的工程机械对微调特性的要求不同,如铲运机、挖掘机对微调特性要求不高,而吊装用工程起重机对微调特性有严格的要求。

四、机械特性指标——液压系统刚度

液压系统的速度受外负载影响程度用系统刚度来评定。液压系统刚度越大,说明液压系统的速度受负载波动的影响越小。例如,在节流调速系统中,复合节流调速系统刚度最大,旁路节流调速系统刚度最小;在容积调速系统中,对于定量马达而言,所选马达排量越大,系统刚度越大,对于变量马达而言,其调节参数 r_m(r_m = 变量马达排量/变量马达最大排量)越大,系统刚度越大,即低速时系统刚度比高速时要大。

五、工作性能指标——操纵性能、负载能力

操纵性能是指机械的一个复杂动作能否用简单的操作来完成,操作过程是否省力,是否能减轻操纵者精神上和体力上的疲劳。这项指标除了与主回路的设计有关,还取决于操纵控制回路设计是否合理,控制信号输入是否简单省力。对大型工程机械来说是非常重要的指标。

负载能力是指系统能克服工作阻力的能力,即克服阻力的大小。通俗地说就是能干多重

的活。它是系统设计最基本的依据。

六、冲击、振动与噪声

一个液压系统，能满足机械静态特性和工艺循环的要求，只能表明它能完成预定的工作，当负载发生变化或系统参数发生变化时，系统的工作不平稳，甚至引起或发生强烈的振动与噪声，这都是不允许的。除了特殊要求外，一般应使机械处于平稳工作状态下，并且噪声不能超过环境要求的允许值。

液压系统的冲击、振动与噪声主要与回路的设计及所选的液压元件间的匹配有关，但有时安装不合理或缓冲回路设计不合理，也会造成振动与噪声。

液压系统的冲击、振动与噪声是由组成系统的各元件的振动与噪声引起的，其中以泵和阀最为严重。振动与噪声应予以控制。减小液压系统的冲击、振动与噪声的关键是控制系统中各元件的振动与噪声，减小液压泵的流量脉动和压力波动以及减小液压油在管路中的冲击。

七、安全性能

所谓安全性是指在满足工作性能要求的前提下，保证系统正常工作的措施及应急措施是否完备，这项指标对各种不同的工程机械有不同的要求，对大型工程机械尤为重要。液压系统是否能安全可靠地工作，不仅是保证生产进度的问题，同时还直接影响人的生命安全，因而是极为重要的评价指标之一。

八、维修性能及价格特性

维修性能及价格特性也是评定系统性能优劣的一个方面。

对于一般的液压系统，除了满足上述性能指标要求外，还应有以下基本要求：

1）系统尽可能简单，所用元件尽可能少，做到既满足工况要求，又达到效率高、成本低、使用维修方便、寿命长。

2）结构紧凑，尽可能使用系列元件。

3）操纵控制简单、灵活、正确。

4）工作性能稳定、安全可靠、振动噪声小等。

上述指标和基本要求仅作为分析和鉴别一般液压系统好坏的相对标准，对于具体的液压系统的定量要求和特殊要求则应首先满足。

从上述液压系统的各项指标可以看出，液压系统性能的好坏，除选用合理的回路、高精度的元件外，各项指标与液压泵的数目、形式、控制方法、功率分配方式及操纵控制方式等有关。因此，上述这些构成了分析液压系统的基本内容。

第二章 典型工程机械液压传动系统分析

工程机械主要是为建筑、公路、铁路、水利、电力、矿山、国防和海空港口的建设施工机械化服务的。由于液压传动具有一系列的优点,所以工程机械的工作装置采用液压传动是非常普遍的,而且许多工程机械的行走装置也采用液压传动而成为全液压式工程机械。本章对应用广泛并具有一定代表性与公路交通建设密切相关的几类工程机械的液压系统进行了比较详细的分析。

第一节 推土机液压传动系统分析

推土机是一种在履带式拖拉机或轮胎式牵引车上安装推土铲和松土器及操纵系统的多用途自行式土方机械。能铲挖并移运土壤、沙石等物料。在道路建设施工中,它可以完成路基基底的处理,路侧取土横向填筑高度不大于1m的路堤,沿道路中心线方向铲挖移运土壤的路基挖填工程,傍山取土修筑半堤半堑的路基。还可以用于平整场地、堆积松散物料及清除作业地段内的障碍物等。推土机适用于建筑工地、水利工程、公路工程、平整场地、露天剥离等工程的刮削、堆积等作业。

推土机的工作装置为推土铲(铲刀)和松土器,其工作机构的运动由液压传动来实现。与其他铲土运输机构相比,工作机构的运动较为简单,故其液压系统也较为简单。下面以几种机型为例分析推土机的液压系统。

一、TY180型推土机液压系统

1. 本机主要技术参数

最大牵引力为184kN,最大顶推力为165kN,最大爬坡能力为30°,在横向坡度工作能力为20°,转向液压泵型号为CB-F40C,操纵系统液压泵型号为CB-F32C,推土板容量为4.37m³,推土板提升速度为0.56m/s,推土板回转角为25°,推土板最大提升高度为1300mm,推土板最大切土深度为530mm。

2. 液压系统分析

本机液压系统包括工作装置和转向两个子系统。

TY180型推土机工作装置液压系统原理图如图2-1所示。工作装置包括松土器和推土铲(主要工作部件为其附件推土板),分别由松土缸11和推土缸12驱动。松土缸11和推土缸12组成串联油路由换向阀7与8分别控制。由液压泵3向串联油路提供液压油。液压系统工作压力为11MPa,由溢流阀4控制。为防止松土缸过载而损坏液压元件,设置过载阀9,调定压力为16MPa,当压力超过调定值时过载阀开启使系统卸荷。换向阀上设有进、补油单向阀组10。其中进油单向阀的作用是防止油液倒流,如当提升推土铲时发动机突然熄火,液压泵则停止供油,此时进油单向阀使液压缸锁止,使推土铲维持在已提升的位置上,不会因重力作用突然落下造成事故;补油单向阀的作用是防止液压系统产生气穴现象,如当推土

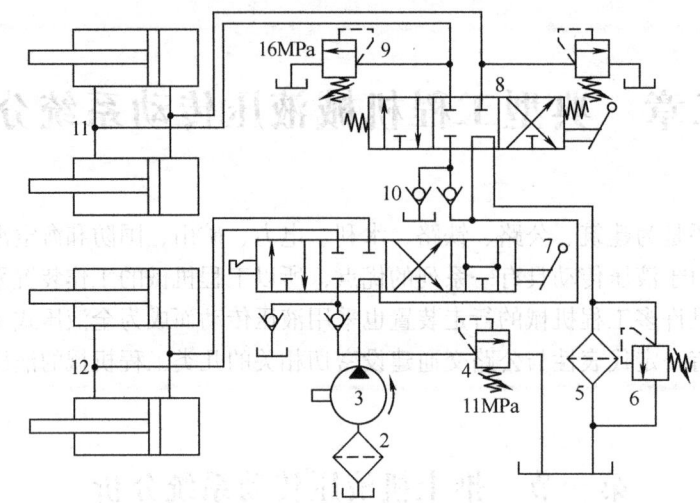

图 2-1 TY180 型推土机工作装置液压系统原理图
1—油箱 2—过滤器 3—液压泵 4—溢流阀 5—精过滤器 6—安全阀 7、8—换向阀
9—过载阀 10—进、补油单向阀组 11—松土缸 12—推土缸

铲下落时因重力作用会使液压缸进油腔产生真空，此时补油单向阀工作，油液自油箱经单向阀进入液压缸，从而防止气穴现象的发生。换向阀 7 为四位五通换向阀，右位为浮动位。推土机在平整土地时，若换向阀在浮动位，则能使推土板随地面的起伏而上下浮动。过滤器 5 在被堵塞时由安全阀 6 保证系统安全。所有液压阀均置于工作油箱内。

本机的转向是通过接通或断开输入给左、右两条履带驱动轮的动力来实现的。TY180 型推土机转向液压系统原理如图 2-2 所示。发动机的动力是通过左右常闭式左离合器 10 和右离合器 6 传递到驱动轮的。液压油从后桥箱内经粗过滤器 2 进入液压泵 3，再经精过滤器 4（内设安全阀 5）进入转向控制阀 7 和 9。转向时，操作转向控制阀使其上位工作，液压油进入左或右离合器油路，打开离合器，使驱动轮动力断开实现转向。转向系统工作压力为

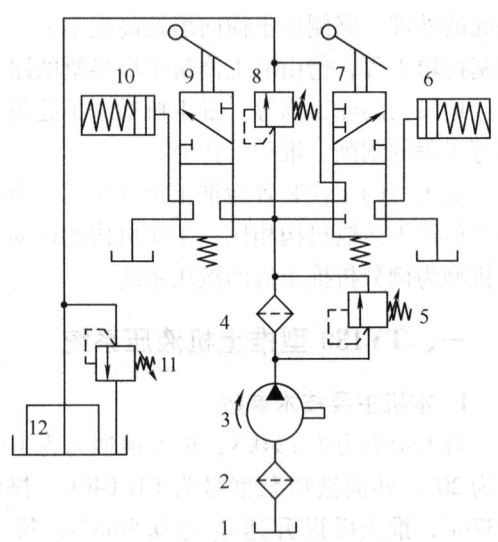

图 2-2 TY180 型推土机转向液压系统原理图
1—油箱 2—粗过滤器 3—液压泵 4—精过滤器
5—安全阀 6—右离合器 7、9—转向控制阀
8—调压阀 10—左离合器 11—背压阀
12—变速箱

1MPa，由调压阀 8 调定。当不转向时，转向控制阀 7、9 处于下位，液压油从调压阀 8 的旁油路经背压阀 11 流回油箱。背压阀调定压力为 0.15MPa，以此背压力的油液对变速箱 12 进行强制润滑。履带式推土机转向普遍采用此系统。

二、TY320 型（小松 D155A 型）推土机液压系统

TY320 型推土机液压系统包括工作装置液压系统、液力传动补偿系统及转向系统。

1. 工作装置液压系统

如图 2-3 所示，液压系统由推土板升降、推土板垂直倾斜、松土器升降三个回路组成。液压系统动力元件液压泵 2 为 CBG2160 型齿轮泵，由柴油机 1（12V135AK 型、254kW、2000r/min）带动的分动箱驱动。执行元件有推土板升降液压缸 15、推土板垂直倾斜调整液压缸 17、松土器升降液压缸 16，分别由控制元件推土板升降操纵阀 12、推土板垂直调整操纵阀 14、松土器升降操纵阀 13 来操纵。操纵阀全为滑阀式结构。液压系统压力为 14MPa，流量为 320L/min。

推土板升降操纵阀 12 具有四个工作位，可根据推土板作业要求有上升、固定、下降、浮动四种工况。浮动位置是使液压缸两腔与进油路、回油路均相通，推土板自由支地，随地形高低而浮动。这对于仿形推土及推土板进行平整地面作业是很需要的。

溢流阀 3 限制液压泵 2 的出口压力，以防止液压系统过载。当油压超过调定压力（约15.4MPa）时，溢流阀 3 打开，液压油溢流回油箱。一般选择溢流阀开启压力为系统压力的110%左右。

单向阀（补油阀）4 和 6 的作用是：当推土铲或松土器下降时，在自重的作用下，下降的速度加快，可能引起供油不足，形成液压缸进油腔局部真空，发生气蚀现象，此时进油腔压力下降，在压差的作用下，单向阀 4

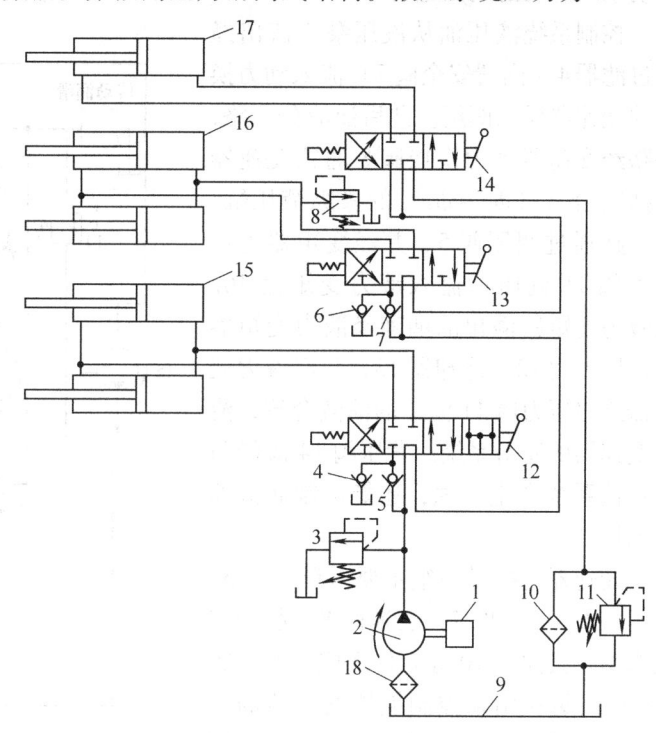

图 2-3 TY320 型（D155A 型）推土机工作装置液压系统
1—柴油机 2—液压泵 3、11—溢流阀 4、5、6、7—单向阀 8—过载阀 9—液压油箱 10—精过滤器 12—推土板升降操纵阀 13—松土器升降操纵阀 14—推土板垂直倾斜操纵阀 15—推土板升降液压缸 16—松土器升降液压缸 17—推土板垂直倾斜调整液压缸 18—粗过滤器

或 6 打开，从油箱补油至液压缸进油腔，避免真空，使液压缸运行平稳。

单向阀 5 和 7 的作用是保证在任意工况下压力油不倒流，避免作业装置因重力下降。

过载阀 8 的作用是：当松土器在固定位置作业时，由于突然过载，液压缸一腔油液压力会骤然升高，造成液压缸超载。装了过载阀 8 后，当压力达到过载阀的开启压力（约16MPa）时，过载阀打开使油液卸荷，避免液压元件的意外损坏。过载阀的开启压力一般大于系统压力 15%~25%。

溢流阀 11 与精过滤器 10 并联，作用是当油中杂质堵塞过滤器时，回油压力增高，溢流阀打开，油液直接经溢流阀流回油箱。

粗过滤器 18、精过滤器 10 的作用都是为了保持油液清洁，滤去杂质，使液压系统正常工作。一般粗过滤器安装在液压泵吸油管上，以减小吸油阻力。精过滤器安装在回油管路上，使其不受高压的作用。

液压油箱 9 起储油、散热、分离杂质与空气的作用。油箱容积主要考虑油液的散热，一般为液压泵每分钟流量的 2~4 倍。

2. 液力传动补偿系统

液力传动补偿系统主要对液力换挡变速器进行液力换挡，并对液力变矩器的循环用油和传动系统的润滑用油进行控制。图 2-4 所示为 D155A 推土机液力传动补偿系统。

控制系统液压油从液压泵 3 流出经精过滤器 4（内置安全阀 7）流入动力换挡的变速器操纵阀组。此后油液分两路，一路经变速器动力换挡阀 8 通往变速器换挡离合器（ϕ_1~ϕ_5）的操纵液压缸，另一路通过调压阀 5、并经变矩器进口压力阀 11 调压后流入液力变矩器 16。从液力变矩器溢出的油液经液力变矩器出口压力阀 12、冷却器 13，与经液力变矩器进口压力阀 11 溢出的油液合流，流入变速器的润滑系统。背压阀 14 既能防止补偿系统产生气蚀，还能控制润滑油的油压。

变速器的操纵阀组主要由调压阀 5、快回阀 6、减压阀 7、变速阀 8、起动安全阀 9 及换向阀 10 等元件组成。调压阀 5 和快回阀 6 用来控制换挡离合器的工作压力和流量。当液压泵出口压力达到一定值时，快回阀 6 处于左位，二位二通液动阀 18 同时处于下位，此时动力换挡系统及液力变矩器均可工作。否则，当液压泵出口压力低于一定值时，快回阀 6 立即快速回到右位，动力换挡系统及变矩器油路油液均回油箱，均不可工作。减压阀 7 用于控制五档离合器的油压。五档离合器是由旋转液压缸操纵的，

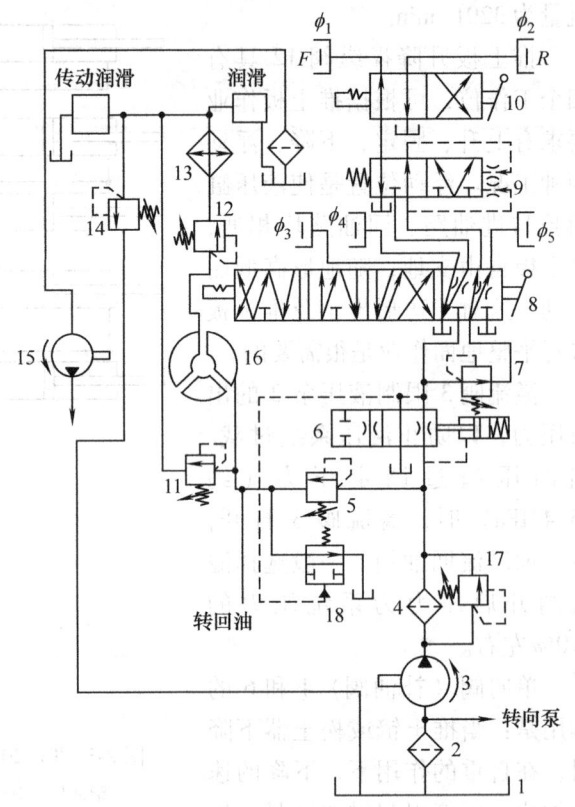

图 2-4 D155A 型推土机液力传动补偿系统
1—油箱 2—粗过滤器 3、15—液压泵 4—精过滤器 5—调压阀 6—快回阀 7—减压阀 8—变速器动力换挡阀 9—起动安全阀 10—换向阀 11—变矩器进口压力阀 12—变矩器出口压力阀 13—冷却器 14—背压阀 16—液力变矩器 17—溢流阀 18—二位二通液动阀

降低油压对于保护旋转油封、延长其使用寿命有利。变速器动力换挡阀 8 是四位多路阀，通过与换向阀 10 的配合操纵可使换挡离合器及换向离合器协调动作，从而得到推土机所需的行走速度与方向。起动安全阀 9 是起动安全装置，可防止挂挡起动发动机时推土机自行起步。

三、小松 D355A 型推土机液压系统

国外大型推土机在液压操纵系统方面更加完善，如日本小松 D355A 型推土机，其工作

装置液压系统如图 2-5 所示。

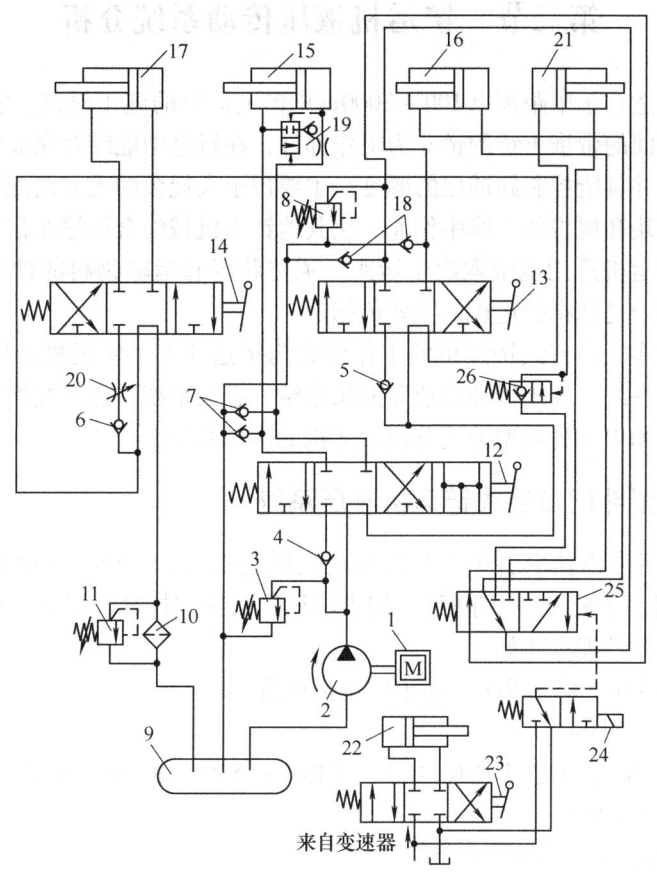

图 2-5 D355A 型推土机工作装置液压系统

1—柴油机 2—液压泵 3—安全阀 4~6—单向止回阀 7—推土板单向补油阀 8—过载阀 9—油箱 10—过滤器 11—过滤器安全阀 12—铲刀升降操纵阀 13—松土器升降、倾斜操纵阀 14—推土板垂直倾斜操纵阀 15—推土板升降液压缸 16—松土器升降液压缸 17—推土板垂直升降液压缸 18—松土器单向补油阀 19—快落阀 20—溢流节流阀 21—松土器倾斜液压缸 22—松土齿杆固定液压缸 23—松土齿杆固定操纵阀 24—电磁阀 25—转换阀 26—二位二通液动阀

此机推土板升降高度在 2m 以上，为了缩短推土板下降时间，提高作业效率，设有快落阀 19 使推土板下降速度提高。此快落阀由二位二通液动滑阀、单向阀与可调节流阀组成。当推土板下降时，压力油经快落阀中节流阀进入液压缸无杆腔，节流阀前后压差使二位二通液动滑阀下位工作，则有杆腔油液经单向阀进入无杆腔，使流量加大，从而下降速度加快。在推土板垂直倾斜操纵阀 14 的进油管路上安装有溢流节流阀 20（旁通型调速阀），能够自动调节液压缸的进油量。通过调整松土器倾斜液压缸 21，能够随时微量调整松土角以提高作业效率。当配备单齿松土器时，松土齿杆高度也可通过液压操纵调整，它是通过齿杆和齿架固定销上装设的松土齿杆固定液压缸 22 来实现的。

国外有的推土机推土板的升降和倾斜、松土器的升降和倾斜均为一个操纵杆操纵，简化了操纵，作业效率得到了提高。

第二节 铲运机液压传动系统分析

铲运机是一种适合于中距离（100~2000m）铲土运输的施工机械。它是以装在前后轮轴间或左、右履带间的带推土铲的铲斗为工作部件，在行进中能综合完成铲土、装土、运土和卸铺四个工序，并且能控制卸铺层的厚度。主要用于大规模的土方调配和平土作业。但不适宜于在混有大石块和树桩的土壤中作业。比其他铲土机械配合运输车作业具有较高的生产效率和经济性。铲运机适用范围取决于运距、道路状况和运输物料的性质。其中，经济适用、运距和作业阻力是选择铲运机的主要依据。

铲运机种类很多，自行式铲运机的工作装置为铲运斗车。铲运机采用液压传动的系统有：转向操纵液压系统、变矩器和变速器液压系统、悬架系统、连接缓冲液压系统和工作装置液压系统等。下面以几种机型为例分析铲运机的液压系统。

一、CLZ-9 型斗门自装式铲运机液压系统

CLZ-9 型铲运机由单轴牵引车及斗门自装式铲运机配套组成。铲运机主要由辕架、铲斗、斗门（前斗门、斗底门、后斗门）、卸土液压缸及推拉杠杆、尾架、操控装置、行走机构等组成。本机主要性能参数如下。

斗容量：浅装 $7m^3$，满装 $9m^3$，属于中型铲运机。

最小转向半径：7.8m。

各挡速度（km/h）：前进Ⅰ档 0~8.1，Ⅱ档 0~18.9，Ⅲ档 0~30.5，Ⅳ档 0~39.1；倒Ⅰ挡 0~6.6，Ⅱ挡 0~9.1。

变矩器闭锁时最高速度：40km/h。

铲斗切土深度：5~15cm。

装土高度：20~60cm。

卸土高度：30~40cm。

卸土长度：10~15m。

本机的工作装置为铲斗和斗门，工作时铲斗前端的刀刃在牵引力的作用下切入土中，斗门帮助向铲斗中扒土，扒土循环数次，铲斗装满后提升并关闭斗门，运送到卸土地点，打开斗门，在卸土板的强制作用下将土卸出。工作机构的各动作均由液压缸驱动完成。CLZ-9 型铲运机工作机构液压系统如图 2-6 所示。

该系统为单泵定量开式串并联系统。利用单轴牵引车上的动力输出箱的一个从动齿轮驱动液压泵 19 提供动力油，使铲斗工作的三组（共 7 个）液压缸获得动力。

工作循环是：①铲斗下降（液压缸 16、17 伸出）→②斗门收拢扒土（液压缸 14、15 伸出）→③斗门上升（液压缸 12、13 伸出）→④斗门张开（液压缸 14、15 缩回）→⑤斗门下降（液压缸 12、13 缩回）→⑥斗门收拢扒土（②~⑥步循环 5~6 次）→⑦铲斗提升（液压缸 16、17 缩回）→⑧运送到卸土地点→⑨卸土（液压缸 18 动作）。

斗门液压控制分手动和自动控制两种，由电磁换向阀 4 转换，原理如下。

手动控制：电磁换向阀 4 不通电时，各执行元件由手动三联多路换向阀 5 控制，当该多路阀三个手柄均处于中位时，油液直接回到油箱，形成卸荷回路。当手动换向阀 c 左位时，

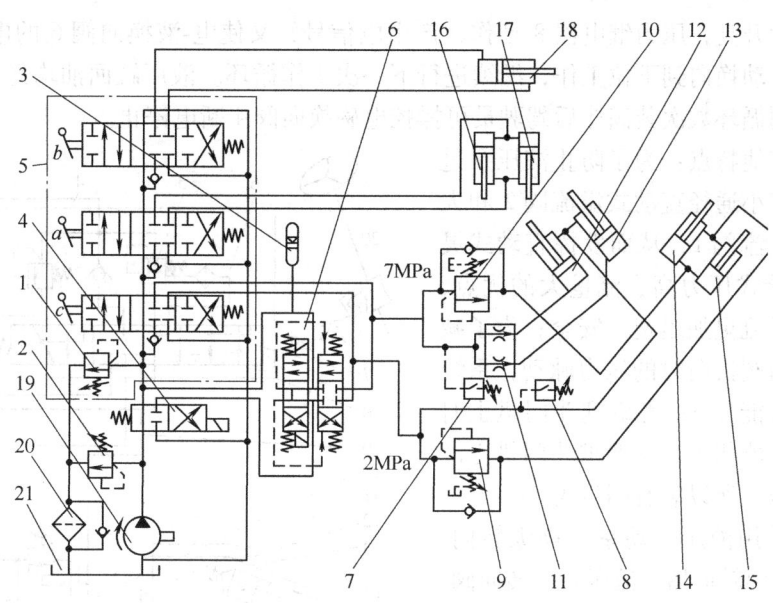

图 2-6 CLZ-9 型铲运机工作机构液压系统
1—先导式溢流阀 2—直动式溢流阀 3—囊式蓄能器 4—电磁换向阀 5—手动三联多路换向阀
6—电-液换向阀 7、8—压力继电器 9、10—顺序阀 11—同步阀 12、13—斗门开闭液压缸
14、15—斗门升降液压缸 16、17—铲斗升降液压缸 18—卸土液压缸 19—液压泵
20—回油路过滤器 21—油箱

压力油进入顺序阀 10 和同步阀 11，由于顺序阀 10 调定压力为 7MPa，所以液压油先经同步阀 11，进入斗门开闭液压缸 12、13 无杆腔，活塞杆伸出，斗门收拢进行扒土。斗门升降液压缸 14、15 活塞伸出到顶时，油压开始升高，当油压升到大于 7MPa 时，液压油打开顺序阀 10 进入斗门升降液压缸 14、15 的无杆腔，活塞杆伸出，带动斗门上升。斗门上升到顶后，将手动换向阀 c 换向，使其右位工作，压力油首先进入斗门升降液压缸 14、15 的有杆腔，活塞杆缩回，带动斗门张开。斗门升降液压缸 14、15 活塞缩回到底时，带动斗门全张开后，油压开始升高，当油压升到大于 2MPa 时，液压油打开顺序阀 9 进入斗门升降液压缸 14、15 的有杆腔，活塞杆缩回，带动斗门下降。液压缸回油均经手动换向阀 c 回油箱。因此，通过顺序阀 9 和 10 的作用，完成一次工作循环："斗门扒土→斗门上升→斗门张开→斗门下降"，手动换向阀 c 换向两次。铲运机装满一斗土斗门需要扒土 5～6 次，手动换向阀就要换向 10～12 次，造成驾驶员操纵频繁紧张。

自动控制：为了改善操作性能，液压系统中增设了电-液换向阀 6，和压力继电器 7 和 8。当电磁换向阀 4 励磁后，右位工作，同时电-液换向阀 6 的电磁阀上位励磁，则液动阀下位工作，液压油经电-液换向阀 6 的下位，再经同步阀 11 到斗门开闭液压缸 12、13 的无杆腔，斗门收拢扒土。当斗门扒土到底后，压力升高，压力达到、大于 7MPa 后，液压油打开顺序阀 10 进入斗门升降液压缸 14、15 的无杆腔，活塞杆伸出，带动斗门上升。斗门上升到顶后，压力继续升高，压力继电器 7 动作，产生电信号，使电-液换向阀 6 的电磁阀下位励磁，液动阀自动换向到上位工作，则液压油经液动阀上位进入斗门开闭液压缸 12、13 的有杆腔，斗门张开。当斗门升高到顶后，压力升高，压力达到、大于 2MPa 后，液压油打开顺序阀 9 进入斗门升降液压缸 14、15 的有杆腔，活塞杆缩回，带动斗门下降。斗门下降到底后，压力继续升高，压力继电器 8 动作，产生电信号，又使电-液换向阀 6 的电磁阀上位励磁，液动阀自动换向到下位工作，继续进行下一次工作循环。液压缸回油均经电磁换向阀 4 回油箱。直到循环数次装满斗后驾驶员可操控电磁换向阀 4 断电停止。

此系统其他特点：为了防止液压泵过载，同时装有小通径直动式溢流阀 2 和大通径先导式溢流阀 1，从而发挥直动式灵敏度高，先导式压力高、流量大的优点，使系统过载溢流更加迅速、安全；为了减小系统中换向阀换向时的压力脉动，系统中装有囊式蓄能器 3；考虑到斗门扒土时两侧负载不可能相等，又要求斗门扒土液压缸伸缩同步，所以装有同步阀 11。

本机也采用液压传动系统操纵转向，转向系统主要由转向器、液压泵、转向阀、过滤器、液压油箱、双作用安全阀、换向阀、转向液压缸及管路等组成。CLZ-9 型铲运机转向液压系统如图 2-7 所示。

转向器 20 由转向盘操纵，其结构为球面蜗杆滚轮式。液压泵 3 为整个系统提供压力油，由转向分配阀 7 控制液压油的流动方向。转向分配阀为单滑式，由转向器通过摇臂和拉杆将滑阀从阀体中拉出或推入，从而改变操纵用压力油的流向。油流通过单向阀 19、换向阀 17 进入转向液压缸 14，从而操纵辕架牵引座的左、右回转达到转向的目的。

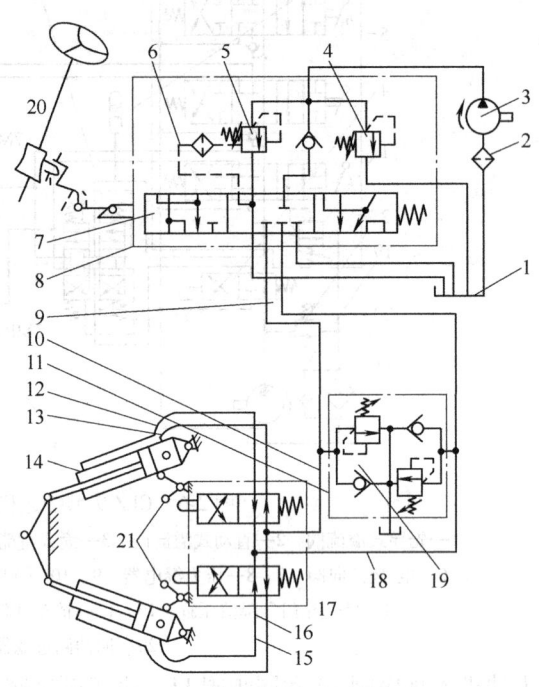

图 2-7 CLZ-9 型铲运机转向液压系统
1—油箱 2—过滤器 3—液压泵 4—安全阀 5—安全调节阀 6—控制油路 7—转向分配阀 8—转向分配阀组 9、10、12、13、15、16、18—外管路 11—双作用安全阀 14—转向液压缸 17—换向阀 19—单向阀 20—转向器 21—换向曲臂

该机转向系统结构简图如图 2-8 所示，铲运机在转向过程中，随着转

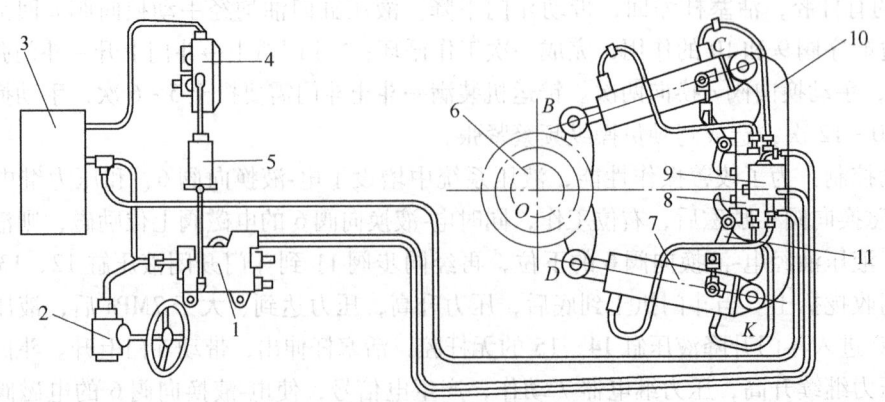

图 2-8 铲运机转向系统结构简图
1—转向操纵阀 2—转向器 3—油箱 4—转向液压泵 5—过滤器 6—辕架牵引座 7—转向液压缸 8—换向阀 9—双作用安全阀 10—转向枢架 11—换向曲臂

角的增大会出现 O、D、K 或 O、B、C 三点成一线的情况，称为死点位置，这时，要使转向持续进行，相应的液压缸的活塞杆需要改变原来的运动状态，即缩进的液压缸变为外伸或外伸的液压缸变为缩进。这一特殊要求在结构上是通过图 2-7 中换向曲臂 21 和换向阀 17，使换向阀换位来实现的。

图 2-7 中的双作用安全阀 11 用来消除道路不平和驱动轮碰到障碍物而引起的冲击负荷。安全调节阀 5 为流量控制阀，可根据转向负载压力的变化，调节进入转向液压缸的流量，使转向速度不受负载的影响，从而保持转向速度稳定；当铲运机不转向或直线行驶时，动力油可通过安全调节阀 5 卸荷流回油箱。

二、日本小松公司铲运机液压系统

图 2-9 所示为日本小松铲运机液压系统图。系统中采用优先油路，其优先供油的顺序是：铲斗液压缸 4、斗门液压缸 5、后斗壁液压缸 6。上游液压缸工作时下游液压缸得不到液压油，从而起到一定的联锁作用。此液压系统还有以下特点：

1）多路换向阀采用气压操纵。

2）铲斗升降和斗门开闭的换向阀都装有一个过载阀和两个单向补油阀。过载阀的作用是防止过载，单向补油阀的作用是当液压缸中产生真空时自动补油。

3）铲斗液压缸中装有快落阀 3，由气压操纵。在气压作用下，快落阀处于铲斗液压缸两腔切断位置。在弹簧作用下，快落阀处于铲斗液压缸两腔相通位置。其作用是使铲斗快速下落，提高作业效率。另外，操纵气压低于规定值以下时（气压系统出现故障），铲斗会自动下放，起紧急制动作用。

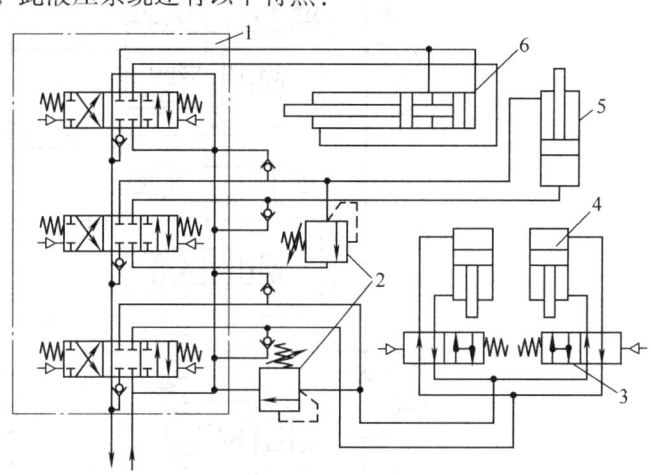

图 2-9 日本小松铲运机液压系统图
1—多路换向阀 2—过载阀 3—快落阀 4—铲斗液压缸
5—斗门液压缸 6—后斗壁液压缸

4）后斗壁液压缸采用串联布置的并联液压缸，且一个液压缸的行程较短。开始卸土时两个液压缸同时作用，推土力增大一倍，可解决卸土开始时阻力大的问题，待短行程液压缸走到头后仅一个液压缸作用，使卸土速度提高。

三、前苏联铲运机液压系统

图 2-10 所示为前苏联铲运机液压系统图。该液压系统有以下特点：

1）铲斗升降液压缸上装有液压锁 10 和单向节流阀 9。液压锁的作用是防止铲运机运行时高压油管受到很大动载荷而破坏，同时也可避免当铲运机在运输状况时由于油液泄漏而使铲斗下落。单向阀的作用是，使铲斗升降液压缸大腔快速进油缓慢回油。

2）多路换向阀由电-液阀操控。一般液压泵装在牵引车上，如果分配阀放在牵引车上，则需六根油管经回转接头连至液压缸。如果分配阀放在斗车上，则液压泵经回转接头至分配阀的油管只需两根。但是，分配阀布置在斗车上时，分配阀的操控不宜采用机械杠杆式，需要采用电磁阀远距离操控。

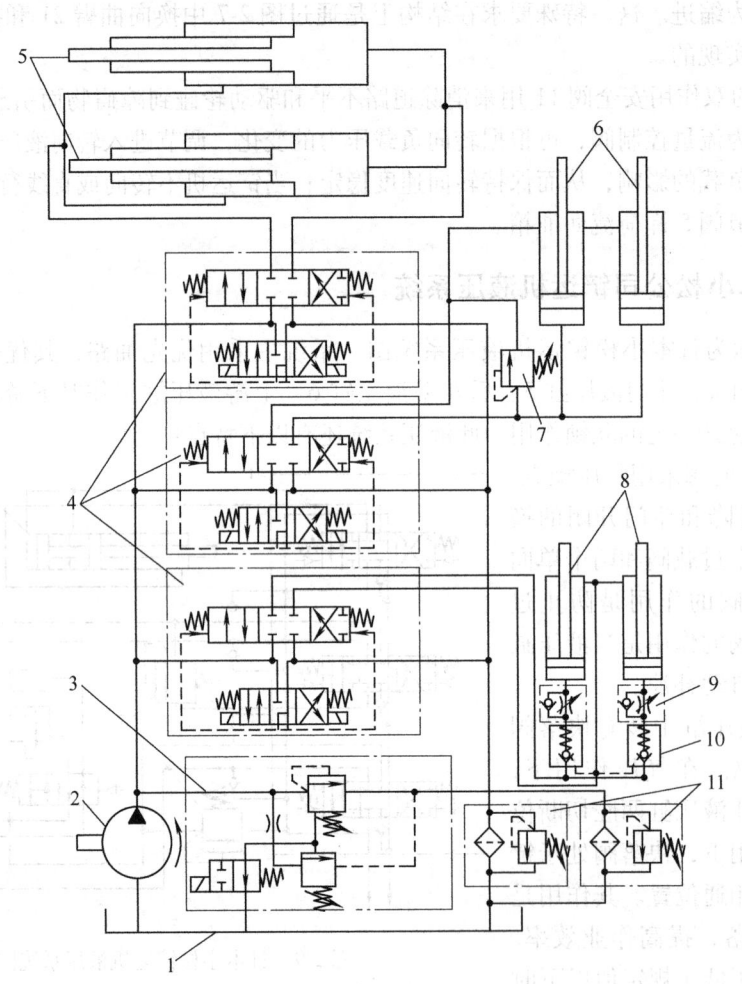

图 2-10　前苏联铲运机液压系统图

1—液压油箱　2—液压泵　3、7—溢流阀　4—多路换向阀　5—后斗壁液压缸　6—斗门液压缸
8—铲斗升降液压缸　9—单向节流阀　10—液压锁　11—过滤器

第三节　平地机液压传动系统分析

平地机是一种装有铲土刮刀，能对土壤进行切削、刮送和整平等作业的土方机械。刮刀在两轮轴中间，能够升降、倾斜、回转和向外伸出。在施工中适用于推土、运土、大面积平整，可以进行路基和路面的整形、挖道路边沟、刮修边坡等作业；也可用于清除积雪，推送颗粒物料、搅拌路面混合料及道路养护等作业。如果配置推土铲、土耙、松土器、除雪犁、压路辊等辅助装置和作业机具，可进一步扩大作业范围。

平地机有自行式和托式两种。平地机一般由发动机、机械液压传动系统、工作装置、电气与控制装置及底盘和行走装置等部分组成。本节主要对自行式平地机液压系统进行分析。

平地机液压系统包括：工作装置液压回路、转向液压回路、操纵控制液压回路等。

工作装置液压回路用来控制平地机各种工作装置的运动。工作装置包括刮土工作装置和松土工作装置，主要指刮刀、耙土器、推土铲等；工作装置的运动主要指刮刀的左右侧提升与下降、回转、侧移（刮刀相对于回转圈侧移或随回转圈一起侧移）、切削角的改变，回转圈的转动；耙土器及推土铲的收放等。

转向装置少数采用液压助力系统，多数采用全液压转向系统，即由转向盘直接驱动液压转向器实现动力转向。

液压系统目前有以下几种类型：①按泵的类型分为定量和变量系统；②按泵的数目分为单泵和双泵系统；③按工作装置回路与转向装置回路之间关系分为独立式和复合式液压回路等。下面对典型平地机液压系统进行分析。

一、PY180 型平地机液压系统

PY180 型平地机是我国天津工程机械厂引进国外技术生产的，它的主要工作装置是回转铲刀，此外还有松土耙、前推土板和重型松土器等。其液压系统由工作装置回路、转向回路和制动回路等组成。该系统为开式多泵定量系统，液压油箱为压力油箱。图 2-11 为该机液压系统图。

1. 工作装置液压回路

该回路由左右铲刀升降、前轮倾斜、铲刀摆动、铲刀引出、铲刀角度变换、铲刀回转、前推土板升降、后松土器升降等回路组成。各液压回路的液压油由双联齿轮泵 13 供给，其中铲刀升降液压缸 7、铲刀摆动液压马达 6、前轮倾斜液压缸 11、铲刀回转液压马达 2、前推土板液压缸 1 等由液压泵Ⅰ经转换阀 18、换向阀 20 分别供给；铲刀升降液压缸 8、铲刀引出液压缸 5、铲刀转向液压缸 9、铲刀角度变换液压缸 3、后松土器液压缸 10 等由液压泵Ⅱ经转换阀 18、换向阀 19 分别供给；液压泵Ⅰ、Ⅱ分别向两个独立的回路（工作装置回路、制动装置回路）供油，又可通过液动分流阀 16 和转换阀 18 实现合流供油。当转换阀 18 处于图示位置时，液压泵Ⅰ、Ⅱ所形成的双回路可分别独立工作。平地机的工作装置可通过操纵对应的换向阀改变和调整其工作位置。

双回路液压系统可以同时工作，也可以单独工作。调节铲刀升降位置时则应采用双回路同时工作，这样可以保证铲刀升降液压缸同步移动，提高工作效率。

为了提高工作装置的运动速度，可以将转换阀 18 置于左位工作，此时可以将液压泵Ⅰ和Ⅱ的双液压回路合为一个回路，也称合流回路。系统合流后，流量提高一倍，工作装置的工作速度也可以提高一倍，进一步缩短了平地机的辅助工作时间，有利于提高平地机的生产率。在铲刀升降液压缸 7、8 上均设有双向液压锁 26，可以防止牵引架后端悬挂重量和地面反作用垂直载荷冲击引起闭锁液压缸产生位移。为实现前推土板平稳下降和铲斗左右平稳摆动，控制回油速度，确保推土板和铲刀双向运动无惯性冲击。在前轮倾斜液压缸 11 的两腔，设有两个单向节流阀，可以实现前轮平稳倾斜。为防止前轮倾斜失稳，在前轮倾斜换向操纵阀上还设有两个单向补油阀，当前轮倾斜液压缸供油不足时，可通过单向补油阀从压力油箱中补充供油，以防止气蚀造成前轮抖动，确保平地机行驶和转向安全。为满足铲刀转向液压缸 9 对铰接转向和前后机架定位的要求，在铰接转向换向阀的回油路上设有补油阀 25，当系统压力不足时，可直接从压力油箱向系统补油，可实现平地机稳定铰接转向和可靠定位。

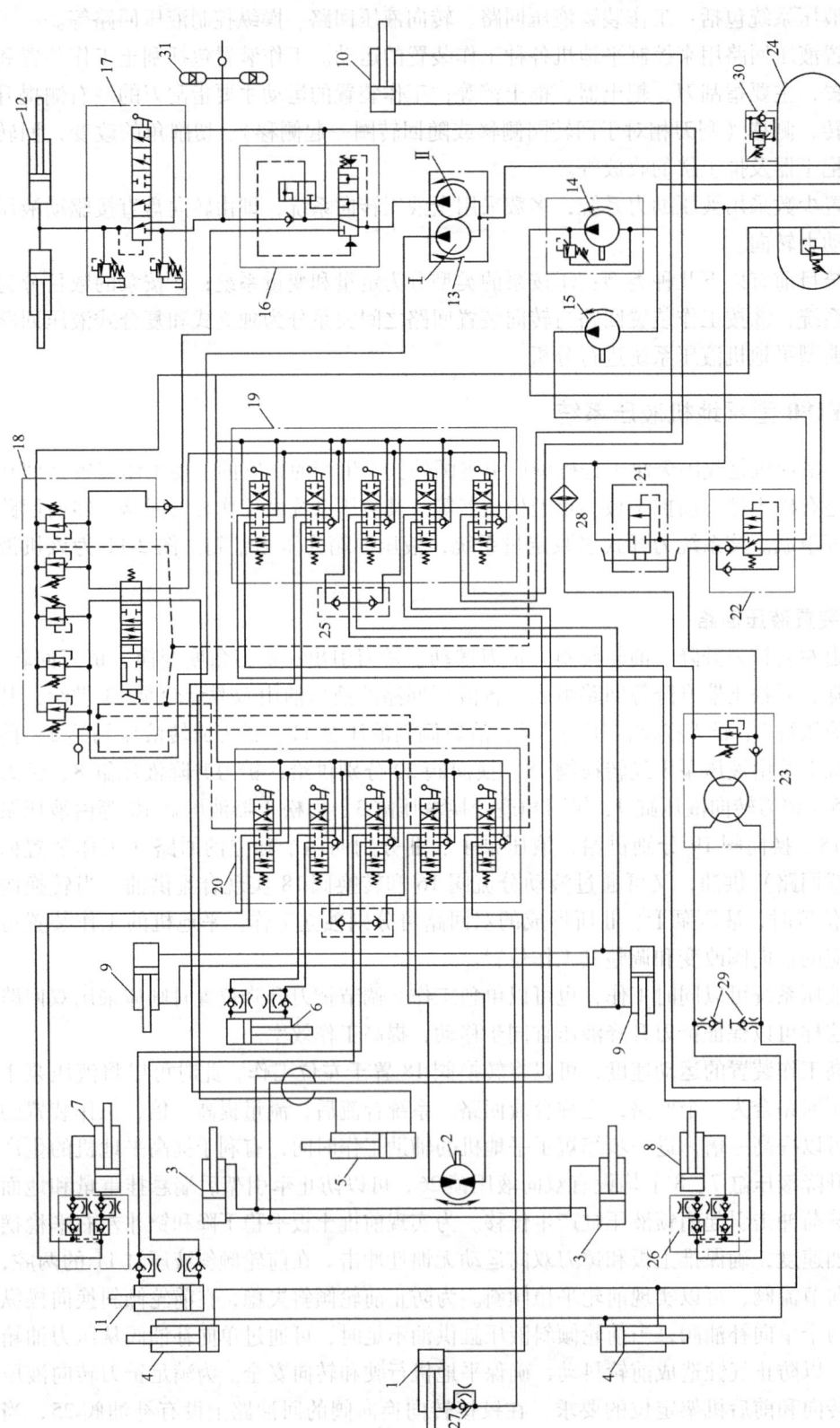

图 2-11 PY180 型平地机液压系统

1—前推土板液压缸 2—铲刀回转液压马达 3—铲刀角度变换液压缸 4—前轮转向液压缸 5—铲刀引出液压缸 6—铲刀摆动液压马达 7、8—铲刀升降液压缸 9—铲刀回转液压缸 10—后轮松土器液压缸 11—前轮倾斜液压缸 12—制动液压缸 13—双联齿轮泵(液压泵Ⅰ、Ⅱ) 14—转向液压泵 15—紧急转向泵 16—液动分流阀 17—液动推土板 18—转换阀 19、20—换向阀 21—旁通指示器 22—转向阀 23—液压转向器 24—压力油箱 25—补油阀 26—双向液压锁 27—单向节流阀 28—测量接头 29—冷却器 30—进、排气阀 31—蓄能器

在平地机各种工作装置的并联液压回路中，由于铲刀升降液压缸8、7的两端均装有双向液压锁26，故铲刀升降液压缸的进油腔的液压油在活塞到达极限位置时不可能倒流回油箱。其他工作装置液压缸和铲刀回转液压马达均未设置双向液压锁，为防止各工作装置液压油或液压马达进油腔的液压油倒流的现象，同时避免换向阀进入中位时发生油液倒流，故在后松土器、铲刀铲土角变换、铰接转向、铲刀引出、前推土板、铲刀摆动、前轮倾斜和铲刀回转诸回路中，以及封闭式换向操纵阀的进油口均设有单向阀。

本机采用的油箱是封闭式压力油箱。压力油箱上装有进、排气阀30，可控制油箱内的压力保持在0.07MPa的低压状态下，有助于液压泵正常吸油。进、排气阀可根据油箱内压力的变化适时进入或排除空气。封闭式油箱可防止气蚀现象的产生，防止液压油污染，减少系统故障，延长液压元件的使用寿命。

2. 转向液压回路

本机转向液压系统由转向液压泵14、紧急转向泵15、转向阀22、液压转向器23、前轮转向液压缸4、冷却器28、旁通指示器21和压力油箱24等元件组成。平地机转向时，由转向液压泵14提供液压油经转向阀22，以稳定的流量进入液压转向器23，然后进入转向液压缸的不同工作油腔，推动左、右前轮的转向节臂，偏转车轮实现左右转向，左右转向节用横拉杆连接，形成前桥转向梯形，可以近似满足转向时前轮纯滚动对左右偏转角的要求。

转向器安全阀（在液压转向器23内），可保证转向液压系统的安全。当系统过载，压力超过15MPa时，安全阀即开启卸荷。当转向液压泵14出现故障无法提供液压油时，转向阀22则自动接通紧急转向泵15，由紧急转向泵提供压力油即可进入前轮转向系统，确保系统正常工作。紧急转向泵由变速器输出轴驱动，只要平地机处于行驶状态，紧急转向泵即可正常运转。当转向泵或紧急转向泵发生故障时，旁通指示器21接通，监控指示灯即显示信号，用以提醒操纵人员。

3. 制动液压回路

制动液压回路由液压泵Ⅱ、液动分流阀16、制动阀17及制动液压缸12组成。通过操作制动阀至右位，可向制动液压缸大腔供油，使液压缸伸出，实现制动。制动液压缸为单作用式液压缸，当制动阀17处于左位（图示位置）时，制动液压缸回油缩回，制动解除。制动阀17为手动五位三通阀，进回油均有两位，以保证制动的平稳与可靠。

二、PY190型平地机液压系统

PY190型平地机液压系统是由泵源回路、转向回路和制动回路等组成的开式系统（图2-12）。

1. 泵源回路

泵源采用变量柱塞泵，最大排量为45mL/r。变量泵1出口处溢流阀设定压力为22MPa，通过充液阀4首先向制动回路供油，当两个蓄能器8的压力达到8MPa时，充液阀4上位接入，自动切断向制动回路的供油；变量泵1的压力油经过充液阀4的上位进入转向优先阀15，当转向优先阀15处于上位时，泵源的液压油全部进入转向回路；当不需要转向时，或者转向回路需要流量较小时，转向优先阀15下位接入，泵源向并联的左换向阀组21和右换向阀组22及踏板式两位四通换向阀19并联供油。

52 工程机械液压系统分析及故障诊断与排除

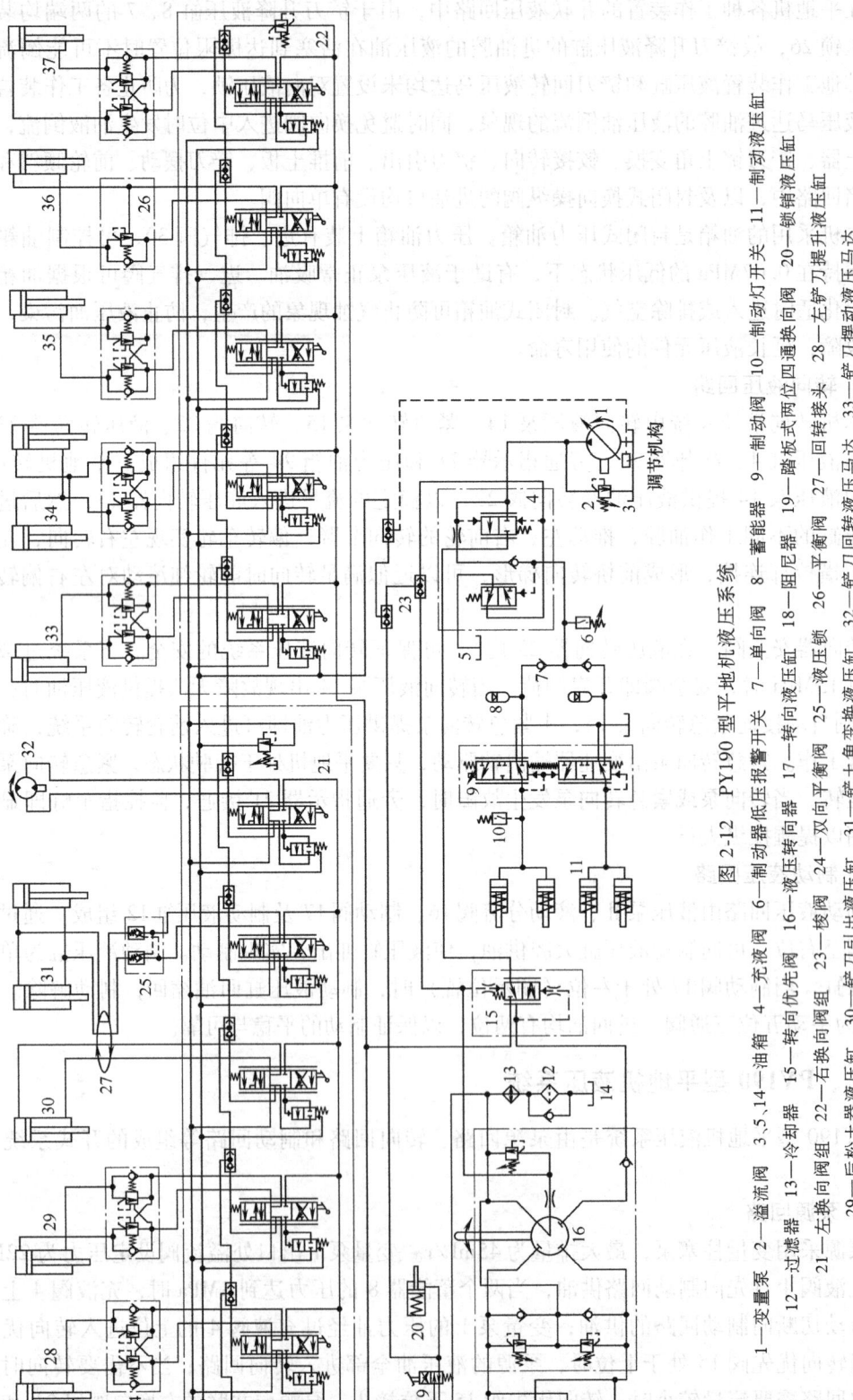

图 2-12 PY190 型平地机液压系统

1—变量泵 2—溢流阀 3、5、14—油箱 4—充液阀 6—制动器低压报警开关 7—单向阀 8—蓄能器 9—制动阀 10—制动灯开关 11—制动液压缸 12—过滤器 13—冷却器 15—转向优先阀 16—液压转向器 17—转向液压缸 18—阻尼器 19—踏板式两位四通换向阀 20—锁销液压缸 21—左换向阀组 22—右换向阀组 23—接头 24—双向平衡阀 25—液压锁 26—平衡阀 27—回转接头 28—左铲刀提升液压马达 29—松土器液压缸 30—铲刀引出液压缸 31—铲土角变换液压缸 32—铲刀回转液压马达 33—铲刀摆动液压马达 34—铰接转向液压缸 35—前轮倾斜液压缸 36—前推土板液压缸 37—右铲刀提升液压缸

2. 工作装置回路

泵源液压油分为并联的三路，一路进入左换向阀组 21 后，通过五个并联的多路换向阀分别控制左铲刀提升液压缸 28、后松土器液压缸 29、铲刀引出液压缸 30、铲土角变换液压缸 31、铲刀回转液压马达 32 的运动；另一路进入右换向阀组 22 后，通过五个并联的多路换向阀分别控制左铲刀摆动液压马达 33、铰接转向液压缸 34、前轮倾斜液压缸 35、前推土板液压缸 36、右铲刀提升液压缸 37 的运动；第三路通过踏板式两位四通换向阀 19 控制锁销液压缸 20 解锁。

在左铲刀提升液压缸 28、右铲刀提升液压缸 37 的回路上设有双向平衡阀 24，可以防止牵引架后端悬挂重量和地面反作用冲击力引起闭锁液压缸产生位移。为实现推土铲平稳下降，在前推土板液压缸 36 的下腔（有杆腔）设有平衡阀 26，以控制液压油的回流速度。在前轮倾斜液压缸 35、铰接转向液压缸 34、铲刀摆动液压马达 33、后松土器液压缸 29 的回路上设有双向平衡阀 24，以确保各个工作装置运动无惯性冲击。

3. 转向回路

本机转向液压系统由变量泵 1 通过转向优先阀 15 向液压转向器 16 供油，驱动转向液压缸 17。转向回路中设有双作用安全阀，设定压力为 20MPa。液压转向器 16 的排量为 200mL/r，由转向优先阀 15 保证转向回路有足够的流量供油，使得转向平稳可靠。

4. 制动回路

由两个蓄能器 8 供油，通过制动阀 9 控制制动液压缸 11 制动，当制动液压缸进油时，制动灯开关 10 靠压力自动接通；当制动压力低于规定值时，制动器低压报警开关 6 依靠压力自动报警。

三、美国卡特皮勒 G 系列平地机液压系统

图 2-13 所示是美国卡特皮勒 G 系列平地机液压系统图，该系统采用中高压开式系统，执行元件并联供油。系统中主要组成有一个双极压力变量轴向柱塞泵，一个专用供冷却用的辅助泵，两组具有流量控制的换向阀组（阀组内根据执行元件的多少，每组可配置四个左右的换向阀），一个全液压转向器及溢流阀、卸荷阀、减压阀。下面简单介绍本系统的主要特点及工作原理。

1. 双级压力变量泵

G 系列内双级压力变量泵是一个轴向柱塞斜盘泵，变量泵的变量控制是依靠变量泵补偿控制器来实现的。其控制特性如图 2-14 所示。

补偿控制器在低挡工作时，压力调节范围在 13～15MPa，当系统工作压力低于 13MPa 时，液压泵输出最大流量；当系统工作压力在 13～15MPa 之间时，液压泵输出流量随压力升高而减小；当系统工作压力等于或大于 15MPa 时，液压泵输出流量最小并保持最小，最小流量可根据需要调节，此最小流量可以补偿泵的内泄漏，并维持低压力级的待用压力及冷却、润滑液压泵。

当补偿控制器在高挡工作时，压力调节范围在 20～24.5MPa，工作特性与低挡位时相似。补偿控制器在高、低挡压力工作状态的转换，由工作装置调节阀控制。由于补偿控制器的压力信号是由各个工作装置工作压力通过梭阀引入的，因而，不管哪一个工作装置上的负荷压力达到调节压力，都会发生调节。

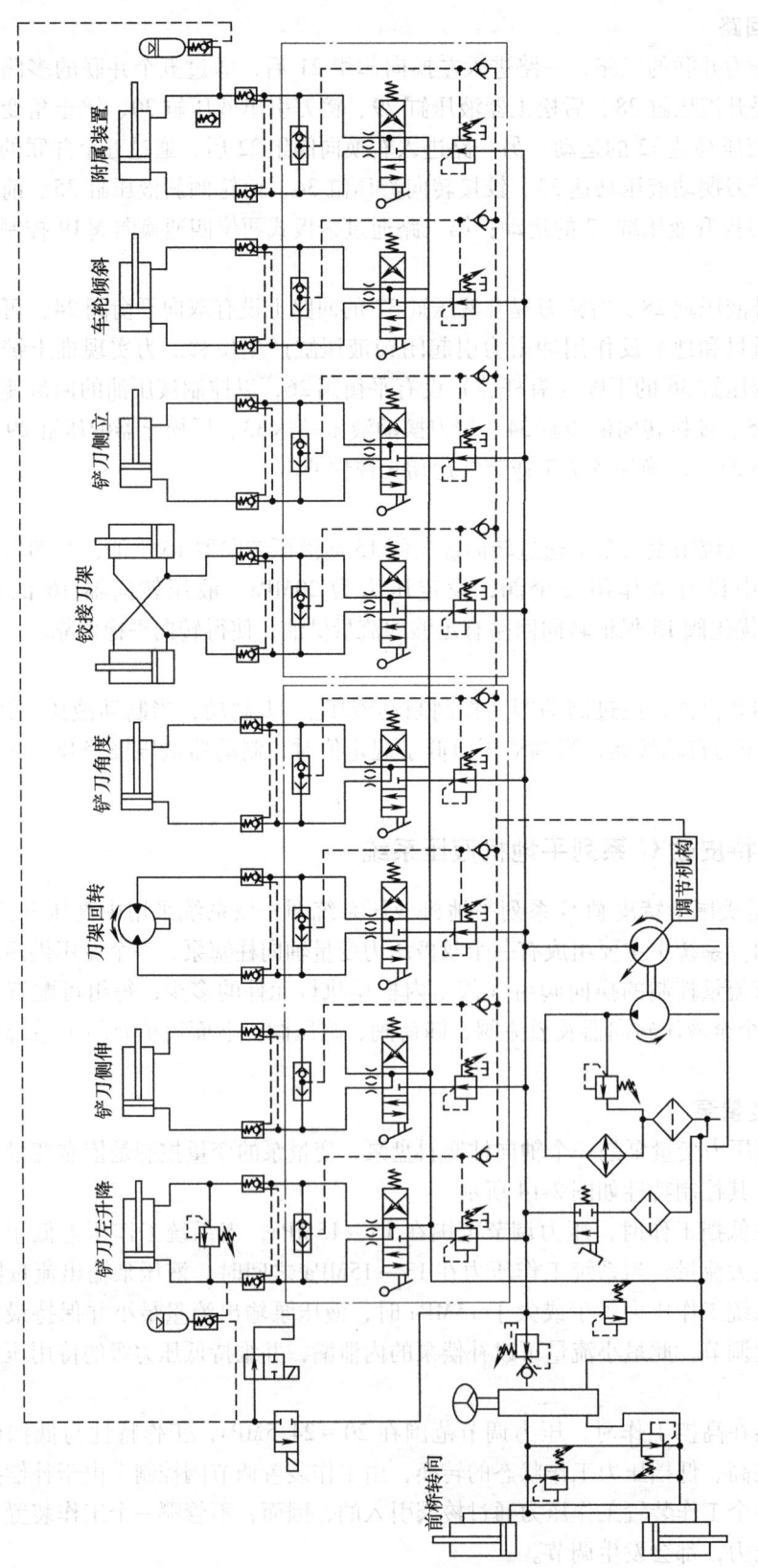

图 2-13 美国卡特皮勒 G 系列平地机液压系统

2. 工作装置换向阀组

该阀组有两组，每一组可多至六联，每一联阀（图2-15）由换向阀1、定差减压阀2、梭阀3、单向阀4组成，阀体上有固定节流口O_1、O_2，其作用原理如下：

当换向阀1在中位时，工作装置液压缸两个油口A、B通过D与油箱接通，定差减压阀2与换向阀1间油道G中存有近似为泵出口压力二分之一的中间压力，该压力作用在定差减压阀2的左端，使阀芯向右移动，则弹簧腔的油液经单向阀4回油箱，即换向阀中位时，有少量的油液围绕换向阀泄漏。

本系列平地机要求液压缸伸缩速度相等，是通过节流口O_1、O_2来保证的。即当换向阀1换位后，液压泵与工作装置液压缸一个油口相通，另一油口与油箱相通，液压缸一个油口的来油经梭阀3至定差减压阀2的弹簧腔，此时，全部液压缸的油必须经过节流口O_1、O_2。节流口O_1或O_2的前端压力作用在定差减压阀2的左端，而后端压力作用在定差减压阀2的右端。这样，定差减压阀2以一定的比率控制压力，以维持节流口两端压差不变，保持不变的流量流过节流口。若要获得较小的流量，则通过微移换向阀1的阀杆，产生一个附加的节流阻力，以减小流量。因为液压缸的大小腔的作用面积比为1.5:1，因此节流口O_1、O_2的通道面积也应保持这样的比例。

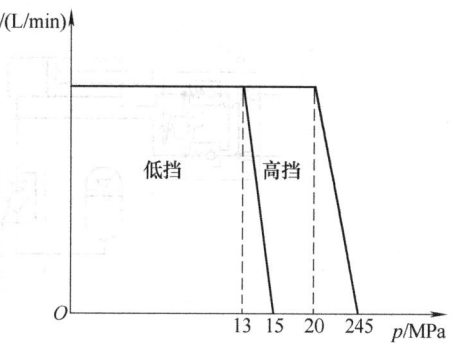

图2-14 双级压力变量泵 q-p 特性曲线

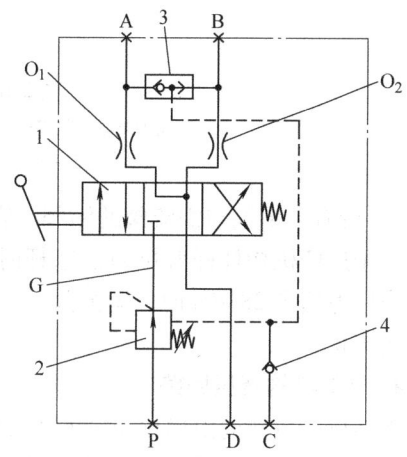

图2-15 换向阀工作原理
1—换向阀 2—定差减压阀
3—梭阀 4—单向阀

单向阀4的作用是：当工作装置进行调节操纵时，通过梭阀3把A、B油口的压力信号送到变量泵补偿控制器，对液压泵进行调节。当各个阀均工作时，只有压力最高的油路上的单向阀打开，供入补偿控制器。

3. 铲刀锁阀（液压锁）**及缓冲回路**

该回路作用原理如图2-16所示。当铲刀遇到障碍并产生冲击时，可将电器开关置于"开"的位置，则电磁阀1与2通电，液压泵来油（近似15MPa）通向液控单向阀4（液压锁）的控制活塞，并打开液控单向阀，液压缸大腔与蓄能器3接通，液压缸的冲击被蓄能器吸收。蓄能器中氮气的充气压力为2.1MPa。

液压锁6为带节流阀、溢流阀的锁阀。在G系列平地机上，锁阀有三种类型：

1) 基本型。只含一个双路液控单向阀，适用于工作装置的重量没有显著影响的地方。

2) 具有两个单向节流阀的锁阀，此节流阀位于锁阀与工作装置调节阀之间的油路上，适用于重力负荷有影响的场合。如铲刀侧立液压缸、铰接车架及附属装置回路等处。当液压缸排出的液压油经节流口时，产生液压阻力，以平衡重力负荷。

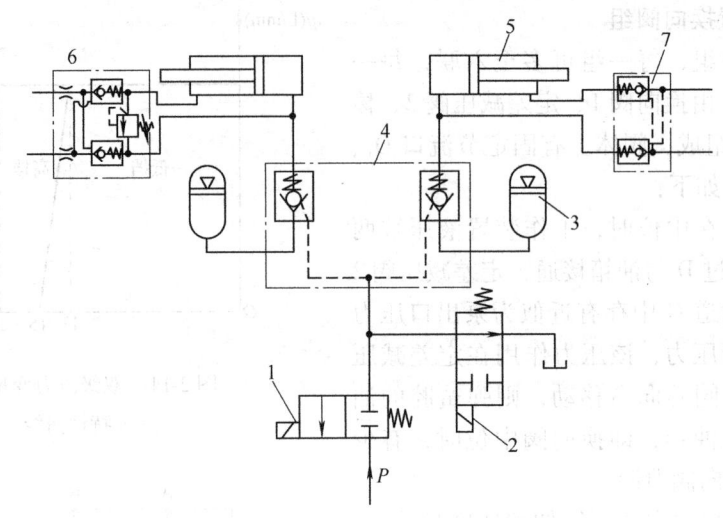

图 2-16 铲刀缓冲液压回路
1—常闭电磁阀 2—常开电磁阀 3—蓄能器 4—液控单向阀
5—液压缸 6—液压锁 7—液压锁

3）带有节流阀与溢流阀的锁阀。安装在左提升液压缸处，见图 2-16 中液压锁 6，此液压缸由于连杆机构杠杆臂拉动活塞杆时，向外的拉力会引起液压缸小腔的压力高于系统压力，当压力达到 28MPa 时，溢流阀开启，活塞杆被拉出，直至活塞杆上拉力不足以至溢流阀关闭为止。

4. 转向机构液压回路

平地机前桥转向由奥比托全液压转向器完成，转向压力由组合阀中的减压阀来提供。转向压力一般为 15MPa 左右，回路中设有两个溢流阀，作双向防过载及补油阀用。

第四节 装载机液压传动系统分析

装载机主要是用来对散装物料如土壤、砂石料、灰料及其他施工用散装物料进行铲装、搬运、卸载及平整场地等作业，也可对岩石、硬土进行轻度的铲掘作业，如果换上不同的工作装置，还可扩大其作业范围，是应用十分广泛的工程机械。

装载机按行走方式分为轮胎式和履带式，按机架结构形式分为整体式和铰接式，按适用场合分为露天用和井下用等。装载机的主要技术参数有发动机功率、额定载重量、铲斗容量、机重、最大掘起力、卸载高度、卸载距离、铲斗的收斗角和卸载角等。其主要工作装置就是动臂和铲斗。国产装载机型号的第一个字母 Z 表示装载机，第二个字母 L 表示轮式装载机，无 L 表示履带式装载机，后面的数字代表额定载重量。如 ZL50 代表额定载重量为 5t 的轮式装载机。

下面对一些典型的轮式装载机的液压系统进行分析。

一、ZL50 型装载机液压系统

该机发动机功率为 150kW，工作装置液压系统额定工作压力为 15MPa。液压系统原理图如图 2-17 所示。该装载机液压系统主要由液压油源回路、工作装置回路及转向回路三个部分构成。

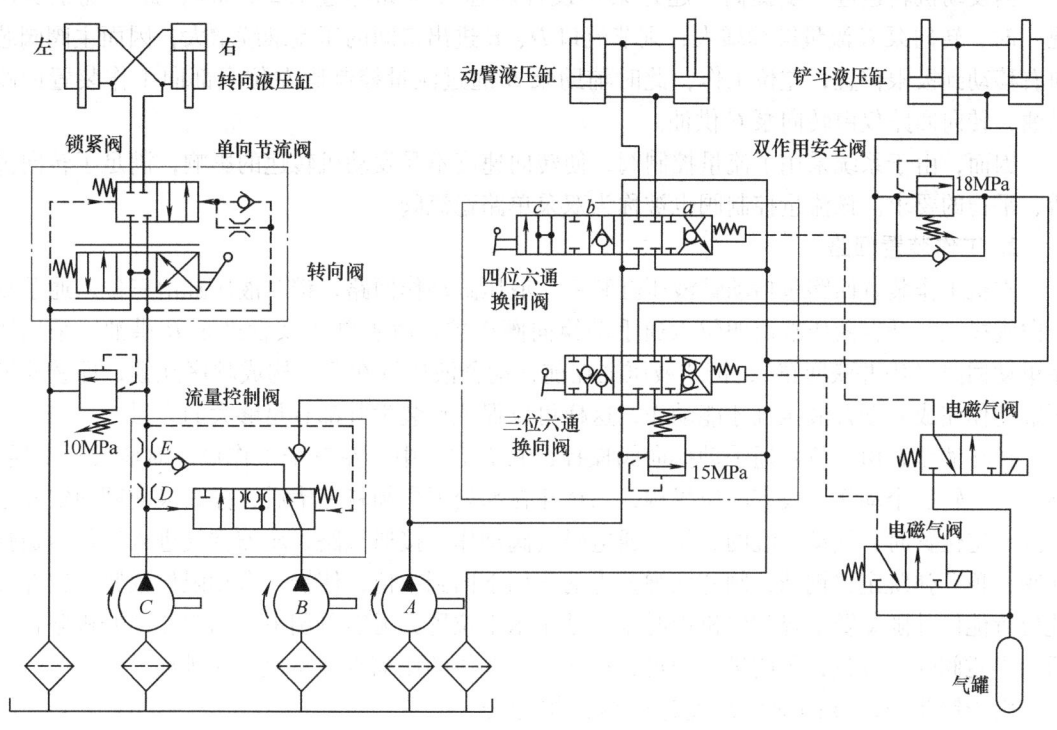

图 2-17　ZL50 装载机液压系统原理图
A—主泵　B—辅助泵　C—转向泵　D、E—节流口

1. 液压油源回路

该系统液压油源由三台定量泵 A、B、C 和一个流量控制阀（稳流阀）构成。其中 A 泵为驱动工作装置的主泵，C 泵为转向泵，B 泵为辅助泵，既可向工作装置供油也可向转向回路供油。

系统采用定量泵，定量泵的流量大小受发动机的转速变化的影响。而转向油路要求供给比较稳定的流量，以保证转向速度稳定，从而保证行驶安全。如果采用较大流量的液压泵，在发动机转速较高时，多余的油源以溢流的形式排出，功率损失就大，油源容易发热，也不经济。因而本油源合理地选用辅助泵和流量控制阀进行稳流控制，控制原理如下：

当发动机转速较低（600r/min 以下）时，转向泵 C 流量较低，则节流口 D、E 进出口间的压差较小，不足以克服流量控制阀阀芯右侧弹簧的弹力，因而主阀阀芯右位工作，此时辅助泵 B 通过流量控制阀右位与主泵 A 共同向转向回路供油，以保证转向回路有足够的流量。

当发动机转速进一步提高，达到某一设计转速（600～1320r/min 之间）时，转向泵 C 流量较高，则节流口 D、E 进出口间的压差增大，足以克服流量控制阀阀芯右侧弹簧的弹力，因而主阀阀芯中位工作，此时辅助泵 B 通过流量控制阀中位分两部分，既向转向回路供油又向工作装置回路供油，既保证转向速度（不使转向速度加快），又提高了工作装置速度，从而提高了生产率。

当发动机转速进一步提高，超过某一设计转速（例如超过1320r/min，此工况很少出现）时，转向泵 C 流量继续增大，则节流口 D、E 进出口间的压差继续增大，因而主阀阀芯向右移动到极限位置，左位工作，此时辅助泵 B 通过流量控制阀左位全部向工作装置回路供油，转向回路仅由转向泵 C 供油。

因而，由于系统采用了流量控制阀，使转向速度不受发动机转速的影响，满足了转向灵活、平稳的要求。该流量控制阀也被称为双泵单路稳流阀。

2. 工作装置回路

本机工作装置回路包括动臂液压缸和铲斗液压缸动作回路，铲斗液压缸由三位六通手动换向阀操控，动臂液压缸由四位六通手动换向阀操控，由主泵 A 及辅助泵 B 供油。采用顺序单动回路（串并联回路），铲斗液压缸在前，动臂液压缸在后，构成顺序互锁，即铲斗液压缸动作完成后动臂液压缸才能动作，这样可以保证铲装举升都有足够大的力量。

铲斗液压缸由三位六通手动换向阀操控，具有右、中、左三个工作位，对应实现上转、锁紧、下转三个动作。设有限位机构，当铲斗在高处下翻卸料完毕后，操纵换向阀使铲斗上转到一定位置时，气动系统的二位三通电磁气阀动作，接通气路，压缩空气进入三位六通换向阀，顶开弹跳定位钢球，阀芯在弹簧力的作用下回到中位，使铲斗自动限位锁紧，铲斗在此位置能使其随动臂下降到停机面时刚好处于水平位置，无需再调平。当铲斗离开极限位置后，电磁阀断电复位，关闭进气通道，进入回位阀体的压缩空气从放气孔排出。

由于铲斗与动臂的动作是通过四杆机构配合动作实现的，所以，在动臂液压缸或铲斗液压缸的伸出与缩回时相互牵连。当动臂液压缸伸、缩时，铲斗液压缸有被拉出或压进的可能，此时铲斗液压缸换向阀处于中位。

为了防止铲斗液压缸的过载或吸空，在铲斗液压缸的小腔设有过载补油阀（双作用安全阀），以避免发生气穴、振动和噪声。应该指出，小腔过载受压时大腔被吸空，因此，大、小腔均应设过载补油阀。该过载补油阀的另一个作用是使铲斗液压缸实现"撞斗"的动作，如图 2-18 所示。卸料时液压油进入铲斗液压缸小腔，通过摇臂和推杆使铲斗翻转，当铲斗的重心越过铰支点后，便在重力的作用下加速翻转，铲斗液压缸的运动速度会逐渐超过供油量控制的速度，由于补油阀能及时向铲斗液压缸小腔补油，可使铲斗快速下翻撞击限位块，以便将斗内的剩料震落。此动作称为"撞斗"。

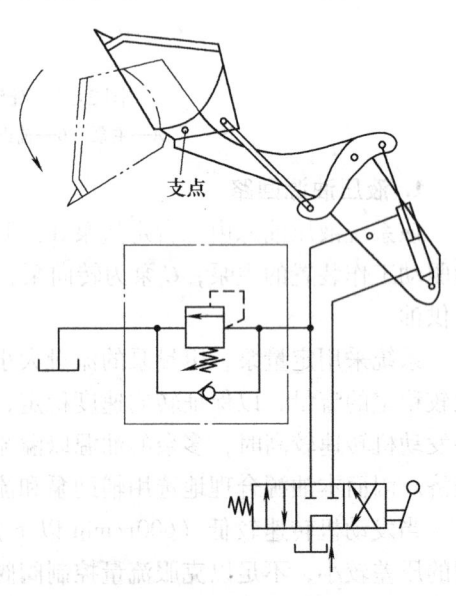

图 2-18 利用补油阀浮动回路

动臂液压缸（图2-17）由四位六通换向阀操控，具有 a、中、b、c 四个工作位，对应实现动臂的上升、锁紧、下降、浮动四个动作。当四位六通换向阀处于中位（图示位置）时，动臂液压缸被锁紧，主泵卸荷。当四位阀处于 a、b 位置时，可实现动臂的升、降，靠控制换向阀阀口的开度实现节流调速。当动臂上升到最高位置或下降到最低位置时，都能由电磁气阀实现自动限位，避免造成安全阀的频繁启闭。当四位六通换向阀处于 c 位置，可使动臂处于浮动状态，以便实现空斗迅速下落，也可以在发动机熄火时能降下空斗。此外，刮平作业、在坚硬的地面上取料时也需要浮动工位。

多路换向阀内部进油路上的单向阀的作用是防止换向阀在换向过程中油液倒流回油箱，出现"点头"现象。因为，换向阀轴向尺寸链有负开口、零开口及正开口三种开口形式（图2-19），换向阀常采用正开口，即开口量大于封油长度。在换向过程中，当阀芯移动距离小于开口量时，阀的四个油口（A、B、P、O）全通（图2-20），当提升动臂或铲斗时，由于自重液压缸无杆腔承受较大的负载（铲斗缸有杆腔也有可能承受较大的负载），具有很高的油压力，这时，液压缸的液压油便可能流回油箱，于是，动臂不但不上升反而会下降，只有阀芯移动距离超过开口量时，进油口 P 与回油口 O 的通道才会被切断，此时从进油口 P 进入阀的油才会进入 A 口（或 B 口），动臂或铲斗才开始上升。这种由于换向阀采用正开口，在其换向过程中造成动臂或铲斗瞬时下降的现象称为"点头"现象。因而在进油路上设置单向阀，以克服这种现象。

多路换向阀内部回油路上的单向阀起背压作用，以减小冲击。

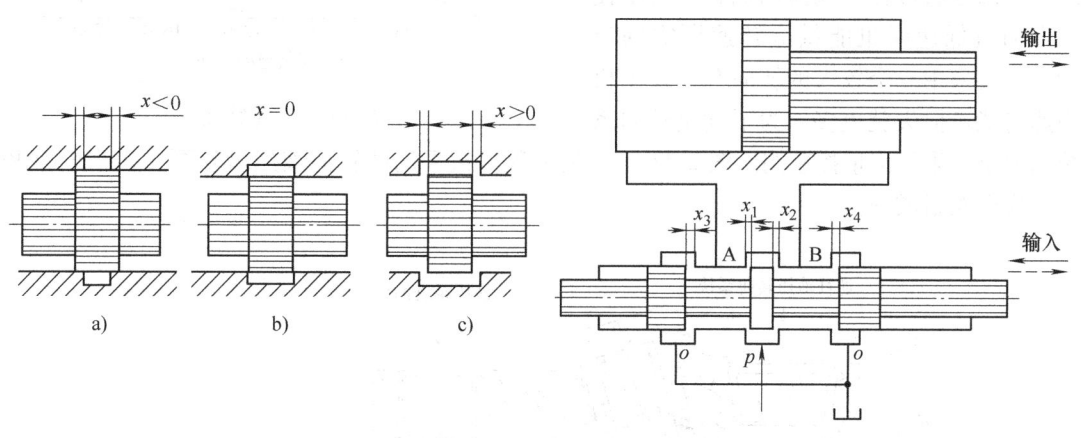

图2-19 滑阀的三种开口形式　　　　图2-20 四边滑阀的工作原理

3. 转向装置回路

液压转向系统可分为常流系统和常压系统。

转向系统供油量不变的称为常流系统，在常流系统中如果液压泵输出的流量超过转向需要的流量，则多余的流量经溢流阀返回油箱，这时有功率损失。当转向阀处于中位时，液压泵输出的油通过转向阀中位回油箱卸荷。该系统的特点是结构简单、成本低，如果设计合理，可使功率损失减小，并能获得良好的转向性能，是工程机械广泛使用的一种形式。

常压系统即转向系统的压力为恒定值。一般可采用定量泵-蓄能器系统获得常压。由于蓄能器的价格比常流式系统要高，蓄能器在整车布置上也困难，使用中隔一段时间还要冲一次氮气，比较麻烦，所以常压系统不如常流系统应用广泛。

工程机械上液压转向系统多采用常流系统。采用常流系统时，对其要求是不管转向条件如何变化,液压转向机构应具有稳定的动力性能和速度性能。转向液压缸行程与转向盘转角要成比例。另外还要保证转向速度恒定,为此要求供油量也要恒定。工程机械上液压转向系统多采用定量泵供油,而驱动液压泵的发动机转速在工作过程中变化很大,因此液压泵的流量也随之变化。如果在发动机低转速时保证足够的供油量,则在高转速时将造成供油量过大。为了解决这个矛盾,保证有效稳定的转向速度,在转向系统中设置稳流阀,它的作用是保证工作过程供给转向系统的流量稳定,即转向系统获得的流量不因发动机转速或道路阻力的变化而变化。

常流液压转向系统又可分为独立式转向回路和组合式转向回路两类。

(1) 独立式转向回路　独立式转向回路是转向回路与其他工作回路分别由各自的定量泵供油,由转向泵组成的独立的回路。

转向回路所需的理想流量为 q,如图 2-21 所示。转向泵输出的流量只有发动机转速在一个点上 (1200r/min) 时满足要求。当发动机高转速和低转速时,输出流量相对理想流量的变化率较大。当发动机转速超过 1200r/min 时,转向泵输出流量的多余部分通过控制阀流回油箱。为了使在发动机低速时也能供应转速所需的流量,就要采用一个较大的转向泵,发动机高速时能量损失就更多。为了满足转向系

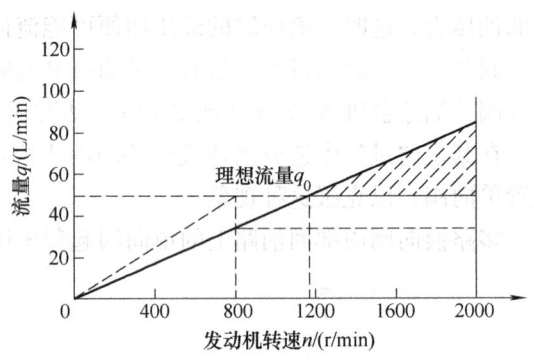

图 2-21　流量特性

统的要求,采用流量控制阀。图 2-22 所示是工程机械采用的转向液压齿轮泵,由齿轮泵和稳流安全阀组成的。

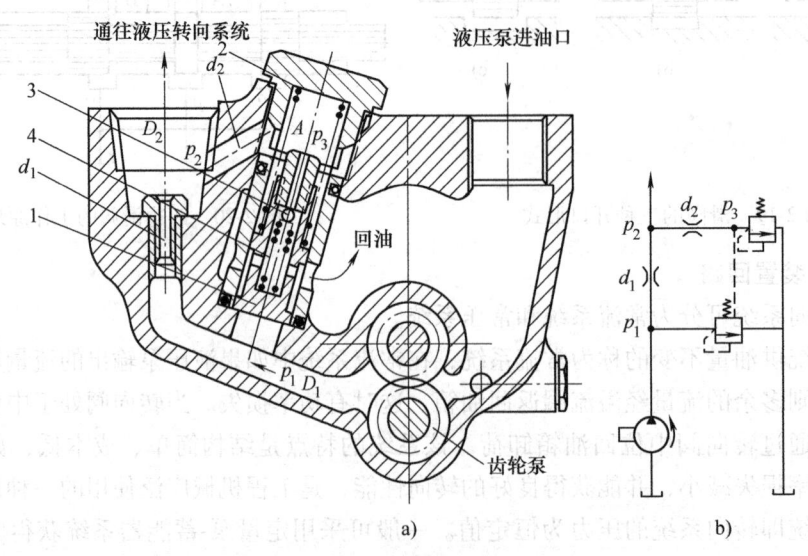

图 2-22　转向齿轮泵
a) 结构图　b) 原理图
1—主阀阀芯　2、4—弹簧　3—钢球　d_1、d_2—节流小孔

齿轮泵工作原理：

当发动机转速提高时，液压泵流量增大，但油液受到稳流阀小孔 d_1 的节流限制，造成 D_1、D_2 两腔之间的压差 $\Delta p = p_1 - p_2$ 增大，当这个压差达到某一设定值时，稳流阀的主阀阀芯 1 克服弹簧 2 的预紧力而产生移动，使 D_1 腔与回油腔接通，使液压泵排除一部分油液，流回油箱，从而使转向机构获得的流量不增大，进而保证流量为一定值。

当道路阻力增大即载荷增大时，压力 p_2 增高，Δp 有减小的趋势，通过小孔 d_1 的流量也将减小，如果供油量不变，相应地进油压力 p_1 增高，使其趋于顶开主阀阀芯 1 分流，但在压力 p_2 增高时，相应 p_3 也增高，这样，作用在主阀阀芯 1 上弹簧 4 的预紧力（为压力 p_3 与弹簧 2 的共同作用）将增大，从而使分流趋势减小，p_1、p_2 建立起新的平衡，Δp 还是基本不变，则通过的流量也基本不变，使转向性能比较完善。

稳流安全阀的另一个作用是保证转向系统压力不超过某一调定值，当压力 p_2 超过此值时，稳流安全阀 A 腔中的压力将克服弹簧 4 的作用，推开钢球 3，使 D_2 腔与回油腔接通，于是压力下降，从而保证系统安全。

此转向回路能量损失较大，适用于小型装载机转向回路。

（2）组合式转向回路　所谓组合式转向回路就是将工作回路与转向回路通过流量控制阀与转向辅助泵联系起来的液压系统。本机液压系统就是这样的组合回路（图 2-17），其工作原理见前述液压油源回路。

大型装载机中两个性质不同的回路之所以能够组合，是因为它们之间有如下关系：

1）装载机在一个正常的工作循环中，工作装置的高负荷与转向装置的高负荷通常不是同时发生的。

2）发动机在高转速时，工作装置输出的大功率，即工作装置的高负荷发生在发动机高转速范围内。

3）发动机在所有转速范围内，要满足转向机构输出大的功率，即转向系统的高负荷发生在发动机的整个转速范围内。

4）发动机在高转速时，同时需要大的牵

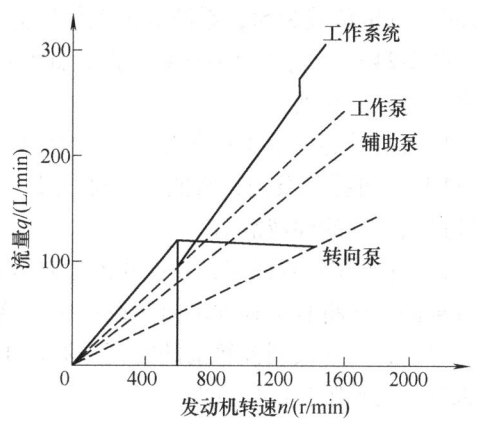

图 2-23　发动机转速与各回路流量关系图

引力和大的工作装置输出功率，即高的牵引力和高的工作装置负荷是在发动机高转速下发生的。

在发动机所有转速范围内转向不受转速的影响，也就保证了流入转向阀的流量不受转速的影响。图 2-23 所示为发动机转速与各回路流量关系图。

这种组合回路的最大特点是设置了流量控制阀。根据发动机的转速流量控制阀自动地将辅助泵的流量供给转向回路或工作回路。

这种组合回路的主要优点是可获得比较完善的转向性能，同时又能满足工作装置性能的要求。优点具体表现在：①在发动机全部转速范围内，转向速度趋于恒定；②工作装置在作业范围内无速度损失；③全部液压泵的总输出流量比通常的要小，提高了转向性能又减小了发热；④可以采用较小的和更经济的液压泵；⑤因所需的液压总功率比非组合式（独立式转向回路）的要小，故改善了整机性能。

本机转向液压缸的控制系统组成元件还有转向阀、锁紧阀、单向节流阀（图 2-17）。转向阀滑阀机能为"H"型，中位时可使转向泵卸荷，减少功率损失。由于装载机质量大、转向助力小，受外力干扰时容易产生振动或摆头，为了防止这种现象发生，在转向系统中增设锁紧阀，当转向阀处于中位时，锁紧阀在阀芯左端复位弹簧的作用下回到左位工作，封闭转向液压缸的两个油口，因此，车体不会因外力自由摆动。转向阀离开中位时，锁紧阀在阀芯右端压力油的作用下移动到右位工作，将油路接通，转向液压缸动作。要求转向阀离开中位时，锁紧阀向左移动要快，不能影响转向反应速度；而要求转向阀回到中位时，锁紧阀芯（回左位）复位时要缓慢，以免因封闭过快造成冲击。因此，在锁紧阀控制油路上装有单向节流阀，在转向阀离开中位要求转向时，压力油通过单向阀迅速推动锁紧阀左移接通转向油路，在转向阀回到中位时，锁紧阀复位，右端的油液只能通过节流阀回油箱，限制锁紧阀的复位速度。此时，装载机的转角与转向盘的转角相一致，并被锁紧，车辆按一定的转弯半径行驶。当向相反的方向以相同的角度转动转向盘时，车辆又恢复直线行驶。

二、KLD80 型装载机液压系统

该机为日本进口机型，与国产 ZL50 型相当。发动机功率为 150kW，斗容量为 2.4～2.8m^3，额定负载为 5t，系统额定工作压力为 17.5MPa。

图 2-24 所示为该机液压系统图，此系统为开式多泵定量系统，与国产 ZL50 型相似，不同之处有以下几处：

1）油源回路采用了压力油箱，设有压力油箱充气及安全阀 10，充气压力在 0.05～0.15MPa，可提高泵的自吸能力，降低噪声和振动。在液压泵 3 的出口处增设精过滤器 4，保证进入系统的油液清洁。

2）在工作装置回路，在铲斗液压缸（液压缸 8）的有杆腔和无杆腔与换向阀之间均设有过载阀，而将真空补油单向阀设在铲斗换向阀（换向阀 16）的右位中，对有杆腔进行补油。另外，在油液回油箱前的的精过滤器 13 上并联安全阀，以防止过滤器堵塞而损坏。系统未安装自动限位电磁气阀。

3）在转向回路，转向控制阀组 6 中设有两个过载阀 25、26 和单向阀 24、27；锁紧阀 28 的右位装有单向阀；转向阀 23 中位装有节流阀。

过载阀 25、26 是转向液压缸两腔的过载安全阀。

单向阀 24、27 是两个腔的过载补油阀，并且在转向时接通转向液压缸的进油路。

锁紧阀 28 有两个作用，一是转向阀 23 在中位时锁紧转向液压缸；二是转向阀 23 工作在左右位时接通转向液压缸的回油路。

转向阀 23 中位"H"型滑阀机能，具有节流阻尼作用，与 25、26、24、27 配合作用，保证在直线行驶时两侧车轮遇到不平阻力，转向机构能随不同的路面阻力情况而作适应性的弹性微量调整。

三、ZL90 型装载机液压系统

该机驱动功率为 294kW，斗容量为 5m^3。图 2-25 所示为该机液压系统原理图。该系统

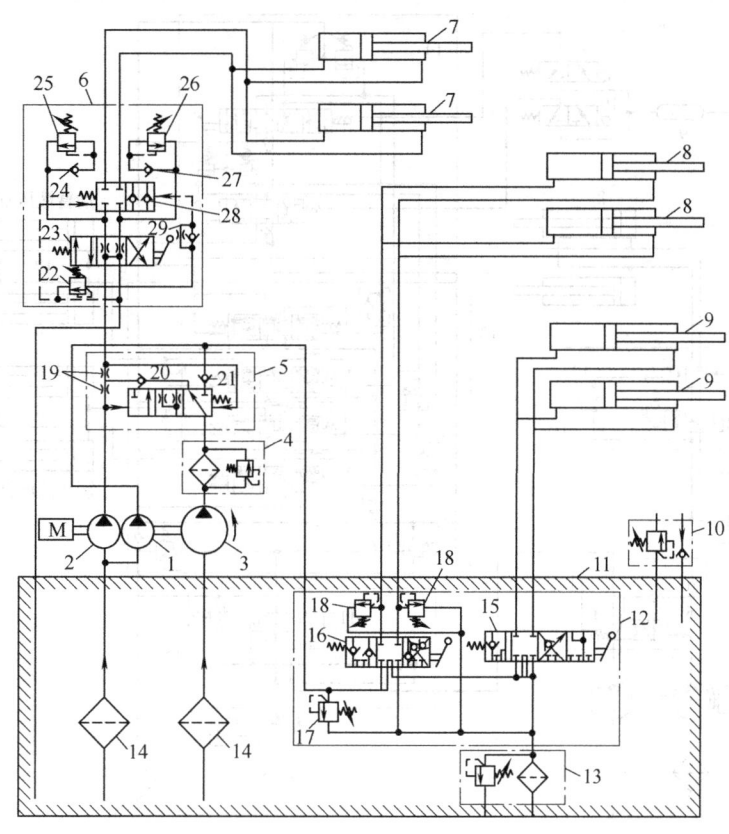

图 2-24 KLD80 型装载机液压系统图
1~3—液压泵 4、13—精过滤器 5—稳流阀 6—转向控制阀组 7~9—液压缸 10—压力油箱充气及安全装置 11—压力油箱 12—多路换向阀组 14—粗过滤器 15、16、23—换向阀 17、22—溢流阀 18、25、26—过载阀 19—节流阀 20、21、24、27—单向阀 28—液动阀 29—单向节流阀

油源部分及转向回路与 ZL50 的基本相同，主要区别有以下几个方面：

1. 工作泵 3 的出口处设置合流阀 11

当系统压力低于 12MPa 时，合流阀 11 处于右位（图示状态），此时辅助泵 2 与工作泵 3 经合流阀 11 右位合流同时向工作装置回路供油，加快工作装置作业速度以缩短工作循环时间，提高生产率。当系统压力高于 12MPa 时，合流阀 11 处于左位，此时辅助泵 2 经合流阀 11 左位卸荷回油箱，将发动机功率转移到工作泵 3，单独向工作系统供油，以增大铲切力。该系统为组合回路，依靠工作过程中的系统压力的变化切换液压泵的个数来改变供油量，自动进行有机调速。从而达到轻载时低压大流量、重载时高压小流量的目的，能够更好地使用发动机的功率。

2. 采用先导控制阀组 14 控制多路换向阀 13

该系统的多路换向阀采用先导控制。由于轮式装载机的大型化，液压系统也朝着高压、大流量的方向发展，使用杠杆直接操纵多路换向阀显得吃力。随着流量的增大，管道很难布置在驾驶室附近适当的位置。这样就产生了手动先导控制形式。

该系统的动臂液压缸、铲斗液压缸的换向阀由多路换向阀 13 控制，多路换向阀 13 由进

64 工程机械液压系统分析及故障诊断与排除

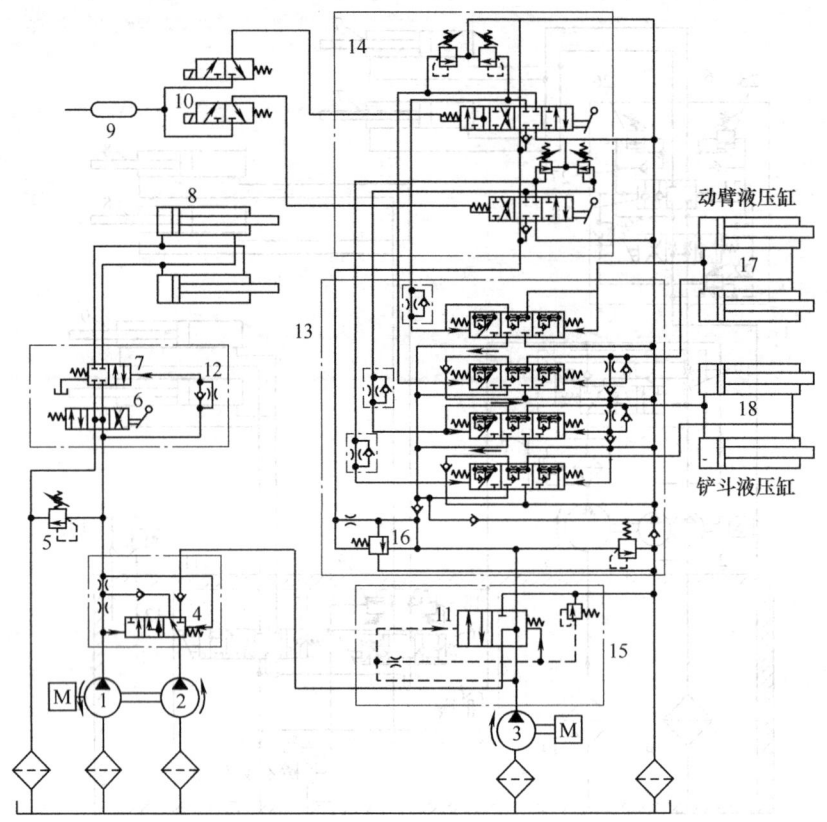

图 2-25 ZL190 型装载机液压系统图
1—转向泵 2—辅助泵 3—工作泵 4—双泵单路稳流阀 5—溢流阀 6—转向阀 7—锁紧阀
8—转向液压缸 9—气罐 10—电磁气阀 11—合流阀 12—单向节流阀 13—多路换向阀
14—先导控制阀组 15—压力转换阀 16—卸荷阀 17—动臂液压缸 18—铲斗液压缸

油阀片、铲斗阀片、动臂阀片和回油阀片组成。每两片铲斗（动臂）阀片的两个出油口分别与铲斗液压缸（动臂液压缸）的无杆腔和有杆腔相通。通过控制铲斗（动臂）阀片的阀杆左右移位，实现铲斗（动臂）的升降动作。

铲斗（动臂）阀片的阀杆的左右移动由先导控制阀组 14 控制。先导控制阀组 14 为分片组合双联滑阀式多路换向阀，阀组内装有过载阀、手动四位六通阀、手动三位六通阀。控制铲斗阀片移动的先导阀是手动三位六通阀，控制动臂阀片移动的先导阀是手动四位六通阀。

先导控制阀组 14 内，过载阀起缓和液压冲击、保护液压元件的作用，当连杆机构发生干涉时也能及时泄油，其调整压力为 18.5MPa。

多路换向阀 13 内，进油阀片内装有溢流阀，调整压力为 16MPa；进油路上装有单向阀、补油阀和卸荷阀 16，当工作装置不工作时，先导控制阀均处于中位（图示位置），液压泵来的油液经卸荷阀内节流孔、先导控制阀中位回油箱，由于经节流孔的阻尼作用，造成卸荷阀左右腔的压差增大，并克服弹簧力，推动卸荷阀阀杆向左移动，接通回油箱的油路，使系统处于低压（0.1～0.2MPa）下空运转，从而减少功率损失；回油路上装有背压阀，产生一定的背压，与进油路补油阀共同作用防止产生局部真空，并增加液压缸运动平稳性。在动臂液压缸和铲斗液压缸换向阀的两端控制油路上装有单向节流阀，其作用是使换向阀换向迅速、复位缓慢，防止产生换向冲击与振动，并兼有真空补油作用。

本机这种先导控制换向阀的液压系统有以下几个优点：

1）由先导控制阀组油路可知，铲斗与动臂回路构成单动顺序回路，油液来源于主油路的分支，不需增加泵元件。

2）利用先导阀阀杆的微动即可控制卸荷阀开口的大小，从而实现动臂与铲斗的升降微动。

3）发动机熄火或停车时，通过浮动工位，仍能操作动臂的下降，提高了机器的安全性。

4）动臂和铲斗的阀片内设有小锥阀，起补油作用，以实现铲斗的"撞斗"动作，同时对液压缸两个腔起双作用安全阀的功用。

5）分片组合式换向阀内部油路简单。

四、CAT966D 型装载机工作装置部分液压系统

图 2-26 所示为 CAT966D 型装载机工作装置部分液压系统图。该系统由主油路和先导油路所组成。该系统主要有以下几个特点：

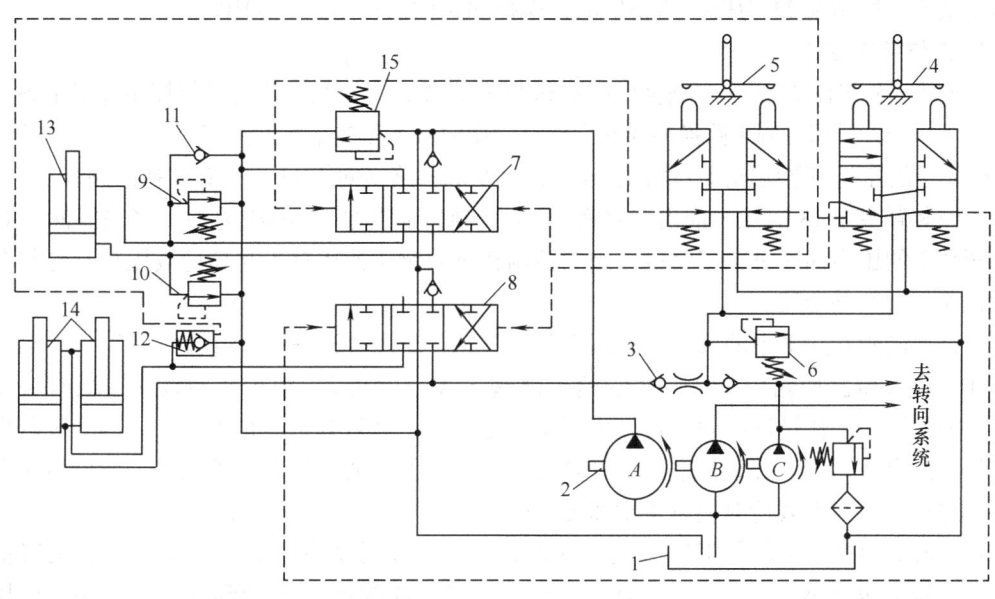

图 2-26 CAT966D 型装载机工作装置部分液压系统图
1—油箱 2—液压泵组 3、12—单向阀 4、5—手动式先导阀 6—先导油路调压阀
7、8—铲斗液动换向阀 9、10—过载阀 11—补油阀 13—转斗液压缸 14—动臂
液压缸 15—主油路溢流阀 A—主泵 B—转向泵 C—辅助泵

1）运用了手动式先导阀 4 和 5 操纵动臂与铲斗液动换向阀 8 和 7 主阀阀芯的左右移动，改变主阀阀芯的工作位置，使工作液压缸实现铲斗升降、转斗和闭锁等动作。

2) 主油路由 A 泵单独供油，先导油路为低压油路，由 C 泵供油，C、B 二泵共同向转向回路供油（图中未画出）。

3) 当发动机突然熄火时，可利用动臂液压缸 14 的无杆腔由自重产生的压力油通过单向阀 3 向先导阀紧急供油，可紧急操控动臂下降、铲斗翻转到达安全位置。

4) 先导油路控制压力与先导阀手柄的行程成比例，手动式先导阀 4、5 位移大，控制油路压力也大，铲斗液动换向阀 7、8 阀芯位移量也相应大，从而可控制作业速度和动力。由于主阀阀芯的有效面积大，先导阀阀芯有效面积小，有力的放大作用，操控省力。通过合理选择主阀阀芯复位弹簧刚度，可实现主阀行程的放大，有利于提高速度微调性能。

五、进口 $5m^3$ 斗容量装载机液压系统

该机型斗容量为 $5m^3$，载重量为 9t，与 ZL90 相当，但其液压系统与 ZL90 有所不同，图 2-27 所示为该机的液压系统图。该机有一台功率为 309kW 的柴油机通过分动器带动 2 台双联叶片泵作为工作装置回路和转向回路的液压油源。系统工作压力为 17.5MPa。液压系统特点有以下几个方面：

1. 油源回路

两台双联泵中各有一联（转向泵 17 和 19）经合流后向转向系统供油，起转向泵的作用。液压泵 18 为工作装置主泵。辅助泵 20 通过双泵单路稳流阀 15 向工作装置回路或向转向回路供油。控制泵 23 为操控油路供油，操控油路供油压力为 2.5MPa。

2. 工作装置回路

用减压式先导阀 21 操纵多路换向阀 6 和 11 的动作，每个减压式先导阀控制每组中各一联多路阀（一个先导阀控制多路换向阀 6 中的动臂换向阀 7 和多路换向阀 11 中的动臂换向阀 12，另一个先导阀控制多路换向阀 6 中的铲斗换向阀 9 和多路换向阀 11 中的铲斗换向阀 24）。

工作装置主泵 18 的压力油由多路换向 11 控制，辅助泵 20 的压力油由多路换向阀 6 控制，两个泵的压力油通过二多路换向阀的控制在进入铲斗液压缸 1 与动臂液压缸 4 之前在油管内合流，即阀外合流。

多路换向阀 6、11 中的两联换向阀组 7 与 9、12 与 24 按顺序单动回路连接。

在动臂液压缸回路中串联一个快速下落阀 3 和卸荷阀 2，使铲斗轻载或空载时快速下降，目的是缩短工作循环时间，提高生产率。这对于大型装载机是很重要的，因为装载机与自卸货车配合使用时，装载机空斗下降是很频繁的。但不能损坏动臂液压缸，所以另装有卸荷阀，保证铲斗在大载荷时能以正常速度下降。

铲斗轻载时快速下落阀工作原理如图 2-28 所示。铲斗载荷小，动臂下降时，动臂液压缸下腔的排油压力小，与动臂液压缸下腔相通的卸荷阀控制口 K 受到的压力也小。该压力产生向上的推力小于卸荷阀阀芯上端弹簧向下的压力，所以卸荷阀阀芯处于最下端位置（图示位置），切断了卸荷阀的出口与入口。这时动臂液压缸下腔排出的液压油流入 A 腔，并从 A 腔流入 C 腔，自 C 腔与换向阀相通返回油箱。在液压油从 A 腔向 C 腔流动时，经由环形节流缝隙 e 产生一定的压力损失，并由小孔 d 进入 H 腔，作用于阀芯上端。同时 A 腔的油液通过阀芯中心孔进入 G 腔，使阀芯受向上的推力，当 G 腔与 H 腔的压差大于上端弹簧力时，阀芯被推到上端极限位置（图示位置），使 A、B 腔相通，动臂液压缸的回油直接返回上腔，构成短路循环，使动臂得以快速下降，而不会产生供油不足的问题。

第二章 典型工程机械液压传动系统分析 67

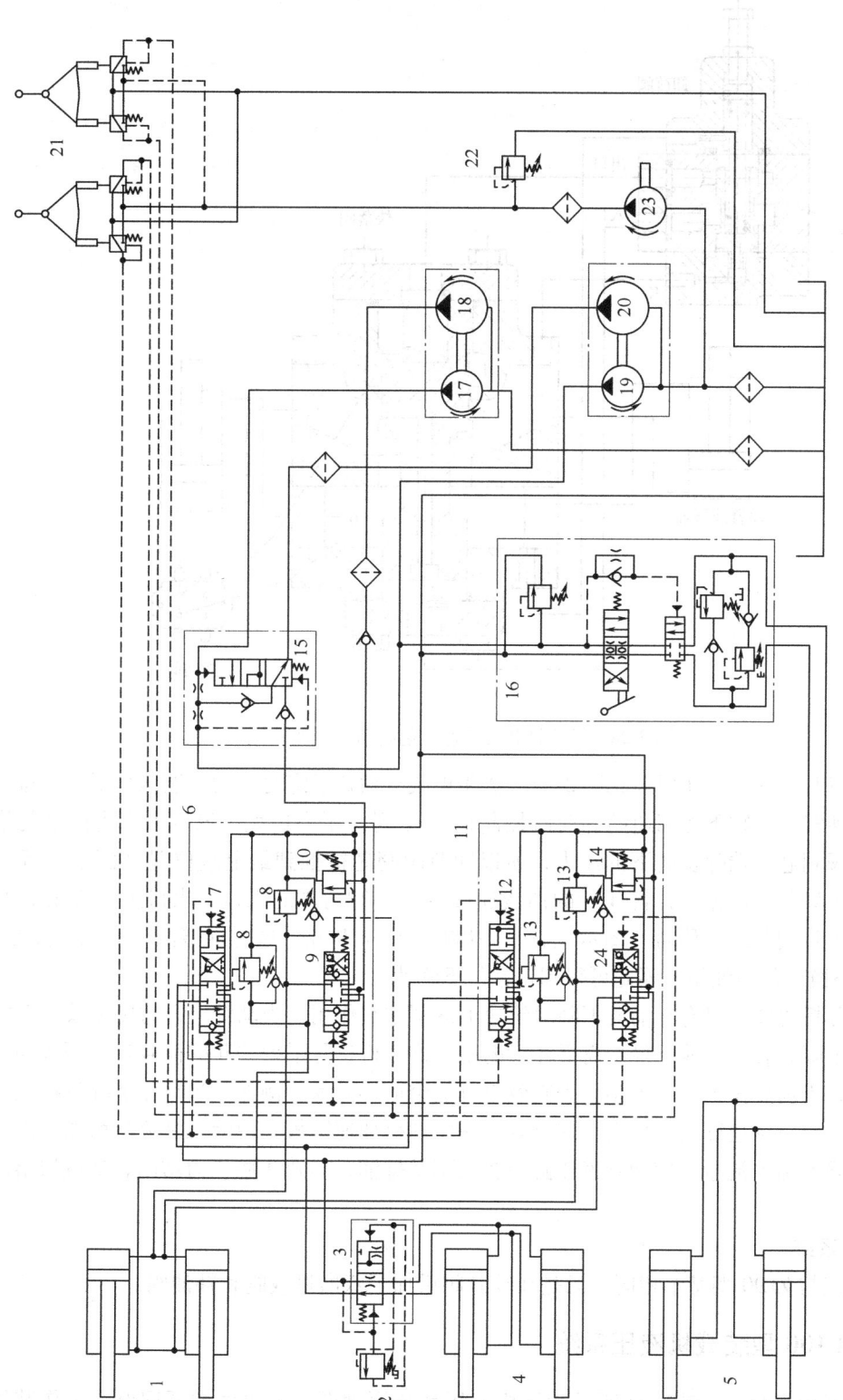

图 2-27 5m³ 斗容量装载机液压系统图

1—铲斗液压缸 2—卸荷阀 3—快速下落阀 4—动臂液压缸 5—转向液压缸 6、11—多路换向阀 7、12—动臂换向阀 8、13—双作用安全阀 9、24—铲斗换向阀 10、14、22—溢流阀 15—双泵单路稳流阀 16—转向控制阀组 17、19—转向泵 18—工作装置主泵 20—辅助泵 21—减压式先导阀 23—控制泵

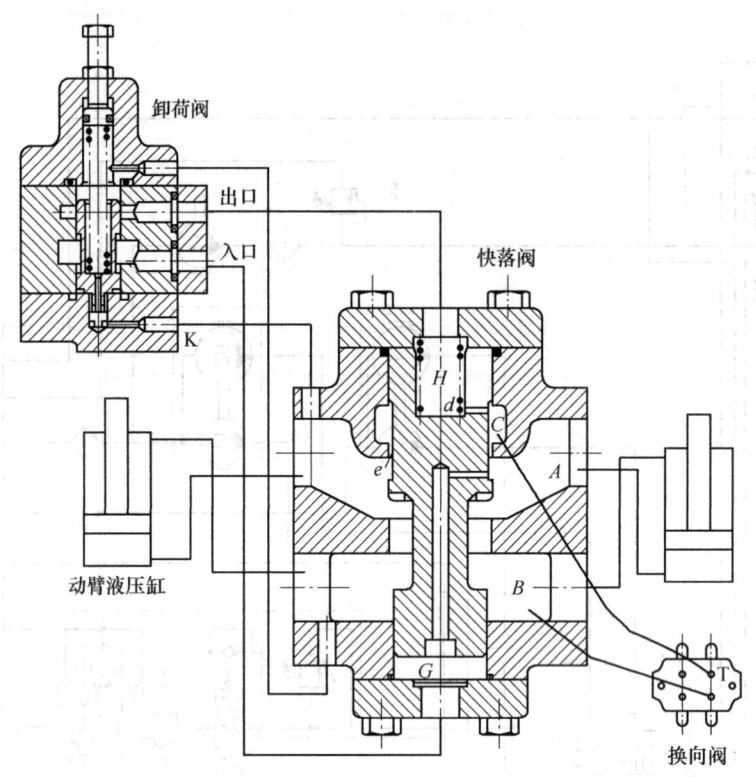

图 2-28　铲斗轻载时快速下落阀动作原理

铲斗重载时快落阀工作原理见图 2-29。铲斗重载，动臂下降时，动臂液压缸下腔的排油压力大，与动臂液压缸下腔相通的卸荷阀控制口 K 受到的压力也大。该压力产生向上的推力大于卸荷阀阀芯上端弹簧向下的压力，所以卸荷阀阀芯被推到最上端位置（图示位置），使卸荷阀的出口与入口相通，将 A 腔的油液通过 G 腔、卸荷阀的入口、出口进入 H 腔，与弹簧共同作用将阀芯向下移动（图示位置），切断 A 腔与 B 腔。这时动臂缸下腔的回路是：A 腔→C 腔→换向阀→油箱。因此可得到正常的下降速度。

由上述分析可知，只有在动臂下降时快速下落阀才起作用，当动臂上升时则无效，即实现重载慢速下降，轻载快速下降。需要注意的是，这套机构是根据铲斗的荷载自动调节动臂的下降速度，不需要操纵人员干预，否则效果可能会适得其反。例如，当空斗下降时踩发动机加速踏板，则下降速度反而变慢，这是因为踩发动机加速踏板会使液压泵流量增加，以致超过动臂下降所需的流量，使动臂液压缸下腔来不及排油，导致 A 腔压力增高，造成快落阀不起作用。

3. 转向系统

转向系统与 ZL90 型基本相同，只是在锁紧阀后加了双向过载阀和补油阀。

六、ZL100 型装载机液压系统

该机斗容量为 $6m^3$，图 2-30 所示为该机液压系统原理图。主要由油源回路、工作装置回路、转向回路组成。下面分别分析各油路。

第二章 典型工程机械液压传动系统分析 69

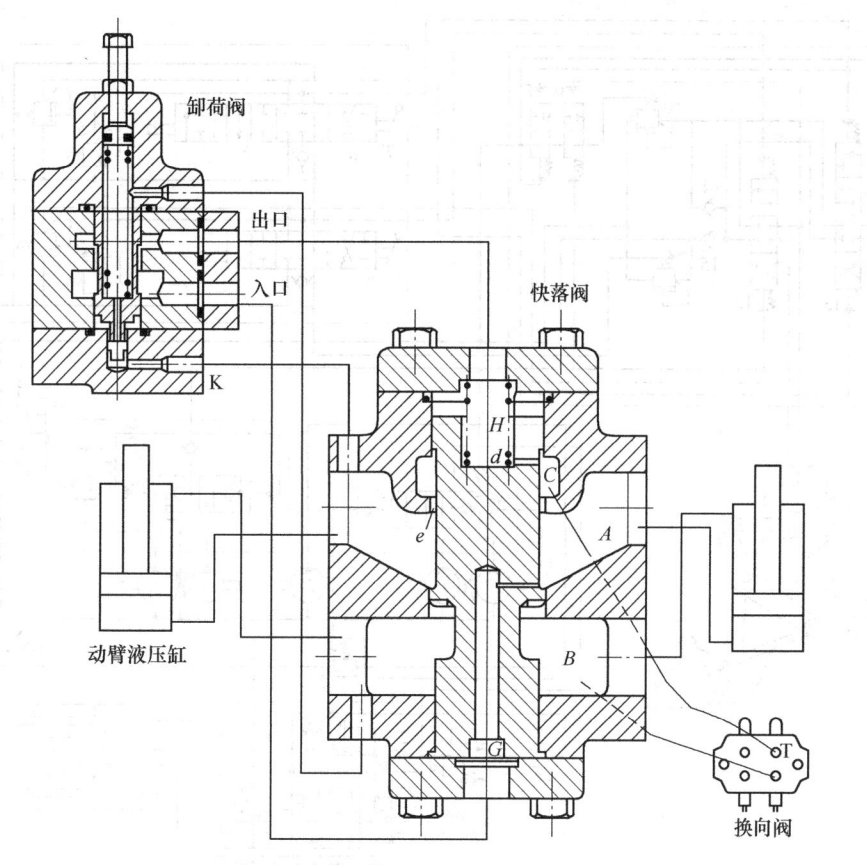

图 2-29 铲斗重载时快速下落阀动作原理

1. 油源回路

该系统油源由两个主泵 A 和 B、两个转向泵 C 和 D、辅助泵 E、液控卸荷阀 3、流量分配阀 4 等组成。

工作装置的两个主泵 A、B 可单独或合流向工作油路供油，由液控卸荷阀 3 操控，液控卸荷阀 3 由卸荷先导阀 1 控制。当按下卸荷先导阀 1 时，液控卸荷阀 3 的控制油路接通油箱，液控卸荷阀 3 两端控制油液通过节流阀 f 的阻尼产生压差，当压差达到能克服液控卸荷阀 3 右端弹簧力时，推动阀芯右移，阀处于左位工作，主泵 A 供油，主泵 B 卸荷，实现高压低速时小流量。当松开卸荷先导阀 1 使其复位时，液控卸荷阀 3 的控制油路与油箱断开，此时节流阀 f 的阻尼产生压差减小或消失，在液控卸荷阀 3 右端弹簧力作用下，推动阀芯复位，阀处于右位工作（图示位置），主泵 A 与 B 合流供油，实现高低压高速时大流量。加上辅助泵 E 参与向工作回路供油，该回路可获得三种速度。再配合发动机的节气门的调节和改变换向阀开度来控制流量，可大大增加调速范围。

该系统辅助泵 E 的工作状况与前述的几个液压系统中的不同。当转向阀 18 在左或右位工作，即转向时，与转向阀阀芯联动的先导阀 19 也在左或右位工作，将流量分配阀 4 的右端控制油路与油箱接通，流量分配阀 4 在其左端弹簧作用下向右移动，左位工作，则辅助泵 E 与转向泵 D 油液合流向转向回路供油。当转向阀 18 在中位工作，即停止转向时，与转向阀阀芯联动的先导阀 19 也在左或右位工作，将流量分配阀 4 的右端控制油路与油箱断开，

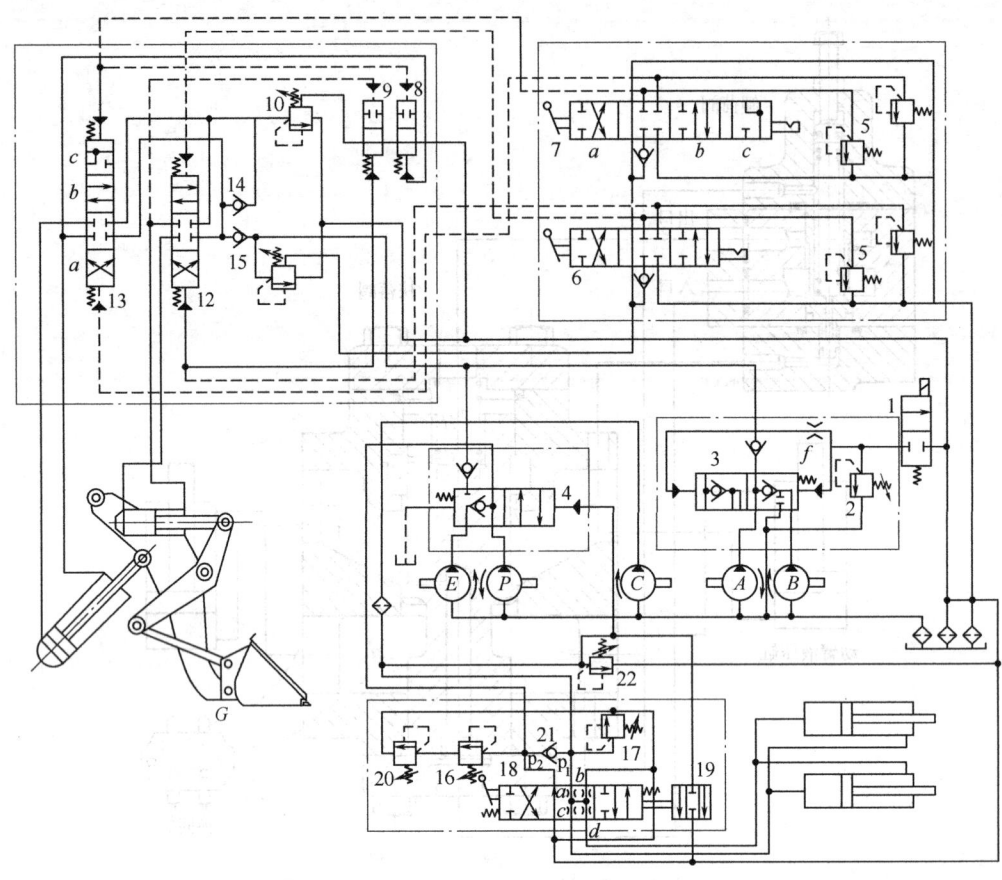

图 2-30 ZL100 型装载机液压系统原理图

1—卸荷先导阀 2、10、11、16、17、20—溢流阀 3—液控卸荷阀 4—流量分配阀（双泵单路稳流阀）
5—过载阀 6、7—换向阀式先导阀 8、9—液控阀 12—铲斗液压缸液控换向阀 13—动臂液压缸液控
换向阀 14—单向补油阀 15、21—单向阀 18—转向阀 19—先导阀 A、B—主泵 C、D—转向泵
E、P—辅助泵 G—铲斗支点

流量分配阀 4 在其右端控制油压力作用下克服左端弹簧力向左移动，右位工作，则辅助泵 E 与转向泵 D 油液不再合流而向工作回路供油。即只要停止转向，辅助泵就立即停止向转向回路供油。

2. 工作装置回路

该系统功率大、压力较高、流量较大、操纵费力。为减轻操纵力，改善调速性能及便于布置，该系统也采用换向阀式先导阀 6、7 来控制铲斗缸液控换向阀 12、动臂缸液控换向阀 13。

换向阀式先导阀 6、7 的供油来自于工作油路的溢流阀 11 远控口。换向阀式先导阀 6、7 均处于中位时（图示状态，工作缸锁紧状态）供油回油箱，即溢流阀 11 的远控口回油箱，则溢流阀卸荷（因而溢流阀 11 又为卸荷阀），工作主泵 A、B 卸荷，以减小功率损失和系统发热。

换向阀式先导阀 6 于右位工作，控制油液通过其右位进入铲斗液压缸液控换向阀 12 的上端控制油腔，使该阀向下移动，处于上位工作。此时，工作泵来油经单向阀 15、铲斗液压缸液控换向阀 12 上位进入铲斗液压缸无杆腔（大腔），推动活塞杆外伸，使铲斗向上翻转。此种翻转连杆机构特点是铲斗铲掘物料时铲斗液压缸大腔进油，具有较大的铲掘力。铲斗液压缸有杆腔（小腔）回油经铲斗液压缸液控换向阀 12 上位、溢流阀 10 回油箱。溢流阀 10 实际为一个远控溢流阀，远控油口由液控阀 9、8 控制（铲斗液压缸动作时，动臂液压缸不动，液控阀 8 在弹簧作用下复位，此时液控阀 8 也处于下位，图示位置）。此时液控阀 9 上端油腔通铲斗液压缸小腔回油，下端油腔通油箱。由于小腔的回油仍有一定的压力，所以液控阀 9 的上端压力大于下端压力，使液控阀 9 向下移动处于上位工作，将溢流阀 10 远控回油路切断，所以此时溢流阀 10 起背压阀作用，铲斗液压缸小腔回油背压由溢流阀 10 调定。铲斗向上翻转至其重心位于支点 G 的后面时，由于重力的作用，会使铲斗加速后翻，当转到斗口平面与地面平行时，连杆机构又限定其位置，使其停止转动。在这过程中，惯性力较大，易产生冲击振动而使斗内物料散落，为此有一定的回油背压可限制其翻转速度，使制动平稳无冲击。

换向阀式先导阀 6 于左位工作，控制油液通过其左位进入铲斗液压缸液控换向阀 12 的下端控制油腔，使该阀向上移动，处于下位工作，此时，工作泵来油经单向阀 15、铲斗液压缸液控换向阀 12 下位进入铲斗缸小腔，推动活塞杆缩回，使铲斗向下翻转。大腔回油经铲斗液压缸液控换向阀 12 下位、溢流阀 10 回油箱。此时液控阀 9 上端油腔通铲斗液压缸小腔工作油，下端油腔通控制油。两端的油液压力并不相等。当铲斗向下翻转至其重心位于支点 G 的前面时，由于重力的作用，会使铲斗加速前翻，使活塞杆加速缩回，所以进油压力较低，此时液控阀 9 上端控制压力低于下端控制油压力，该阀向上移动处于下位工作（图示位置），将溢流阀 10 远控油路接通油箱，此时溢流阀 10 起卸荷阀作用，铲斗液压缸大腔回油阻力减小，从而铲斗加速向下翻转，实现撞斗动作，易于抖落物料。

换向阀式先导阀 7 于 a 位工作，控制油液通过其 a 位进入动臂液压缸液控换向阀 13 的下端控制油腔，使该阀向上移动，处于 a 位工作。此时，工作泵来油经单向阀 15、动臂液压缸液控换向阀 13 的 a 位进入动臂缸无杆腔（大腔），推动活塞杆伸出，使动臂上升。无杆腔（小腔）回油经动臂液压缸液控换向阀 13 的 a 位、溢流阀 10 回油箱。此时液控阀 8 下端油腔通动臂液压缸小腔回油，上端油腔通过控制油路、换向阀式先导阀 7 的 a 位回油箱。两端的油腔均回油，但压力并不相等。由于下端油腔通回油是经溢流阀 10，具有一定的背压，所以下端压力大于上端压力，液控阀 8 下位工作（动臂液压缸动作时，铲斗液压缸不动，液控阀 9 在弹簧作用下复位，此时液控阀 9 也处于下位，图示位置），使溢流阀 10 远控油路接通油箱，此时溢流阀 10 起卸荷阀作用，使动臂小腔回油阻力小，有利于动臂提升。

换向阀式先导阀 7 于 b 位工作，控制油液通过换向阀式先导阀 7b 位进入进入动臂液压缸液控换向阀 13 的上端控制油腔，使该阀向下移动，处于 b 位工作。此时，工作泵来油经单向阀 15、动臂液压缸液控换向阀 13 的 b 位进入动臂液压缸有杆腔（小腔），推动活塞杆缩回，使动臂下降。有杆腔（大腔）回油经动臂液压缸液控换向阀 13 的 b 位、溢流阀 10 回油箱。此时液控阀 8 下端油腔通动臂液压缸小腔工作油，上端油腔通过控制油路，两端的油腔均为压力油，但压力并不相等。由于自重作用动臂下降时小腔压力较低，所以下端压力小于上端压力，液控阀 8 上位工作，使溢流阀 10 远控油路与油箱断开，此时溢流阀 10 起背压阀作用，使动臂下降阻力增大，限制下降速度，防止冲击。

换向阀式先导阀 7 于 c 位工作，控制油液通过换向阀式先导阀 7c 位接通动臂液压缸液控换向阀13的上和下端控制油腔，并接通油箱，使该阀处于c位工作。使动臂处于浮动状态。也可以实现空斗快速下落。此时液控阀8、9处于下位工作。

单向阀14为单向补油阀，防止动臂下降与铲斗翻转过快造成液压缸吸空。为克服"点头"现象，设置了单向阀15，以防止油液倒流。液控阀8、9是用来控制溢流阀10的，按上述的所需工况使溢流阀10成为背压阀或卸荷阀。如果设计溢流阀10只按一种工况工作，那么就不能达到所需的性能或者会造成功率损失、系统发热。因而本系统的背压是可控的。

由此可见，该机的液压系统与前面几种机型相比较功能更全，性能更好。

3. 转向系统

该机转向系统与前述几种机型有所不同。前面介绍的ZL50装载机利用稳流阀的组合式转向回路具有很好的转向操纵性能。但在超大型轮式装载机中，这种油路的操纵性能和液压性能的有效利用满足不了要求。此时要考虑前后车架的惯性力的增大，大型轮胎的横向挠度及有效地利用发动机低、中速不转向时流入转向回路的液压能。为此本机采用了新的转向回路（图2-30）。转向泵C、D分别为小流量泵和大流量泵。

当转向阀18处于中位时，转向泵输出油分别通向转向阀18的两个油口P_1和P_2，转向泵D输出油完全回油箱，转向泵C的输出油通过转向阀中位的a、b和c、d节流口对转向液压缸各进出油口保持压力，防止由于外力干扰产生车体不稳。转向泵C输出油的一部分进入压力调节阀22，并作为控制压力油作用在流量分配阀4的右端，压缩左端弹簧推动阀芯向左移动使其右位工作，这样辅助泵E输出的油液全部供给工作油路。此时，作用在流量分配阀4右端的控制压力油被与转向阀18联动的流量分配阀4的先导阀19的中位所封闭。

当转动转向盘，使转向阀18离开中位进行左右转向时，如果阀芯位移量较小（当转速慢或者开式转向时），阀芯未完全离开中位，此时只有转向泵C的输出油液进入转向缸。如果阀芯位移量较大（当转速快时），阀芯完全离开中位，此时转向泵D的输出油回油箱的路被关闭，而打开单向阀21与转向泵C的输出油合流进入转向缸。在此过程中，先导阀19也离开中位，所封闭的流量分配阀4右端控制油压力也开始下降，在左端弹簧的作用下流量分配阀4向右移动，则辅助泵E输出油液通过右位单向阀与转向泵D合流向转向回路供油。当转向阀19移位到极限位置时，辅助泵E的油液完全流入转向回路。

由于用转向阀的阀芯位移来控制转向油路的供油量，因此转向速度与发动机转速无关。根据驾驶员的转向要求决定转向速度，即使发动机转速很高，驾驶员缓慢转动转向盘，转向速度也能很低。只要转向盘的旋转速度适应转向速度的要求，系统就能将所需的流量供给转向回路，从而能有效地利用液压能，且获得最完善的转向性能。

本系统与ZL50型装载机液压系统相比较，在发动机低、中速，但不转向时，ZL50型在此时辅助泵仍向转向回路供油，造成能量损失。而本系统在不转向时，辅助泵输出的油液全部供给工作回路，即使是正在转向，当转向速度很低，而转向泵输出的流量满足需要时，辅助泵输出的油液也全部供给工作回路。可见，压力能的利用是非常充分的。

本转向回路中，转向泵D的工作压力由溢流阀16调定（调定值为12.7MPa），压力超过调定值时溢流阀16开启，但是并不马上溢流，还需要把溢流阀20（调定值与溢流阀16相同）打开才溢流。压力降低时，溢流阀16通道首先关小，由于节流作用，溢流阀20首先关闭，这时溢流阀16前压力马上达到调定值，从而使压力波动小而平稳。所以溢流阀20起到使阀16前压力快速恢复的作用，同时也改善溢流阀16的动态性能。

七、全液压轮式装载机液压系统

轮式装载机的工作装置、转向系统为液压传动，而一般的轮式装载机的行走装置是机械传动的。但是，有些小型轮式装载机的行走装置也采用液压传动，从而称为全液压装载机。

图 2-31 所示为 WJ-1.5 全液压装载机液压系统原理图。该机是矿山井下使用的一种低车身铰接型轮式全液压前端装载机。在中、短运距条件下，能独立进行装、运、卸作业。在长运距条件时，主要作为装载设备，配合各类井下自卸运输设备的工作。该机铲斗容量为 $1.5m^3$，运行速度为 0~15km/h，单侧转向角度 46°。柴油机功率为 74kW，最大牵引力为 70kN，最大铲掘力为 55kN，整机重量为 110kN。整个液压系统由行走、工作装置及转向三部分组成。转向液压系统最高压力为 16MPa，行走系统最高压力为 25MPa，工作装置液压系统最高压力为 16MPa。另外还有控制系统和补油系统。

本机工作装置液压系统和转向液压系统分别用两个齿轮泵 21、22 驱动，用动臂液压缸换向阀 40、铲斗液压缸换向阀 43、转向阀 33 控制，用动臂液压缸 38、铲斗液压缸 37、转向 36 作为执行元件，组成工作、转向两个独立油路。本机的工作及转向回路组成及原理与前述的机型基本相同，不再赘述，下面主要对行走部分进行分析。

行走液压系统采用了双向缸体摆动的轴向柱塞式变量泵（双向变量泵 2），分别与前、后桥两对液压马达 28 与 29 组成闭式系统。

1. 回路中各液压元件的作用

双向变量泵 2：缸体摆动式变量轴向柱塞液压泵，分别为前、后桥两对液压马达提供动力，组成两个闭式行走液压系统。

齿轮泵 3：除了向两个行走闭式液压回路补油外，还经分流阀 9 为液动阀 7 的减压式先导阀 14、15 提供控制油液。

齿轮泵 4：为双向变量轴向柱塞液压泵的变量机构提供控制油液。

过载阀 5：限制行走系统压力值。

补油阀 5′：因为行走闭式回路中液压油冷却条件差，为了使油温不超过允许温度，需要将闭式回路中的热油排出一部分而要通过补油阀 5′ 进行补油，补油阀 5′ 为一单向阀。

变量机构液压缸 6：双向变量泵的变量机构使其缸体摆动以实现排量变化，变量机构液压缸的移动即可实现缸体的摆动。

液动阀 7：液动阀 7 与变量机构液压缸 6 组成的双向变量泵的变量机构为液压伺服机构，可以控制双向变量泵 2 的流量和液流方向，以改变液压马达的转速和转向。

调压阀 8：齿轮泵 4 出口处的溢流阀，限制伺服变量机构的最高压力。

分流阀 9：将齿轮泵 3 的流量分成两部分，一部分为行走机构闭式回路补油，另一部分为变量机构的液动阀 7 提供控制油液。

调压阀 10：控制补油压力。

调压阀 11：控制液动阀 7 的减压式先导阀 14、15 的阀前压力值。

断流阀 12：为保证停车时安全制动，在停车时，将该阀移到左位，切断减压式先导阀 14、15 的进油通路，变量泵处于零位，液压马达处于制动工况。

梭阀 13：保证液动阀 7 控制油路与离心调速阀 17 始终相通。

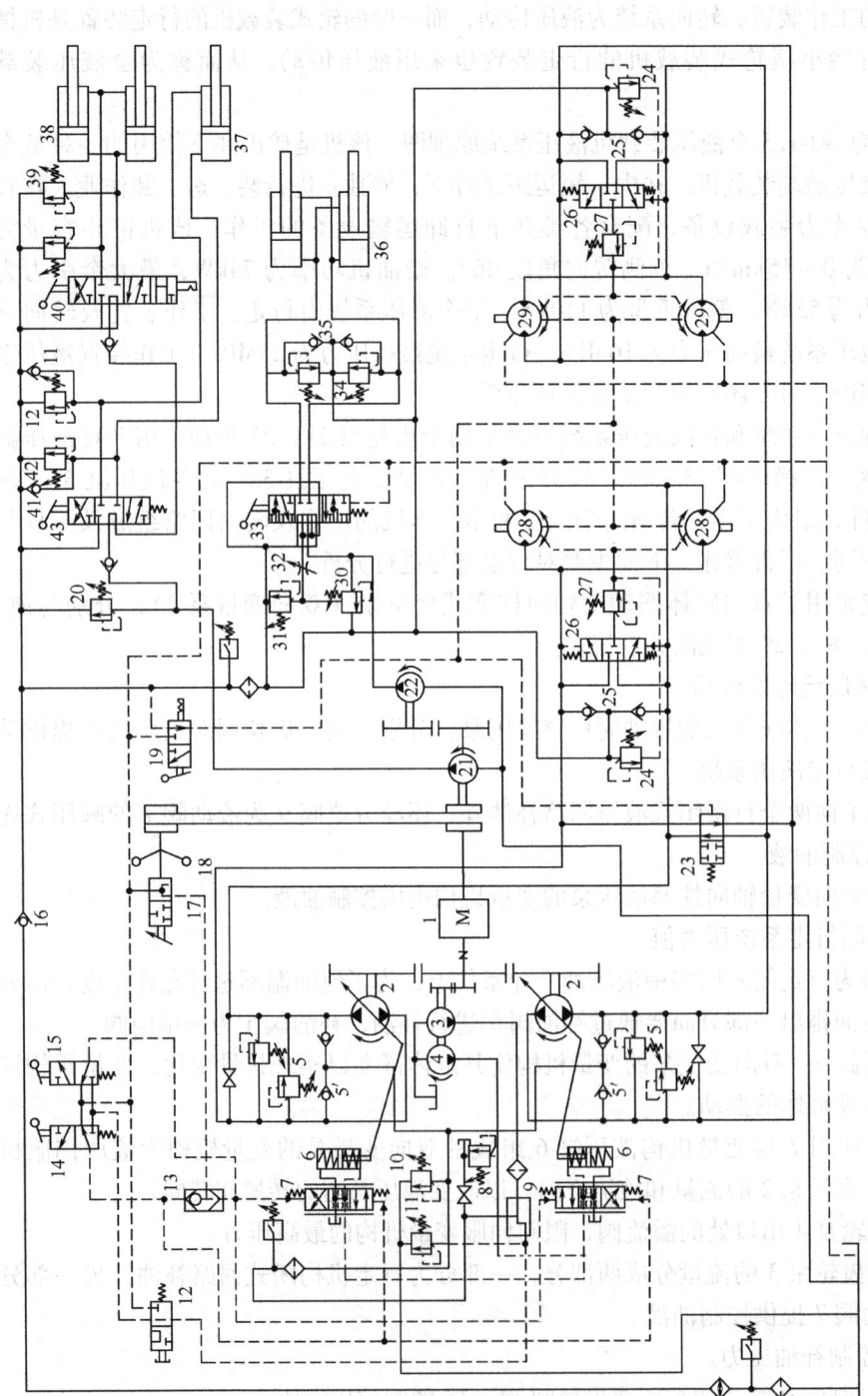

图 2-31 WJ-1.5 全液压装载机液压系统原理图

1—发动机 2—双向变量泵 3、4—齿轮泵 5—过载阀 5'—补油阀 6—变量机构液压缸 7—液动阀 8、10、11—调压阀 9—分流阀 12—断流阀 13—梭阀 14、15—减压式先导阀 16—背压阀 17—离心调速阀 18—离心调速器 19—变速阀 20、24、27、30、31—调压阀 21、22—齿轮泵 23—连通阀 25、35、41—补油阀 26—液控阀 28、29—液压马达 32—可变节流阀 33—转向阀 34、39、42—过载阀 36—转向液压缸 37—铲斗液压缸 38—动臂液压缸 40—动臂液压缸换向阀 43—铲斗液压缸换向阀

减压式先导阀 14、15：控制液动阀 7 的先导阀，由驾驶员用脚踩动。

背压阀 16：使回油路保持一定的压力。

离心调速阀 17：由离心调速器 18 控制的离心调速阀 17 使变量泵与外负载保持联系，以避免发动机熄火。

变速阀 19：该系统中的行走马达为内曲线双排量液压马达，其排量的改变是靠变化柱塞数来实现的，而改变柱塞数是由变速阀 19 来控制的。

连通阀 23：当装载机为高速挡位运行时，连通阀 23 连通前后轮油路，以消除由于某些因素造成前后轮的转速差对牵引力的影响和轮胎磨损。

调压阀 24：限制补油压力。

液控阀 26：控制排出液压马达部分热油。

调压阀 27：控制排油压力。

2. 行走回路工作过程、原理

1）前进、倒退、停止及速度控制。本机的行走系统由两个独立的闭式油路组成。双向变量泵 2 可同步变量，每一个泵驱动一对液压马达，从而保证了车辆前、后桥行驶的同步性。双向变量泵把高压油直接供给双速内曲线液压马达。液压马达旋转的快慢及旋转方向靠改变双向变量泵 2 的摆角的大小和方向实现。双向变量泵 2 的摆角大小由减压式先导阀 14、15 控制，用分流阀 9 分出一部分齿轮泵 3 的压力油，按照需要输送到伺服变量机构液动阀 7 相应的控制端，推动阀芯移动，从而使齿轮泵 4 输出的压力油进入变量机构液压缸 6 相应的腔室，使活塞移动并带动缸体摆动，从而实现双向变量泵 2 排量的改变。泵的排量大小和减压式先导阀 14、15 的行程成正比，当减压式先导阀行程为零时（图示位置），液动阀 7 两端控制腔室均与油箱相通，阀芯在对中弹簧的作用下处于中位，此时变量机构液压缸两腔均与油箱相通。活塞在弹簧作用下使缸体摆角为零，即液压泵排量为零，行走马达停止转动。

2）两挡车速的控制。两挡车速是由两级排量内曲线液压马达通过变速阀来实现的。通过改变液压马达工作柱塞数，使部分柱塞处于工作状态，其余柱塞进、出口油路连通，呈内部空循环，则液压马达为部分排量，此为高速挡；反之，全部柱塞参加工作为低速挡。两级排量即两挡车速。液压马达的排量由液压马达内部的变速阀（图中未表示）控制，该变速阀由变速阀 19 操纵。变速阀 19 处于图示位置时，背压油路中的低压油便进入操纵油路，使液压马达内部的变速阀动作，使液压马达以一半柱塞进行工作，其排量也减少一半，此为高速工况，此时连通阀 23 在低压控制油的作用下被推到图示位置，使前后轮油路连通，以消除由于某些因素造成的前后轮的转速差对牵引力的影响和轮胎磨损。变速阀 19 在左位时，使液压马达内变速阀控制油路与回油路接通，使全部柱塞参加工作，液压马达以全排量工作，此为低速工况，车辆以低速大转矩进行作业和爬坡，此时连通阀 23 的控制油路也与回路相通，在弹簧作用下左位工作处于关闭状态，前、后轮油路不通，其作用是当一对车轮打滑时，另一对车轮还会产生相应的牵引力。

本机行走液压系统，由于采用双速内曲线液压马达直接驱动车轮，从而省去了前、后桥与变速机构，并具有起步快、加速性能好、结构简单、操纵方便等优点。

3）冷却、补油控制。闭式油路的冷却条件差，为使系统油温在允许范围内，需要采取冷却措施。将部分热油置换后溢入液压马达壳体，对液压马达进行冷却，保持一定循环油冲洗磨损物，最后回油箱。液控阀 26 在主油路高压控制下与调压阀 27 接通，因此，在工作过程中总有一部分油通过调压阀 27 流入液压马达壳体。

除主油路外，还有低压油路，包括无背压油路和补油油路（背压油路），在制动及超速吸空时，经补油阀 25 给液压马达 28、29 补油，以保证液压马达工作平稳并有可靠的制动性能。

4）发动机转速信号的调节。本机是具有液压调速器的液压传动系统。离心调速阀 17 由发动机的离心调速器 18 控制。当外负载增大而发动机转速降低时，离心调速器 18 推动离心调速阀 17 左移，右位工作（图示位置），使双向泵变量机构的液动阀 7 控制油液经棱阀 13 和离心调速阀 17 与油箱相通，将泵的摆角减小直至零位，降低泵的输出功率，避免了发动机因过载而熄火。

离心调速阀 17 直接控制着液动阀 7 的操纵压力，进而控制着双向变量泵的流量，而双向变量泵的流量又决定了车辆的行驶速度，这就把车辆的行驶速度与发动机的负载联系在一起了：负载增大，行驶速度降低；负载减小，行驶速度提高，实现低速大转矩、高速小转矩的要求。发动机始终处于最佳工况点。

这种以发动机转速为信号的调节方式，对某些车辆来说，可使发动机与负载得到最佳匹配。

八、轮式装载机液压系统分析小结

通过以上液压系统的分析可知，轮式装载机液压系统的特点是：一般采用组合回路，系统形式为多泵定量开式系统。其优点是可降低成本，体积小，工作可靠，对油液的污染不敏感的齿轮泵应用于各类型装载机上。系统工作压力，国产机型一般为 16~18MPa，进口机型一般为 21~25MPa。

各类型装载机工作装置均采用顺序单动的连接方式，以保证铲斗的可优先动作。中小型装载机采用手动换向阀直接操纵，大型装载机一般采用先导式手动换向阀操纵。

轮式装载机都是铰接式车身结构，转向频繁，都采用组合式转向回路，一般中小型采用双泵组合回路，大中型采用三泵组合回路，超大型采用多泵组合回路，以便能够有效地利用液压能，并具有良好的操纵特性。

第五节 挖掘机液压传动系统分析

挖掘机是用来进行土石方开挖的一种工程机械。挖掘机的作业过程是铲斗的切削刃切土并把土装入斗内，装满土后提升铲斗并回转到卸土地点卸土，然后再使转台回转、铲斗下降到挖掘面进行下一次挖掘。

挖掘机按作业特点分为周期作业式和连续作业式两种，前者为单斗挖掘机，后者为多斗挖掘机。单斗挖掘机不仅可进行土石方开挖的工作，而且通过工作装置的更换还可以进行浇注、起重、装载、抓取、安装、打桩、拔桩、夯土、钻孔等作业。单斗挖掘机的种类很多，按行走机构的不同分为履带式、轮胎式、汽车式和步行式等；按传动形式不同分为机械传动式、液压传动式两种。由于工程中多采用履带式液压传动单斗挖掘机，因此本节着重介绍此种单斗挖掘机的液压传动系统。

挖掘机的类型代号用字母 W 表示，Y 表示液压传动式，L 表示轮胎式，无 L 表示履带式，主参数为整机的质量。例如 WLY 代表轮胎式液压挖掘机，WY100 代表机重为 10t 的履带式液压挖掘机。另外，不同的生产厂挖掘机的类型代号也有所不同。

单斗液压挖掘机的结构主要由工作装置（包括动臂、斗杆、铲斗）、回转机构和行走机构组成。目前履带式单斗液压挖掘机几乎都是整机全液压传动的，工作装置由三个液压缸分别驱动动臂、斗杆和铲斗的运动；回转机构由液压马达通过减速装置使小齿轮与大齿轮啮合传动；行走机构由两个液压马达驱动（汽车式和轮胎式还设置有液压支腿）。
单斗挖掘机工作过程是：挖掘、回转、卸料和返回。以反铲工作装置为例，参见图 2-32，其工作循环如下：

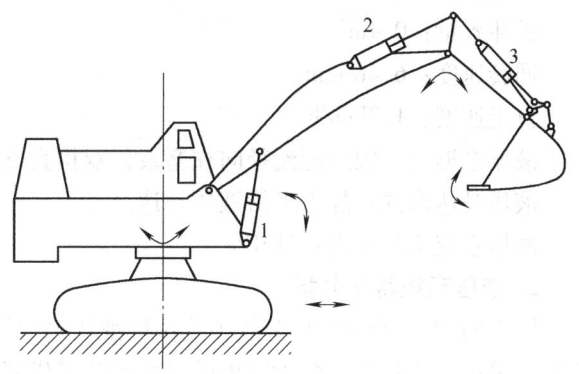

图 2-32 履带式单斗液压挖掘机简图
1—动臂缸 2—斗杆缸 3—铲斗缸

挖掘工况：通常以斗杆和铲斗液压缸的伸缩来驱动斗杆与铲斗的转动进行挖掘。有时还要以动臂液压缸的伸缩驱动动臂转动来配合，以保证铲斗按预定的轨迹运动。

满斗回转工况：挖掘结束，动臂液压缸伸出时动臂提升，同时回转液压马达（图中未画出）旋转，驱动转台回转到适应卸土的位置，停止回转。

卸载工况：通过动臂液压缸、斗杆液压缸的配合动作，使铲斗对准卸土位置，缩回铲斗液压缸使铲斗翻转卸土。

返回工况：卸土完成，转台反转，配合动臂、斗杆的复合动作把空斗返回到新的挖掘位置，开始第二个工作循环。

有时为了调整及转移挖掘地点，还要作整机行走。由此可知，单斗挖掘机的执行元件较多，复合动作频繁。

从以上分析可知，履带式单斗液压挖掘机为保证正常工作，应有动臂、斗杆、铲斗 3 个液压缸，1 个回转液压马达和两个驱动履带行走的液压马达。图 2-33 所示为一种单斗挖掘机液压传动示意图。柴油机驱动两个液压泵，把压力油输送到两个分配阀中，操作分配阀再将压力油送往有关液压执行元件，这样就可驱动相应的机构工作，以完成所需要的动作。

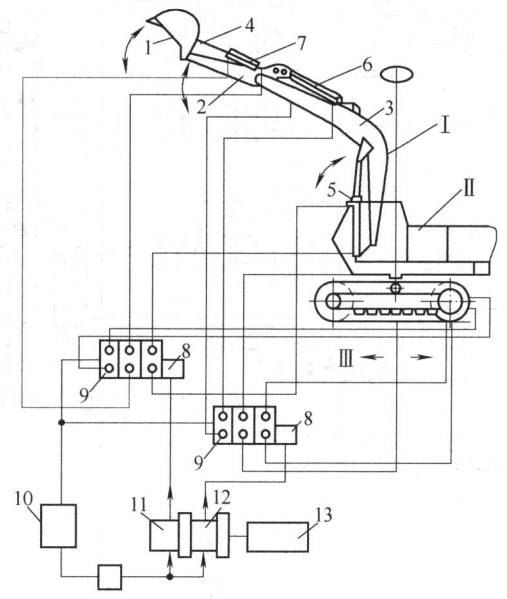

图 2-33 单斗挖掘机液压传动示意图
1—铲斗 2—斗杆 3—动臂 4—连杆
5、6、7—液压缸 8—安全阀 9—分
配阀 10—油箱 11、12—液压泵
13—发动机 Ⅰ—挖掘装置
Ⅱ—回转装置 Ⅲ—行走装置

下面对一些典型的履带式单斗挖掘机液压系统进行特点分析。

一、WY40 型挖掘机液压系统

1. 主要性能参数

铲斗容量：0.4m³。

回转速度：6.4r/min。

行走速度：1.7km/h。

液压泵形式：阀式配流径向柱塞泵，双排直立式；额定流量：2×55L/min。

液压马达形式：静力平衡液压马达。

液压系统工作压力：21MPa。

2. 液压系统特点分析

图 2-34 所示为 WY40 型液压挖掘机液压系统图，该系统采用双泵双回路定量系统，每个回路采用并联供油。泵Ⅰ输出的压力油除了供回转马达、斗杆液压缸外，还经中心回转接

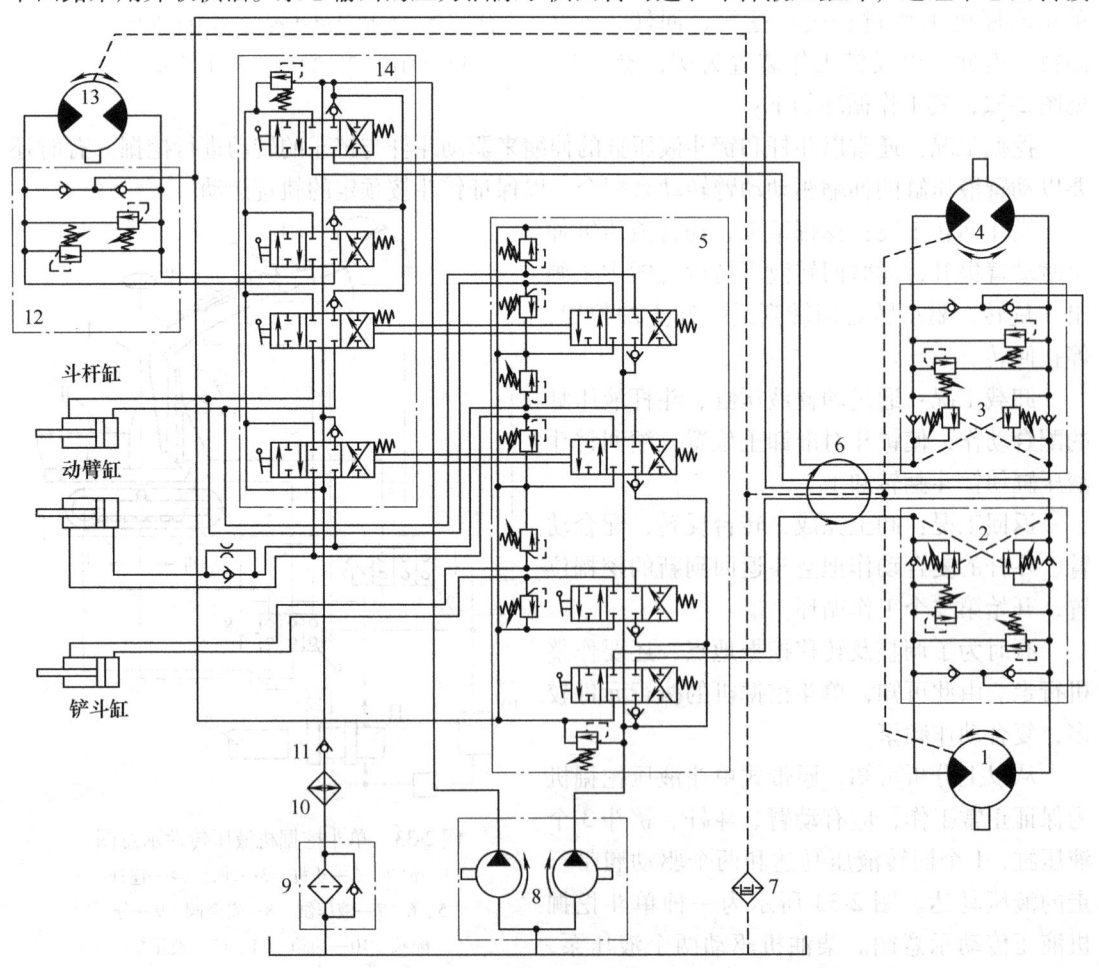

图 2-34 WY40 型挖掘机液压系统
1—左行走液压马达 2、3—行走限速阀组 4—右行走液压马达 5、14—多路换向阀
6—中心回转接头 7—磁性过滤器 8—主液压泵 9—烧结式过滤器
10—冷却器 11—背压阀 12—回转制动阀 13—回转液压马达

头 6 供右行走液压马达 4。泵 Ⅱ 输出的压力油供动臂液压缸、铲斗液压缸，经中央回转接头供左行走液压马达 1。此外，在多路换向阀 5 和 14 中各有两片阀用连杆控制联动，可实现对动臂液压缸和斗杆液压缸的双泵合流供油，以提高其动作速度。

为防止动臂下降过快，保持动作平衡，在动臂液压缸大腔回油路装有单向节流阀用以限速。

回转时单泵供油、液压制动，制动压力为 15MPa。为了防止因突然制动而引起液压冲击，设回转制动阀 12，其中压力阀起过载保护作用，并形成制动力矩，使转台制动，单向阀在制动或超速吸空时进行补油。

行走时，液压油经多路换向阀 5 和 14、中心回转接头 6、行走限速阀组 2 和 3 接左行走液压马达 1 和右行走液压马达 4，回油经中央回转接头、多路换向阀回油箱。行走限速阀组中各阀分别起到双向防止超速溜坡、防止过载、制动或超速吸空补油的作用。

回油路上装有背压阀 11 以增大回油背压，形成背压油路可使行走马达在制动或超速吸空时进行压力补油。为了防止烧结式过滤器 9 堵塞使回油阻力增大而并联一个单向阀，起安全作用。马达漏油路没有背压，油液直接经磁性过滤器 7 过滤后回油箱。

液压泵为阀式配流径向柱塞泵。优点是制造简单、耐冲击，对液压油的过滤精度要求不高，工作压力比齿轮泵高，寿命长，额定压力为 21MPa。缺点是体积大，不能实现恒功率变量调节。

回转与行走液压马达采用曲轴无连杆低速大转矩液压马达及静力平衡式液压马达。优点是制造简单、噪声低、摩擦副的磨损小、背压小。缺点是对液压油的过滤精度要求高，外形尺寸比内曲线的液压马达大。

综上所述，本机液压系统的特点是：简单、可靠；工作油通过阀的损失少；由于采用并联分流，除了能同时进行两个动作的复合运动外，对单个动作可以进行合流，提高工作速度，因而生产率较高；行走机构装有限速阀，可防止行走液压马达因超速溜坡而造成事故。

二、WY60 型挖掘机液压系统

1. 主要性能参数
铲斗容量：0.6m^3。
液压泵形式：双联轴向柱塞泵；排量：2×106.5mL/r。
液压马达形式：内曲线多作用径向柱塞式液压马达；排量：1.79L/r。
液压系统工作压力：25MPa。

2. 系统特点分析

本机液压系统如图 2-35 所示。该系统由一对双联斜轴式轴向柱塞变量泵 3（其中包括液压泵 A、B）、两组多路换向阀 15（其中包括①～⑧八片）、液压缸（其中包括动臂液压缸 17、斗杆液压缸 18、铲斗液压缸 19）、液压马达（其中包括两个行走液压马达 11、一个回转液压马达 13）及控制泵 1、转换阀 5、三组手动减压式先导阀 20、冷却液压马达 6 等组成。

本系统为双泵双回路总功率变量系统，它采用液压方式相互联系两个恒功率调节器以保证两个泵的流量相等。各回路之间以并联及互锁方式组成，能实现多个动作的复合。液压泵 A 输出的压力油通过第一组阀（①～④片）中①～③各片多路阀，直接向铲斗液压缸、动臂液压缸、左行走液压马达供油，还通过合流阀④向斗杆液压缸供油。液压泵 B 输出的压力油通过第二组阀（⑤~⑧片）中⑥~⑧各片多路阀，直接向回转马达、斗杆液压缸、右行走液压马达供油，还通过合流阀⑤向铲斗和动臂液压缸的无杆腔供油。

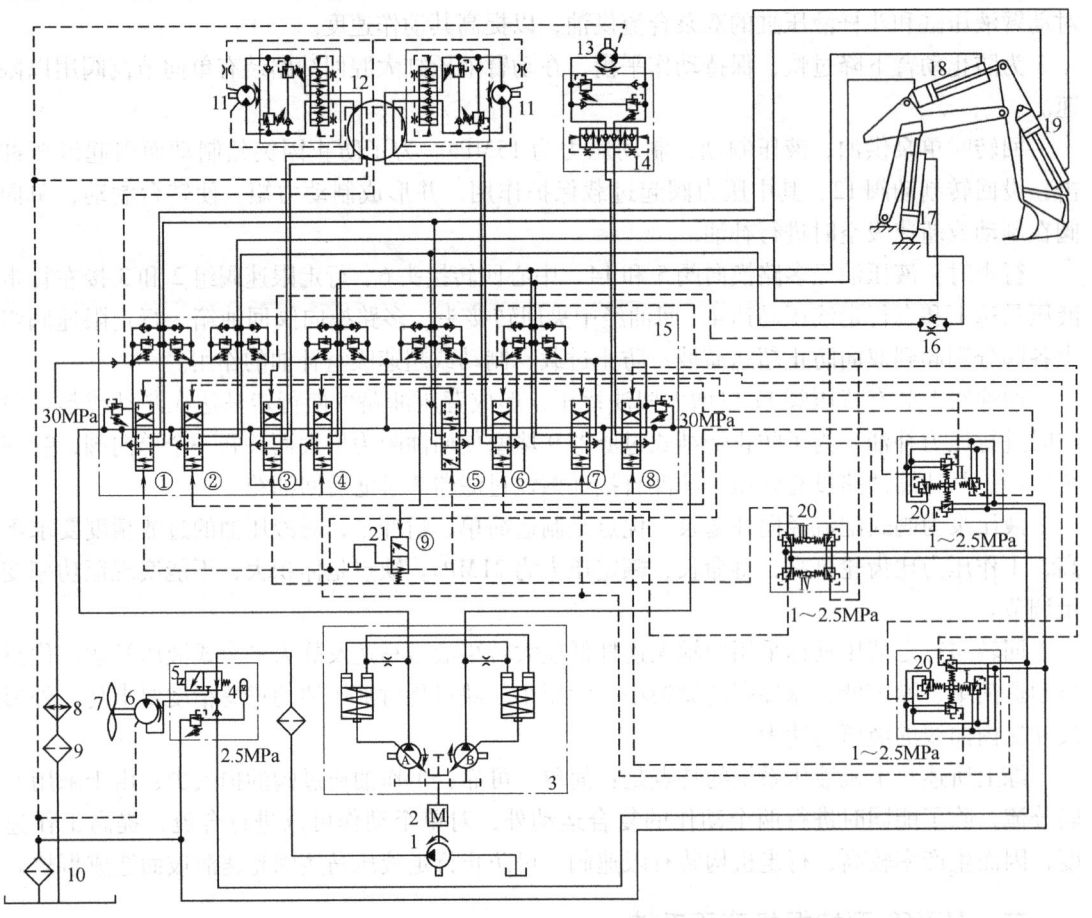

图 2-35　WY60 型挖掘机液压系统
1—控制泵　2—发动机　3—双联液压泵　4—蓄能器　5—转换阀　6—冷却用液压马达
7—冷却风扇　8—散热器　9、10—滤油器　11—行走液压马达　12—中心回转接头
13—回转液压马达　14—缓冲制动阀　15—多路换向阀（两组）　16—单向节流阀
17—动臂液压缸　18—斗杆液压缸　19—铲斗液压缸　20—手动减压式先导阀
21—转换阀

本机液压系统特点：

1）采用手动减压式先导阀 20 先导操作多路换向阀 15。手动先导阀和油冷却系统共用一个小流量的控制泵 1，操作先导阀手柄，可以使其输出压力在 1～2.5MPa 范围内变化，从而控制多路换向阀的开度与换向。操作先导阀既轻便又有操纵力和位置感。为了能在发动机不工作或出现故障时仍能操纵工作机构，在操纵油路上设置蓄能器作为应急能源。共有 4 个先导阀操纵手柄分别控制以下动作：

手柄 I 向上，通过先导阀使液控换向阀⑧下移，回转液压马达 13 旋转。

手柄 I 向下，通过先导阀使液控换向阀⑧上移，回转液压马达 13 反向旋转。

手柄 I 向右，通过先导阀使液控换向阀⑦上移，向斗杆缸 18 有杆腔供油，使斗杆扬起。同时使液控换向阀④上移，使液压泵 A、B 的压力油合流，向斗杆液压缸 18 有杆腔供油。

手柄Ⅰ向左，通过先导阀使液控换向阀⑦下移，向斗杆液压缸18无杆腔供油，使斗杆低头。同时使液控换向阀④下移，使液压泵 A、B 的压力油合流，向斗杆液压缸18无杆腔供油。

手柄Ⅱ向上，通过先导阀使液控换向阀①下移，向铲斗液压缸19有杆腔供油，使铲斗向上翻转。

手柄Ⅱ向下，且转换阀⑨处于图示位置时，通过先导阀使液控换向阀①和⑤上移，使液压泵 A、B 的压力油合流向铲斗液压缸19有杆腔供油，使铲斗向下翻转，进行铲斗快速挖掘。

手柄Ⅱ向右，通过先导阀使液控换向阀②下移，向动臂液压缸17有杆腔供油，使动臂向下落。

手柄Ⅱ向左，通过先导阀使液控换向阀②上移和液控换向阀⑤下移，使液压泵 A、B 的压力油合流向动臂液压缸17无杆腔供油，使动臂快速向上抬起。

手柄Ⅲ、Ⅳ向左或向右，通过先导阀使液控换向阀③或⑥上移或下移，使液压泵 A 或 B 泵向左或右行走液压马达11供液压油，分别控制左、右行走液压马达的前进与后退。

2) 在两个主泵的油路中，各有一个能通过全流量的安全阀，调定压力均为30MPa，同时在每一个液压缸和相应的换向阀之间都装有过载阀和单向阀。过载阀的作用是避免运动部件停止运动时产生的剧烈的冲击压力，单向阀的作用是当液压缸一腔出现负压时可通过单向阀瞬时补油。

3) 在转台回转液压马达的油路上装有缓冲制动阀14，可实现回转液压马达的制动、补油，防止起动和制动开始时产生液压冲击。

4) 总回油路上装有风冷式液压油散热器8，风扇由专用的冷却液压马达6带动，它由装在油箱中的温度传感器及操纵油路中的转换阀5所控制，由控制泵1供油，组成单独回路。当油温超过一定值时，温度传感器使转换阀接通齿轮泵向液压马达供油带动风扇旋转，液压油被强制冷却。反之，则风扇停转以保证液压油在一定的温度范围内，可节省风扇功率，并缩短冬季预热起动时间。

5) 回转与行走机构的传动采用低速大转矩液压马达直接驱动的低速方案。

三、WY100型挖掘机液压系统

1. 主要性能参数
铲斗容量：$1.0m^3$。
发动机功率：110kW。
机重：$25 \times 10^4 N$。
液压泵形式：径向柱塞泵。
液压马达形式：内曲线多作用低速大转矩液压马达。
液压系统工作压力：32MPa。
行走速度：3.4km/h。

2. 系统原理分析
本机液压系统如图2-36所示。整个液压系统以中心回转接头9为界分为上车、下车两个部分。上车系统处于旋转平台以上，由两个液压泵、一个回转液压马达、三个液压缸及控制阀等元件组成，发动机也在上车；下车系统在履带底盘上，由四个行走液压马达及控制阀

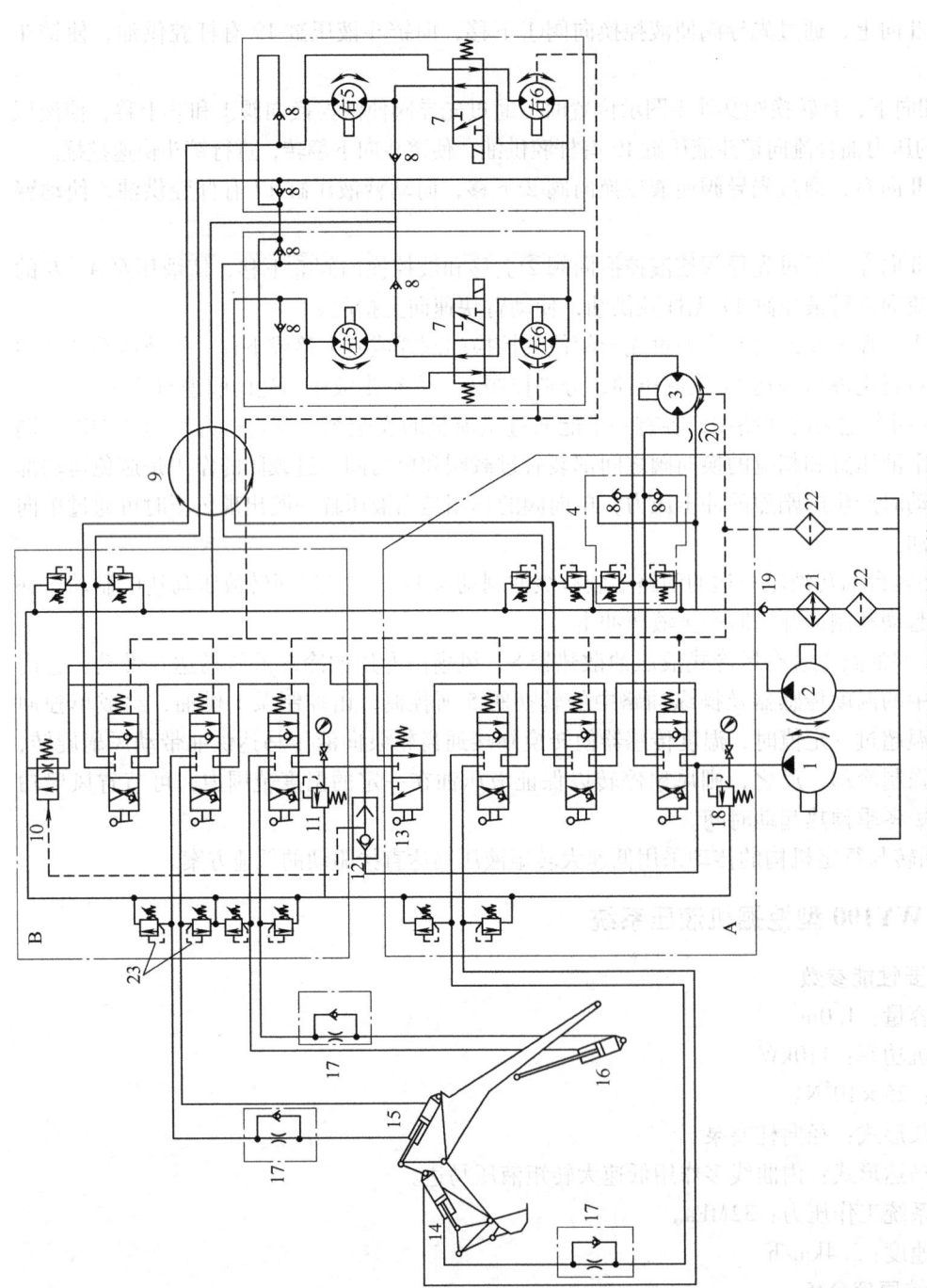

图 2-36 WY100 型挖掘机液压系统原理图

1,2—液压泵 3—回转液压马达 4—缓冲补油阀组 5,6—行走液压马达 7—变速阀 8—补油单向阀 9—中心回转接头 10—限速阀 11,18—溢流阀 12—梭阀 13—合流阀 14—铲斗缸 15—斗杆缸 16—动臂缸 17—单向节流阀 19—背压阀 20—节流阀 21—冷却器 22—过滤器 23—缓冲阀

组成。上车系统的油液通过中心回转接头进入下车系统。本机液压系统为双泵双回路系统。

液压泵 1、2 为径向柱塞式单向阀配流液压泵,两个泵在一个壳体内,每边三个柱塞,自成一泵,由同一个发动机曲轴驱动。

液压泵 1 通过多路换向阀 A 中各阀向回转液压马达 3、行走液压马达左 5 或左 6 及铲斗液压缸 14 供油,组成一个串联回路。溢流阀 18 用以控制液压泵 1 回路的压力,防止系统过载。

液压泵 2 通过多路换向阀 B 中各阀向动臂液压缸 16、斗杆液压缸 15 及行走液压马达右 5 或右 6 供油,组成一个串联回路。溢流阀 11 用以控制液压泵 2 回路的压力,防止系统过载。

在各执行元件的分支回路中均设有缓冲阀 23,以吸收工作装置的冲击;油路中还设有单向节流阀 17,以防止油液的倒流及重力超速,并阻断执行元件的冲击振动向液压泵传递。

操纵相应的换向阀就能使各液压缸、液压马达工作,完成挖掘和运输等作业。

3. 系统主要特点

1) 双速行驶。每条履带均由一个相应的双排液压马达即行走液压马达 5、6 驱动,两个变速阀 7 分别置于行走液压马达 5、6 的配油轴中,其操纵形式可以是电磁控制式的也可以是液控式的(图中为电磁控制式的)。当变速阀 7 处于图示的左位状态时,高压油并联进入每个行走液压马达的两个油腔中,其输出大转矩、低转速,这种工况称为低速大转矩工况,适用于道路阻力大或上坡的工况。当变速阀 7 处于右位状态时,使高压油串联进入每个行走液压马达的两个油腔中,其输出小转矩、大转速,这种工况称为高速小转矩工况,适用于道路阻力小的快速行驶工况。

2) 限速措施。动臂、斗杆和铲斗都有可能发生重力超速的现象,但因挖掘机的这些机构对下降速度稳定性和锁紧的要求不像起重机那样严格,所以采用单向节流阀的限速措施。

行走液压马达下坡时也有可能发生重力超速的现象,油路中设置了限速阀 10,限速阀的液控口作用着由梭阀 12 提供的液压泵 1、泵 2 的最大压力,当挖掘机下坡行走发生重力超速现象时,液压泵油口压力降低,限速阀自动复位对回油进行节流,防止溜坡现象发生,保证挖掘机行驶安全。注意,由于限速阀的液控口压力油由梭阀引入,若履带一边超速而另一边未超速,则不能起到限速的作用,因为此时梭阀引入的是未超速一边的液压泵的高压去控制限速阀,限速阀不能移位,所以不能起限速作用。只有两条履带都超速时限速阀才起防止超速作用。单边超速工况实际工作时很少出现,双边超速工况实际工作时经常发生。

3) 合流。当需要使动臂和斗杆液压缸快速工作时,可将合流阀 13 搬到左位,液压泵 1 的流量也进入液压泵 2 回路,两个泵的流量合并向斗杆和动臂液压缸供油。

4) 防止热冲击的排灌油路。进入液压马达内部(柱塞腔、配油轴内腔)和液压马达壳体内(渗漏低压油)液压油的温度不同,使液压马达内部零件膨胀不等,会造成密封滑动面间隙变小而卡死,这种现象称为热冲击。为了防止热冲击发生,从液压马达壳体内(渗漏腔)引出两个油口(见回转液压马达 3 的油路),一个油口通过节流阀 20 与有背压的回油路相通,另一个油口直接与油箱相通(无背压)。这样,在液压马达壳体内形成低压油循环,使液压马达各零件内外温度和液压油保持一致,防止液压马达运转时热冲击的发生。壳体内油液的循环流动还可以冲洗掉壳体内的磨损物。使用背压阀 19 和节流阀 20 可使系统背压回路维持背压稳定。背压值一般为 0.8~1.2MPa。

5）单独的泄油回路。将多路换向阀和液压马达的泄油路用油管集中起来，通过过滤器回油箱。该回路无背压，以减小外泄漏。液压系统出现故障时，可通过检查泄漏油路的过滤器，判断是否为液压马达磨损引起的故障。

6）补油油路。液压系统的回油经背压阀19回油箱形成背压油路，以便在液压马达制动或出现超速时背压油路的油液经补油单向阀8向液压马达补油，以防止液压马达内部的柱塞滚轮脱离导轨表面。

7）该系统采用定量泵，效率较低、发热量大。由于履带式挖掘机属于移动设备，液压油箱不能太大。为了防止温升太大，该机设置了强制风冷式冷却器21，以保证油温不超过规定值。

四、WY100A型挖掘机液压系统

本机液压系统如图2-37所示。本机液压系统与WY100型相类似，也采用了双泵双回路定量液压系统，两个径向柱塞泵18出来的高压油分别进入两组四路组合阀Ⅰ和Ⅱ，形成两个独立的串联回路。具有双速行驶、限速、合流措施，设有排灌、泄油、补油回路及缓冲、背压装置。具体有以下特点：

1）工作装置部件增加了推土铲，因而增设推土液压缸7及控制阀。

2）设有工况选择阀6。当需要二泵合流时，踩下工况选择阀踏板，由背压油路引来的控制油由P口进入B口，再经电磁阀12（配合动作）右位进入合流阀13控制腔，使合流阀右位工作，则两个泵合流，使动臂、铲斗快速工作。

当需要高速行走时，踩下选择阀踏板，由背压油路引来的控制油由P口进入C口，进入双速阀11控制腔，使双速阀右位工作，两个行走液压马达实现串联供油，则高速行走。

3）背压阀为顺序阀。

4）为防止发生"点头"现象及油液倒流，在阀外均设有单向阀。

5）系统中设有辅助液压缸（图中未画出）及控制阀。

五、WY160型挖掘机液压系统

1. 主要性能参数

铲斗容量：1.6m^3。

液压系统工作压力：28MPa。

液压泵形式：ZBZ140；最大排量：140mL/r。

液压马达形式：ZM732；最大排量：140mL/r。

2. 系统特点分析

本机液压系统如图2-38所示。本系统为双泵双回路总功率变量系统。双泵有各自的调节器，两个调节器之间采用液压联系。液压泵工作时始终保持两台泵的流量相等。

泵B通过多路换向阀9中各阀向动臂液压缸12、铲斗液压缸11、开斗液压缸10及右行走液压马达13供油。

泵A通过多路换向阀组17中各阀向斗杆液压缸16、回转液压马达15、左行走液压马达14供油，还通过合流阀18向动臂液压缸12、铲斗液压缸11的无杆腔供油，以加快起升、挖掘的速度。

第二章 典型工程机械液压传动系统分析

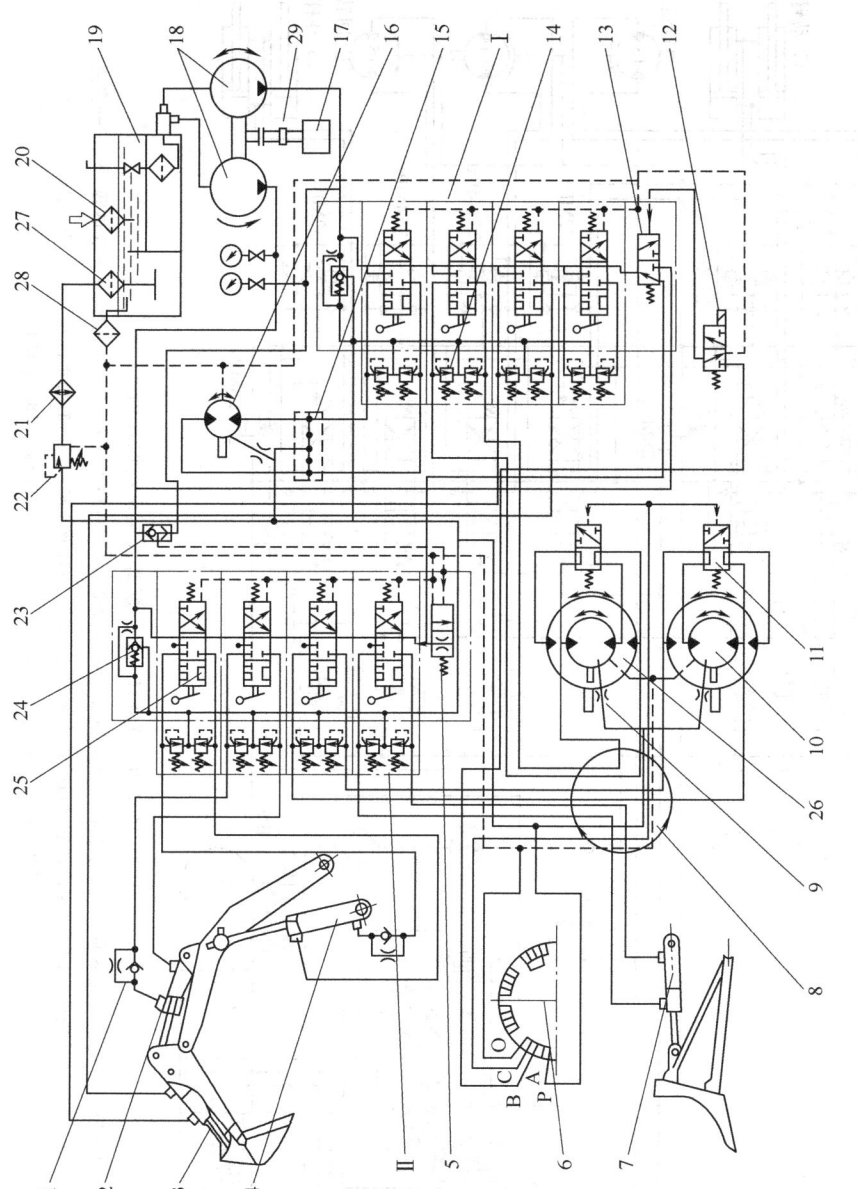

图 2-37 WY100A 型挖掘机液压系统原理图

1—单向节流阀 2—斗杆液压缸 3—铲斗液压缸 4—动臂液压缸 5—液压限速阀 6—工况选择阀 7—推土液压缸
8—中心回转接头 9—节流阀 10—左行走液压马达 11—双速阀 12—电磁阀 13—合流阀 14—限压阀 15—补油阀
16—回转液压马达 17—柴油机 18—径向柱塞泵 19—油箱 20—加油过滤器 21—冷却器 22—背压阀 23—梭阀
24—进油阀 25—分配阀 26—右行走液压马达 27—主回油过滤器 28—磁性过滤器 29—十字联轴节
A—限速 B—合流 C—行走 O—回油 P—进油 Ⅰ—带合流限速阀组（前组阀） Ⅱ—带合流限速阀组（后组阀）

86 工程机械液压系统分析及故障诊断与排除

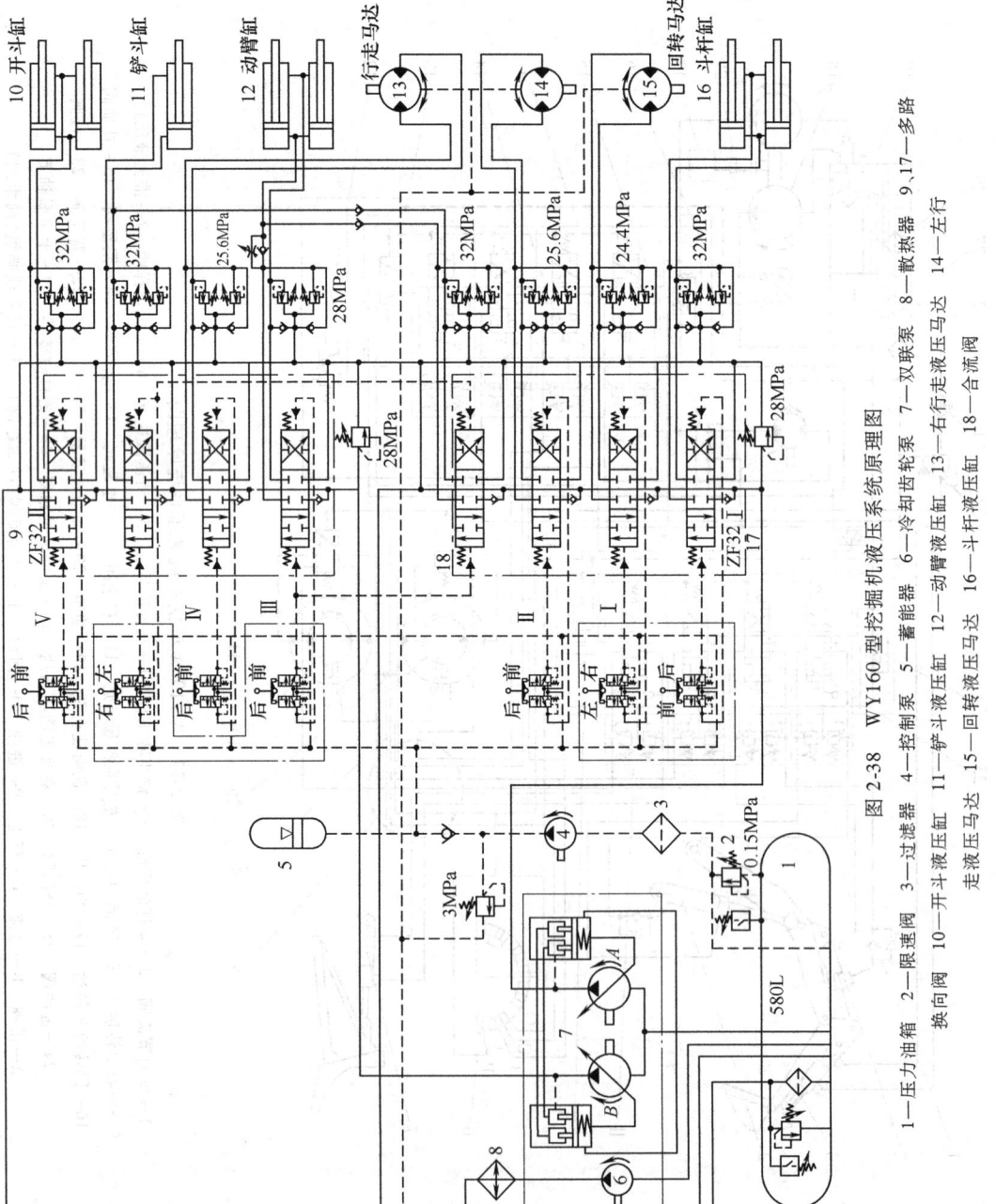

图 2-38 WY160 型挖掘机液压系统原理图

1—压力油箱 2—限速阀 3—过滤器 4—控制泵 5—蓄能器 6—冷却齿轮泵 7—双联泵 8—散热器 9、17—多路换向阀 10—开斗液压缸 11—铲斗液压缸 12—动臂液压缸 13—右行走液压马达 14—左行走液压马达 15—回转液压马达 16—斗杆液压缸 18—合流阀本系统有以下特点：

1) 多路液控换向阀采用手动减压式先导阀操作。手动减压式先导阀的控制油路由控制泵4单独供油，操作先导阀手柄，可以使其输出压力在 0～3MPa 范围内变化，以控制多路换向阀的开度与换向。操作先导阀既轻便又有操纵力和位置感。为了能在发动机不工作或出现故障时仍能操纵工作机构，在操纵油路上设置蓄能器5作为应急能源。

共有5个先导阀操纵手柄，分别控制以下动作：

手柄 I 前后动作，控制斗杆的升降；左右动作控制回转液压马达左右旋转。

手柄 II、IV 前后动作，控制左、右行走液压马达的前进、倒退。

手柄 III 向前动作，控制动臂举升，并控制向动臂液压缸合流供油；向后动作，控制动臂下降；向右动作，控制铲斗向上翻转挖掘，并控制向铲斗液压缸合流供油；向左动作，控制铲斗向下翻转退出挖掘。

手柄 V 向前动作，控制开斗卸载；向后动作控制关斗。

2) 采用了压力油箱。避免产生吸空和改善自吸性能，提高液压泵的工作转速。

3) 系统除了具有主油路、泄油路、控制油路外，还具有独立的冷却循环油路，由冷却齿轮泵6供油，经散热器回油箱，使回油背压减小，保护冷却安全。

4) 回转和行走机构采用高速液压马达配减速机构，即采用高速方案。

六、WY180 型挖掘机液压系统

本机铲斗容量为 $1.8m^3$，液压系统如图2-39所示。本系统为开式多泵系统，主液压回路为双泵双回路。该液压系统主要由动力源变量泵调节回路、减压式先导控制回路、回转回路、行走回路、动臂回路、斗杆回路及铲斗回路所组成。

动力源液压泵组包括两台轴向柱塞泵 P_1、P_2（主泵）和一台齿轮泵 P_3（控制泵）。两个主泵分别通过多路换向阀2、3向各工作回路供油；控制泵通过减压式先导阀4、5、6内各阀向换向阀各控制腔供油。各换向阀组内换向阀之间及各先导阀内各阀之间并联连接。各换向阀均为四位六通液控换向阀，由减压式先导阀组内各阀操控。主泵 P_1、P_2 正常工作压力为 21MPa（转速 2454r/min），由溢流阀23、24调定；控制泵 P_3 工作压力由溢流阀调定为 2.5MPa。系统特点分析如下：

1. 变量泵的分功率调节

来自减压式先导阀组的控制压力油，除了一部分供操控换向阀外，另一部分经控制回路中各单向阀进入分功率变量泵调节器31、32，油液压力作为外控指令，对相应的两台主泵进行恒功率变量调节，从而进行容积调速。进入调节器的指令除了来自减压式先导阀的外控指令外，还有来自泵自身的工作油作为内控指令及上述两者组成的复合指令。无论是哪种指令，都不同程度地使主泵斜盘的控制液压缸产生相应的动作，使斜盘倾角改变以达到流量调节的目的。两台泵两个调节器，互不干扰，属于分功率调节。

2. 先导阀的操控

减压式先导阀4为单手柄四方向操纵，控制斗杆和回转台两个方向的运动；减压式先导阀6也为单手柄四方向操纵，控制动臂和铲斗两个方向的运动；减压式先导阀5两个手柄各有前、后两个方向操纵位置，分别控制左、右行走履带两个方向的运动。

3. 液压马达总成控制

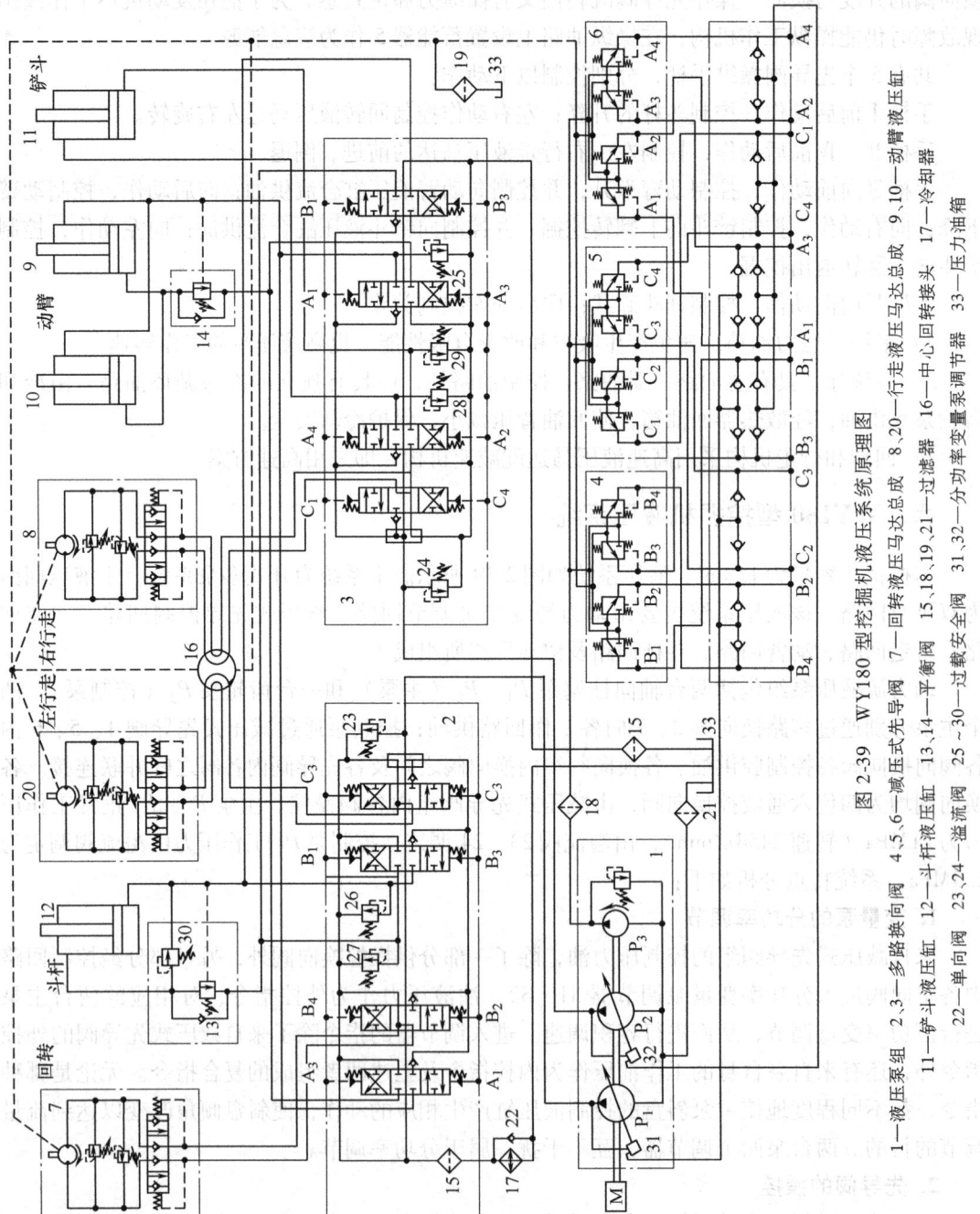

图 2-39 WY180 型挖掘机液压系统原理图

1—液压泵组 2、3—多路换向阀 4、5、6—减压式先导阀 7—回转液压马达总成 8、20—行走液压马达总成 9、10—动臂液压缸 11—铲斗液压缸 12—斗杆液压缸 13、14—平衡阀 15、18、19、21—过滤器 16—中心回转接头 17—冷却器 22—单向阀 23、24—溢流阀 25~30—过载安全阀 31、32—分功率变量泵调节器 33—压力油箱

回转液压马达总成 7 中，回转液压马达为曲轴连杆式低速大转矩液压马达，由主泵 P_1 供油，工作压力为 18MPa，转矩大小为 1920N·m。回转制动回路如图 2-40 所示，其中包括过载阀 4 和制动阀 1 两部分。过载阀调定压力为 18MPa，对回转液压马达起双向防过载的作用。制动阀具有三个作用：一是平稳起动的作用。由于制动阀两端控制油路上设有单向阀 3 和节流阀 2，可使起动平稳无冲击。二是限速、补油作用。当液压马达有失速现象时，由于液压泵给液压马达的供油不够，制动阀将因液控压力不足将向中位移动，从而将液压马达油口逐渐关小，起到限速作用。失速严重到极限时，制动阀完全回到中位，使油路切断，液压马达停止旋转。这时，液压马达进油端会出现负压现象，则可通过制动阀中位内单向阀进行补油。三是制动、锁紧作用。液压马达制动时换向阀置于中位，进油中断，制动阀也回中位，此时，制动阀中位内单向阀对液压马达起到可靠的锁定作用。

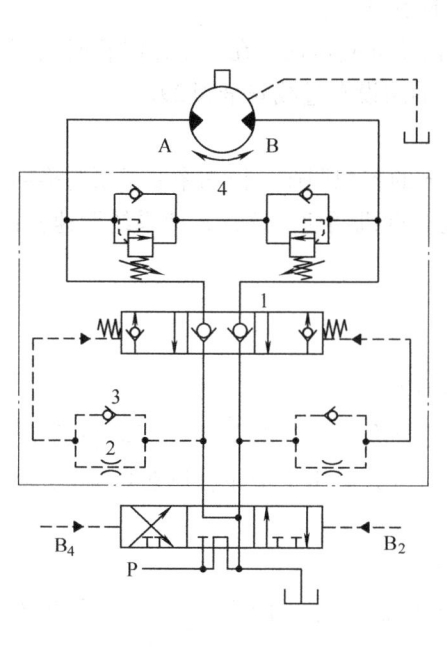

图 2-40 回转制动回路
1—制动阀 2—节流阀 3—单向阀 4—过载阀

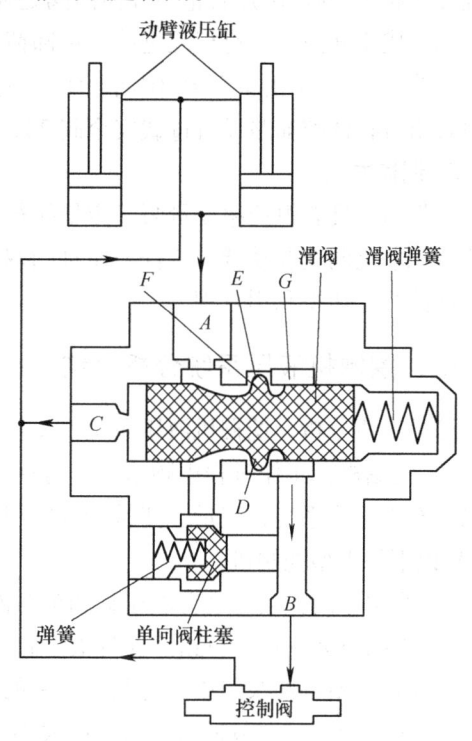

图 2-41 动臂平衡阀工作原理

行走液压马达总成的控制 8、20 与回转液压马达的控制完全相同。分别由主泵 P_1、P_2 供油。液压马达为轴向柱塞式，通过减速器驱动行走履带。工作压力调定为 21MPa，过载压力调定为 25MPa。

4. 液压缸的控制

两个动臂液压缸 9、10 为刚性同步，要求驱动功率较大，故采用 P_1、P_2 双泵合流。O 型中位机能的换向阀可使其在不工作时暂时闭锁。回路中设有平衡阀 14，设定压力为 23.5MPa，用以限制动臂下降速度，防止下降失速；阀 25 为过载安全阀，设定压力为 25MPa，与平衡阀配合，防止动臂带载下降受阻时压力超限损坏液压元件。

动臂平衡阀工作原理如图 2-41 所示。平衡阀内滑阀弹簧将压力调定在 23.5MPa，当动臂下降时，在正常的（C腔）压力控制下滑阀凸台D半开，动臂液压缸无杆腔液压油经F、E、G、B回油；若动臂带载下降突然受阻时动臂液压缸有杆腔（C腔）压力骤增，当大于调定压力时，凸台D将G口关闭，则动臂无杆腔回油闭死，动臂下降停止。同时，有杆腔进油路压力必定达到或超过过载安全阀（图2-39中过载安全阀25）调定压力为25MPa，则过载安全阀溢流，从而起到安全保护作用。

斗杆缸液压12由于动作频繁，且承担一定的挖掘力，也采用P_1、P_2双泵合流供油。O型中位机能的换向阀可使其在不工作时暂时闭锁，有杆腔油路中设有平衡阀13，其作用是防止在斗杆伸出时因为自重、负载的作用发生失速现象。回路中无杆腔设有过载安全阀26，有杆腔设有过载安全阀27，有杆腔与无杆腔之间设有过载安全阀30，调定压力为25MPa。过载安全阀30的作用是防止斗杆换向阀处在中位闭锁位置时，因铲斗的动作对斗杆产生影响，如造成斗杆液压缸有杆腔过载时可卸荷并向无杆腔补油。

铲斗液压缸11由单泵P_2供油，O型中位机能的换向阀可使其在不工作时暂时闭锁，在换向阀出口有杆腔油路设有过载安全阀28，无杆腔油路设有过载安全阀29。

5. 调速方式

工作回路具有恒功率变量泵与定量执行元件组成的容积调速、恒功率变量泵与换向阀组成的容积节流调速及动臂、斗杆液压缸的双泵合流的有机调速。这样，使系统调速范围大，低速性能好，功率利用合理。

七、挖掘机液压系统分析小结

综合上述分析，挖掘机液压系统主要特点归纳如下：

1）挖掘机在工作过程中频繁地进行两个动作的复合运动，单泵系统不能满足其要求，多采用双泵开式系统，定量、变量均有应用。单泵系统只适用于铲斗容量在$0.4m^3$、功率在45kW以下的小型挖掘机。

2）采用合流方式向动臂液压缸和铲斗液压缸供油。

3）对执行元件进行分组，斗杆液压缸与动臂液压缸、左行走液压马达与右行走液压马达均分别设在不同的泵组中，有利于功率的利用。

4）利用合流、调节换向阀的开口大小来控制速度，调速范围大，低速性能好。

5）多采用先导阀操纵换向阀的方式进行控制。

6）较多采用顺序单动回路。

7）回转、行走驱动有高速、低速两种方案。

高速方案是采用高速液压马达通过减速器驱动回转或行走机构，如WY160、WY180型。

高速方案优点是：元件通用性好，滑移性能好，回油背压小，结构尺寸小，减速器可采用机械制动，整机通用性能好。缺点是：高速液压马达结构复杂，制造工艺复杂，质量、体积大，传动效率比低速液压马达低，转动惯量大。

低速方案是采用低速液压马达直接驱动回转或行走机构，如WY40、WY60、WY100型。

低速方案优点是：质量、体积、转动惯量小，结构简单。缺点是：滑移性能差，回油背压大，有泄漏。

第六节　振动压路机液压传动系统分析

振动压路机是目前国内外工程施工中应用最为广泛的压实机械，具有系统结构简单可靠、振动激振力大、适应能力强、适应范围广、驱动性能好、压实效果好、生产率高等优点。振动压路机是依靠机械自身的重量及其激振装置产生的激振力的共同作用，用以降低被压材料颗粒之间的内摩擦力，将材料颗粒楔紧，达到压实土壤的目的。主要用在公路、铁路、机场、港口、建筑等工程中来压实各种土壤、碎石料、各种沥青混凝土等。在公路施工中多用在路基、路面的压实。采用振动压实较之静力压实，压实层均匀、密实度高。在相同情况下振动压实的最佳深度可达 500mm。自行式振动压路机普遍采用液压传动和全液压铰接转向技术，并装有调频调幅装置、电子速度控制和电子监控检测装置，可随时检测压实层的密实度和均匀性，是筑路施工中不可缺少的压实设备。本节主要对典型的液压传动类型的振动压路机的液压控制系统进行分析。

一、振动压路机液压控制系统的常见液压回路分析

振动压路机的液压控制系统主要由振动液压回路、行走液压回路、转向液压回路所组成。首先分析其典型回路。

(一) 振动液压回路

振动液压回路是振动压路机液压系统中的一个重要的组成部分，作用是完成振动轮的起振功能，其性能决定着振动压路机的使用范围和压实效果。振动液压回路中的执行机构为振动液压马达直接驱动振动轴（也是振动轮的中心轴），振动轴带动其上的偏心块高速旋转以产生离心力，强迫振动轮对地面产生很大的激振冲击力，形成冲击压力波，向地表内层传播，引起被压层颗粒振动或产生共振，达到压实的目的。对于不同的被压实材料和铺筑层厚度，应该采取不同的振动频率和振幅，从而产生适当的激振力及压实能量，达到最佳的压实效果。

振动压路机振动液压系统回路按液压马达与液压泵的组合形式不同，有两种组合形式：定量泵与定量马达组合成开式回路、变量泵与定量马达组合成闭式回路。根据压路机振动系统的调幅调频性能，本文将常用振动回路分为四种：单幅单频、双幅单频、双福双频、多幅多频（无级调频）。以下对这几种常用回路进行分析总结。

1. 单幅单频

（1）YZ14 型振动压路机其改进型振动回路分析　该机改进前振动液压回路如图 2-42 所示。该回路为齿轮泵（振动泵 1）与齿轮马达（振动液压马达 4）组成的开式回路。电磁阀 7 得电工作时，振动液压马达 4 开始振动，由于偏心块不可调，压路机只能单幅振动，振频为 30Hz，振幅为 1.7mm，适用于基层压实作业。振动轮停止振动时，电磁阀 7 断电工作，液压油经溢流阀 5 卸荷，此

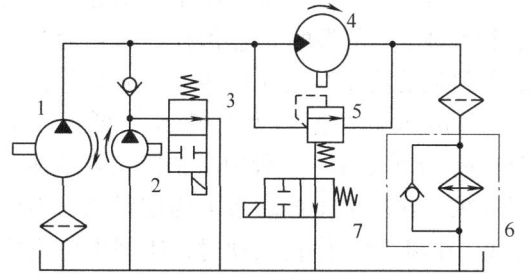

图 2-42　YZ14 型振动压路机振动液压回路
1—振动泵　2—辅助泵　3、7—电磁阀
4—振动液压马达　5—溢流阀　6—散热器

时压力损失较大。为了扩大适用范围，该生产厂对此回路进行了改进，在原来回路的基础上又增加了辅助泵2和电磁阀3，电磁阀3得电时，振动泵1与辅助泵2合流，增大了振动液压马达4的流量从而将振动频率提高到40Hz。又通过在原偏心块的反偏心方向上用螺栓联接一定质量的钢块，以减小原偏心力矩，将振幅降至0.5mm。改进后的机型变成双幅双频，不仅可以压实基础，也可以压实路面。

（2）SP-60D型振动压路机振动回路分析　该机振动液压回路如图2-43所示。本机为英国英格索兰公司生产的一种大型全液压振动压路机，主要用于矿山、堤坝和高速公路等大型路基工程的压实作业。该回路为双向变量泵（振动泵1）与双向定量马达（振动液压马达10）组合成的闭式回路。振动时，可根据行车方向通过电磁换向阀6改变振动泵1的流量方向，从而改变偏心块的转向，使其与行车方向一致，以获得最佳压实效果。振动偏心块为固定不可调，因此也只有单一振幅。其振幅为3mm，振频为25Hz。

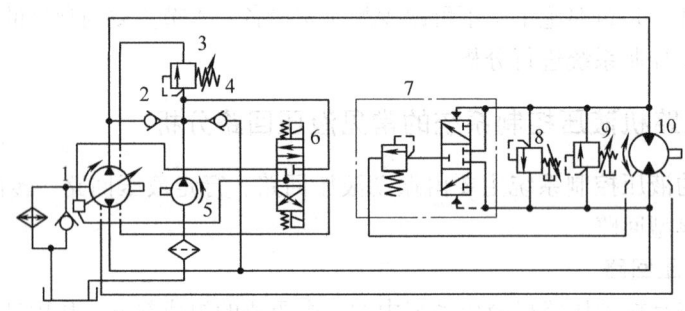

图2-43　SP-6D型振动压路机振动液压回路
1—振动泵　2、4—补油泵　3—溢流阀　5—辅助泵　6—电磁换向阀
7—液控阀组　8、9—过载阀　10—振动液压马达

2. 双幅单频

YZ10G型振动压路机振动液压回路如图2-44所示。该回路为单向定量泵（振动泵1）与双向定量液压马达（振动液压马达3）构成的开式回路。这种振动压路机采用的是质量调节式偏心块调幅机构，通过改变振动轴即液压马达的旋转方向来改变偏心质量和偏心距，从而获得两种不同的振幅。电-液换向阀4为起振阀，控制振动液压马达3的转向，从而获得两种不同的振幅，高振幅为1.67mm，低振幅为0.78mm，能满足土方工程中非粘性和半粘性土壤的压实工作。由于振动泵1为定量泵，因而只有单一的振频。停止振动时，H型中位机能

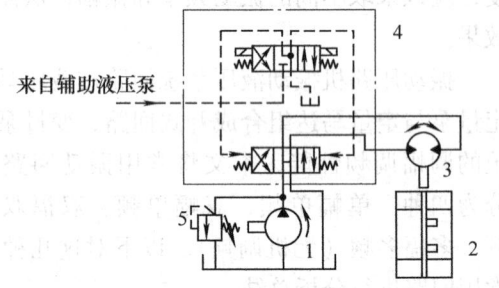

图2-44　YZ10G型振动压路机振动液压回路
1—振动泵　2—振动轮　3—振动液压马达
4—电-液换向阀　5—溢流阀

的电-液换向阀4回到中位，由于振动液压马达进、回油路相通，惯性作用使液压马达不能立即停止转动，因此会有余振，在被压材料表面上产生压痕。所以，该型压路机一般用于基层压实作业。

3. 双幅双频

振动压路机的多种型号采用双幅双频的振动系统，并常为双向柱塞变量泵与双向定量液

压马达组成的闭式回路。其变幅装置也为质量调节式偏心块调幅机构。通过改变振动液压泵的进、出油方向来改变液压马达的转向，从而获得两种不同的振幅。变量泵在改变进、出油方向时也对应不同的排量，从而在改变振幅时振频也相应地改变。高振幅时，低转速（低振频）；低振幅时，高转速（高振频）；得到双幅双频。

（1）BW217D 型振动压路机振动回路分析　本机为国内某厂引进德国某公司的技术生产的一种单钢轮全驱动的全液压振动压路机。本机压实能力强，具有双幅（1.66mm、0.91mm）双频（29Hz、35Hz）。该机振动液压回路如图 2-45 所示。

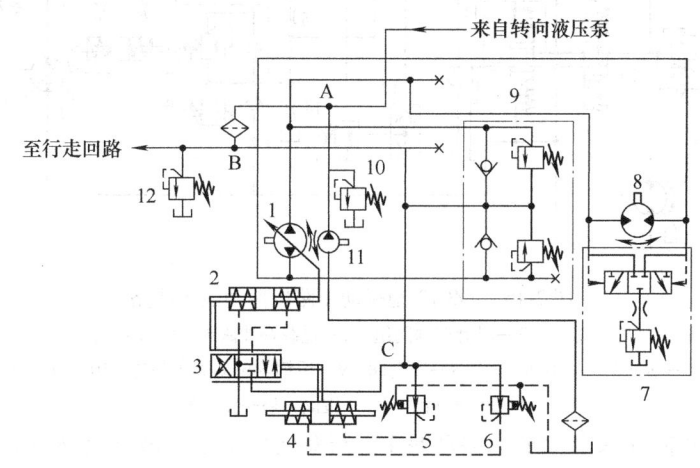

图 2-45　BW217D 型振动压路机振动液压回路
1—振动泵　2、4—比例阀　3—伺服阀　5、6—减压阀式先导操纵阀　7—液控阀组
8—振动液压马达　9—过载补油阀组　10、12—溢流阀　11—辅助泵

本回路是由双向柱塞变量泵（振动泵 1）与双向定量液压马达（振动液压马达 8）组成的闭式回路。在回路中，来自辅助泵 11 和来自转向油泵的液压油在 A 点合流（转向装置不工作时），经过过滤器又在 B 点由溢流阀 12 调压后分两路，一路至行走回路（去控制行走制动装置及行走液压马达变量装置）。另一路中的一个分支经单向阀去为振动泵 1 补油。另一个分支经 C 点又分两路，一路经伺服阀 3、比例阀 2 去控制振动泵 1 的斜盘倾角的大小；另一路经减压阀式先导操纵阀 5 和 6 减压后至比例阀 4，控制伺服阀 3 的工作位。

减压阀式先导操纵阀 5 线圈通电，则伺服阀 3 右位工作，振动泵 1 的斜盘倾角为正；减压阀式先导操纵阀 6 线圈通电，则阀 3 左位工作，振动泵 1 的斜盘倾角变为负；两者均不通电时，则伺服阀 3 中位工作，振动泵 1 的斜盘倾角变为零。这样，通过减压阀式先导操纵阀 5、6 的线圈通电来改变振动泵的流量方向，从而改变振动马达 8 的转向，也获得两种不同的振幅。同时，当比例阀 2 达到平衡时，振动泵 1 斜盘倾角为正或为负，且排量大小也不同，从而也获得两种不同的振频，即振动装置在不同的振幅下对应不同的振频。

回路中，与振动马达 8 并联的液控阀组 7 的作用是，除了保证振动液压马达（内曲线径向柱塞式）的结构要求的背压值外，当回油背压超过一定值（1MPa）时，将经溢流阀、节流阀卸荷，以稳定液压马达转速，防止惯性冲击，提高压实质量。此外，该阀组还能使振动泵与振动液压马达组成的闭式回路进行冷热油交换，起到降低油温的作用。

（2）YZC12 型振动压路机振动回路分析　本机为国内某厂家生产的一种全液压、全轮驱动、双钢轮串联式振动压路机。具有双幅（0.37mm、0.75mm）双频（40Hz、50Hz）。该机振动液压回路如图2-46所示。

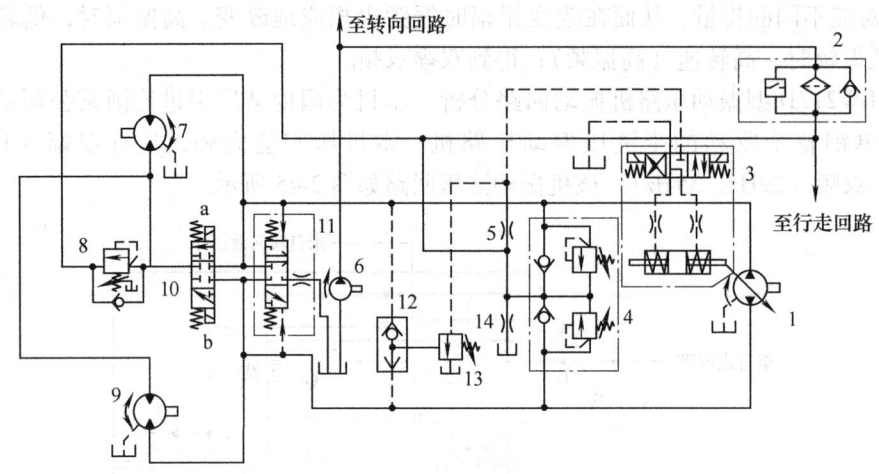

图 2-46　YZC12 型振动压路机振动液压回路
1—振动泵　2—精过滤器　3—斜盘控制阀组　4—过载补油阀组　5、14—节流阀　6—辅助泵
7—前钢轮振动液压马达　8—安全阀　9—后钢轮振动液压马达　10—电磁阀
11—液控阀组　12—梭阀　13—溢流阀

本回路是由双向柱塞定量泵（振动泵1）与双向柱塞定量液压马达（前钢轮振动马达7与后钢轮振动液压马达9）组成的闭式回路。在回路中，前钢轮振动马达7驱动前钢轮的振动偏心块，后钢轮振动液压马达9驱动后钢轮的振动偏心块。前钢轮振动液压马达7与后钢轮振动液压马达9串联连接，通过电磁阀10实现前、后钢轮各自单振或同时振动。当电磁线圈 a 通电时，电磁阀10上位工作，前钢轮振动液压马达7进、回油被短路，只有后钢轮振动液压马达9工作，则后钢轮单振；当电磁线圈 b 通电时，电磁阀10下位工作，后钢轮振动液压马达9进、回油被短路，只有前钢轮振动液压马达7工作，则前钢轮单振；当电磁线圈 a、b 都不通电时，电磁阀10中位工作，前钢轮振动液压马达7与后钢轮振动液压马达9串接，则前、后钢轮同时振动。振动液压马达的旋转方向由振动泵1的斜盘控制阀组3中的电磁阀控制，以获得两种不同的振幅和方向。其变频原理同前述BW217D型一样。回路中其余元件的作用与BW217D型相似，不再赘述。

4. 双幅多频（无级调频）

（1）YZC10 型振动压路机振动回路分析　本机为双钢轮振动压路机。其前、后钢轮均为振动轮。该机振动液压回路如图2-47所示。本回路是由定量泵（前钢轮振动泵1与后钢轮振动泵5）与定量液压马达（前钢轮振动马达6与后钢轮振动马达15）组成的两个完全独立的开式回路。前钢轮振动泵1与后钢轮振动泵5为双联泵，前、后轮振动回路相互独立，且结构对称。因此，可根据工况需要自由选择前、后轮单独振动或同时振动。压路机的双振幅与前面几种回路一样，通过改变液压马达的旋转方向来获得。下面对其中前轮的一个回路进行分析。

在回路中，通过电磁阀24、25来控制液控换向阀26的工作位，从而控制前钢轮振动液压马达6的起动及旋转方向。因为换向阀26的中位为O型，当振动液压马达制动时，振动液压马达会立即停转，振动轮不会有余振，从而压实材料表面不会产生压痕。因此，该类振动压路机可用于表面压实。前钢轮振动液压马达6两油口上分别并联了节流阀8、10并通油箱。因此，不管振动液压马达旋转方向如何，振动液压马达进油路都有部分油通过旁路从节流阀回油箱。调节节流阀，可以改变振动液压马达进油流量，实现无级调频。采用这种方式，能实现无级调频，但同时会造成节流损失。

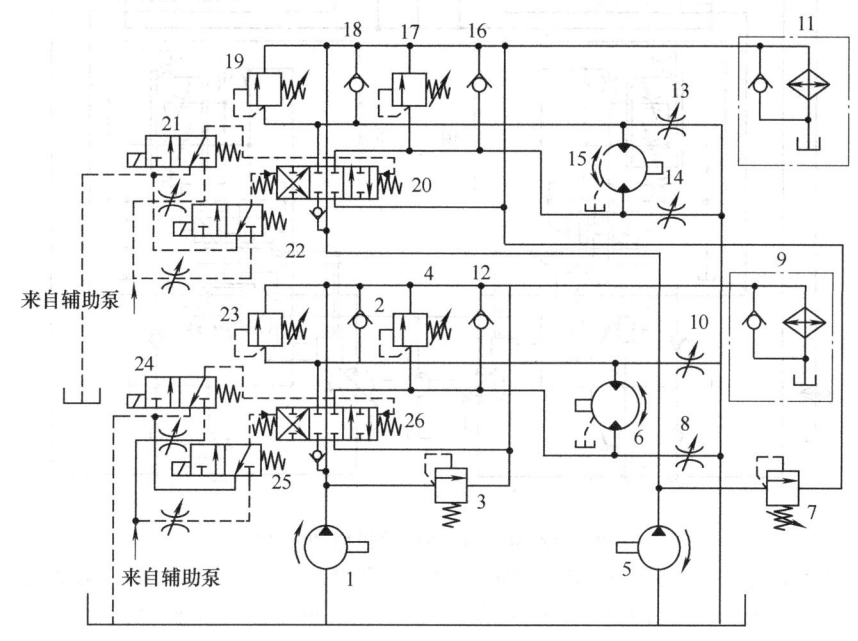

图 2-47 YZC10 型振动压路机振动液压回路

1—前钢轮振动泵 2、12、16、18—补油阀 3、7—先导式溢流阀 4、17、19、23—过载阀 5—后钢轮振动泵 6—前钢轮振动液压马达 8、10、13、14—节流阀 9、11—散热器 15—后钢轮振动液压马达 20、26—液控换向阀 21、22、24、25—电磁阀

（2）YZ18C 型振动压路机振动回路分析 本压路机是由国内某企业生产的一种振动压路机，为双钢轮振动压路机。其前后钢轮均为振动轮。其振动回路如图 2-48 所示。前、后振动轮的振动液压回路同前述 YZC10 型压路机的振动回路一样，也为两个独立的液压系统。因此，同样可以根据工况的需要选择前、后振动轮同时振动或单独振动。前钢轮振动泵1与后钢轮振动泵3的排量为电-液比例控制，控制压力油由辅助泵2供给。振动泵排量控制阀组5、10的电磁铁线圈的输入电信号发生变化，振动泵排量控制阀组中的三位四通伺服阀两端的压力跟着发生改变，使伺服阀阀芯产生位移，从而改变前钢轮振动泵1与后钢轮振动泵3的变量斜盘倾角。振动泵排量的改变，导致振动电动机转速改变，由此获得不同的振动频率。当振动泵变量斜盘倾角方向改变时，振动液压马达转动方向改变，得到两个不同的振幅。采用电-液比例控制获得无级调频，比节流控制要精确，而且节能。

5. 多幅多频（无级调幅、调频）

以 YZC10Z 型振动压路机振动回路为例进行分析。

（1）振动系统 该压路机振动系统采用变量泵-定量液压马达闭式回路。通过调节变量泵的排量来控制振动液压马达的转速，使振动频率能够在较大范围内连续无级调节；通过控制变量泵斜盘的倾角方向可以改变振动液压马达的旋转方向，实现振动轴旋转方向的变换。

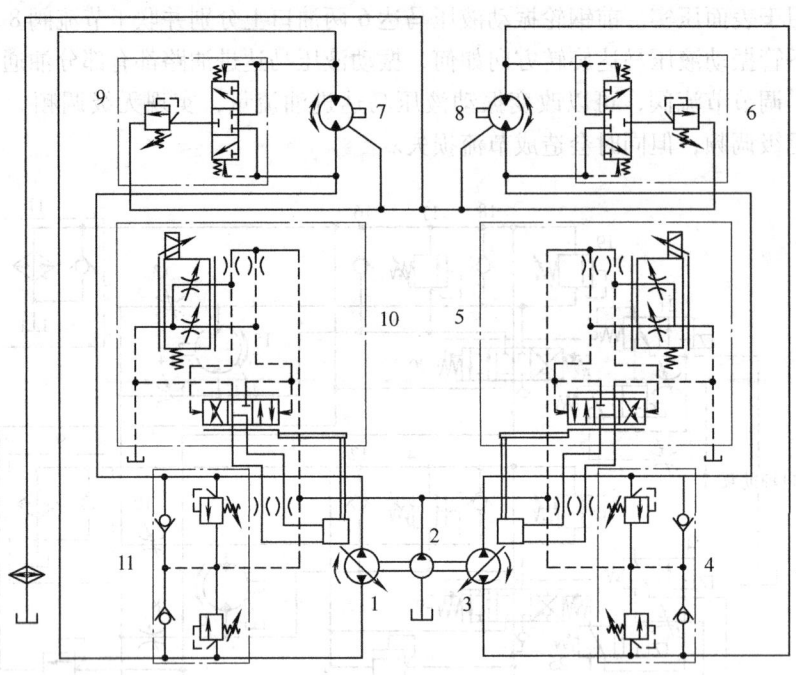

图 2-48　YZ18C 型振动压路机振动液压回路

1—前钢轮振动泵　2—辅助泵　3—后钢轮振动泵　4、11—过载补油阀组　5、10—振动泵排量控制阀组　6、9—液控背压阀组　7—前钢轮振动液压马达　8—后钢轮振动液压马达

该机振动液压回路如图 2-49 所示。

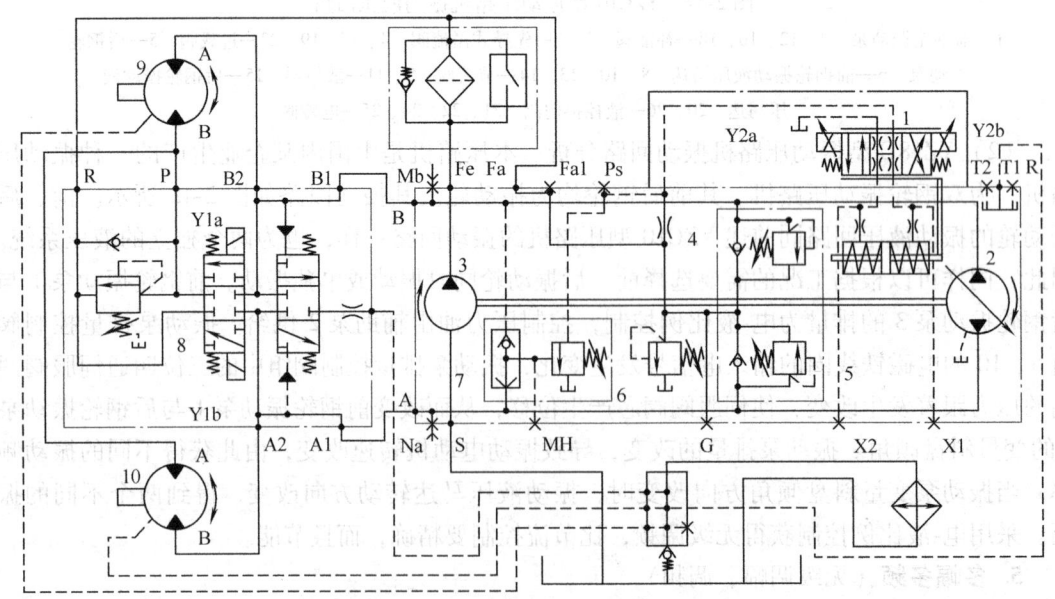

图 2-49　YZC12Z 型振动压路机振动液压回路

1—电-液比例振动控制阀　2—振动泵　3—补油泵　4、5—双作用安全阀　6—补油溢流阀　7—梭阀　8—振动方式选择阀　9、10—钢轮振动液压马达

振动泵 2 为电-液比例变量泵，驱动两个串联的钢轮振动液压马达 9 和 10，通过电-液比例振动控制阀 1 改变变量泵的排量从而改变振动液压马达的转速，达到调节振动频率的目的。通过振动方式选择开关控制振动方式选择阀 8，可以实现前轮单振、后轮单振及前后轮同时振动等不同的振动功能。4 和 5 为双作用安全阀，可以控制系统最高压力。定量泵 3 为补油泵，主要作用是：①补偿由于泄漏而损失的油液，使闭式系统中振动泵正常工作；②提供补油压力，帮助斜盘式柱塞泵的柱塞顺利回程，保证滑靴贴紧斜盘，为液压马达提供背压，防止因高速运转或负载波动使运动副产生敲击而影响工作；③向主泵的电-液比例振动控制阀 1 提供控制油压，也可以向其他辅助工作系统提供动力。系统补油压力的大小，由补油溢流阀 6 调定。梭阀 7 的作用是在主油路之间建立一个低压通路，工作过程中使低压回路的一部分热油经低压溢流阀放回油箱，这样闭式回路中的油液能不断得到更新，既起到散热作用，又起到对油路的清洁作用。

（2）调幅系统　调幅系统采用定量泵供油，电磁换向阀控制调幅液压缸的移动，液压缸不同的行程位置对应不同的振幅大小。在调节的过程中，泵的供油量基本上是一定的，液压缸移动的距离完全取决于电磁阀开通时间的长短。采用位移传感器反馈调幅液压缸的位移，进行反馈控制的目的就是根据当前所给控制信号和振幅大小判断是否需要调整以及如何调整液压缸的移动。每当检测到需要调节的时候，并不是一次调节到位，而是分多次进行，每次的调节量很小（每次通电时间很短，液压缸调整量很小），这样既可以保证控制的精度，又能根据液压系统的反应速度，合理调整每次调节的时间间隔。

（二）行走液压回路

目前，振动压路机广泛采用液压驱动行走，这不仅大大减轻了操作人员的工作强度，而且使压路机的整机性能有了很大程度的提高，如可以使液压驱动系统实现无级变速，同时使换向更加轻便柔和。行走回路和振动回路有许多相同之处。振动压路机的行走系统常采用液压机械传动，轮胎驱动行走的传动形式如图 2-50a 所示，双钢轮驱动行走的传动形式如图 2-50b 所示，动力均由发动机经分动箱传给液压泵和液压马达，组成闭式液压传动系统，液压马达通过变速器、减速器、驱动桥传递到驱动轮。

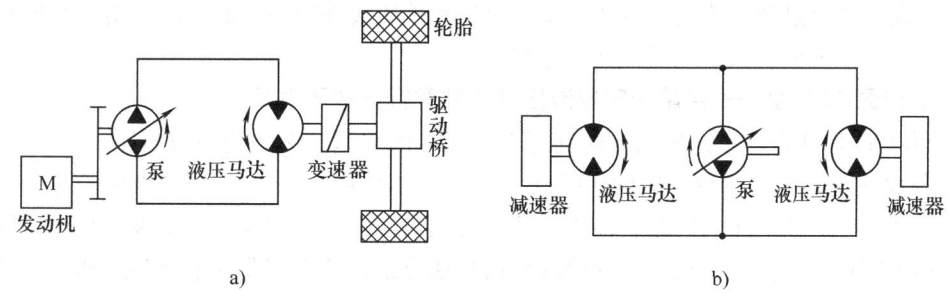

图 2-50　振动压路机行走系统液压机械传动形式
a) 轮胎驱动　b) 双钢轮驱动

通常行走液压回路中液压泵与液压马达有四种组合方式，以实现液压马达转速与转矩的调节。下面对几种典型的振动压路机的液压驱动行走回路进行分析和总结。

1. 变量泵-辅助泵——双向定量液压马达并联行走液压系统

以 SP-60D/D 振动压路机行走液压系统为代表进行分析。该机是美国英格索兰公司生产的一种大型铰接式全液压振动压路机，其主要用于矿山、堤坝、机场和高速公路等大型路基工程的压实作业。图2-51所示为该振动压路机行走液压系统原理图。

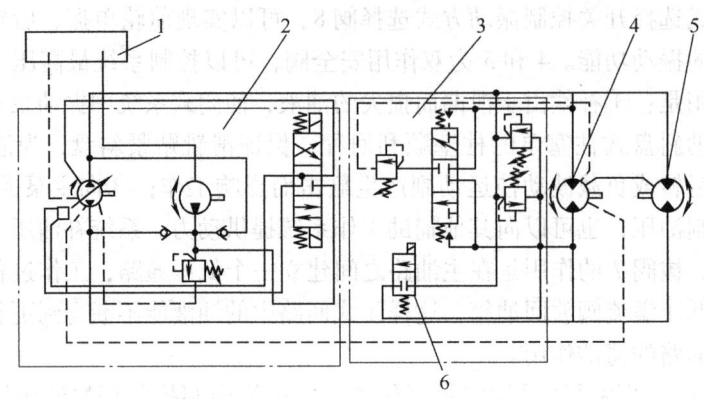

图2-51 SP-60D振动压路机行走液压系统原理图
1—油箱 2—行走泵总成 3—控制阀组 4—后桥驱动液压马达
5—压实轮驱动液压马达 6—制动阀

液压行走回路是由一个带辅助泵的变量轴向柱塞泵（行走泵总成2）和两个并联的定量轴向柱塞液压马达（后桥驱动液压马达4与压实轮驱动液压马达5）组成的闭式容积调速回路。该回路可以实现前进、后退、停车及作业速度的无级调速。驱动泵为美国森特公司24系列变量泵，排量为118.6cm³/r，转速为2370r/min，最高工作压力为35MPa。前桥驱动液压马达4、压实轮驱动液压马达5为美国森特公司23系列定量液压马达，排量为89.1cm³/r，安全阀调整压力为35.1MPa。驱动泵安装在分动箱左侧，由发动机经分动箱带动。压实轮驱动液压马达5和后桥驱动液压马达4是并联的，故两个液压马达同时由一个控制阀组3控制。变量泵调节装置由辅助泵通过三位四通电磁阀供油。辅助泵同时也可向主泵油路补油。后桥驱动液压马达经二级变速器、差速机构和轮边减速器而驱动后轮胎。压实轮驱动液压马达经行星减速器驱动压实轮。在后桥驱动液压马达4、压实轮驱动液压马达5和控制阀组3的回路上装有过载溢流阀，以实现安全保护和液压缓冲制动；制动阀6用以实现驱动轮的制动；三位三通液动阀实现低压油路冷却。

2. 变量泵-辅助泵——变量和定量液压马达并联行走液压系统

下面以YZ16H振动压路机液压驱动行走系统（图2-52）为例进行分析。

该压路机是双振幅双频率振动压路机，主要由驱动泵7、两个后驱动液压马达4和前驱动液压马达5等组成的闭式回路。前驱动液压马达为电控双排量变量柱塞液压马达，后驱动液压马达为定量柱塞液压马达。驱动形式采用高速方案，即由前驱动液压马达和行星减速器组成的车轮液压马达直接驱动振动轮行走；两台由后驱动液压马达和行星减速器组成的车轮液压马达分别直接驱动两个轮胎行走。没有分动器、变速器和后桥等机械传动部件，故结构更紧凑，维修空间更大。三台行星减速器均带有多片式制动器11，制动器的松开或制动由驱动泵上的制动阀2控制，实现停车制动，使该压路机的操作更加安全。通过前驱动液压马达上调速阀的作用，前驱动液压马达有多种不同的排量，压路机有两挡速度，适应不同路况的行驶需要。由于调速阀是电控的，没有机械的变速机构，使该机的操作更加方便。多功能阀6是组合阀，分别起安全阀、压力限制器和旁通阀的作用。驱动泵设计有顺序压力限制系

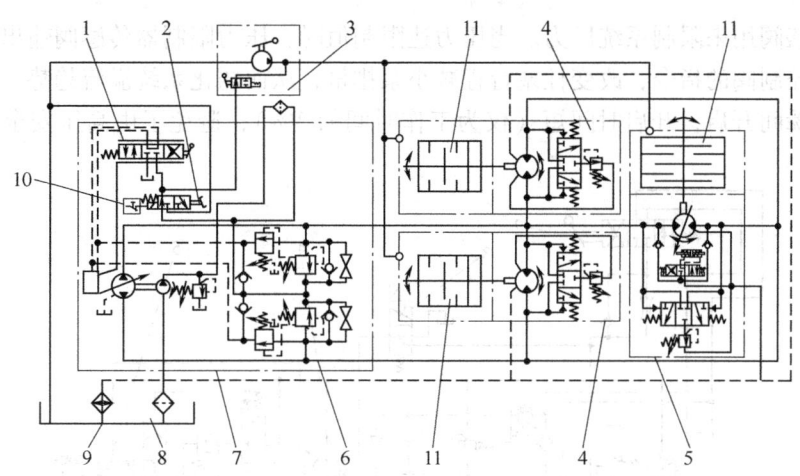

图 2-52 YZ16H 振动压路机液压驱动行走系统

1—手动伺服阀 2—制动阀 3—手动泵 4—后驱动液压马达 5—前驱动液压马达 6—多功能阀
7—驱动泵 8—过滤器 9—散热器 10—紧急制动开关 11—多片式制动器

统和高压安全阀,为了限制系统压力,当系统压力达到限定值时,压力限制系统会使驱动泵的柱塞行程迅速减小(即斜盘倾角减小),一般的响应时间在 90ms 左右。压力限制器传感阀像是高压安全阀的阀芯,起先导控制作用,因此高压安全阀在限定压力值时,是顺序工作的。

本机的驱动液压系统为闭式回路,当手动伺服阀 1 手柄回中时,驱动泵斜盘回中,驱动液压系统的高、低压油腔产生困油,压路机实现行车制动。当驱动液压系统的压力管路或其他元件损坏造成行车制动失灵并出现紧急情况时,可以采取紧急制动措施,即按下紧急制动开关 10,制动阀 2 的线圈断电,制动器 11 的油腔卸荷,起制动作用,压路机实现紧急制动。此时手动伺服阀的供油也被切断,驱动泵斜盘回中,其排量为零,有效地保护了人机的安全。

本机可实现三级制动功能,即行车制动、停车制动和紧急制动,能够确保压路机在各种动、静态工况的有效制动。手动泵 3 用于拖车时解除制动之用。

3. 变量泵-辅助泵——双变量马达并联行走液压系统

(1) YZ18GD 振动压路机液压驱动行走闭式系统分析 如图 2-53 所示,该机行走泵采用一种高增益的流量控制装置,利用控制手柄输入的机械信号,输出的排量可精确地反复调定。无液压输入信号(如连杆失效、无补油压力)时,控制系统用液压油把伺服柱塞缸端部互相连接起来,自动回中。作为双驱动压路机,两个行走液压马达并联分置,要做到两个变量液压马达的排量同步地连续变化是很困难的。而它采用双速调节,即相当于装有排量分别为 V_{max} 和 V_{min} 的定量液压马达和相同的变量泵的两台装置输出特性的叠加,以满足压实作业时的低速大牵引力和转移工地时的高速小牵引力的两种不同工况的需求。前轮的低速大转矩液压马达可以选用带有液压油槽多盘式制动器,内装低压操纵选择器对液压马达作双排量与单排量选择,本身具有很高的静液压制动转矩。作为工程机械,要求液压马达上的系统高压溢流阀的开启时间不高于工作时间的 5%,否则会导致系统过热。考虑到全液压压路机压实作业时的恶劣工况,在液压行走闭式系统上,配置了一个先进的保护装置——多功能阀。它由压力限制器传感阀和高压安全阀组成,两者按顺序工作,安全阀用来限制压力峰值,压力限制器传感阀用来限制系统压力。当压力达限制值时,压力限制器传感阀输出压力油,删除输入排量控制阀的指令,改变柱塞行程减小泵排量,从而弱化系统溢流趋势。而安全阀仅在压力峰值瞬间开启,开启时间短(仅为工作时间的2%),避免了由高压安全阀引起的系统油温过高。

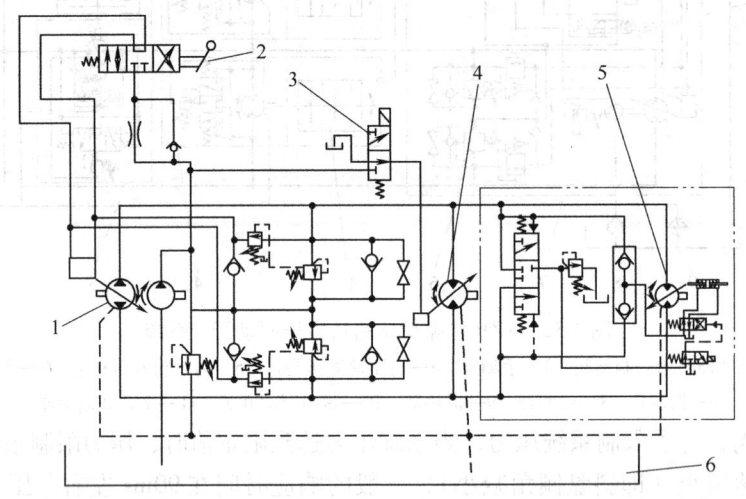

图 2-53　YZ18GD 振动压路机行走液压系统原理图
1—行走液压泵总成　2—变量控制阀　3—调速阀　4、5—行走液压马达　6—油箱

压路机液压行走闭式系统上还设置了坡度开关。作为传统的无级变速装置,主调节元件是泵,液压马达排量仅作为辅助调节参量,选用一定量——有级变量液压马达,以瞬态特性观察,液压马达排量不是随负荷变化的,负荷变化主要反应是系统压力波动,在这种压力耦合系统中,压力仅反映负荷最小液压马达需要而增大其转速,负荷较大液压马达无法输出足够转矩而转速下降,前后轮速度差拉大造成不必要的功率损耗。压路机前进上坡时,后轮负荷变大,为避免前后轮速度差加大,利用设置的选择开关,后轮液压马达选择大排量,前轮液压马达选择小排量,从而减少爬坡时不必要的功率损耗。

(2) YZC12Z 振动压路机液压驱动行走闭式系统分析　YZC12Z 型振动压路机的行走系统采用液压闭式回路前后轮驱动,可以充分发挥机器性能,提高压实效率,同时满足路面平整度和钢轮附着力的要求;制动采用停车制动、工作制动和紧急制动三级制动系统。YZC12Z 型压路机行走液压系统由行走变量泵、行走变量液压马达构成变量泵—变量液压马达闭式系统,其行走系统液压原理如图 2-54 所示。前后轮行走变量液压马达的旋向与转速由行走泵的电-液比例阀 Y1a、Y1b 控制,可方便地实现无级调速,以满足压路机的压实作业工况。两个双速变量行走液压马达并联连接,每个液压马达高、低速档的切换由二位三通电磁阀 Y2 通过 F1 和 F2 分别控制。液压马达减速器输出轴制动缸 G1、G2 的解除制动油源由补油泵提供,并由二位三通电磁阀 Y3 控制。手动泵主要用于停车时松开制动,便于压路机出现故障时拖动。行走时紧急制动采用液压制动,辅以机械制动。当按下紧急制动按钮后,二位二通电磁阀 F3 处于上位工作,变量泵斜盘变量缸立即回归零位,产生液压制动。

4. 单变量泵——双定量液压马达并联行走液压系统

如图 2-55 所示,以 BOMAG 公司生产的 BW141AD 振动压路机的行走液压系统为例进行分析。

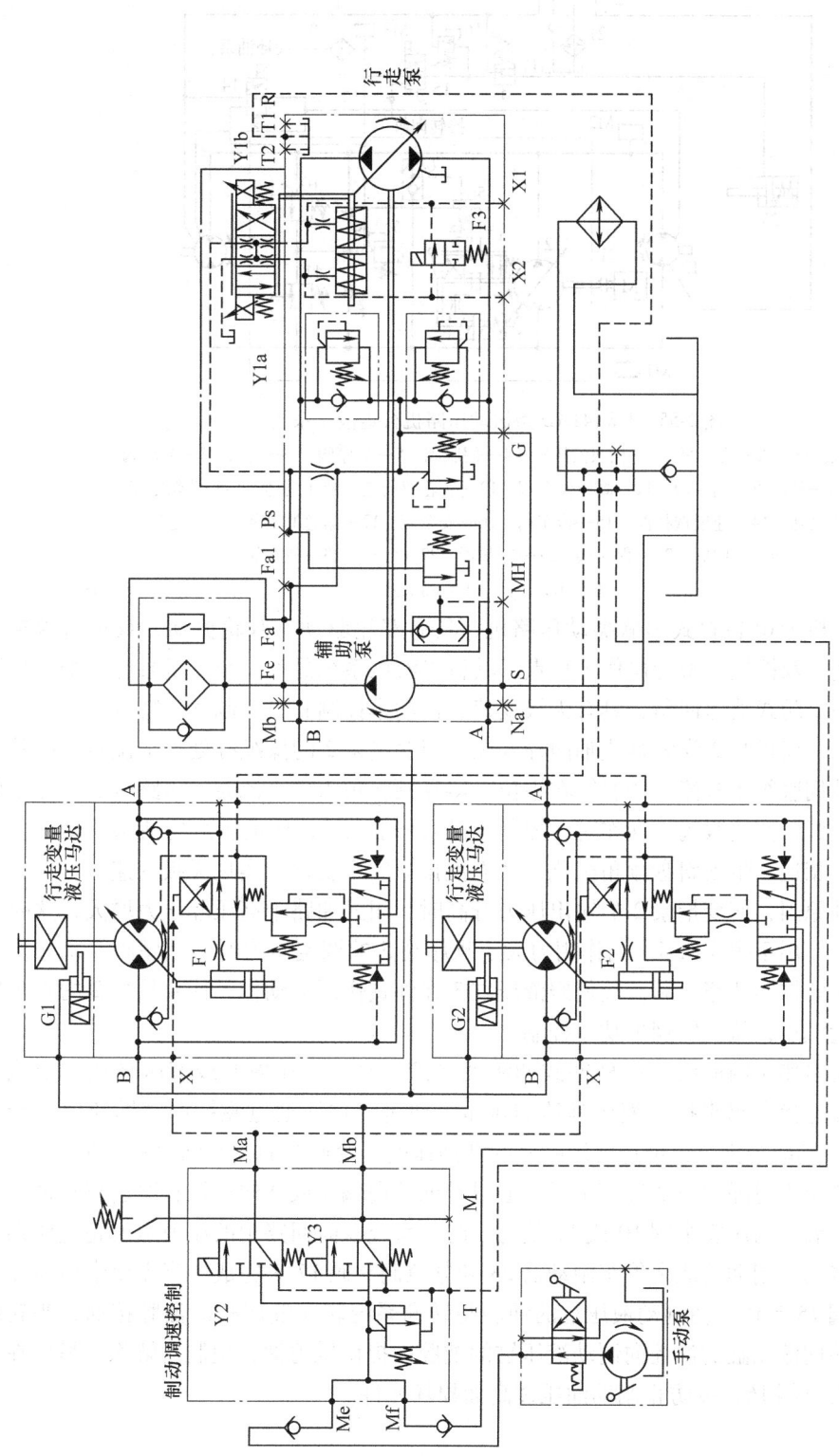

图 2-54 YZC12Z 型振动压路机行走系统液压原理图

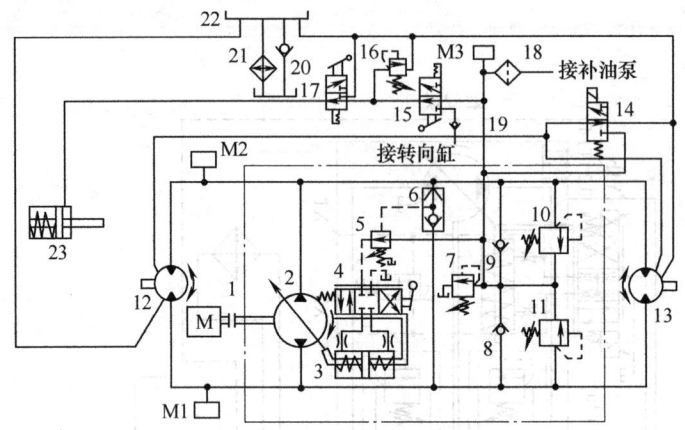

图 2-55 BW141AD 型振动压路机行走液压系统
1—柴油机 2—变量泵 3—伺服液压缸 4—伺服阀 5—顺序阀 6—梭阀 7—溢流阀
8、9—补油单向阀 10、11—高安全阀 12—后轮双向定量液压马达 13—前轮定量
液压马达 14—速度选择阀 15—拖车阀 16—安全阀 17—紧急制动阀 18—过滤器
19—单向阀 20—保压阀 21—冷却器 22—油箱 23—停车制动器
M1、M2、M3—压力测试点

该振动压路机为 6t 铰接式串联振动压路机，具有双轮驱动、双轮振动、双转向盘控制转向、无级变速、双振幅、蟹行操作等特点。其行走液压系统是由一个变量泵与两个定量液压马达组成的一个闭式液压回路，具有无级变速、恒功率控制和自锁制动等特点。

在该系统中，变量泵 2 为斜盘式轴向柱塞泵。当变量泵 2 的操纵杆处于中位时，由补油泵来的控制油被伺服阀 4 截流，伺服缸在中位，斜盘倾斜角为零，此时，压路机处于停车状态；当推拉操纵杆，使伺服阀 4 动作时，控制油进入伺服缸 3，使伺服缸的活塞移动，由于活塞杆又与斜盘相连，带动斜盘倾角变化，从而使排量发生变化，实现无级变速。

当由于某种原因，使变量泵 2 的输出压力升高时，闭式油路中高压腔压力增大，这时高压油通过梭阀 6 作用于顺序阀 5。当作用力大于顺序阀 5 的调定压力时，顺序阀 5 动作使通向伺服液压缸 3 的控制油路切断，故伺服液压缸 3 在弹簧作用下动作，使变量泵 2 的斜盘倾角变小，即排量减小，从而实现恒功率控制。

液压马达为多作用内曲线径向柱塞式两级变量液压马达，在内曲线液压马达的配流轴上，设有液控变速换向阀来控制液压马达的排量，通过二位四通电磁换向阀即速度选择阀 14 的控制可以得到两个排量，可选择压路机的 II 挡速度。变速阀的控制油由补油泵供给。

当闭式油路由于泄漏而使油液不足时，通过补油单向阀 8 或 9 向低压管路进行补油，并降低管路中的油温。高压安全阀 10 或 11 是为了防止系统双向回路中的压力峰值超过所谓调定的压力而设置的。制动功能由停车制动器 23 和紧急制动阀 17 来完成。当需要牵引压路机时，通过拖车阀 15 动作，使制动液压缸的油腔与转向系统转向液压缸的油腔接通，当转向盘转动时，由转向液压缸的油腔向制动液压缸的油腔内提供压力油，使制动解除。另外在制动油路内设有安全阀 16，以防止制动油压过高而损坏元件。

5. 结论

通过对以上四种振动压路机的行走液压系统的分析，可以得出如下结论。

1）振动压路机的行走液压系统大致都是由变量泵、液压马达和控制阀组成的闭式容积调速回路。其优点是系统结构紧凑,泵的自吸性好,系统与空气接触的机会较少,空气不易进入系统,故传动的平稳性好。

2)振动压路机的行走液压系统一般采用双液压马达并联系统,其特点是变量泵的流量是按同时动作执行元件之和选取的,可以保证每一执行元件的进油量;流量的分配是随各执行元件上外负载的不同而变化的,因此,克服外负载的能力加大。

3)振动压路机的行走液压系统中所用的变量泵一般为恒功率控制的轴向柱塞泵,其优点是在调节范围之内可以充分利用发动机的功率,使发动机的功率利用达到最佳状态。

(三)转向液压回路

由于压路机转向采用液压系统,具有轻便、灵活、可靠、转矩大等特点,因此广泛应用于大、中型压路机上,其结构形式多为全液压伺服型。液压转向系统通常由转向泵、控制阀、转向器、转向液压缸等元件组成。下面对典型振动压路机的转向系统进行分析。

1. 国产 YZC12 型振动压路机的转向系统分析

该机的转向方式为中心铰接式转向。其液压转向系统安装在后车架上,通过转向液压缸的伸缩使得前、后车架绕中心铰接架发生相对转动,从而实现整车的转向。最大转向角度为±35°。该机还在铰接转向机构处增加了一对侧向液压缸(蟹行机构)。贴边压实作业时,如果操纵蟹行机构,前、后轮纵向中心线最大偏差可达170mm。

图2-56所示为该机液压转向系统原理图。该液压转向系统由转向泵7、优先阀1、全液压转向器2和转向液压缸组3等三大部分组成。

动力源为图中的转向泵7,排量为19mL/r。该泵通过变速器4与柴油机相连接。转向泵7除了将柴油机动力传递给转向液压缸17、18外,还可与辅助泵合流,为振动、行走回路提供控制油以及补油,同时该泵也是转向系统的附属机构——蟹行(即前后轮轨迹错开一定的距离,从而提高道路连接处的压实质量,扩大压路机的适用范围)机构液压回路(图2-61)的压力源。

优先阀1为液控二位三通阀,阀芯两端通过节流口分别与CF阀口和全液压转向器2的LS口相通。阀芯的平衡位置由它一端的可调式弹簧的调定力和阀芯两端液控油压差来决定。

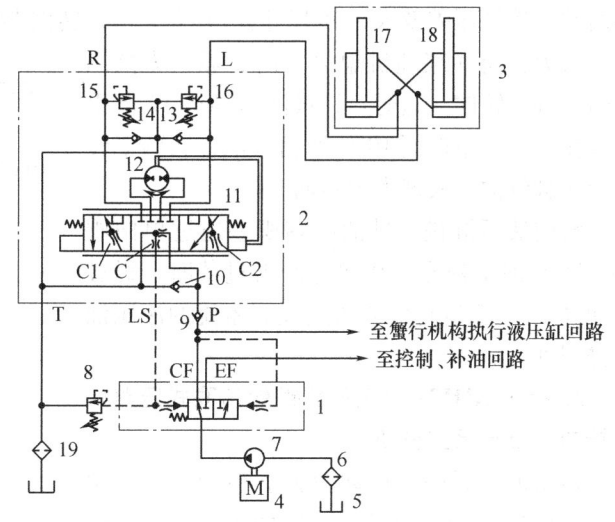

图2-56 YZC12型振动压路机液压转向系统原理图
1—优先阀 2—全液压转向器 3—转向液压缸组 4—变速器 5—油箱 6—粗过滤器 7—转向泵 8—溢流阀 9、10—单向阀 11—随动转阀 12—计量液压马达 13、14—补油阀 15、16—缓冲阀 17、18—转向液压缸 19—精过滤器

全液压转向器2属中位无反应型,包括随动转阀11、计量液压马达12、单向阀10、补油阀13与14和缓冲阀15与16等部件。阀芯、阀套和阀体构成随动转阀11,控制液压油流动方向。转向盘通过结合块与阀芯连接。

内啮合式摆线齿轮啮合副构成计量液压马达 12，其中外齿轮为转子，通过联动轴、弹簧片组与阀芯、转向盘联动；内齿轮为定子，用螺纹固定在阀体的下端面。当转向液压缸受到瞬时冲击力时，缓冲阀 15 或 16 打开，使高压腔泄油，并通过补油阀 13、14 向转向液压缸的真空腔补油。

液压转向系统工作原理如下：

压路机动力源——柴油机起动，如果此时全液压转向器处于中位（即转向盘不转，弹簧片弹力使阀芯和阀套对中，随动转阀 11 处于中位）压力油通过随动阀中位 C 节流口流回油箱，此时优先阀 1 两端液控油压差高于弹簧调定力，其 EF 阀口开大，CF 阀口关小。此时，转向泵 7 压力油绝大部分与辅助泵合流，为其他回路提供控制油、补油。

动力转向时，转向盘向左（或向右）转动，全液压转向器随动转阀 11 的阀芯和阀套之间产生相对位移，压力油从 P 口进入转向器，通过可变节流口 C1（或 C2），进入计量液压马达。此时，压力油推动计量液压马达的转子随转向盘转动，将定量的液压油从 R（或 L口）压入左转向液压缸 17 下腔和右转向液压缸 18 上腔（或左转向液压缸 17 上腔和右转向液压缸 18 下腔），回油流回油箱。这样，左转向液压缸活塞杆 17 伸出、右转向液压缸活塞杆 18 收缩（或者左转向液压缸活塞杆收缩、右转向液压缸活塞杆伸出），从而实现向左（或向右）转向。阀芯和阀套间转动角度越大，变节流口 C1（或 C2）开度就越大，优先阀 1 两端控制油压差因此减小，使得优先阀的 CF 口开大，增大了进入转向器油的流量。当转向液压缸到达行程终点时，如果继续转动转向盘，负载压力迅速上升，溢流阀 8 开启。优先阀两端液控油压差变大，其 EF 阀口开大，进入转向器流量减小。

人力转向（柴油机熄火）时，靠人力操纵转向盘进行转向。这时，计量液压马达 12 起手动泵作用，经单向阀 10 从油箱吸油，向两个转向液压缸供油，实现人力转向。

转向液压缸进、排油腔容积差通过单向阀 13、14 从油箱补充，转向有冲击过载时，通过缓冲阀 14、15 进行缓冲防过载。溢流的液压油则排回油箱。

2. 徐工 XD121 全液压双钢轮串联式压路机的转向、蟹行系统分析

该机前、后两个振动轮独立控制，采用两个转向液压缸分别驱动前、后两个振动轮，经电磁阀的组合控制，具有灵活的转向方式。可实现整机转向、蟹行功能。蟹行液压转向系统如图 2-57 所示。

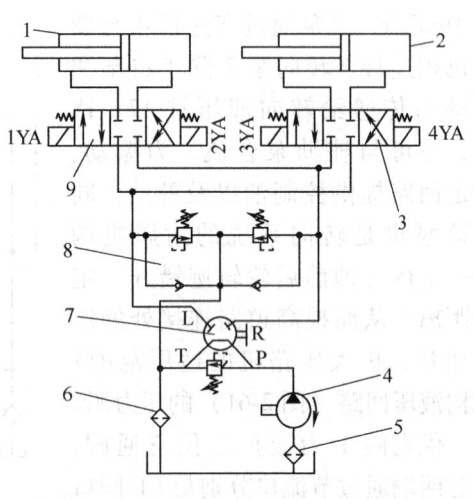

图 2-57 蟹行液压转向系统

1、2—转向液压缸 3、9—电磁换向阀 4—齿轮泵
5—过滤器 6—散热器 7—转向器 8—阀块

（1）整机转向控制

1）两轮大转向。对电磁换向阀 3、9 的四个电磁铁 1YA～4YA 中的电磁铁 1YA 与 3YA（或 2YA 与 4YA）同时通电工作后，在转向器操纵下，转向液压缸 1 和 2 同时进油，推动前轮与后轮同时分别按正与反方向转动，两工作轮轴向夹角较大，从而实现整机大转向。

2）单轮小转向。对电磁换向阀的四个电磁铁 1YA～4YA 的任意一个电磁铁单独通电后，在转向器操纵下，转向液压缸 1（或 2）进油，推动前轮（或后轮）正、反方向转动，两工作轮轴向夹角较小，从而实现整机单轮小转向。

（2）蟹行控制

1）两轮同步蟹行。电磁铁 1YA 与 4YA（或 2YA 与 3YA）同时通电工作后，在转向器操纵下，转向液压缸 1 和 2 有杆腔或无杆腔同时进油，推动前轮与后轮同时等速同方向转动，两工作轮轴向错位，从而实现蟹行，即两轮同步蟹行，如图 2-58 所示。此时，前后轮中心线始终平行。

2）两轮异步蟹行。首先对电磁阀 9 中的 1YA 与 2YA 电磁铁任意一个单独通电，在转向器操纵下，转向液压缸 1 进油，推动前转向轮转动方向（见图 2-59 左图）；然后，切换换向阀只对电磁阀 3 中的 3YA 与 4YA 电磁铁任意一个单独通电，在转向器操纵下，转向液压缸 2 进油，推动后转向轮同向转动（见图 2-59 右图），则实现两轮异步蟹行。

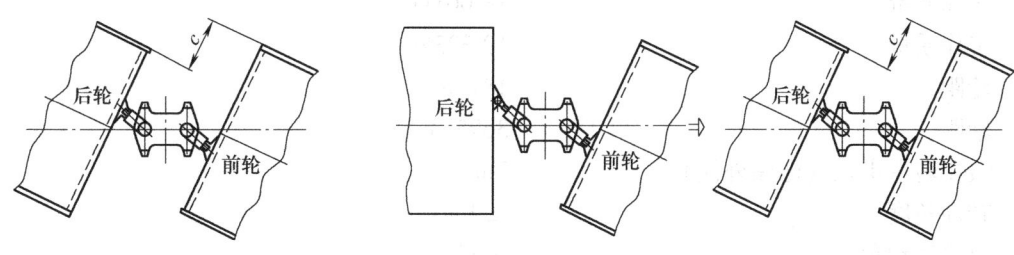

图 2-58　两轮同步蟹行　　　　　　图 2-59　两轮异步蟹行

3. 国产 YZC12Z 型振动压路机的转向及蟹行系统分析

（1）转向系统　该机的转向采用铰接式电-液比例转向方式，使得整机转向灵活，转弯半径小；轮迹重合，铺层表面质量好；操纵方便。转向液压系统原理如图 2-60 所示。

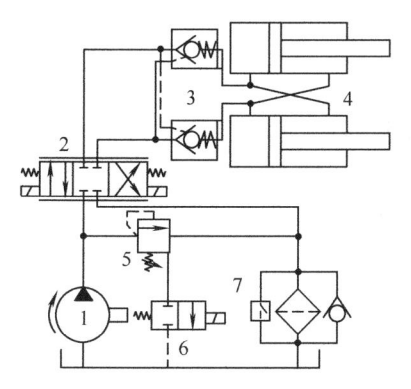

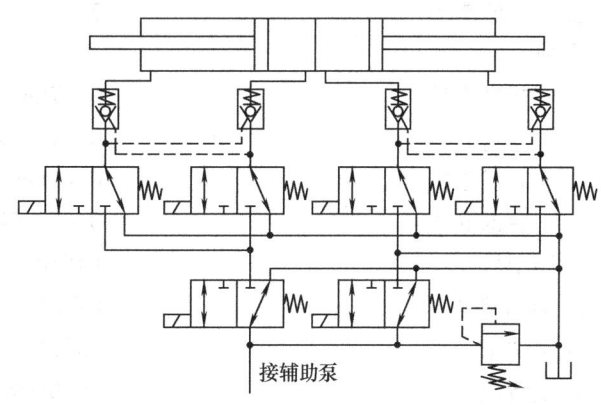

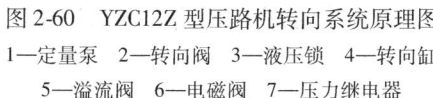

图 2-60　YZC12Z 型压路机转向系统原理图
1—定量泵　2—转向阀　3—液压锁　4—转向缸　　　图 2-61　YZC12Z 型压路机蟹行系统原理图
　　5—溢流阀　6—电磁阀　7—压力继电器

该转向液压系统采用定量泵供油，电-液比例阀控制转向液压缸的方案。转向控制系统采用转向盘转动指令电位器，产生的电信号通过转向器控制电-液比例转向阀 2 的开口方向及开口大小，电-液比例转向阀 2 的开口方向控制压路机的转向方向；电-液比例转向阀 2 的开口大小控制转向液压缸 4 的运动快慢，以及控制转向速度的大小。采用反馈传感器检测实际转动角度的大小,构成闭环反馈控制系统。

(2) 蟹行系统 该机蟹行机构液压系统原理图如图 2-61 所示。该机蟹行机构液压系统采用一个双活塞杆式液压缸(相当于两个液压缸底部连接在一起)来驱动,通过六个二位三通电磁换向阀的协同动作,不同的通断组合,可以控制蟹行液压缸的活塞杆实现几种不同的伸缩状态:两个活塞杆全伸出,全部缩回;一伸一缩。系统根据需要分别实现左蟹行、右蟹行、蟹行中位。

二、振动压路机整机液压控制系统分析

(一) SP-60D/PD 型振动压路机液压系统

SP-60D/PD 型振动压路机是美国英格索公司生产的大型全液压振动压路机,主要用于矿山、堤坝、机场和高速公路等大型路基工程的压实作业。该机的主要技术参数如下:

运输质量	18 008kg
工作质量	19 323kg
轮距	1811mm
轴距	3695mm
最小转弯半径(碾磙外侧)	7m
转向角度	±40°
碾磙摆动角	±15°
激振力	4560.8kN
碾磙总作用力	377.8kN
振动频率	25Hz
振幅	3mm
最大爬坡能力	25°
车速	
前进 I 挡	0~7km/h
前进 II 挡	0~10.5km/h
后退 I 挡	0~7km/h
后退 II 挡	0~10.5km/h
轮胎型号	CP365
发动机型号	6-71NV
额定功率	154kW
额定转速	1950r/min

该机为液压驱动,其液压系统如图 2-62 所示,可分为驱动行走液压回路、振动液压回路和转向液压回路。

1. 驱动行走液压回路

该回路是由一个变量轴向柱塞泵(驱动泵总成 1)和两个并联的定量轴向柱塞马达(液压马达 11、12)组成的闭式容积调速回路。该回路可以实现前进、后退、停车及作业速度的无级调速。

驱动泵为美国森特公司 24 系列变量泵,排量为 118.6L/r,转速为 2370r/min,最高工作

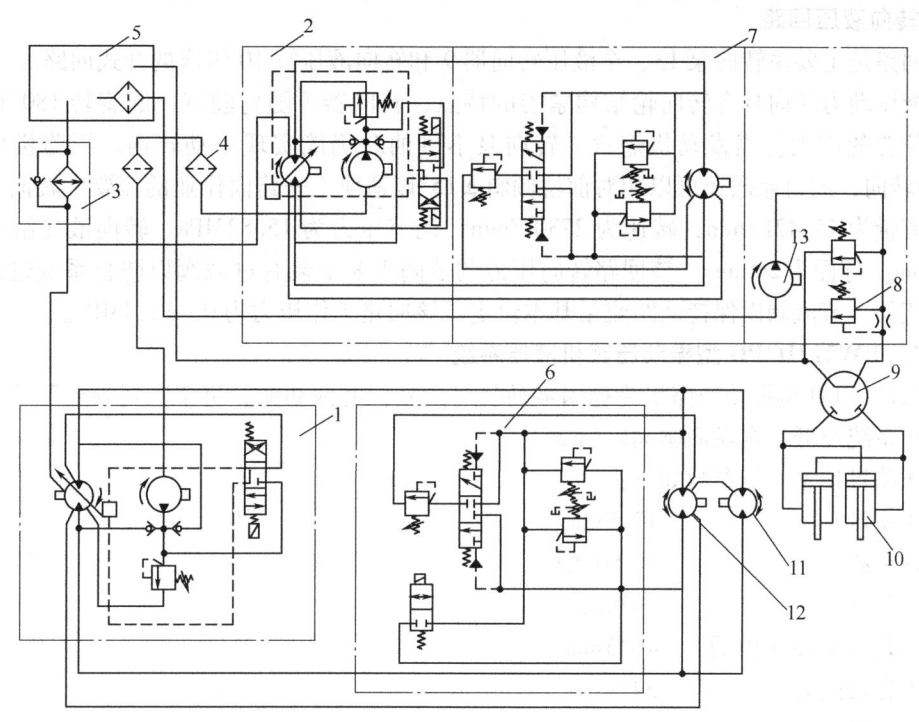

图 2-62　SP-60D/PD 型振动压路机液压系统图

1—驱动泵总成　2—振动泵总成　3—冷却器　4—精过滤器　5—油箱　6—行走液压马达调节阀组
7—振动液压马达调节阀组　8—转向压力调节阀组　9—全液压转向器　10—转向液压缸
11、12—液压马达　13—转向泵

压力为 35MPa。前桥驱动液压马达及碾砣驱动液压马达均为美国森特公司 23 系列定量液压马达，排量为 89.1L/r，调整压力为 35.1MPa。驱动泵安装在分动箱左侧，由发动机经分动箱带动。前桥驱动液压马达和碾砣驱动液压马达是并联的，因此两个液压马达同时由一个行走液压马达调节阀组 6 控制。驱动行走液压系统工作压力在平地工作时为 4.2~9.8MPa，爬 20% 坡时为 14.0~28.1MPa，变量泵调节装置由辅助泵通过电磁阀供油。辅助泵同时也可向主泵油路供油。前桥驱动液压马达经两级变速器、差速机构和轮边减速器而驱动前轮胎。碾砣驱动液压马达经行星减速器驱动碾砣。在行走液压马达调节阀组 6 中，在前桥驱动液压马达上装有过载溢流阀，以实现安全保护和液压缓冲制动。二位二通电磁换向阀实现驱动轮的制动。三位三通液动换向阀实现低压油路冷却。

2. 振动液压回路

该回路是由变量轴向柱塞泵（振动泵总成 2）和振动液压马达调节阀组 7 中的定量液压马达组成的闭式容积调整回路，可以实现碾砣振动频率的无级调节。同时也可根据行车方向改变泵输出液流的方向，从而改变起振偏心块的旋转方向，使其与行车方向一致以获得最佳压实效果。振动液压马达直接带动主动挠性轴，然后通过主动挠性轴再带动振动偏心块振动，振动偏心块在调整转动下产生离心力，由其离心力（最大为 272kN）致使碾砣产生振动。振动泵为森特公司 21 系列变量泵，排量为 51.6L/r，转速为 2730r/min，最高工作压力为 35MPa，振动液压马达为森特公司 23 系列定量液压马达，排量为 89.1L/r，调整为 35.15MPa。液压回路工作原理基本与行走液压回路相同。

3. 转向液压回路

该回路是主要由转向泵 13、全液压转向器 9 和转向液压缸 10 组成的开式回路。

全液压动力转向具有转向轮结构紧凑的特点，转向器可随驾驶室一起旋转 180°以适应多操纵位置的需要。当发动机熄火，转向泵不供油时仍能实现手动转向。压路机可实现 ±50°的转向，同时碾磙还可以相对前桥倾斜 ±15°以适应不平路面作业的需要。转向泵为齿轮泵，流量为 45.42L/min，转速为 2730r/min，调节压力为 15.82MPa。转向液压缸内径为 101.6mm，行程为 260mm。该回路转向压力调节阀组 8 中装有过载阀以防止系统过载，并装有溢流阀、节流阀以保持回路流量基本恒定。该回路工作压力为 0~12.3MPa。

（二） BW217D/PD 型振动压路机液压系统

BW217D/PD 型振动压路机为德国宝马公司产品，由振动碾、机架、驾驶台配重、发动机、液压系统及低压宽断面驱动轮组成。

该压路机技术性能参数如下：

操作质量	17 552kg
前轴负载	10 507kg
后轴负载	6630kg
最小转弯半径（内圈）	4645mm
最大爬坡能力	24°
行走速度	
Ⅰ挡	0~3.7km/h
Ⅱ挡	0~7.9km/h
Ⅲ挡	0~10.3km/h
Ⅳ挡	0~13.4km/h
发动机型号	Deutz F6L413 风冷式柴油机，$N_e=123$kW，$n_e=2300$r/min
振动频率	29Hz 或 35Hz
振动幅度	高或低

该机的液压系统由行走回路、转向回路、振动回路组成，其液压系统如图 2-63 所示。

1. 行走回路

该回路由双向变量泵（液压泵 11）和三个内曲线双向行走液压马达 6~8 组成。轴向柱塞泵同时向三个内曲线液压马达供油。通过行走操纵杆 14 的左右移动控制双向变量泵的压力油流向。

压路机换向装置由伺服阀 22、压力-位移比例阀 23 和行走液压泵双向变量联动机构组成。伺服阀 22 的入口压力油由辅助定量液压泵 28 提供，其输出的压力油经过滤器过滤后，以低于 1.6MPa 的恒定压力输入伺服阀 22 的入口（当油压为 1.6MPa 时，溢流阀 27 即开始溢流卸荷）。这样，压路机在前进或后退过程中，从伺服阀 22 输出的压力油可稳定控制压力-位移比例阀 23 阀芯的位移量，并通过双向变量联动机构保持行走液压泵斜盘的倾角不变，从而保证行走液压泵柱塞的排油行程不变，排油量不变，即可稳定输出流量，使压路机在一定负载范围内（行走液压回路系统压力不超过 42MPa）具有稳定的作业和运输速度。BW217D 型和 BW217PD 型振动压路机均有 4 个行驶速度范围（由行走电磁阀 1、2 实现），每个速度范围都可以操纵行走方向，操纵十分简便。

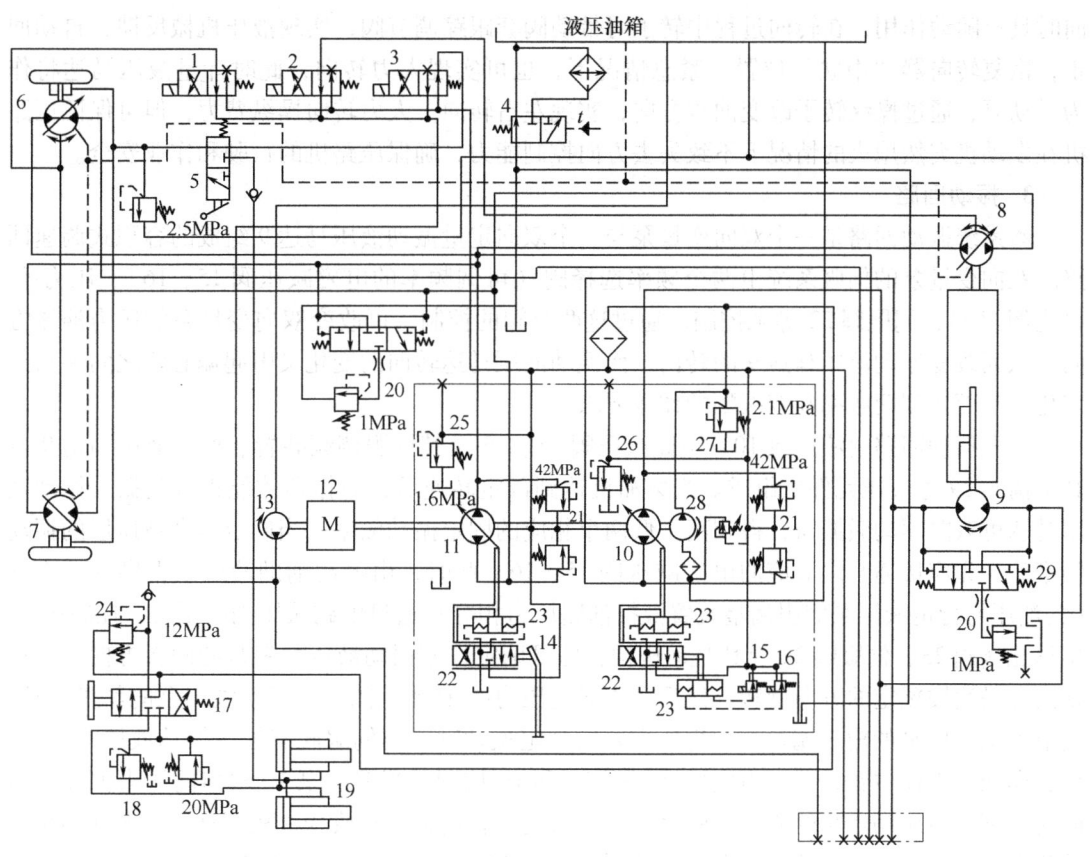

图 2-63 BW217D/PD 型振动压路机液压系统图

1、2—行走电磁阀 3—停车制动阀 4—油温调节阀 5—锁定阀 6—左后轮行走液压马达 7—右后轮行走液压马达 8—振动碾行走液压马达 9—振动液压马达 10、11—液压泵 12—发动机 13—转向液压泵 14—行走操纵杆 15、16—电磁减压阀 17—转向器 18—缓冲补油阀 19—转向液压缸 20—背压阀组 21—安全阀 22—伺服阀 23—压力-位移比例阀 24~27—溢流阀 28—辅助定量液压泵 29—平衡阀

当需要紧急停车或工作结束需要停车制动时，按下停车制动阀3，位于后驱动轮轮毂内的制动液压缸回油，制动盘靠弹簧压力压在轮毂上实现机械制动。当压路机由于意外事故造成发动机熄火时，停车制动将自动起作用，靠弹簧的压力制动住轮毂。当需要牵引压路机时，可推动锁定阀5换位，然后通过转向盘的转动，向轮毂内的制动液压缸提供压力油，使制动解除，这时压路机才能拖动。锁定阀压力油来自转向液压缸出油口。

由于采用的是内曲线双向液压马达，故在液压马达的回路上均需设置背压阀组20。当压路机在作业或行驶过程中突然过载时，行走液压泵的输出油压将随之迅速上升，若系统工作压力超过42MPa，行走液压泵的安全阀21迅即开启，直接卸荷，确保行走系统安全。

2. 转向回路

该回路由转向液压泵13、转向器17、溢流阀24、缓冲补油阀18和转向液压缸19组成。转向时，向左（逆时针方向）或向右（顺时针方向）转动转向盘，即操纵转向器的调节阀相对阀套转动一个角度，则可改变转向阀的液流方向。反向推动左、右转向液压缸，迫使前后铰接机架向左或向右偏转，实现压路机折腰转向。

转向器 17 包括阀体、阀套、调节阀和计量液压马达等主要零部件。计量液压马达在转向时具有随动作用，在转向过程中转子可带动阀套跟踪调节阀，实现液压机械反馈，自动回正，恢复转向器"中立"位置。紧急情况下，也可实现人力转向，此时计量液压马达将作为手动泵，通过操纵转子改变油流方向，实现左右转向。人力转向操纵费力，但可保证压路机在发动机突然熄火的情况下不致失去方向控制能力，确保压路机的行驶和作业安全。

3. 振动回路

本系统振动回路是一个双向变量泵与一个双向定量振动液压马达 9 组成的容积式调速回路。双向变量泵的伺服系统由两个频率选择阀（可调频率的电磁减压阀 15、16）、压力-位移比例阀 23、伺服阀 22 等来控制。通过这两个阀的控制，可改变双向变量泵的压力油流方向，从而改变振动液压马达 9 的转向，而振动液压马达转向的变化又引起偏心块之间夹角的变化，从而达到两频率和双振幅的作业要求。

液压振动回路由液压泵 10、电磁减压阀 15、16 及其伺服调频装置、振动液压马达 9 及其平衡阀 29 等液压元件所组成。当柴油机达到额定转速后，激振器才能正常起振。振动液压马达可双向驱动激振器，得到高、低两个相应的固定振动频率。当确定适合被压层的振动频率后，先应接通与之对应的电磁减压阀 15、16。此时，由振动辅助液压泵提供的压力油（其油压与行走液压泵伺服调整装置液控油路压力相等）通过电磁减压阀减压后，控制压力-位移比例阀 23、伺服阀 22 及其联动机构，即可确定柱塞振动液压泵斜盘的倾斜方向，使振动液压马达按预定的方向旋转。然后，再通过压力-位移比例阀改变振动液压泵的斜盘倾角，调节振动液压泵的输出流量，获得所需要的固定振动频率。伺服阀有控制振动液压马达正、反旋向两个工作位置，分别由电磁减压阀 15 和 16 控制。当液压泵 10 输出的压力油改变流向时，振动液压马达 9 的旋向也随之改变，其输出转速也得到改变，故压路机的振动频率随着旋向的变化而得到调节。在振动液压马达的排油道上设有背压阀组 20，除保证有足够背压值满足液压马达结构要求外，当回油背压超过额定值 1MPa 时，振动液压马达回油道将通过溢流阀节流卸荷，尚可稳定振动液压马达的转速，防止惯性冲击，提高振动压实质量。

行走液压马达和振动液压马达分别装在振动碾的两侧。振动碾行走马达 8 可实现振动碾的低速高转矩作业的要求。振动碾与机架由高强度的橡胶缓冲块粘接来支持。

振动液压泵与行走液压泵由发动机共轴驱动。当液压系统油温过高时油温调节阀 4 换向，系统的回油经冷却后再回油箱。

该机通过振动测试器可以随时了解作业层的压实情况，这套测试器由变频器、信号处理器及模拟显示器组成。变频器装在振动碾行走液压马达的轴承盖上，振动碾在工作时的瞬间振幅传到变频器，变频器把振幅以电信号形式送到信号处理器，处理后的信号输入模拟显示器，从模拟显示器上就可以直观地了解到作业层的压实程度。当模拟显示器上刻度微小变化或完全不变时，就显示压实工作可以结束。

（三）YZ18 型振动压路机液压系统

YZ18 型振动压路机是新型压路机。采用全液压控制、双轮驱动、单钢轮、自行式结构。驱动车部分和振动轮部分之间通过中心铰接架铰接在一起。由于采用铰接式转向，提高了整车的通过性和机动性。

振动轮部分包括振动轮总成、前车架及刮泥板总成等。振动轮内的偏心轴与振动液压马达相连，由液压泵组中的振动轮泵供高压油给振动液压马达带动偏心轴旋转而产生强大的激振力（260~380kN）。振动频率和振幅可通过液压系统来进行调整，可以得到混凝土所需的频率和振幅，满足混凝土工况的要求。振动轮还可以从行走泵输出的高压油来驱动振动轮左边的液压马达旋转，从而驱动振动轮行驶，使振动轮还具有自身行走的功能。

驱动车部分是压路机自身行驶和供给行驶、振动及转向3大系统回路压力油的动力源。发电机、行驶、振动、转向系统、操纵装置、驾驶室、电器系统、安全保护装置等均装在车上。

本机采用 Deutz BF6M1013 涡轮增压型水冷柴油发动机，额定功率为133kW，转速为2300r/min。

YZ18型振动压路机的液压系统如图2-64所示，包括行驶、振动和转向3个液压回路。三联液压泵组中，分别有行驶、振动和转向用泵，行驶液压回路还配有辅助齿轮泵，以提供行驶轮液控油及制动器用油等。

行驶液压回路采用一台泵（斜盘式双向变量泵）、双液压马达（柱塞式双向变量液压马达），行走及振动轮行驶采用并联闭式回路。回路工作压力为42MPa。行驶液压泵通过手动操纵伺服阀控制流量、速度及换向。

振动液压回路采用单泵（斜盘式双向变量泵）、单液压马达（定量式双向柱塞式斜轴液压马达）的闭式回路，工作压力为38MPa。通过操纵三位四通电磁阀，可以使振动泵斜盘具有两种方向的斜角，从而使泵输出不同方向和流量的高压油，使振动轮实现高频低幅（35Hz、0.95mm）和低频高幅（29Hz、1.9mm）两种功能，以有效地压实。转向液压回路由齿轮泵、溢流阀、过载补油阀、全液压转向器、两个转向液压缸等组成，装在后车架上。系统工作压力为14MPa，采用开式回路。

（四）YZJ12型振动压路机液压系统

YZJ12型振动压路机为单钢轮压路机，图2-65所示为该机液压系统原理图，由振动、转向、行走3个独立的回路构成。

振动回路和转向回路为双泵双回路开式定量系统，由一个双联齿轮泵14分别向这两个回路供油。振动液压马达9的转动由电-液振动控制阀8控制。转向器7控制进入左、右转向液压缸的流量，使铰接式车架绕铰接点转动，实现转向。

行走回路则是闭式变量系统，前钢轮驱动液压马达23与后桥驱动液压马达22并联，两个液压马达均为双向定量液压马达。行走泵15为带补油泵的柱塞式变量泵，补油泵除了向闭式回路补油外，还向主泵的变量机构及振动回路的电-液换向阀提供控制油。前钢轮驱动回路为变量泵与定量液压马达的组合，后桥的驱动回路为典型的带冷却补油回路的变量泵与定量液压马达的组合。前钢轮驱动液压马达及后桥驱动马达的旋向及转速由变量泵控制，可实现行走的无级调速。

三、振动压路机液压系统小结

行走回路、振动回路、转向回路是振动压路机液压系统最基本的3个部分。无论是单钢轮还是双钢轮压路机，其行走回路一般都由独立的变量泵——变量（或定量）液压马达闭式系统构成，通过控制双向变量泵的排量来控制其行走的方向和速度。

对于双频双幅的压路机，其振动回路可以采用开式系统，也可以采用闭式系统，采用双排量泵或者双排量液压马达实现高、低两挡振动频率；振幅靠振动轴旋向的改变来切换。

112 工程机械液压系统分析及故障诊断与排除

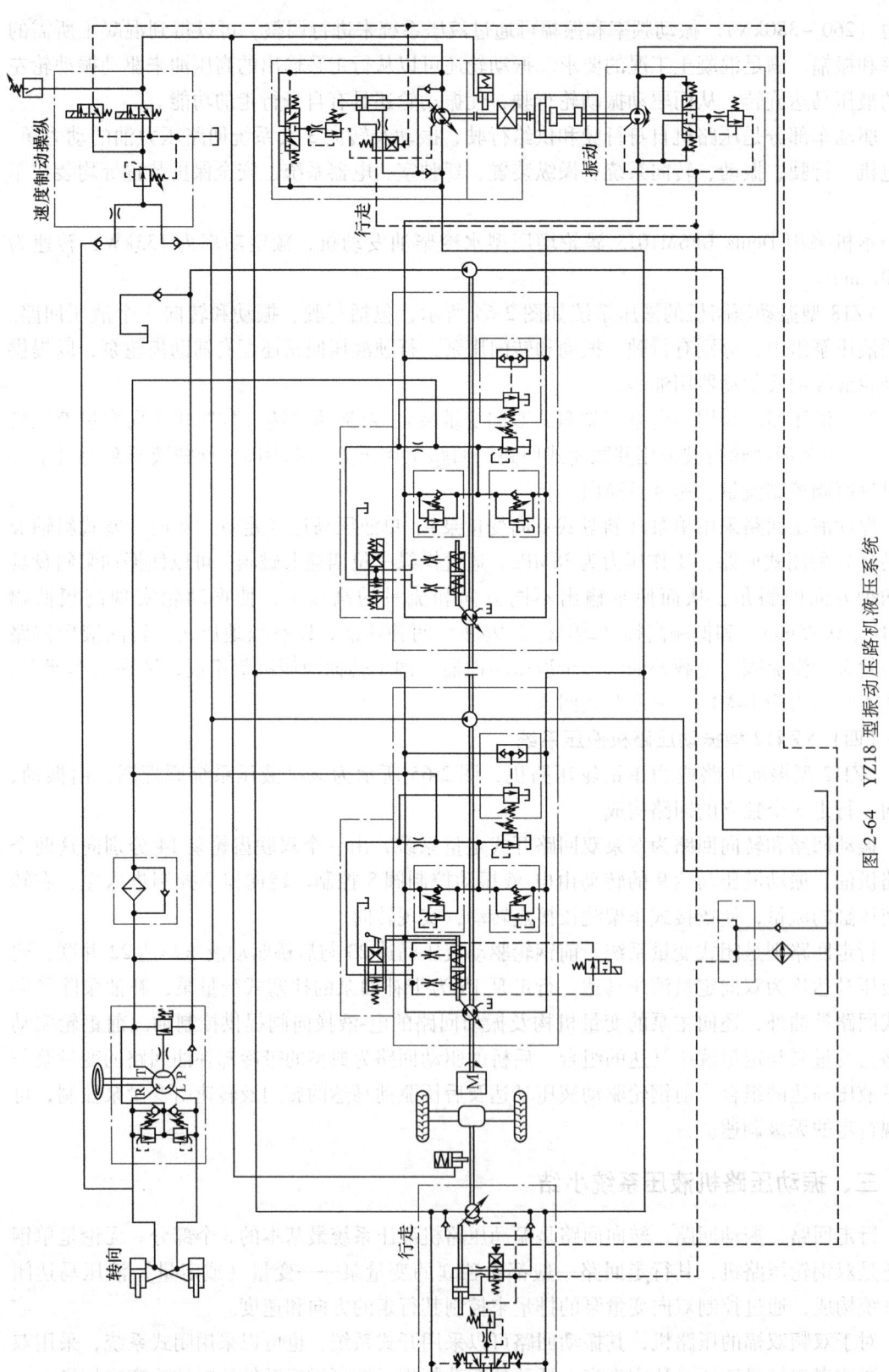

图 2-64 YZ18 型振动压路机液压系统

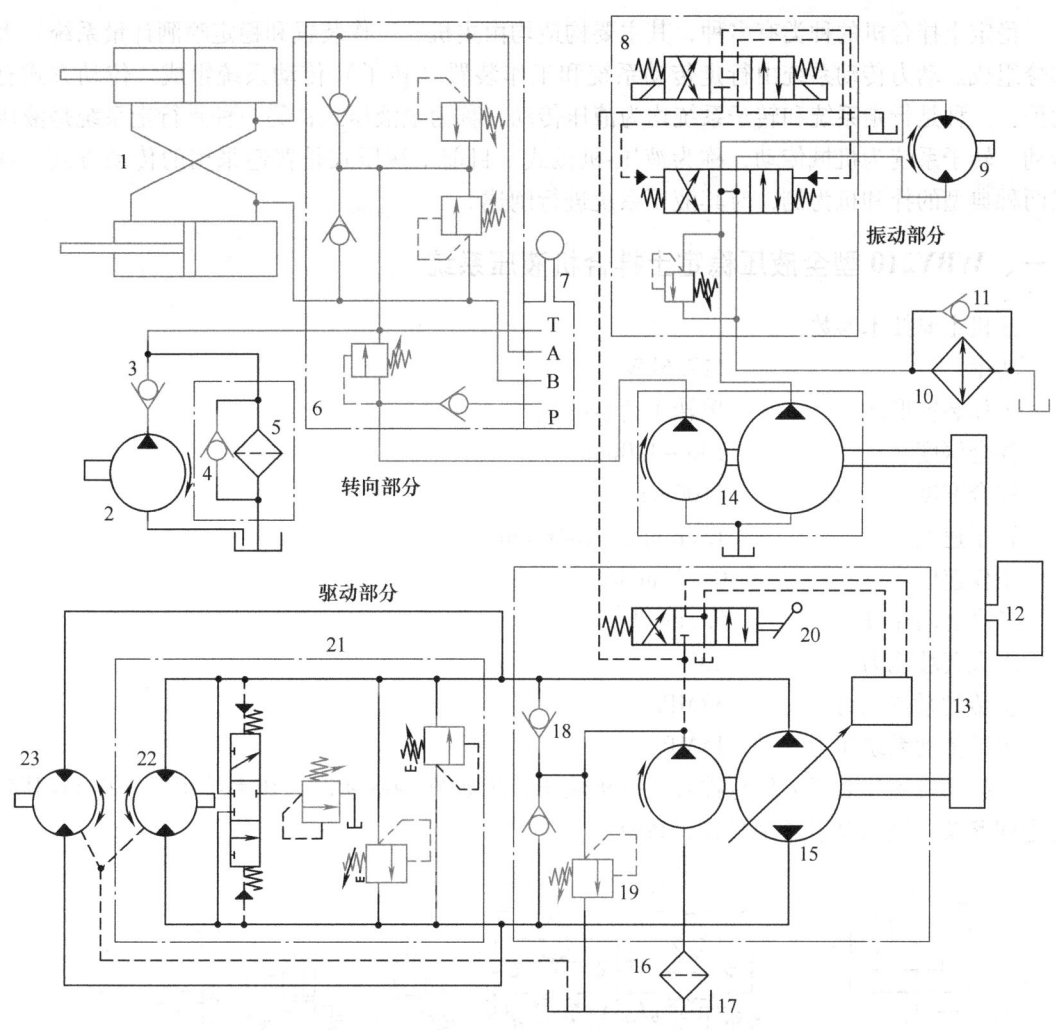

图 2-65　YZJ12 型振动压路机液压系统原理图

1—转向液压缸　2—手动泵　3、4、11、18—单向阀　5—过滤器　6—阀块　7—转向器　8—电-液振动控制阀　9—振动液压马达　10—散热器　12—发动机　13—分动变速器　14—双联齿轮泵　15—行走泵　16—精过滤器　17—油箱　19—溢流阀　20—行走控制阀　21—后桥驱动液压马达总成　22—后桥驱动液压马达　23—前钢轮驱动液压马达

对于新型的振动频率、幅值连续可调的压路机，其振动回路采用与行走回路类似的变量泵-定量液压马达闭式系统构成，通过控制双向变量泵的排量控制振动频率的大小及振动轴的旋转方向。另外需要一个单独的开关系统控制振幅的大小。

转向系统一般采用普通的开式系统，采用液压缸实现铰接转向。

第七节　稳定土拌和机液压传动系统分析

稳定土拌合机是一种将土壤粉碎，并与稳定剂（石灰、水泥、沥青、乳化沥青或其他化学剂）均匀拌和，以提高土壤稳定性，用以修建稳定土路面或加强路基的路面自行式工程机械。

稳定土拌合机的种类有多种，其主要构造均由主机、工作装置和稳定喷洒计量系统三大部分组成。动力传动系统由行走传动系统和工作装置（转子）传动系统组成。传动方式有两种：一种是行走系统和转子系统均为液压传动，称为全液压式；另一种是行走系统是液压传动，转子系统为机械传动，称为液压-机械式。目前全液压式是普遍采用的传动方式。现以两种典型的拌和机为例，对其液压系统进行阐述。

一、WBY210型全液压稳定土拌合机液压系统

该机主要技术参数：

功率	117.6kW
工作装置形式	单转子后悬挂式
拌合深度	100~130mm
拌合宽度	2100mm
转子速度	137r/min、164r/min
工作速度	0~1km/h
最高运动速度	5.5km/h
最大爬坡能力	20°
主传动系统压力	32MPa
辅助传动系统压力	14MPa

本拌和机工作装置为后悬挂式，该机液压系统如图2-66所示。该系统由转子驱动回路、行走回路及控制回路组成多泵开式系统。

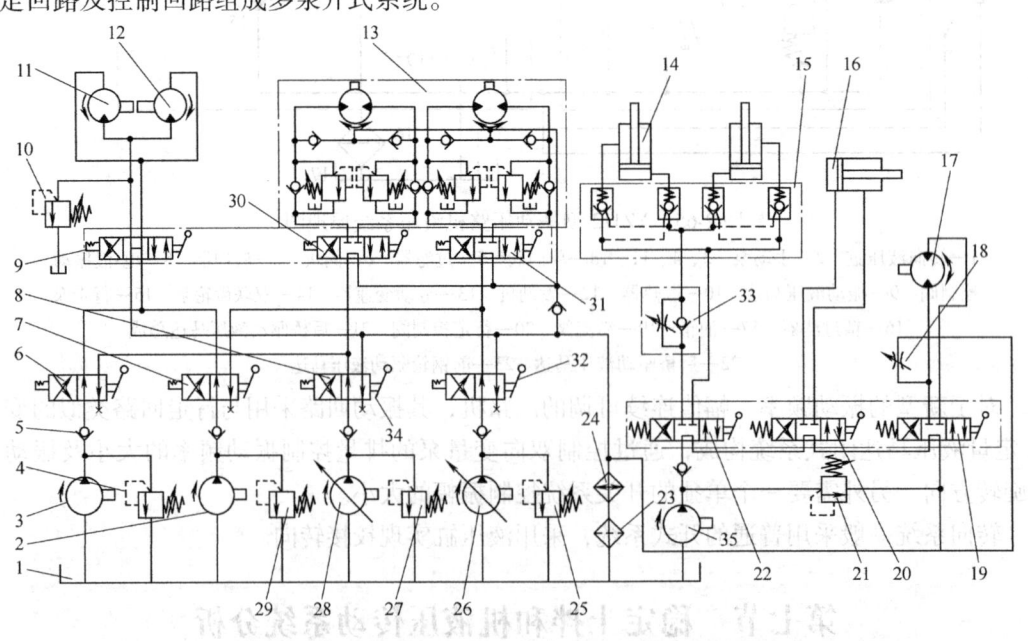

图2-66 WBY210型全液压稳定土拌和机液压系统图

1—油箱 2、3、35—定量泵 4、21、25、27、29—溢流阀 5—单向阀 6~8、32、34—合流阀 9、19、20、22、30、31—换向阀 10—过载阀 11、12—转子液压马达 13—行走液压马达总成 14—工作装置（转子）升降液压缸 15—液压锁 16—尾门液压缸 17—风冷却液压马达 18—可变节流阀 23—精过滤器 24—冷却器 26、28—变量泵 33—单向节流阀

发动机动力输出轴通过传动万向联轴器、传动轴与分动变速器相连接，从而带动安装在分动变速器上的五个液压泵 2、3、26、28、35 工作。分动变速器为一有两挡速度和五个动力输出的箱体。五个液压泵中，2 和 3 为两台大流量的斜轴式定量柱塞泵，26 和 28 为两台小流量的手动式轴向变量柱塞泵，还有一台定量泵 35，为定量齿轮泵。

1. 转子驱动回路

转子驱动回路由定量泵 2 和 3、合流阀 6 和 7、溢流阀 4 和 29、过载阀 10 及转子液压马达 11 和 12 组成。

两台定量泵 2 和 3 排出的液压油经合流阀 6、7 合流，通过换向阀 9 驱动转子液压马达 11 和 12。当换向阀 9 位于中位时，压力油经过换向阀 9 再经过冷却器 24 和精过滤器 23 流回油箱。当换向阀 9 位于左、右位时，就驱动转子液压马达 11 和 12 正、反向旋转，从而带动转子工作。过载阀 10 用来防止转子过载，起安全保护作用，一定程度上保证刀具的使用寿命。由于分动变速器有两个挡位，相应液压泵的流量也可得到改变，因此转子也得到两挡转速。

2. 行走驱动回路

行走驱动回路由两个变量泵 26 和 28、换向阀 30 和 31 及内曲线液压马达（行走液压马达总成 13）等组成。通过调节变量泵 26、28 的排量，其行走速度可实现无级调节。当换向阀 30 和 31 均在左或右位（合流阀 8 和 32 均在右位）时，就实现了整机的前进或后退。当换向阀 30、31 一个在中位，另一个不在中位时，即一个液压马达旋转，另一个液压马达不旋转，就实现了拌和机的左（或右）转向。溢流阀 25、27 对各泵起过载保护作用。

3. 控制回路

控制回路是由定量泵 35、换向阀 19、20、22、工作装置升降液压缸 14 和尾门液压缸 16、风冷却液压马达 17 等组成的开式回路。

定量泵 35 排出的高压油通过组合阀分别控制工作装置（转子）升降液压缸 14 的升降、尾门液压缸 16 的开启及风冷却液压马达 17 的工作。当 19、20、22 三个换向阀均位于中位时，定量泵 35 排出的高压油经过冷却器 24、精过滤器 23 流回油箱。当换向阀 22 在左位或右位时，高压油只控制工作装置（转子）升降液压缸 14 的升或降。单向节流阀 33 的作用是控制升降速度。两个液压锁是为了保证工作装置保持其一定的升降高度及一定的拌和深度。当换向阀 20 位于左位或右位时，就实现了尾门液压缸的升或降。当换向阀 19 位于左位或右位时，就驱动风冷却液压马达 17 运转，启用冷却液系统。可变节流阀 18 的作用是根据气温情况调节风冷却液压马达 17 的转速。

二、MPH100 型液压稳定土拌合机液压系统

该机主要技术参数：

功率	223.4kW
转子速度	0~135r/min（破碎）、0~270r/min（拌合）
工作速度	0~6.4km/h
运行速度	0~25km/h

该机前面是轮胎式拖拉机，后面是悬挂工作转子。该机具有操作轻便，自动控制，行走系统采用轮胎式底盘，运行速度快，全液压转向，转向灵活轻便，转子可以进行无级调速，

无冲击换向等优点。

该机液压系统如图 2-67 所示。系统由行走回路、转子驱动回路、转向回路、转子升降回路、尾门开闭回路、制动回路等构成。

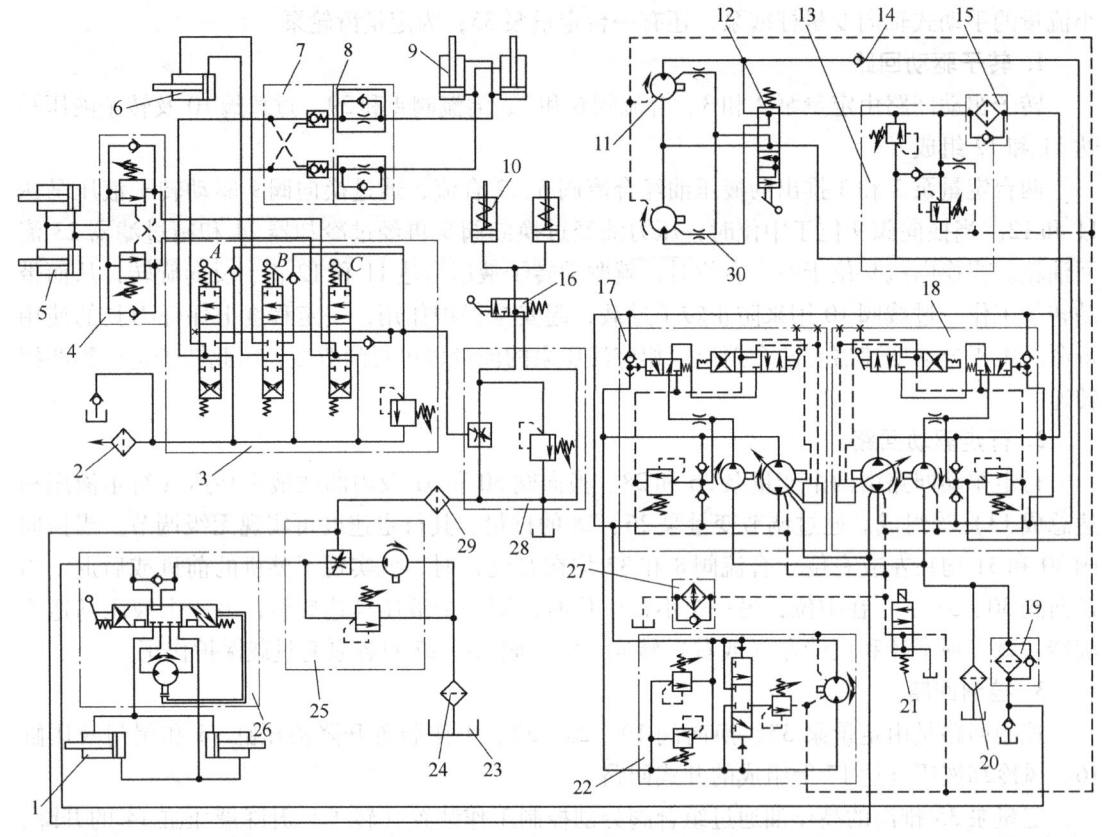

图 2-67 MPH-100 型全液压稳定土拌和机液压系统图

1—转向液压缸 2、20、24、29—过滤器 3—多路换向阀 4—平衡阀 5—转子升降液压缸 6—尾门升降液压缸 7—液压锁 8—单向节流阀 9—伸缩液压缸 10—制动液压缸 11—转子液压马达 12—手动两挡速度调节阀 13—过载阀 14—单向阀 15、19—带单向阀的过滤器 16—手动二位三通制动阀 17—行走液压泵总成 18—转子液压泵总成 21—二位四通电磁阀 22—行走液压马达 23—油箱 25—转向泵总成 26—转向器 27—冷却器 28—流量调节阀

1. 行走回路

行走回路由斜轴式变量柱塞泵（行走液压泵总成 17）及行走液压马达 22 等组成。主泵向行走液压马达 22 提供高压油带动液压马达旋转，驱动行走机构行走。辅助泵一方面向主油路的低压管路提供一定的补偿油，另一方面向控制回路提供控制油。控制油通过液动二位三通阀和三位四通阀控制主泵的两个伺服液压缸，使其斜盘倾角变化，从而控制主泵的输出流量和液流方向，实现无级变速和无冲击换向。节流阀的作用是调节进入控制油路的流量。液动二位三通阀的控制油是由行走液压泵总成 17 与转子液压泵总成 18 通过梭阀提供的。

2. 转子驱动回路

该回路由一个变量泵（转子液压泵总成 18）、两个转子液压马达 11、过载阀 13、单向阀 14 及带单向阀的过滤器 15 等组成。主泵来油通过手动两挡速度调节阀 12 进入液压马达，驱动转子工作。

单向阀 14 起补油作用。当发动机突然停止工作或换向阀突然处于中位时，主泵不能向油路提供压力油，由于转子的惯性作用，转子液压马达就暂时处于泵的工作状态，将进油路的油吸空，此时单向阀 14 打开，向进油路补油，防止主进油路产生气蚀现象。

手动两挡速度调节阀 12 可使转子得到两个速度：破碎时为 0~135r/min，拌合时为 0~270r/min。

带单向阀的过滤器 15 可以过滤主油路油液的杂质，使油液保持清洁，保证工作顺利进行。

当转子遇到大的石块或其他障碍物时，主油路的进油压力升高，此时高压油就打开转子液压泵总成 18 中的单向阀，推动液动二位二通阀，使其右位工作，从而操纵变量泵卸荷，保证转子安全。

3. 转向回路

该回路由一个辅助泵（转向泵总成 25）提供油液，通过转向器 26 控制转向液压缸 1 的伸缩实现转向。全液压转向器为开式有反应型，驾驶员有一定的路感。

4. 制动、转子升降、尾门开闭等控制回路

转向泵总成 25 的另一部分油通过过滤器 29 再经过流量调节阀 28 分别进入制动回路和转子升降、尾门开闭回路。

手动二位二通制动阀 16 用来控制制动液压缸 10，阀工作于左位时制动液压缸制动，阀工作于右位时，制动液压缸解除制动。

三个多路换向阀分别控制转子升降液压缸 5、尾门升降液压缸 6 及伸缩液压缸 9。C 阀控制转子升降，从而控制拌和机的拌合深度；B 阀控制尾门的开启；A 阀控制伸缩液压缸 9 的伸缩。

转向泵总成 25 通过过滤器 24 从油箱中吸油。

转子回路、行走回路的回油和泄漏油通过二位四通电磁阀 21 的控制，可直接回油箱，也可通过冷却器 27 回油箱，使油温不致升高，保证系统正常工作。

第八节　沥青混凝土摊铺机液压传动系统分析

一、沥青混凝土摊铺机概述

沥青混凝土摊铺机是沥青路面专用施工机械，它的作用是将拌合好的沥青混凝土材料均匀地铺设在路面底基层或基层上，构成沥青混凝土基层或面层，形成具有一定密实度的平整路面，是路面施工机械中最重要的一种机型。

沥青混凝土摊铺机的分类方法主要有：按行走装置分为轮胎式和履带式，按动力传动形式分为液压式、机械式和液压机械式，按摊铺宽度和厚度的不同分为小型、中性、大型和超大型。

沥青混凝土摊铺机主要是由机架、发动机、传动系统、操纵控制系统、行走机构、工作装置、辅助装置等几个部分组成（图 2-68）。工作装置主要包括：输料机构（包括料斗、闸门、链式输送器、螺旋分料器）、夯实熨平机构（包括熨平板、夯实板）、自动调平机构（包括找平传感器、信号处理控制指令装置、终端执行装置）、辅助装置（包括加宽、调拱机构)。

沥青混凝土摊铺机的摊铺过程(图 2-69)是：首先，为了控制摊铺厚度，在准备好的基层(清扫干净的、撒布透层沥青或粘层沥青的基层)上，测量放样(设置样桩，放出引导摊铺机运行方向和厚度标高的控制基准线等)之后，由自卸汽车将沥青混凝土卸到摊铺机料斗，经链式输送器将料传给螺旋分料器(螺旋摊铺器)，随着摊铺机

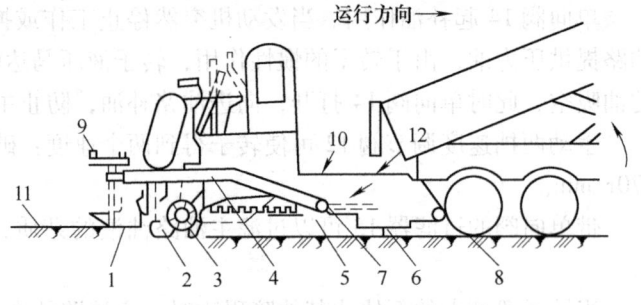

图 2-68 沥青混凝土摊铺机
1—摊铺板 2—振捣棒 3—螺旋摊铺器 4—水平臂 5—链式送料器
6—履带 7—轴 8—顶推车尾 9—厚度控制器 10—料斗
11—摊铺面 12—自卸汽车

行驶，螺旋分料器即在摊铺带宽度上将料均匀地摊铺开，随后由夯实板(振捣器)捣实，并由熨平板(摊铺板)整平，至此摊铺机的工艺过程完成。随后压路机对路面进一步压实。

在中小型(摊铺宽度 5m 以下)摊铺机中，传动方案为机械与液压并存；在大、超大型(摊铺宽度 5m 以上)摊铺机中，传动方案主要采用全液压传动。在摊铺机中采用液压传动的系统主要有行走系统、输料系统、熨平夯实系统、自动调平系统、辅助系统等。下面以几种典型的沥青混凝土摊铺机为例对其液压系统进行介绍。

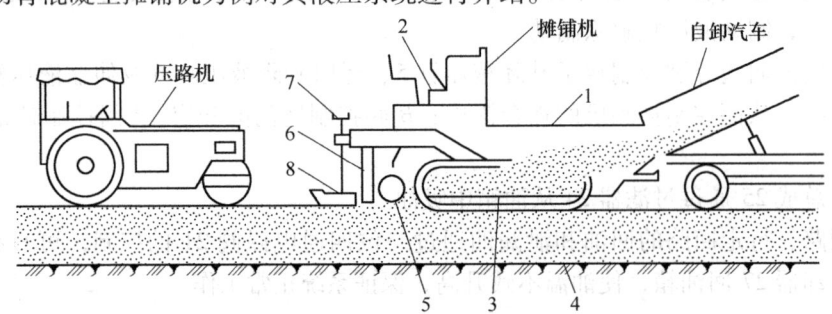

图 2-69 沥青混凝土摊铺机摊铺作业示意图
1—料斗 2—驾驶台 3—送料器 4—履带 5—螺旋摊铺器 6—振捣器
7—厚度控制螺杆 8—摊铺板

二、LTU4 型全液压沥青混凝土摊铺机

该机为全液压履带式，斗容量为 4t。采用液压传动的装置主要是工作装置和履带行走装置。图 2-70 所示为该机液压传动系统图。

该液压系统为开式多泵系统。系统主要由行走回路(由变量泵 1、手动换向阀 5 及行走液压马达 6 等组成)、工作装置回路组成。工作装置回路包括：螺旋分料及熨平回路(由定量泵 19 左、多路换向阀 9、螺旋分料器液压马达 7 和振动液压马达 8 等组成)，熨平板伸缩、料斗门开合、臂架升降、料斗开合回路(由定量泵 19 右、多路换向阀 10、熨平板伸缩液压缸 11、料斗门液压缸 12、臂架升降液压缸 13 和料斗液压缸 14 等组成)。行走回路采用变量系统，其他回路采用定量系统。

系统工作原理及主要元件的作用：

手动换向阀 5 操纵行走液压马达 6，实现摊铺机的前进与后退、转弯和停止。

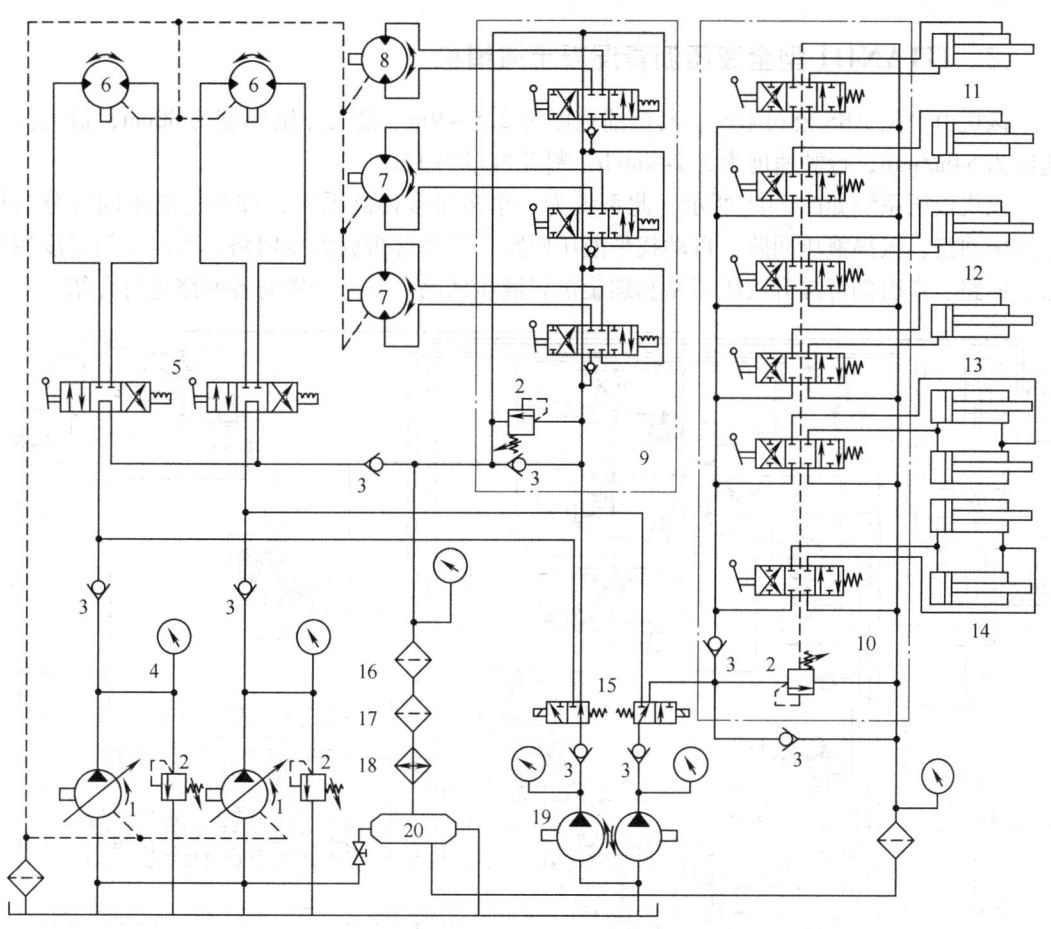

图 2-70　LTU4 全液压履带式沥青混凝土摊铺机液压系统原理图

1—变量泵　2—安全阀　3—单向阀　4—压力表　5—手动换向阀　6—行走液压马达　7—螺旋分料器液压马达　8—振动液压马达　9、10—多路换向阀　11—熨平板伸缩液压缸　12—料斗门液压缸　13—臂架升降液压缸　14—料斗液压缸　15—合流换向阀　16—粗过滤器　17—精过滤器　18—冷却器　19—定量泵　20—小压力油箱

多路换向阀 9 操控螺旋分料器液压马达 7 和振动液压马达 8，实现分料器控制和熨平板振动的控制。

多路换向阀 10 中各阀分别控制相应的工作液压缸 11～14，相应实现熨平板伸缩调整摊铺宽度、料斗门开合调整左右闸门开度、臂架升降调整熨平板升降、料斗开合拢料使物料形成料堆。

两个合流换向阀 15 的操控可实现将定量泵 19 与变量泵 1 合流，有效地增大行走速度。

位置较高的小压力油箱 20 可向工作装置各回路补油。若变量泵 1（为柱塞泵）工作时吸油不足，可打开小压力油箱 20 的开关，进行补充供油。

系统各回路压力由各回路安全阀 2 控制。

系统中各个单向阀的作用是防止油液倒流。

系统中回油路上安装有粗过滤器 16、精过滤器 17、冷却器 18，以保证系统的正常运行。

系统油路上安装有压力表 4，便于驾驶员观察各处的压力值。

三、TITAN411 型全液压沥青混凝土摊铺机

该机由美国 ABS 公司生产，其摊铺宽度为 2.5~9m，最大摊铺厚度为 30cm，最大摊铺速度为 54m/min，行驶速度为 3.24km/h，料斗容量为 13t。

该机液压系统如图 2-71 所示。此系统为一个多泵多回路系统，按其功能不同可分为行走液压回路、振捣液压回路、自动找平液压回路、料斗臂折放液压回路、给料闸门开度控制液压回路、牵引侧臂提升液压回路和螺旋供料液压回路。下面分别对各回路进行介绍。

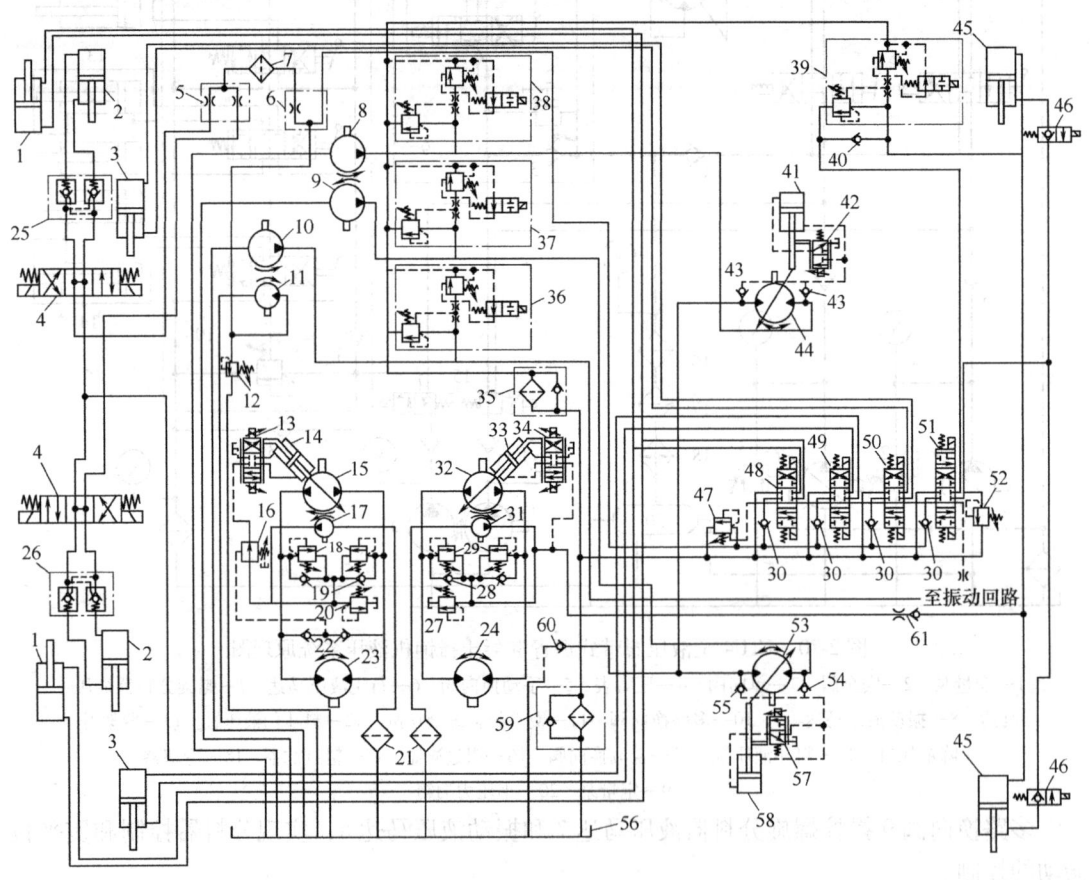

图 2-71　TITAN411 型沥青混凝土摊铺机液压系统图

1—斗臂折放液压缸　2—自动找平液压缸　3—给料闸门开度控制液压缸　4、48~51—电磁换向阀　5—分流阀　6—稳流阀　7、21—过滤器　8~11、15、17、31、32—液压泵　12、20、27、35、47、52—溢流阀　13、42、57—比例伺服阀　14、33、41、58—伺服液压缸　16—减压阀　18、29—过载阀　19、28、30、40、43、54、55、60—单向阀　22—梭阀　23、24、44、53—液压马达　25、26—液压锁　34—伺服阀　36~39—两级调压阀　45—侧臂升降液压缸　46—电磁阀　56—油箱　59—过滤器阀组　61—补油阀

1. 行走液压回路

该回路主要由液压泵 32（变量泵）、行走液压马达 24、过载补油阀组（包括过载阀 29、单向阀 28）、伺服阀 34、伺服液压缸 33、溢流阀 27 和补油泵（液压泵 31）等组成。该回路为变量闭式回路。

操作伺服阀 34 使液压缸 33 上腔或下腔进油使活塞杆伸出或缩回，从而改变液压泵 32

的斜盘倾角，使液压油的流量和流向改变，以控制摊铺机的行驶速度和方向。

2. 振捣液压回路

该回路主要由液压泵 15（变量泵）、振捣液压马达 23、过载补油阀组（包括过载阀 18、单向阀 19）、比例伺服阀 13、伺服液压缸 14、减压阀 16、补油泵（液压泵 17）和溢流阀 20 等组成。该回路与行走回路类似，也为变量闭式回路。

该回路的分析与行走回路基本相同，所不同的是，液压泵 15 由比例伺服阀 13 操纵控制，使振捣液压马达 23 的转速（即为振捣棒的振动速度）与行走液压马达 24 的速度（即为摊铺作业速度）相适应。同时，通过对振捣液压马达 23 的调速，可使之适用于任何厚度的混合料的摊铺，并与熨平板的不同振频相适应，使摊铺层达到最佳振实效果。

从图中可以看出，液压泵 15 一起动，就有一部分压力油推开单向阀 22 作用在减压阀 16 上，使从补油泵（液压泵 17）的来油经减压阀 16 到比例伺服阀 13，并由比例伺服阀 13 根据不同的情况决定控制液压油进入伺服液压缸 14 的哪一腔，达到控制液压泵 15 的流量和流向的目的，从而改变振捣液压马达 23 的速度。

3. 自动找平液压回路

该回路主要由液压泵 11、溢流阀 12、稳流阀 6、过滤器 7、分流阀 5、电磁换向阀 4、液压锁 25、26 和自动找平液压缸 2 组成。该回路为开式单泵定量并联回路。

当路基不平时，路基平整度变化由传感器感应后转化为电信号，使电磁换向阀 4 某一端的电磁铁通电，从而使其左位或右位工作，从而使液压泵 11 的油液顺次经过稳流阀 6、分流阀 5、电磁换向阀 4 和液压锁 25 进入自动找平液压缸 2 的有杆腔或无杆腔，实现自动找平。

由于回路中设有稳流阀 6 和分流阀 5，使得找平工作稳定，能实现两个找平液压缸的同步动作，且找平精度高。回路的压力由溢流阀 12 调定。

4. 料斗臂折放液压回路

该回路主要由液压泵 11、稳流阀 6、单向阀 30、电磁换向阀 48、溢流阀 47、斗臂折放液压缸 1 组成。该回路为开式单泵定量并联回路。

操纵电磁换向阀 48，从稳流阀 6 的来油经单向阀 30、电磁换向阀 48 的上或下位，到达两个液压缸 1 的大或小腔，实现两个料斗臂的同步折放。回油经电磁换向阀 48、过滤器阀组 59 至油箱 56。

此回路的压力即闸门开度的压力由溢流阀 47 调定（调压值低于溢流阀 12 的调定值）。单向阀 30 的作用是防止电磁换向阀 48 换向时油液倒流。

5. 给料闸门开度控制液压回路

该回路主要由液压泵 11、稳流阀 6、单向阀 30、电磁换向阀 49 与 50、溢流阀 47 及给料闸门开度控制液压缸 3 组成。该回路为开式单泵定量并联回路。

通过操纵电磁换向阀 49（50），控制给料闸门开度控制液压缸 3 工作，从而控制给料闸门开度，达到控制摊铺机螺旋供料器的供料量。

由于电磁换向阀 49、50 采用的是并联方式，故两个给料闸门开度控制液压缸可单独动作，也可以同时动作，从而使供料尽量安全合理。

6. 牵引侧臂提升液压回路

该回路主要由液压泵 11、补油泵（液压泵 31）、电磁换向阀 51、单向阀 30 与 40、两级调压阀 39、电磁阀 46、侧臂升降液压缸 45、溢流阀 52 和补油阀 61 等组成。该回路是开式并联回路。

当电磁换向阀 51 下位工作时，从稳流阀 6 来的液压油顺次经单向阀 30、电磁换向阀 51、电磁阀 46 的左位，到达侧臂升降液压缸 45 的下腔，使侧臂下降，回油经两级调压阀 39（侧臂升降液压缸 45 工作时，二位二通电磁阀为右位工作，起两级调压作用；侧臂升降液压缸 45 不工作时，二位二通电磁阀左位泄油）回油。

当电磁换向阀 51 上面第一位（靠近中位的工作位）工作时，从稳流阀 6 来的压力油依次经单向阀 30、电磁换向阀 51、单向阀 40 到达侧臂升降液压缸 45 的上腔，使侧臂上升；回油经电磁阀 46 右位和电磁换向阀 51 回油箱。

当摊铺机摊铺作业时，电磁换向阀 51 位于上面第二位，此时，侧臂升降液压缸处于浮动状态，熨平板有可能上下移动，侧臂升降液压缸 45 中的压力不太高时，经两级调压阀 39 上面的一个溢流阀回油（两个阻尼孔起稳流作用），当侧臂升降液压缸 45 中的压力较高时，高压油又打开两级调压阀 39 下面的一个溢流阀回油。

电磁阀 46 的作用是：锁定侧臂，使之与自动找平液压缸 2 相适应，从而达到更高的摊铺精度。

液压泵 31 除供行走回路伺服阀操作控制油外，还可通过补油阀（节流单向阀）61 为本回路补油。

7. 螺旋供料液压回路

该回路由液压泵 8、9，螺旋器液压马达 44、53，单向阀 43、54、55、60，伺服液压缸 41、58，两级调压阀 37、38 和比例伺服阀 42、57 等组成，为开式并联回路。

摊铺机前物料的多少，经传感器感应后以电信号的形式传给比例伺服阀 42（或 57），使其某一位工作，从而改变液压马达 44（或 53）的斜盘倾角，使液压马达向某边分配物料。在进油路旁的两级调压阀 37、38 的作用是：根据系统中工况的不同使回路中有不同的压力，可节省动力，降低油温。

四、SA125 型履带式沥青混凝土摊铺机

该机由美国 BARBER-GREEN 公司生产。该机液压系统如图 2-72 所示。此系统由行走液压回路、螺旋供料液压回路、坡角自动控制回路、熨平振动回路组成。三个回路是相对独立的，为一个多泵多回路系统，下面分别对各回路进行介绍。

1. 行走液压回路

该回路是闭式多泵液压回路，该回路主要由双向变量液压泵 1、定量液压泵 2、单向阀 3、12、溢流阀 4、6、13、过载阀 7、液动换向阀 5、双向变量行走液压马达 8 和电磁换向阀 10、11 等组成。该回路为变量多泵闭式液压回路。

液压泵 1 直接驱动液压马达 8 使其旋转，使摊铺机行走。通过双向变量液压泵、液压马达控制行走方向和速度。

行走时，液压泵出口的压力油使液动换向阀 5 在高压油侧工作，使低压侧的油液通过溢流阀 6 的卸荷可去冷却液压马达 8 和液压泵 1 后再回油箱。溢流阀 6 的调定值低于溢流阀 4 的调定值，溢流阀 4 控制液压泵 2 的压力。行走系统的压力由溢流阀 7 控制，防止过载，调定值为 38.5MPa。

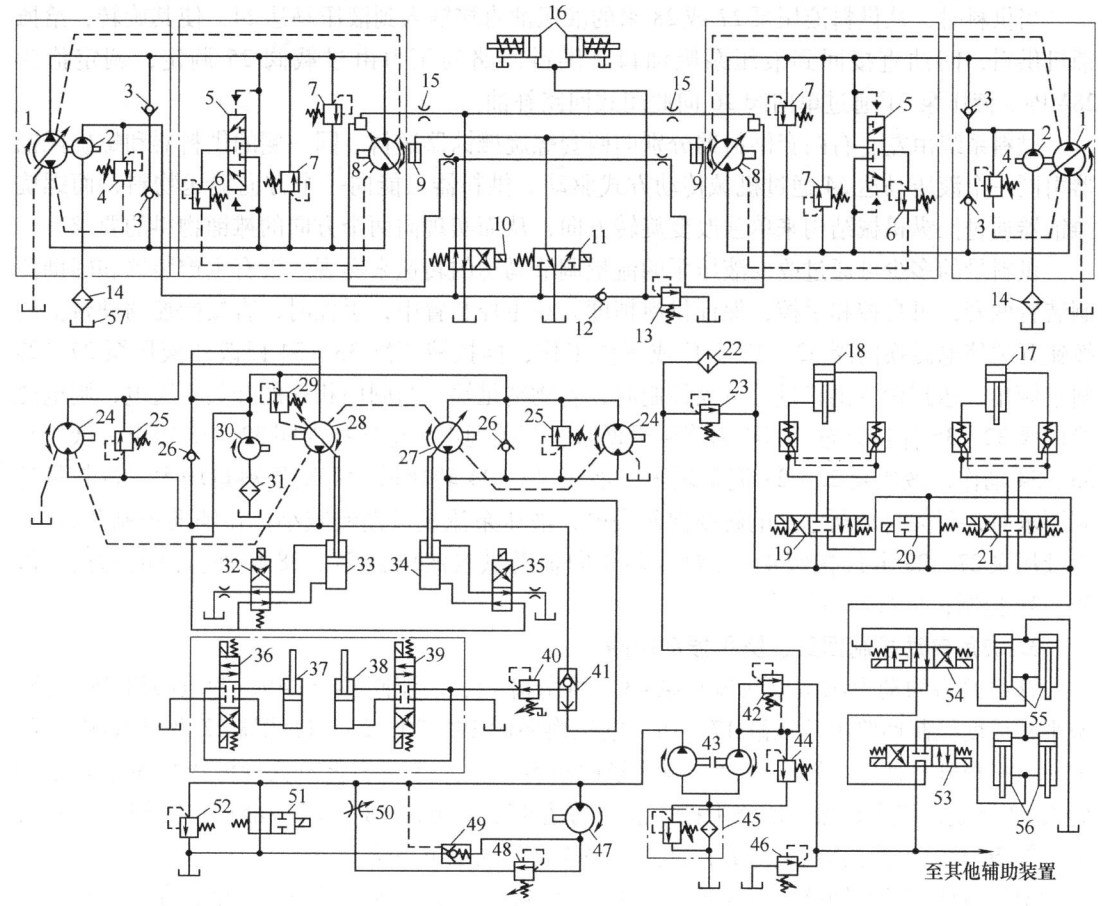

图 2-72 SA125 型履带式沥青混凝土摊铺机液压系统
1、2、27、28、30—液压泵 3、12、26—单向阀 4、6、13、44、46、48、52—溢流阀 5—液动换向阀
7、23、25、29—过载阀 8、24、47—液压马达 9—常闭式液压马达制动器 10、11、19~21、32、35、36、
39、51、53、54—电磁换向阀 14、22、31—过滤器 15—节流小孔 16~18、33、34、37、38、55、
56—液压缸 40—减压阀 41—梭阀 42—顺序阀 43—双联齿轮泵 45—背压阀组 49—液控单向阀
50—可变节流阀 57—液压油箱

操纵电磁换向阀 10 可控制液压马达 8 的斜盘倾角（倾角有 18°、7°两个工作位置），满足不同速度的要求。在通往液压马达 8 斜盘控制伺服液压缸的油路上设有节流阀 15，其作用是使马达斜盘倾角变化缓慢，从而使摊铺机行驶速度变化不剧烈。

液压泵 2 作辅助供油之用，作用是在通过单向阀 3 给闭式系统补油的同时，还向控制马达倾角的控制油路及常闭式液压马达制动器 9 提供控制用油，以及通过单向阀 12 推动履带张紧液压缸 16 供油，使履带张紧，张紧力由溢流阀 13 控制。液压泵 2 的压力由溢流阀 4 调定。制动器由电磁换向阀 11 控制。

2. 螺旋供料液压回路

该回路是多泵并联回路。该回路主要由供料液压泵 27、28，供料液压马达 24，单向阀 26，过载阀 25、29，液压泵 30，电磁换向阀 32、35、36、39，液压缸 33、34、37、38，梭阀 41 及减压阀 40 等组成。

当供料时，从供料液压泵27或28来的液压油直接输入到液压马达24，使其旋转，给摊铺机供料，回油直接回到液压泵吸油口。供料回路的压力由过载阀25调定，调定值为28MPa。液压泵31通过单向阀26向此闭式回路补油。

供料系统由左、右两套供料器分别向两套螺旋摊铺器送料。同一侧的供料器和螺旋摊铺器由同一个液压马达24通过机械传动方式驱动。供料器只能向一个方向输送物料，而螺旋摊铺器通过操纵机械结构来单独改变旋转方向，从而实现向两个方向的摊铺物料的要求。

供料量的多少可通过改变液压泵的流量调节马达的转速来实现，设有主控装置和辅助控制装置两套，可自控和手控，保证供料精度。在主控装置中，手控时，直接操控驾驶台上的按钮开关使电磁换向阀32、35上位或下位工作，操控液压缸33、34以改变液压泵27、28斜盘倾角，达到调节供料量；自动控制时，若物料足够，与闸门相连的开关不通电，则电磁换向阀32、35保持原态，当物料降到最低限时开关通电，电磁换向阀32、35得电，液压缸33、34动作，液压泵27、28流量增大，液压马达24转速增大，则供料量增大。供料量达到要求时，开关自动断电，电磁换向阀失电，液压泵流量又慢慢减小。在辅助控制装置中，由液压泵27、28通过梭阀41、减压阀40向辅助供料液压缸37、38供油，由电磁换向阀36、39控制，进行辅助供料。

3. 坡角自动控制回路、熨平振动回路

这些回路的动力源由双联齿轮泵43、顺序阀42、溢流阀44与46、背压阀组45组成。熨平板坡度控制回路由液压缸17、18，电磁换向阀19、20、21，过滤器22及过载阀23组成。熨平板升降回路由液压缸55、电磁换向阀54组成；料斗升降回路由液压缸56、电磁换向阀53组成；熨平板振动回路由振捣液压马达47、溢流阀48与52、液控单向阀49、可变节流阀50及电磁换向阀51组成；这些回路均是开式定量系统。

熨平板坡度控制回路由双联齿轮泵43的小泵提供压力油，当进行坡度控制时，电磁换向阀20通电，传感器将路面的情况转换成电信号，控制电磁换向阀19和20，使液压缸17、18的不同腔进油，从而使熨平板形成一定的角度，同时，回油经电磁换向阀54的中位控制熨平板升降液压缸55动作，使熨平板的提升与角度吻合。熨平板升降液压缸55的粗调通过单独操控电磁换向阀54进行。此回路的压力由溢流阀44调定。

料斗升降时，通过操控电磁换向阀53，液压油经顺序阀42进入液压缸56进行升降料斗。此回路压力由溢流阀46调定为14MPa。

熨平板振动是通过双联齿轮泵43中大泵驱动振捣液压马达47实现的。当电磁换向阀51通电时振捣液压马达起振，振捣液压马达转速由可变节流阀50控制，背压由溢流阀48调定，液控单向阀49起补油和保证系统安全的作用。系统压力由溢流阀52控制。

第九节　水泥混凝土摊铺机液压传动系统分析

一、水泥混凝土摊铺机概述

水泥混凝土路面（俗称白色路面）与沥青混凝土路面相比较，具有承载能力大、水稳定性好、热稳定性好、防滑性能好、使用寿命长、维修费用低、原材料有保证等优点，因此在我国得到迅速发展。水泥混凝土摊铺机是水泥混凝土路面的机械化施工设备。它的作用是将拌合好的水泥混凝土材料均匀地铺设在已经做好的路面基层上,然后进行振实、整平、抹光等作业,在完成水泥混凝土路面层的铺设的同时,达到规定的密实度、平整度和清洁度的外观形状。

水泥混凝土摊铺机目前主要分为滑模式和轨道式两大类。

水泥混凝土摊铺机的类型、规格型号不同,构造形式差异较大,但基本结构不外乎由机架、动力系统、行走系统、摊铺作业系统、机械传动系统、液压传动系统、操纵控制系统、辅助装置等部分组成。

下面以几种典型的水泥混凝土摊铺机为例对其液压系统进行介绍。

滑模式水泥混凝土摊铺机是具有自行走、自找平,不需要铺设专门的轨道模板,一次性完成布料、整平、夯实、表面精整等工序,集计算机、自动控制、精密机械于一体的现代新型水泥混凝土摊铺机。其主要组成部分如图 2-73 所示。摊铺作业装置包括螺旋布料器、刮平板、内部及外部振捣器、成型盘、定型盘(抹光板)等,如图 2-74 所示。采用滑动模板法施工,即通过跟随机械移动的滑动模板,摊铺作业装置采用六步连续铺路法,使混凝土摊铺层一次挤压成型。如图 2-75 所示,作业过程是:

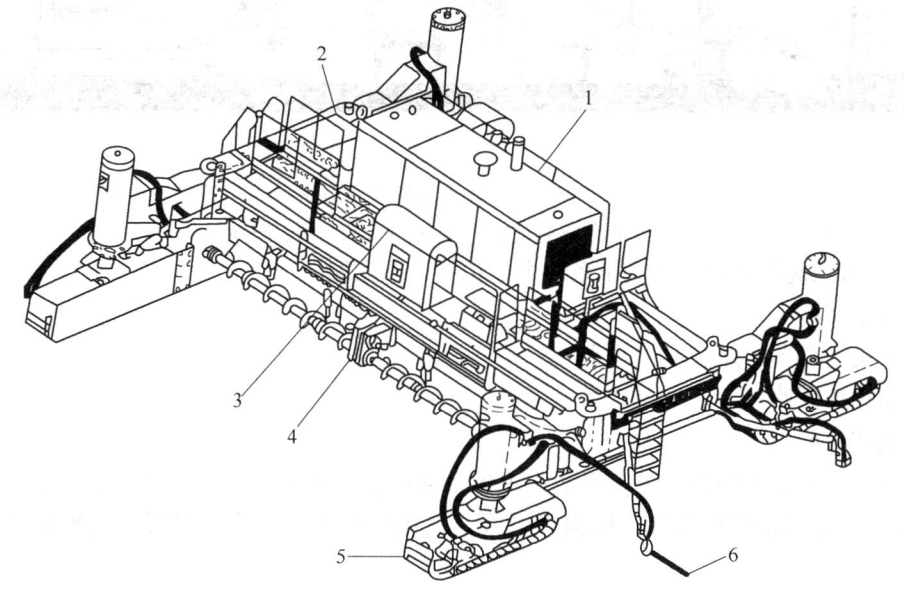

图 2-73 滑模式水泥混凝土摊铺机主要组成部分

1—动力系统 2—主机架 3—控制台 4—摊铺作业装置 5—行走系统 6—液压自动调平系统

1) 螺旋布料器将路基上的混凝土料横向均匀地摊铺开。

2) 由刮平板(虚方控制板)计量出进入振动仓的混凝土量,初步刮平混凝土,并将多余的混凝土往前推移。

3) 用内部振捣器对混凝土进行初步振实与捣固,消除内部间隙与空气。

4) 用外部振捣器对混凝土进一步振实,并将外部大粒径骨料强制压入,使表面形成一定厚度的灰浆层。

5) 由在成型盘前的进料控制板再次刮平,并控制进入成型盘的料量,用成型盘和侧向滑膜板对混凝土进行挤压成型。

6) 利用定型盘对铺层进行整平、定形和修边。

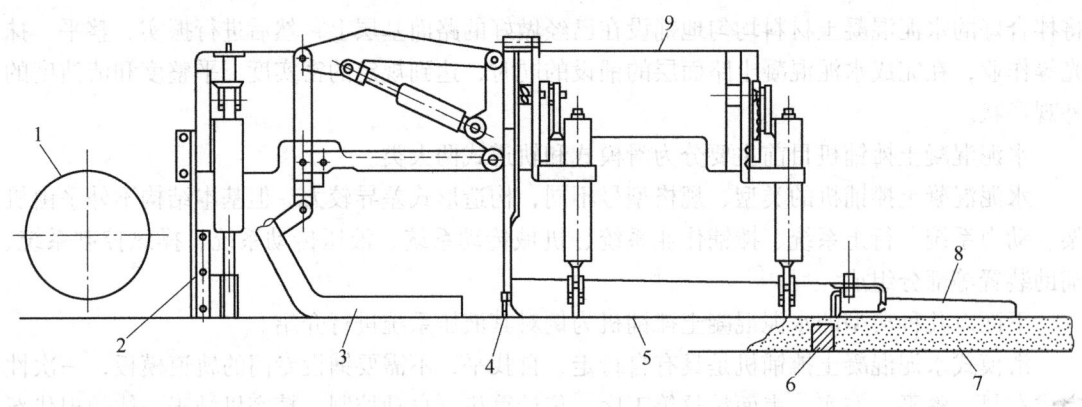

图 2-74 滑模式摊铺机工作装置
1—螺旋布料器 2—刮平板 3—内部振捣棒 4—外部振捣棒 5—成型盘 6—挡头 7—铺层
8—定型盘 9—副机架

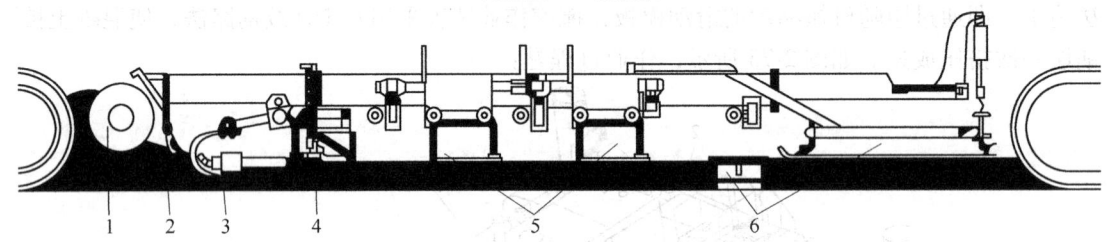

图 2-75 六步连续铺路法示意图
1—螺旋布料器 2—刮平板 3—内部振捣器 4—外部振捣器 5—成型盘 6—定型盘

滑模式水泥混凝土摊铺机液压系统主要包括以下回路：

1) 行走回路。

2) 螺旋布料器回路。

3) 振捣棒回路。

4) 捣实板回路。

5) 辅助系统液压回路。主要包括：主机架伸缩、自动调平、自动转向、喷水、摊铺作业装置调整（包括刮平板升降、振捣棒升降、成型盘调拱、定型盘升降、边模调节等）等回路。

液压系统多采用多泵多回路。行走、螺旋布料器、振捣、自动调平、转向通常采用相对独立的回路。其中，行走、螺旋布料器回路大都采用闭式系统，其余则采用开式系统。下面以典型摊铺机液压系统为例进行分析。

二、SF-350 型四履带滑模式水泥混凝土摊铺机液压系统

该机主要参数：摊铺宽度为 3.7～9.75m，最大摊铺厚度为 610mm，工作速度为 0～9m/min，行走速度为 1km/h，最大摊铺能力为 10～21.5m³，发动机功率为 186kW，转速为 2550r/min。

该机行走装置为四条履带，滑动模板在其内侧，沿机器行走方向安装，行走方向和路面摊铺高度均靠路面两侧拉紧的基准线控制自动调平和转向装置（由自动调平、转向传感器构成的自动控制装置）来进行。可一次完成螺旋布料、进料控制板限料、振动棒振捣、捣

实板捣实、成型模板成型、浮动抹光板整平、拖布精整平及吸水。而路面拉毛、喷养生剂养护及伸缩缝切割等工序由其他机械完成。

整机液压系统可分为以下几个独立的系统或回路。

1. 行走回路

行走液压回路如图 2-76 所示。系统主要由液压泵组 1（包括行走变量泵、辅助定量泵、三位四通电磁阀、辅助泵溢流阀、单向节流阀、单向阀、过载阀等）、正向履带阀组（即履带前进分配阀组）3、行走液压马达总成（由右前行走液压马达 8、右后行走液压马达 9、左后行走液压马达 11、左前行走液压马达 12、二位三通伺服阀、控制缸、单向阀等组成）、速度选择阀 7 及梭阀 2 等组成。

行走主泵为双向变量泵，其正、反向供油及流量控制由辅助泵提供操纵用油，通过三位四通电磁阀控制变量机构来实现。

辅助泵还具有下面三个作用：①通过速度选择阀 7 向行走液压马达总成内二位三通伺服阀提供操纵控制油，从而控制行走液压马达的速度和方向；②可向主泵和行走液压马达组成的闭式回路的低压侧提供补油；③可向主泵泵体内的溢流阀提供一定量的冷却用油。

行走液压马达速度控制过程是：当速度选择阀 7（左位）不来控制油时，二位三通伺服阀处于弹簧端位工作，控制液压缸回油，行走液压马达在控制液压缸弹簧的作用下，斜盘处于最小倾角位置，从而输出最小速度和最大转矩；当速度选择阀 7（右位）来控制油时，二位三通伺服阀处于液控端位工作，控制液压缸进油，行走液压马达在控制液压缸液压油的作用下，斜盘处于最大倾角位置，从而输出最大速度和最小转矩。行走液压马达的正、反向由液压泵供油方向决定。液压马达的内泄漏油及液压马达控制阀组的回油均流入泵体内，以增加泵的冷却效果。

梭阀 2 用于接压力表，使高压油口始终接通压力表以显示压力值。

正向履带阀 3 的作用是：当履带正向作业时，使主泵来的液压油等量分流到四个行走液压马达中去；当履带后退不作业时，主泵来的液压油不经阀内而直接到四个行走液压马达中去。具体工作过程是：当履带前进时，二位四通电磁阀右位工作，由主泵来的液压油经右位同时作用在四个二位二通液动阀顶部，四个阀上位工作，从而使主泵来的液压油直接顶开单向阀，经中间两个二位二通液动阀分流后再经下面四个二位二通液动阀二次分流后到达四个液压马达，每个液压马达得到的流量均为主泵来油的四分之一，从而实现四个液压马达的同步动作。

当履带倒退时，二位四通电磁阀左位工作，主泵来的液压油不经正向履带阀分流而直接进入液压马达，液压马达回油则经正向履带阀上部的四个二位二通液动阀下位回油。

速度选择阀 7 为二位二通电磁阀，它由速度选择开关控制，从而接通或断开供给行走液压马达操控的用油（辅助泵的来油），以实现行走液压马达的高、低速行走。

2. 螺旋布料器液压系统

螺旋布料器液压系统也是一个独立的液压系统，如图 2-77 所示。它是由两组变量泵（左布料液压泵 1 和右布料液压泵 3）及辅助液压泵 6 和两个定量液压马达（左布料液压马达 2 和右布料液压马达 4）组成的闭式回路。

左布料液压马达 1 和右布料液压马达 3 通过三位四通电磁阀 5 实现液流方向与流量的控制，从而实现速度可调、转矩恒定、功率可变的性能。

128 工程机械液压系统分析及故障诊断与排除

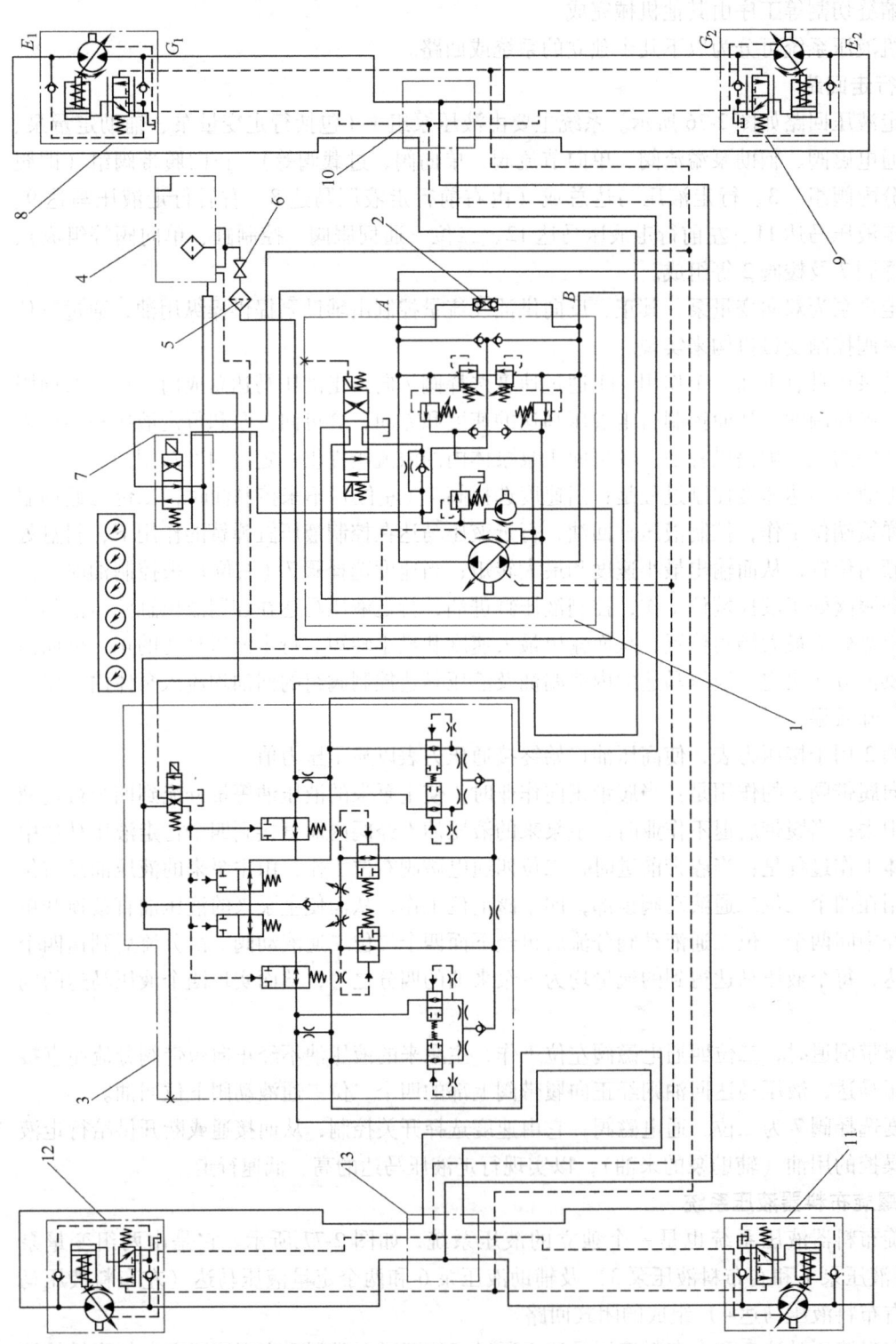

图 2-76 行走液压系统图
1—液压泵组 2—梭阀 3—前进流量分配阀组（正向履带阀组） 4—液压油箱 5—过滤器 6—截止阀 7—速度选择阀 8—右前行走液压马达 9—右后行走液压马达 10—右端架歧管 11—左后行走液压马达 12—左前行走液压马达 13—左端架歧管

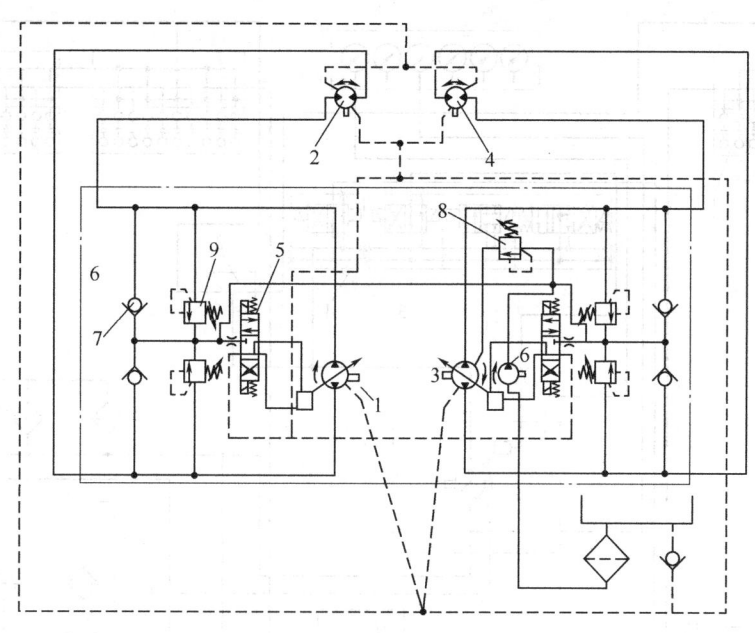

图 2-77 螺旋布料器液压系统图

1—左布料液压泵（电位移控制器） 2—左布料液压马达 3—右布料液压泵 4—右布料液压马达
5—三位四通电磁阀 6—辅助液压泵 7—单向阀 8—溢流阀 9—过载阀

辅助液压泵 6 供给变量控制用油及系统补油，其压力由溢流阀 8 控制，从溢流阀溢流的油液进入液压泵壳体内达到冷却泵的作用。当液压泵停止供油，液压马达制动或快速制动时，因液压马达惯性有可能造成液压马达一侧真空另一侧过载的现象，辅助液压泵可通过单向阀 7 进行补油。过载阀 9 用以防止过载。

每个液压马达可以单独实现正反转。两个液压马达可组成多种形式的配合动作以满足布料的各种要求。

3. 振动棒振动液压系统

为了使混合料振实并获得一定的密实度，滑模式摊铺机的振实工作是由若干个液压驱动振动棒组成的振动装置来完成的。施工中对不同性质的混凝土的材料性能要求经常变化，所以要求振动装置的振幅、频率随时可调。

振动棒液压系统如图 2-78 所示。其主要有振动变量泵（主泵）5、振动增压泵 10（辅助泵）、流量分配阀组 1（图示有三组）、三联电磁阀组 3、电磁阀 4、冷却器 13、压力歧管 2 等组成。

工作时，振动变量泵 5 经单向阀 8 从油箱中吸油或者经过滤器 6、冷却器 13 从压力歧管 12 中吸油，直接进入压力歧管 2，经压力歧管 2 分配到流量分配阀组 1 中去，每组流量分配阀组有 5 个独立的流量调节阀，每一流量分配阀组可接 10 个振动棒，图中共有 30 个振动棒供系统使用。

系统中振动变量泵 5 为压力补偿变量泵，压力补偿器可控制调节轴向柱塞泵的斜盘倾角，确保在泵的出口压力恒定的情况下供给系统稳定的流量。

振动增压泵 10 主要是将从油箱 7 中吸入的压力油压入压力歧管 12，经冷却器 13、过滤器 6，再经过一定的加压经单向阀 9 返回油箱，一路经冷却、过滤、加压，供主泵增压吸

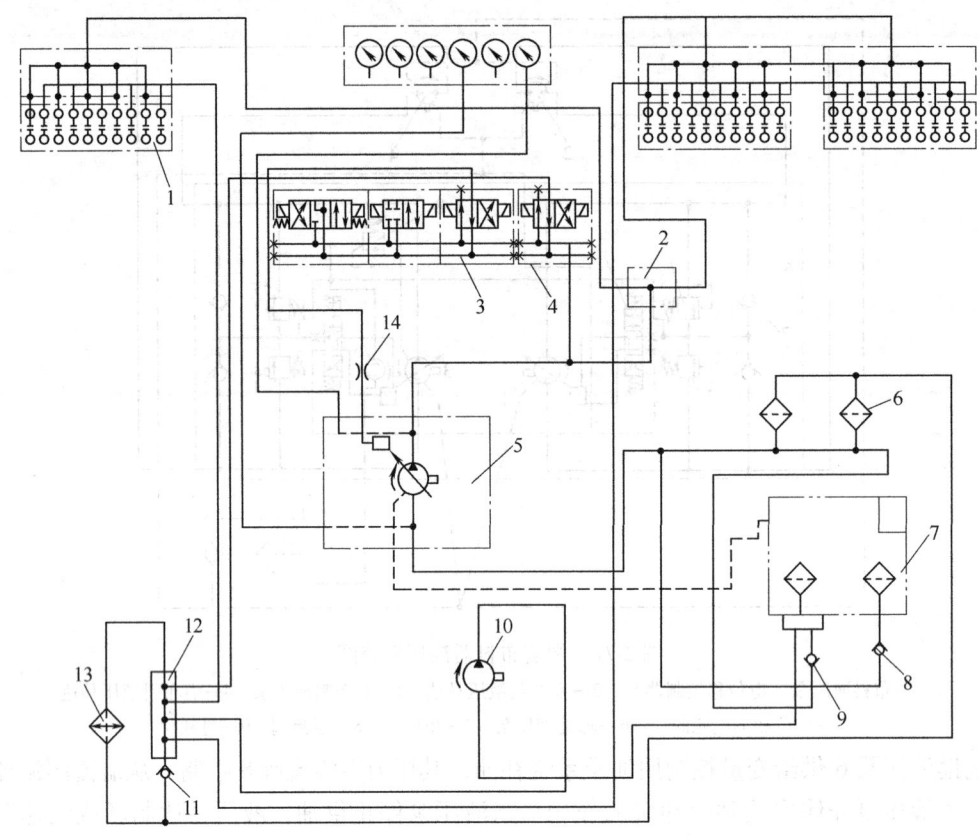

图 2-78 振捣棒液压系统图

1—流量分配阀组 2、12—压力歧管 3—三联电磁阀组 4—电磁阀 5—振动变量泵(主泵)
6—过滤器 7—油箱 8、9、11—单向阀 10—振动增压泵 13—冷却器 14—节流阀

油,提高主泵吸油效果。

电磁阀 4 为卸荷阀,当发动机起动时主泵流量可通过自动接通电磁阀端电路,使电磁阀 4 右位工作卸荷。待到发动机正常工作后,电磁阀 4 自动回到左位工作,切断主泵的卸荷。

三联电磁阀组 3 的作用是,当主泵供油起振后(此时电磁阀 4 左位工作),三联电磁阀组 3 右边的电磁阀(为主泵压力补偿器操控用阀)自动通电而右位工作,则主泵来油经此阀右位,再经节流阀 14 减压后成低压操控油,供主泵压力补偿器用。可见,供给振动棒振动流量大小的操控,完全是通过主泵提供的随负载变化的压力油作为操控用油来操控主泵斜盘倾角的变化来实现的,从而使振动棒的流量得到相应的保证。三联电磁阀组 3 中间的电磁阀为供喷水清洗设备用阀。三联电磁阀组 3 左边的电磁阀为机架伸缩控制用阀。悬挂振动棒的支撑横梁的位置是可调的,通过液压缸驱动。只有当操作者首先把支撑梁调整到合适的位置后,振动棒液压系统的工作才有效。

4. 捣实梁液压系统

经振动棒振动过的混凝土尚需经捣实梁捣实,以便把表面的粗骨料压入混凝土中,然后再进入下一道工序。捣实工作原理是:当液压马达转动时,带动偏心轮转动,偏心轮把动力通过连杆机构等一系列机构、构件传递给振捣梁,使其作上下、左右运动,从而使混凝土进一步捣实。

捣实梁液压系统如图 2-79 所示。其主要由捣实液压泵 1、流量调节阀组 3 及捣实液压马达 6 等组成。当作业开始时，流量调节阀组 3 内二位三通电磁换向阀左位工作，捣实液压泵（齿轮泵）1 从冷却油路（通过过滤器 7）和油箱（通过单向阀 9）吸油，将液压油压入流量调节阀组 3，经流量调节阀组的调速、稳压，通过换向阀进入液压马达，液压马达带动捣实梁工作。液压马达回油经回油歧管 2、冷却器 4 或单向阀 5、过滤器 7、单向阀 8 回到油箱 10。当捣实梁不需要工作时，换向阀处于右位，液压泵卸荷。

5. 辅助液压系统

辅助液压系统由摊铺机主机架宽度伸缩回路、整机自动调平回路、整机自动转向回路、水喷洗回路及摊铺机摊铺作业装置调整回路（包括混合料高度进给控制、振动棒提升、成型模板拱度调节及浮动盘控制等回路）组成。下面将辅助液压系统分成两部分进行简要分析。

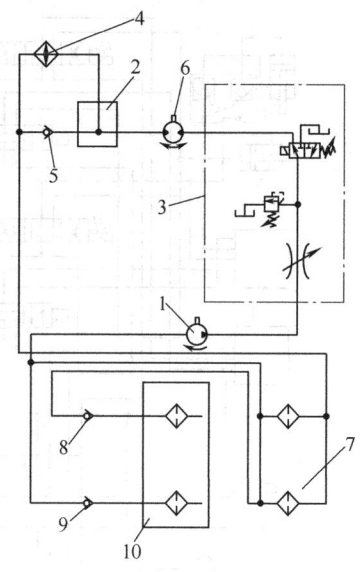

图 2-79　捣实液压系统
1—捣实液压泵　2—回油歧管　3—流量调节阀组　4—冷却器　5、8、9—单向阀
6—捣实液压马达　7—过滤器

（1）主机架伸缩、自动调平、自动转向和水喷洗回路组成的液压系统　图 2-80 所示为该部分液压系统图。

1）主机架伸缩液压回路。如图 2-80 所示，来自辅助泵 10 的液压油经过滤器 8 与压力歧管 7 到达电磁阀组 22 中的二位四通电磁阀，从而控制两个并联的主机架伸缩液压缸 5、12 的伸缩动作。

2）水喷洗液压回路。如图 2-80 所示，来自辅助泵 10 的液压油经过滤器 8 与压力歧管 7 到达电磁阀组 22 中的三位四通电磁阀，从而控制喷水液压马达 23 旋转，使冲洗水在一定的压力下喷出。

3）整机自动调平液压回路。摊铺机作业时，路基虽有高低不平，但是摊铺层能保持在预定的设计高度上。其工作原理是，在四个行走机构的支腿升降液压缸上分别装有水平传感器（液压随动器），其上装有触杆，触杆的一端靠自重始终压紧在侧面路基上拉紧的绳索上，如图 2-81 所示。当摊铺机作业时，因路基高低不平而下降升高时，触杆端便会相应地上升、降作摆动，触杆的摆动带动偏心轴转动，偏心轴转动则推动伺服阀阀芯移动，从而控制来自泵的高压油进入相应的升降液压缸上、下腔，使摊铺机升高或降低，从而保持摊铺层在预定的高度。

如图 2-80 所示，调平回路主要由辅助泵 10、压力歧管 7、左端压力歧管 6、右端压力歧管 11、调平阀组中 a 阀及 b 阀、左前调平传感器 3、右前调平传感器 14、右后调平传感器 26、左后调平传感器 20、液压锁 13、左前支腿升降液压缸 1、右前支腿升降液压缸 17、左后支腿升降液压缸 18、右后支腿升降液压缸 24 等组成。此回路为电控液压回路。

来自辅助泵 10 的液压油经过滤器 8 与压力歧管 7 与右端架压力歧管 11 到达调平阀 a 阀和 b 阀。当 a 阀在右位时，通过操纵 b 阀使液压油经液压锁 13 进入左后支腿升降液压缸 18，从而进行手动调平。当 a 阀在左位时，液压油经 a 阀左位进入左后调平传感器 20，调平传感器内伺服阀阀芯在铰接触杆的感应驱动下移动，使相应阀口打开或关闭，使液压油进入左

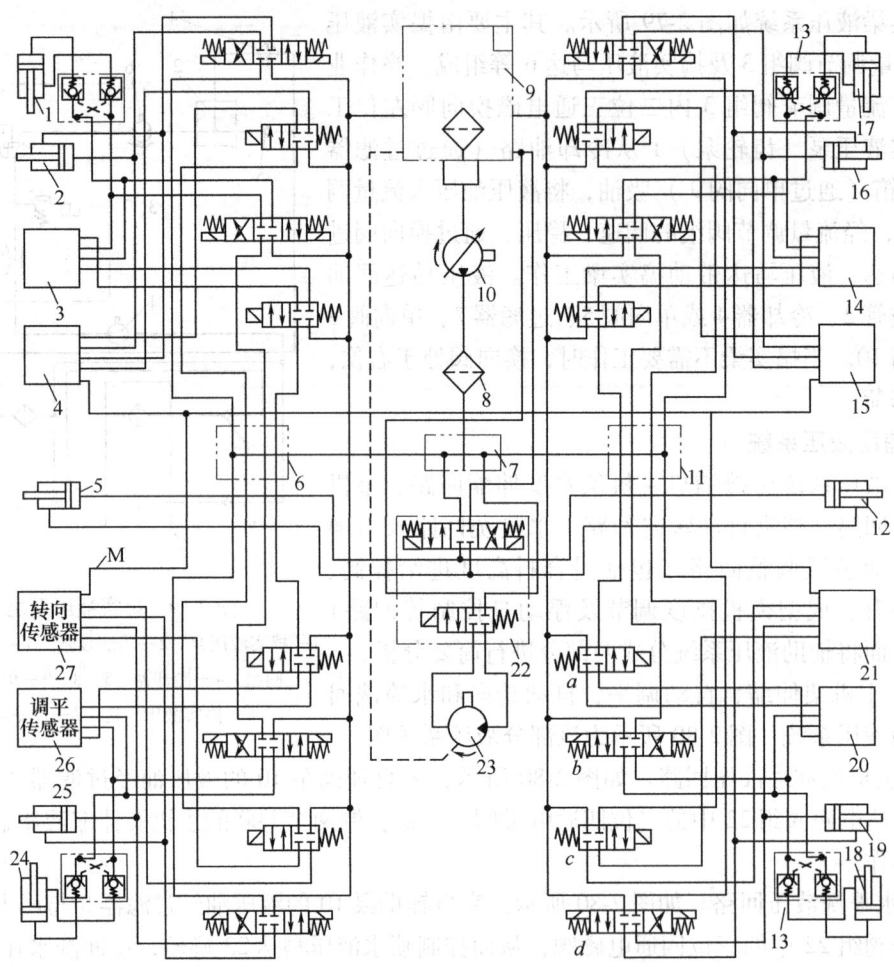

图 2-80 调平、转向、主机架伸缩及喷水液压系统图

1—左前支腿升降液压缸 2—左前转向液压缸 3—左前调平传感器 4—左前转向传感器 5、12—主机架伸缩液压缸 6—左端架压力歧管 7—压力歧管 8—过滤器 9—油箱 10—辅助泵（变量泵） 11—右端架压力歧管 13—液压锁 14—右前调平传感器 15—右前转向传感器 16—右前转向液压缸 17—右前支腿升降液压缸 18—左后支腿升降液压缸 19—左后转向液压缸 20—左后调平传感器 21—左后转向传感器 22—电磁阀组 23—喷水液压马达 24—右后支腿升降液压缸 25—右后转向液压缸 26—右后调平传感器 27—右后转向传感器

后支腿升降液压缸18，进行升降自动调平。

4) 整机自动转向液压回路。如图 2-80 所示，转向回路主要由辅助泵10、压力歧管7、左端架压力歧管6、右端架压力歧管11、转向阀组中 c 阀及 d 阀、左前转向传感器4、右前转向传感器15、右后转向传感器27、左后转向传感器21、左前转向液压缸2、左后转向液压缸19、右后转向液压缸25 等组成。

摊铺机在四个行走机构的四个支腿上分别装有转向传感器。根据转向传感器是否在放样线一侧，分别称为转向传感器和反馈阀，它们的构造和作用原理完全相同，而且与调平传感器（图 2-81）的构造、作用原理也完全相同，都是靠触杆转动从而带动偏心轴转动，偏心轴再推动伺服阀阀芯移动。转向传感器的动作控制支腿上的转向液压缸动作，使履带偏转实现转向。放样线一侧的传感器转向信号由该侧的传感器触杆的动作（按照放样线）输入，而没有放样线一侧传感器（反馈阀）转向信号通过转向反馈缆绳 M（将放样线一侧的传感器与没有放样线一侧反馈阀连接起来）实现反馈信号的输入，以实现四个履带转向同步。

液压转向控制原理与调平原理相同，也是电控液压回路，可手动转向也可自动转向。

（2）摊铺机摊铺作业装置调整液压回路 该部分回路如图 2-82 所示。该图回路中包括：

1）混合料高度控制梁操作液压回路。混合料高度控制梁又称虚方控制梁或刮平板，通过对其高度的调整来控制进入成型模板混合料的数量，由三个串联的混合料高度控制梁液压缸 1 驱动升、降、停，由混合料高度控制梁电磁阀 4 操控，各液压缸可单独或同时动作，以便于调整路拱。

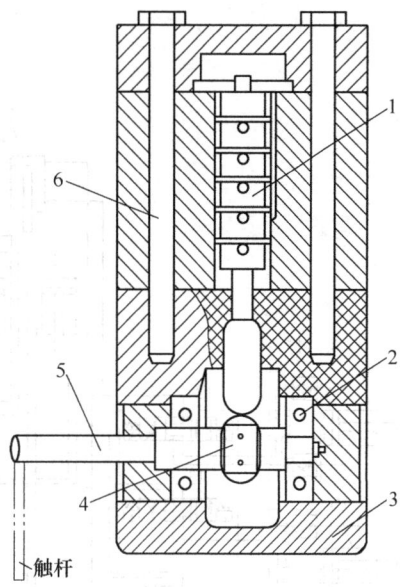

图 2-81　调平传感器
1—伺服阀阀芯　2—轴承　3—壳体
4—偏心轮　5—偏心轮轴　6—螺栓

2）振捣棒升降操作液压回路。同混合料高度控制梁操作液压回路，该回路由三个串联的振捣棒提升液压缸 2 驱动升、降、停，由振捣棒提升电磁阀 5 操控，各液压缸可单独或同时动作。

3）成型盘（成型模板）调整液压回路。经捣实的混凝土经成型盘进一步挤压成型为设计断面的路面。成型盘的宽度即为摊铺宽度（3.6~9.7m），可以通过标准块（每块长 1.5m）组成，相互间用螺栓联接，为调节路拱的需要，中间部位为铰接形式。

路拱调整是通过操控成型盘路拱液压马达电磁阀 6 和路拱液压马达 17 驱动链传动机构使路拱轴转动，使得铰接的成型盘上下移动形成路拱。

在弯道作业时，可以通过调整，改变一侧模板的拱度，使中央路拱消失，直至成为单边坡施工。

还可以根据施工需要调整成型模板的仰角，前后高度差控制在 6cm 之内，过大会影响质量。

成型模板与摊铺机左右两侧模板组合，可调整成前宽后窄的喇叭口形，使边缘混凝土受到挤压，增加边缘密实度；为减少路边施工塌落，在成型模板左右两侧设置一块超铺板，与侧模板组合，形成一个内八字形，防止摊铺过后的混凝土边缘的塌落。

4）浮动盘（浮动模板、定型盘）调整液压回路。浮动盘位于成型盘的后面，是一个刚性结构弹性悬挂的模板，由若干个（每个长 1m）小模板组成，不振动，以使混凝土表面产生较小的变形来达到对路面的第二次整平的目的。

浮动盘的升降调整，通过浮动盘电磁阀 7 控制三个并联的浮动盘提升液压缸 8 同步动作来实现。

5）边模板、边缘模板的调整液压回路。边模板为摊铺机的滑动模板或称侧模板，左右两侧各有前后两块。其作用是在摊铺过程中从两边挡住混凝土，以利于挤压成型。边模板的升降及压入和移出通过操作两个前边模电磁阀 12 和两个后边模电磁阀 13，控制两个前边模

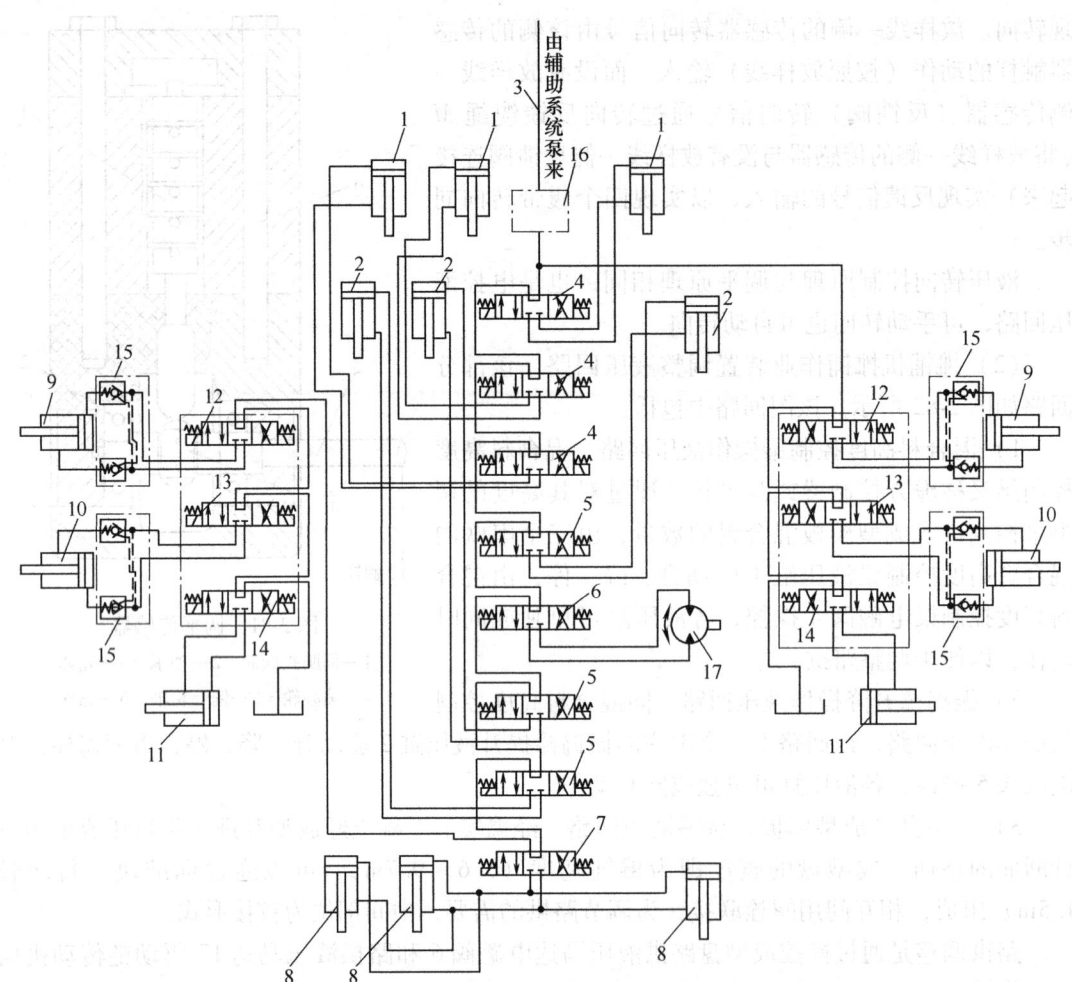

图 2-82 摊铺装置液压系统图

1—混合料高度控制（虚方控制）梁液压缸 2—振捣棒提升液压缸 3—由辅助系统泵来压力油 4—混合料高度控制梁电磁阀 5—振捣棒提升电磁阀 6—成型盘路拱液压马达电磁阀 7—浮动盘电磁阀 8—浮动盘提升液压缸 9—前边模液压缸 10—后边模液压缸 11—边模液压缸 12—前边模电磁阀 13—后边模电磁阀 14—边模电磁阀 15—液压锁 16—进油歧管 17—路拱液压马达

液压缸9和两个后边模液压缸10来实现，均可单独、整体操纵。其中，两个液压缸驱动升降；另两个液压缸驱动压入移出以改变摊铺宽度。液压锁15是作为边模液压缸到位后保持准确位置之用。

该机边模板操作阀有两套系统，一套为手动操作系统（图中所示），另一套为自动操作系统（图中未画出），自动操作系统也可实现手动操作。自动操作系统是启用由传感器控制的转阀系统控制。每个边模控制系统都装有一个传感器（传感滑靴），当传感滑靴抵在已经完成的表面时，表面的变化通过传感滑靴感应出来，并能通过连杆装置传给转阀，转阀再根据收到的信息将液压油注入边模液压缸大腔或小腔。

边缘板的作用是控制扩张或收缩定形盘的侧模板，它通过操作两个边模电磁阀14来控制两个边模液压缸11实现升降。电磁阀12、13、14为组合阀。

三、HTG4500 型轨道式水泥混凝土摊铺机

轨道式水泥混凝土摊铺机在施工时，布料、整平夯实、表面精整三大机组分别在道路两侧预先架设好的钢轨道路上运行。

该机为国产产品，由三台机组构成。第一台为分料机，使用自身动力单独作业；第二台为振实机，自带动力；第三台为抹平机，浮式悬挂在第二台机组上，并使用第二台机组的动力。施工时，三台机组顺序排列，依次完成分料、振实、整平、抹光等工序。

其主要技术参数如下：

第一台机组柴油机功率：14.2kW，转速为 1800r/min。

第二台机组柴油机功率：15.5kW，转速为 1800r/min。

最大摊铺厚度：300mm。

摊铺宽度：3~4.5m。

行走速度：第一台机组，19.5m/min；第二台机组，0.4~19.5m/min，八个挡位。

机重：8t。第二台机组 3t，第一、三台机组各 2.5t。

生产率：450m^3/天（以摊铺宽度为 4m 计算）。

摊铺精度：3m 以内误差不超过 3~5mm。

该机行走机构采用机械传动，发动机输出动力经变速器、传动轴、传动链带动行走钢轮。

此机为中小型摊铺机，其液压系统为中压系统，齿轮泵的工作压力调整为 16.0MPa。下面分别对三台机组的液压传动系统的组成及工作原理进行分析。

1. 分料机液压系统

分料机的主梁为一可伸缩的缸套结构，人工调节主梁两端的螺杆机构可改变主梁长度，达到改变摊铺宽度的目的。

该机机架为马鞍形的，轨道一侧的两个鞍腿可通过支腿液压缸的伸、缩使其分开、收拢，从而实现机架的升降。需要机架升降的两种情况是：一是调节摊铺器的高度，二是需要重复摊铺路面时抬起机架倒行。

该机的刮板式摊铺器有两个自由度，一是能横向移动，二是能绕自身轴线转动。横向移动是通过机械传动实现的，且当横向移动到端点时由人工控制离合器实现换向。旋转运动是由双向液压缸驱动与刮板相连的齿轮齿条机构实现的。

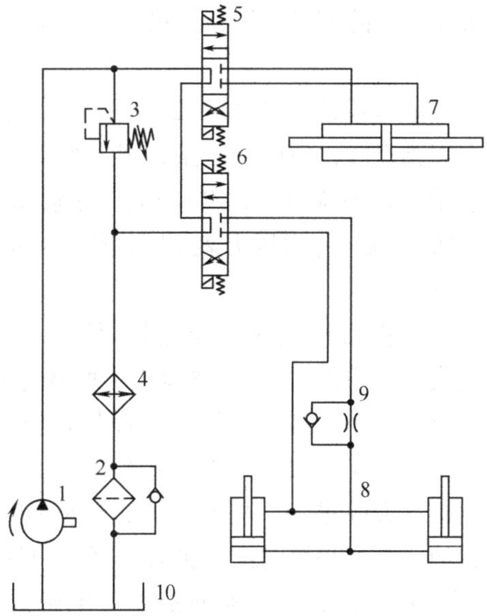

因而，分料机的液压系统是由支腿升降回路和刮板摊铺器旋转回路组成的定量系统，如图 2-83 所示。

旋转回路主要由齿轮泵 1、溢流阀 3、电磁换向阀 5、双活塞杆液压缸 7 组成。通过控制

图 2-83 HTG4500 型水泥摊铺机
分料机液压系统图

1—齿轮泵 2—过滤器 3—溢流阀 4—冷却器
5、6—电磁换向阀 7—双杆活塞液压缸
8—支腿液压缸 9—稳流阀 10—油箱

电磁换向阀 5 的在不同的工位，齿轮泵 1 输出的液压油进入双杆活塞液压缸 7 的不同油腔，缸筒固定，活塞杆移动，驱动与刮板相连的齿轮齿条机构运动，实现正反向旋转。电磁换向阀 5 的换向由行程阀控制自动换向，实现正反向旋转的不断循环连续摊铺作业。系统压力由溢流阀 3 调定。

支腿升降回路主要由齿轮泵 1、溢流阀 3、电磁换向阀 6、稳流阀 9 及液压缸 8 组成。控制电磁换向阀 6 在不同的工位，齿轮泵 1 输出的液压油经稳流阀 9 进入支腿液压缸 8，支腿液压缸 8 为单作用式。当需要机架升高时，电磁换向阀 6 上位工作，液压油进入大腔，活塞杆输出，推动支腿合拢，机架上升。当需要机架下降时，电磁换向阀 6 下位工作，回路处于卸荷状态，在自重的作用下，活塞杆缩回，推动支腿分开，机架下降。两个支腿液压缸并联，可使两边支腿动作一致。稳流阀（单向节流阀）9 为此回路的重要元件，起限流稳压的作用，使机架上升缓慢平稳，可精确调节高度，下降时，速度快，节省时间。系统压力由溢流阀 3 调定。

以上两个回路串联，因而两个回路可同时工作。

2. 振实机、抹光机液压系统

振实机上的振捣梁，通过连杆和上方主梁上的凸轮相连，发动机带动主梁旋转，振捣梁在凸轮机构的作用下起振。振捣梁的振幅可调，频率不可调（恒为 40 次/min）。

抹平机的微振梁由液压马达带动，抹平机为斜角式，斜角为 10°，其振幅和频率均可调。此机无专门的调拱装置，路拱是靠两次摊铺路面时形成。

该液压系统组成如图 2-84 所示。该系统由四个回路组成，每两个回路共用一个泵，为一双泵系统。齿轮泵 1、2 出口压力分别由溢流阀 15、16 控制，并由压力表 14 监控。下面对各个回路进行分析。

（1）振实机支腿升降控制回路　该回路主要由支腿液压缸 5、电磁阀 4、回路选择阀 3、齿轮泵 1、背压阀 17 组成。当回路选择阀 3 处于右位时，支腿回路工作。电磁阀 4 左位，支腿液压缸 5 大腔进油，机架上升；电磁阀 4 右位，支腿液压缸 5 小腔进油，机架下降。回油经背压阀 17、过滤器、冷却器回油箱。电磁阀 4 处于中位时，支腿液压缸 5 固定不动。

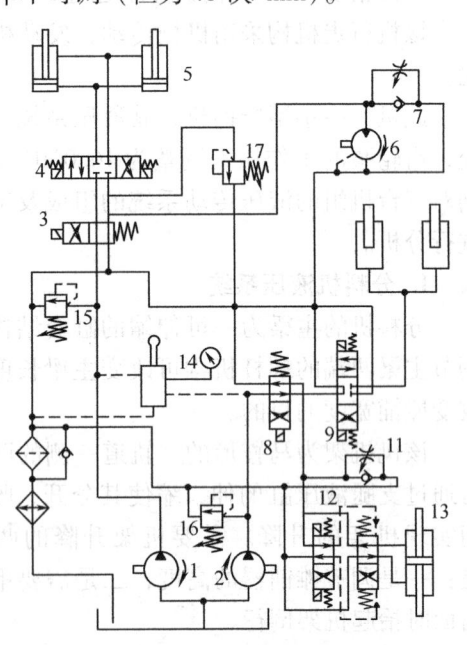

图 2-84　HTG4500 型水泥摊铺机振实、抹光机液压系统图

1、2—齿轮泵　3、8—回路选择阀　4、9—电磁阀　5、10—支腿液压缸　6—微振液压马达　7、11—单向节流阀　12—电-液换向阀组　13—拖动液压缸　14—压力表　15、16—溢流阀　17—背压阀

（2）微振梁振动回路　该回路主要由微振液压马达 6、单向节流阀 7、回路选择阀 3、液压泵 1 组成。当回路选择阀 3 处于左位时，齿轮泵 1 的来油经回路选择阀 3 左位进入微振液压马达 6，微振梁起振工作。回油经背压阀 17、过滤器、冷却器回油箱。单向节流阀 7 中的节流阀用以调节流量，控制液压马达回转速度，达到改变微振梁频率和振幅的目的。单向节流阀

7 中的单向阀用以补油。

(3) 抹平机支腿升降回路　该回路主要由支腿液压缸 10、电磁阀 9、回路选择阀 8、齿轮泵 2 组成。当回路选择阀 8 处于上位时，支腿回路工作。电磁阀 9 处于下位时，支腿液压缸 10 油腔进油，机架上升；电磁阀 9 处于下位时，支腿液压缸 10 油腔回油，机架下降。回油过滤器、冷却器回油箱。电磁阀 9 处于中位时，支腿液压缸 10 固定不动。

(4) 抹平板移动控制回路　本机使用斜角式抹平板来完成路面精抹工作。因为在前面的施工工序中刮板、微振梁等装置均横向布置，必然留下横向波纹，为了将其消除，则抹光板在施工时应一方面沿轨道纵向移动，一方面横向移动。抹光板运动轨迹为锯齿形。抹光板的横向移动是由液压缸拖动实现的。

该回路主要由拖动液压缸 13、电-液换向阀 12、单向节流阀 11、回路选择阀 8、齿轮泵 2 组成。回路选择阀 8 在下位时该回路工作，通过控制电-液换向阀组 12 在上、下位工作来控制拖动液压缸 13 的换向。

由于抹光板工作面积大，混凝土浆面与抹光板间吸附力很大，必须用很大的力才能带动抹光板运动，因此，采用电-液换向阀组 12 可使操作轻便。当抹光板横向运动到一端时，电-液换向阀组中先导电磁阀的电路自动换向，使液动阀换位。

由于经振实的混凝土表面凸凹不平，抹光板横向运动的速度应可调，使其在不平的路面上以较慢的速度移动，在平整的路面上以较快的速度移动。回路中采用在旁路上安装单向节流阀 11 来实现横向速度的调节。

四、Curbmaster 型轨道式水泥混凝土摊铺机

Curbmaster 型轨道式水泥混凝土摊铺机是美国 Curbmaster 公司生产的系列产品，共有三个品种。

此机的施工流程为：摊铺→振捣→整平→（真空吸水）→抹光→拉毛→切缝，整套工作连续完成。

该机的工作装置：螺旋摊铺器，配有加宽件；振动整平板，随机器行走自动工作；振动器（振动棒），排式振动，也随机器行走自动工作；抹光板，由弹簧浮式悬挂在主机上。

摊铺宽度的调整，通过加宽液压缸伸缩控制可伸缩机架的长度来实现；而工作装置（如螺旋摊铺器等）可通过接上单位长度的加宽部分进行有机加宽。工作装置的高度决定摊铺厚度，由粗细调节装置实行精确控制，先用支腿液压缸使机架升降进行粗调，然后调节螺旋摊铺器、整平板、抹光板等的提升液压缸进行精调。

该机的一个特点是设有转向传感器，能控制摊铺机沿路面的情况自行转弯。这样不但免除了转弯时轨道与车轮的不必要的挤压摩擦，还避免车轮打滑时的功率损失，提高了路面的摊铺质量。

该机液压系统如图 2-85 所示。本系统共有 12 个回路，分别是：行走回路、螺旋摊铺器运转回路及提升回路、整平板搓动回路及提升回路、振动棒振动回路及提升回路、搬动回路、压力清洗回路、支腿液压缸控制回路、机架加宽回路、快速调拱回路。全系统有 3 个液压泵，其中，液压泵 48 专用于振动回路，驱动振动棒起振，此泵压力较低。液压泵 11 为两个泵组成的双级液压泵，二级出口压力为一级出口压力的 2 倍，为其余回路供油。采用双级泵的目的是为了提高泵的出口压力。为了平衡两个出口的压力，在它们之间加一个平衡阀

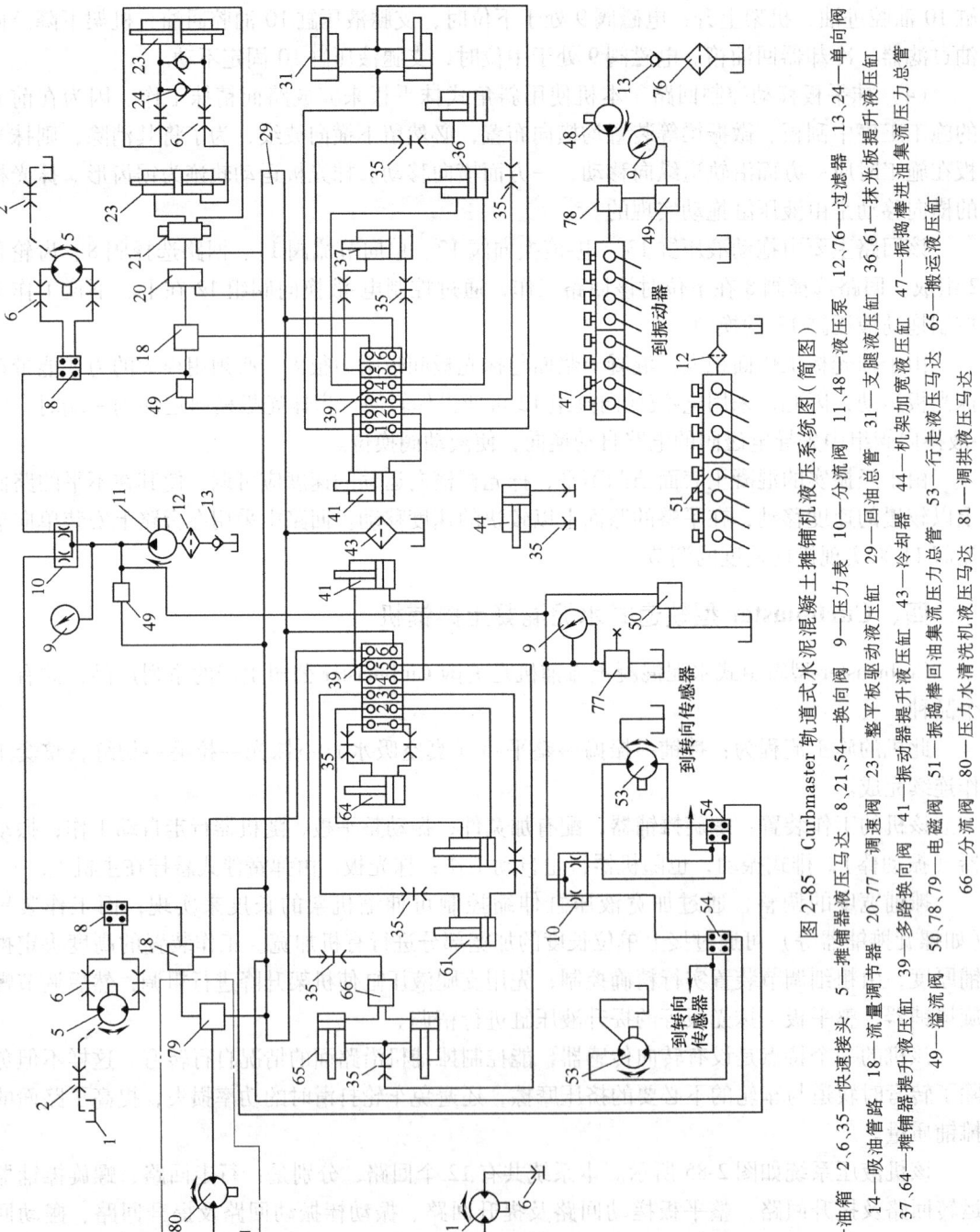

图 2-85 Curbmaster 轨道式水泥混凝土摊铺机液压系统图（简图）

1—油箱 2,6,35—快速接头 5—摊铺器液压马达 8,21,54—换向阀 9—压力表 10—分流阀 11,48—液压泵 12,76—过滤器 13,24—单向阀 14—吸油管路 18—流量调节器 20,77—调速阀 23—整平板驱动液压缸 29—回油总管 31—支腿液压缸 36,61—抹光板提升液压缸 37,64—摊铺器提升液压缸 39—多路换向阀 41—振动棒 43—冷却器 44—机架加宽液压缸 47—振捣棒进油集流压力总管 49—溢流阀 50,78,79—电磁阀 51—振捣棒回油集流压力总管 53—行走液压马达 65—搬运液压马达 66—分流阀 80—压力水清洗机液压马达 81—调拱液压缸

（图中未画出）。下面分别进行分析。

1. 行走回路

图中液压泵 11 的一级出口油压力由溢流阀 49 调定。电磁阀 50 用于紧急卸荷。行走速度由调速阀 77 调节进入液压马达的流量来实现。采用调速阀取代节流阀可提高行走稳定性。分流阀 10 起稳流、分流以达到同步的作用。换向阀 54 控制行走液压马达的转向，并通过转向传感器改变通过液压马达的流量以实现自动转向。

2. 螺旋摊铺器运转及提升回路

螺旋摊铺器从中间分成左右两个部分，分别由摊铺器液压马达 5 驱动。由分流阀 10 控制液压马达实现同步。螺旋摊铺器两端各设有一个摊铺器提升液压缸 37、64，从而组成摊铺器的提升回路，以控制螺旋摊铺器的工作高度。

3. 整平板搓动及提升回路

整平板在工作时由整平板驱动液压缸 23 完成其搓动动作。两个整平板驱动液压缸 23 串联在一起，均为浮动液压缸，能够随着路况的变化自动调整作业速度。阻力大时降低速度，反之增大速度。这样，整平板在预整平时能在不平处减慢速度、增加搓动时间，而在平整的路面则快速前进。整平板两端各有一对抹平板提升液压缸 36、61，用来控制整平板的工作高度。

4. 振动棒振动及提升回路

振动棒振动是由液压泵 48 驱动的，由于振动棒为排式工作的，所以压力油由振捣棒进油集流压力总管 47 供给。回油也通过振捣棒回油集流压力总管 51 再回到油箱。振动棒内有振动马达及偏心振动块，振动棒均匀排挂在一横梁上。通过调整提升器提升液压缸 41 可调节振动棒的插入深度。

5. 其他回路（搬动回路、支腿液压缸控制回路、压力清洗回路、机架加宽回路、快速调拱回路）

搬运液压缸 65 受多路换向阀 39 控制，在摊铺机转换工地时，调整搬运液压缸动作使搬运轮胎着地，通过牵引车将摊铺机拖走。分流阀 66 均分进入搬运液压缸的流量。

支腿液压缸 31 控制机架的升降，由多路换向阀 39 控制。

在摊铺机工作完毕后，由电磁阀 79 控制压力水清洗机液压马达 80 旋转，带动清洗机产生高压水，对摊铺机进行清洗。

机架加宽液压缸 44 一般不接入油路，需要增加摊铺宽度时通过快速接头 35 将其接入即可。

由于调拱是在摊铺作业之前进行的，故调拱回路也不接入油路中，当需要调整时通过快速接头 6 将其接入即可。调拱液压马达 81 是双向液压马达，当摊铺机施工完毕或需要加长整平板时，使液压马达反转，使工作装置恢复平面，以便装上加长件。快速调拱只用于整平板和抹光板上。

第十节　移动式起重机液压传动系统分析

移动式起重机械最常用的是汽车式和履带式两大类。移动式起重机械广泛用于国民经济各部门，主要用于对物料进行起吊、运输、装卸及安装等作业。本节重点对移动式起重机械的液压系统进行分析介绍。

一、起重机械常用液压回路

起重机械在完成对物料起重作业的过程中，作业循环通常是起吊、回转、卸载、返回，有时还加入短距离的行驶运动。因而，为完成这样的作业循环，起重机械在构造上主要由起升、变幅、伸缩、回转、支腿和行走机构组成。这些机构的传动通常采用液压传动。这里对一些简单而典型的液压回路（包括起升、伸缩、变幅、回转、支腿及转向液压回路）进行介绍分析。

（一）起升机构液压回路

起升机构即卷筒-吊索机构。液压起升机构用液压马达通过减速器驱动卷筒，卷筒卷绕吊索实现垂直起升和下放重物。起升机构是起重机最主要的执行机构，它对液压系统的要求除了必须满足最大起重量和升降速度之外，尚需满足调速性能好、换向冲击小、升降平稳、无爬行和超速现象，以及重物停留在空中时的沉降要尽可能小等。图 2-86 所示为最简单的起升机构液压回路。

当换向阀 3 处于右位时，通过液压马达 2、减速器 6 和卷筒 7 提升重物 G，实现吊重上升。而换向阀处于左位时，放下重物，实现负重下降，这时平衡阀 4 起平衡作用。当换向阀处于中位时，回路实现承重静止。由于液压马达内部泄漏比较大，即使平衡阀的闭锁性能比较好，

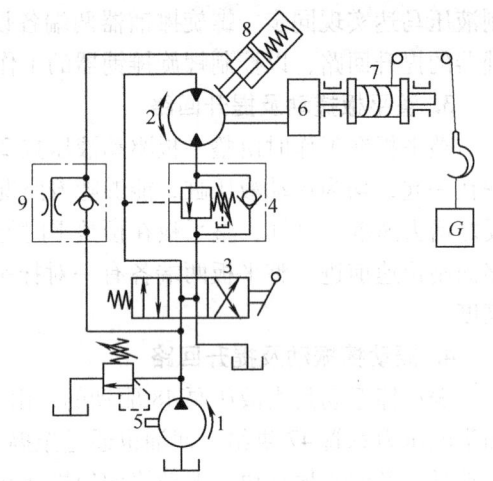

图 2-86 提升机构液压回路
1—液压泵 2—液压马达 3—换向阀
4—平衡阀 5—缓冲阀 6—减速器
7—卷筒 8—制动液压缸 9—单向节流阀

但卷筒-吊索机构仍难以支撑重物 G，如要实现承重静止，可以设置常闭式制动器，依靠制动液压缸 8 来实现。在换向阀处于左位（负重下降）、或右位（吊重上升）时，液压泵 1 输出的液压油同时作用在制动液压缸的下腔，将活塞顶起，压缩上腔弹簧，使制动器闸瓦拉开，这样液压马达不受制动。换向阀处于中位时，液压泵卸荷，其出口接近于零压，制动液压缸活塞被弹簧压下，闸瓦制动液压马达，使其停转，重物 G 静止于空中。

（二）伸缩臂机构液压回路

伸缩臂机构是一种多级式可伸出与缩回的起重臂机构。图 2-87 所示为伸缩臂机构液压回路。

伸缩臂有三节，Ⅰ是第一节臂，或称基臂，Ⅱ是第二节臂，Ⅲ是第三节臂。后一节臂可依靠液压缸相对前一节臂伸出或缩回。三个节臂只要两个液压缸。液压缸 6 的活塞杆与基臂Ⅰ铰接，而其缸体铰接于第二基臂，缸体的运动使第二节臂相对基臂伸缩；液压缸 7 的活塞杆与第三节臂铰接，而其缸体铰接于第二基臂，缸体的运动使第三节臂相对第二节臂伸缩。第二节臂与第三节臂的伸缩是顺序动作的，液压回路控制操作如下：

1）使手动换向阀 2 处于左位，电磁阀 3 也处于左位，则液压缸 6 上腔进入液压油，缸体运动使第二节臂相对第一节臂伸出，第三节臂随第二节臂动作，与第二节臂无相对运动。

此时实现举重上升。

2) 手动换向阀 2 仍处于左位,使电磁阀 3 换至右位,则液压缸 6 因无液压油进入而停止运动。第二节臂相对第一节臂停止伸出,而液压缸 7 下腔进入液压油,活塞杆运动使第三节臂相对第二节臂伸出,继续举重上升。连续上一步,可将伸缩臂总长增至最大,将重物举升到最高位。

3) 使手动换向阀 2 处于右位,电磁阀 3 仍处于右位,则液压缸 7 上腔进入液压油,活塞杆运动使第三节臂相对第二节臂缩回,为负重下降,此时需要平衡阀 5 的作用。

4) 手动换向阀 2 仍处于右位,使电磁阀 3 处于左位,则液压缸 6 下腔进入液压油,活塞杆运动使第二节臂相对第一节臂缩回,也为负重下降,此时需要平衡阀 4 的作用。

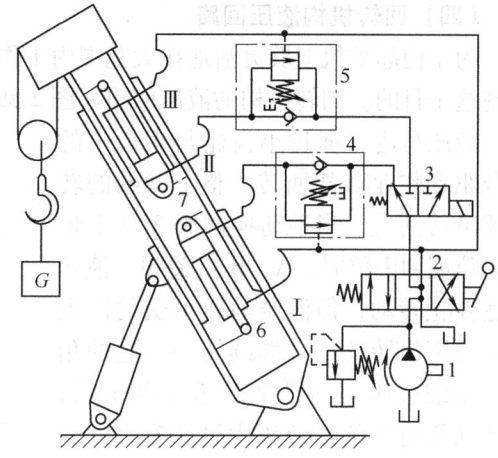

图 2-87 伸缩臂机构液压回路
1—液压泵 2—手动换向阀 3—电磁阀
4、5—平衡阀 6、7—液压缸

如果不按上述次序操作,可以实现不同的伸缩顺序,但不可能出现两个液压缸同时动作的现象。

伸缩臂机构可以通过不同的方法实现顺序动作,如:采用顺序阀代替电磁阀、采用液压缸面积差实现、通过机械机构实现。还可以采用同步措施实现液压缸的同时动作。

(三) 变幅机构液压回路

变幅机构在起重机中用于改变臂架的位置,增大主机的工作范围。最常见的变幅机构是双作用液压缸变幅机构,也有采用液压马达和柱塞缸的变幅机构。图 2-88 所示为双作用液压缸变幅机构液压回路。

液压缸 6 承受重物 G 及臂架重量之和的作用力,因此,在一般情况下应采用平衡阀 3 来达到负重匀速下降的要求,如图 2-88a 所示。但在一些对负重下降匀速要求不严格的场合,可采用液控单向阀 4 串联单向节流阀 5 来代替平衡阀 3,如图 2-88b 所示。其中液控单向阀 4 的作用:一是在承重静止时锁紧液压缸 6;二是在负重下降时对泵形成一定的压力打开控制口,使液压缸下腔排除液压油而下降。液控单向阀 4 没有平衡阀使液压缸匀速下降的功能,这种功能由单向节流阀 5 来实现。但由于单向节流阀形成足够压力的动态过程时间较长,所以,实际上液压缸在相当长的时间内加速下降,然后才实现匀速,这一点就不如平衡阀性能好。

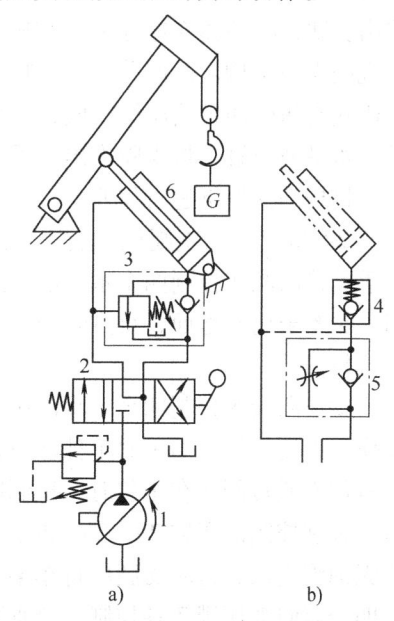

图 2-88 变幅机构液压回路
a) 用平衡阀 b) 用液控单向阀
1—液压泵 2—手动换向阀 3—平衡阀
4—液控单向阀 5—单向节流阀 6—液压缸

(四) 回转机构液压回路

为了使起重机能够灵活地在大范围内工作，就需要整个臂架作旋转运动。回转机构即可实现这个目的。回转机构的液压回路如图 2-89 所示。

液压马达 5 通过小齿轮与大齿轮的啮合驱动作业臂架回转。整个臂架的转动惯量特别大，当手动换向阀 2 从上位或下位回到中位时，A、B 口关闭，液压马达停止转动，但液压马达承受的巨大惯性力矩使转动部分继续转动一定的角度，压缩液压马达回油管道中的油液，使回油管道中的油液压力迅速升高。同时液压马达进油管道与油源断开，无油液进入，则进油管道内油液膨胀，压力迅速降低，直至产生真空。这两种压力

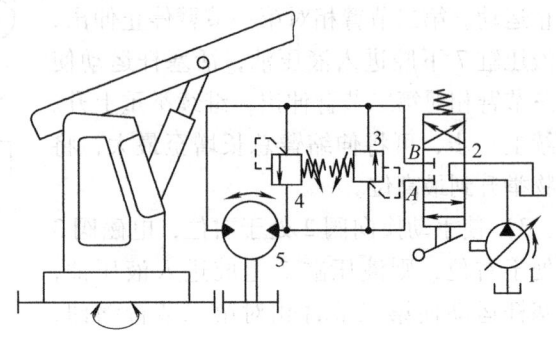

图 2-89 回转机构液压回路
1—液压泵 2—手动换向阀 3、4—缓冲阀 5—液压马达

变化如果很剧烈，将造成管道或液压马达的损坏。因此，回路中必须设置一对缓冲阀 3、4。当手动换向阀 2 回中位时，管路中的油液压力升高，当达到一定压力时通过缓冲阀 3 或阀 4 卸压，使压力停止升高，同时，又向压力降低的管路中补充油液，使压力停止下降，或减缓下降速度。这种缓冲补油作用是非常重要的。

(五) 支腿机构液压回路

对于轮胎式起重机来说，为了扩大作用面积，增加整机稳定性，需要在车架上向轮胎外侧伸出支腿，将整体支撑起来。支腿有蛙式、H 式、X 式和辐射式等。这里以 H 式支腿为例，说明支腿机构液压回路的一些特点。

H 式支腿由四组液压缸组成，每组包括一个水平液压缸和一个垂直液压缸。如图 2-90a 所示，水平液压缸 1 将支腿推出，垂直液压缸将起重机整体顶起，使轮胎悬空，这样臂架就在支腿机构的支撑下进行作业。

图 2-90b 所示为支腿机构液压回路图。

手动换向阀 4 控制四个水平液压缸 1 的伸缩。在水平液压缸 1 动作时，支腿机构尚未起作用，轮胎未离开地面，负重阻力不大，而且只要伸到适当的位置即可，所以水平液压缸的控制比较简单。

手动换向阀 5 控制四个垂直液压缸 2 的升降。六位六通转阀 6 可控制四个垂直液压缸单独动作，以便在地面不平时单独调节，以保证作业架水平。

六位六通转阀 6 在 Ⅰ 位时，控制四个液压缸同时动作；六位六通转阀在 Ⅱ、Ⅲ、Ⅳ、Ⅴ 位时，分别控制液压缸 2a、2b、2c、2d 各自单独动作；六位六通转阀在 Ⅵ 位时，四个液压缸均无油液进入，这时支腿应将车架支撑在理想的作业位置。

四个双向液压锁 7 各控制一个垂直液压缸，当支腿支撑车架静止时，垂直液压缸上腔油液承受重力载荷，为避免车架沉降，故需要连在上腔的液控单向阀起锁紧作用，防止产生"软腿"现象；当车轮支撑车架时，垂直液压缸下腔油液承受支腿本身重量，为避免支腿沉降，故需要连在下腔的液控单向阀起锁紧作用，防止产生"掉腿"现象。

(六) 转向机构液压回路

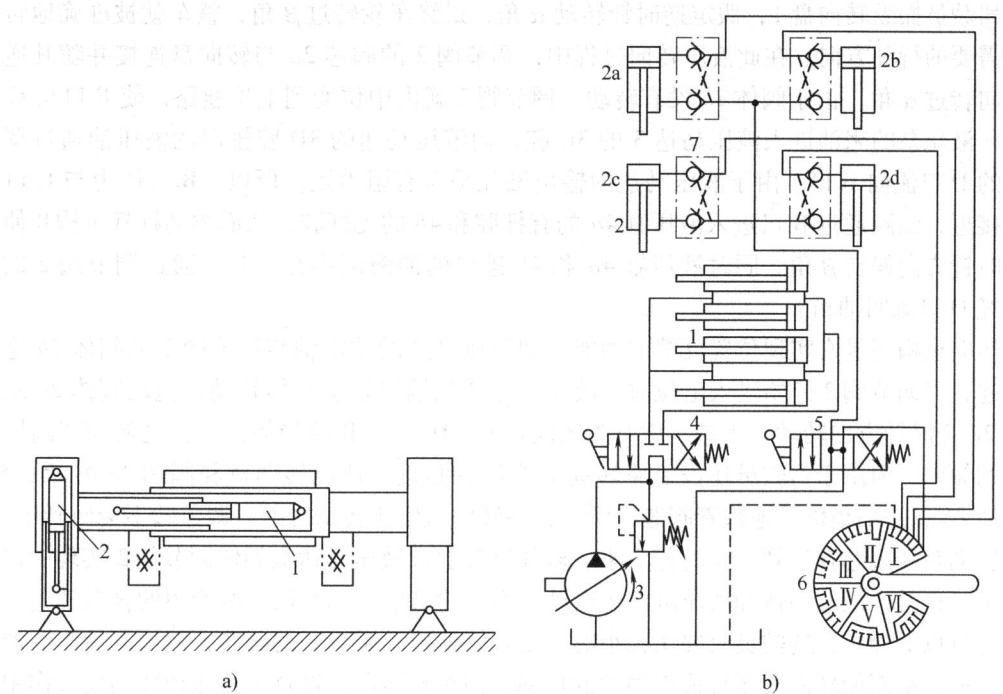

图 2-90 支腿机构及液压回路
a) 支腿机构 b) 液压回路
1—水平液压缸 2—垂直液压缸 3—液压泵 4、5—手动换向阀 6—六位六通转阀 7—双向液压锁

起重机在行走、作业时需要改变整个车体的运动方向，即转向。对于偏转车轮式转向的起重机，驾驶员操纵转向盘通过转向机构使车轮转动一角度，即实现了转向。而对于铰接车架型的起重机，驾驶员操纵转向盘通过转向机构使起导向作用的那部分车架转动一角度，从而引导整车改变方向，即实现了转向。先以偏转车轮型为例分析液压转向系统。

转向机构有人力直接驱动式和功率放大式（动力转向）两种。人力直接驱动式结构简单，但只适用于轻型车辆；对于中重型车辆，要求转向机构产生很大的驱动力矩，同时还要有足够的转向速度，这是人力无法满足的，必须应用功率放大式。图 2-91 所示为液压功率放大式转向机构液压回路。

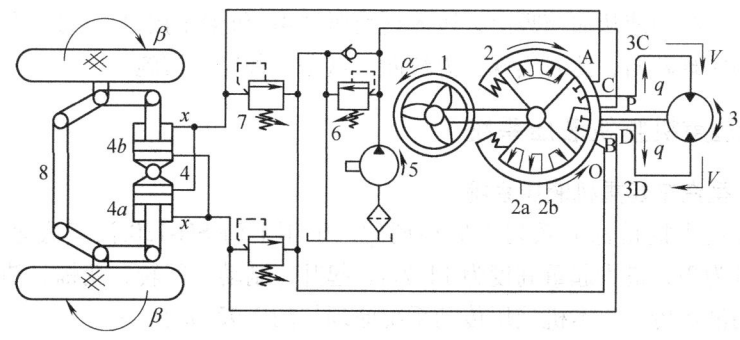

图 2-91 转向机构液压回路
1—转向盘 2—调节阀 3—液压马达 4—液压缸 5—液压泵 6、7—缓冲阀 8—杠杆机构

驾驶员操纵转向盘1，假定逆时针转动α角，最终车轮转过β角，整车就被准确地转向到所需要的行驶方向。在此液压转向过程中，调节阀2的阀芯2a与转向盘连接并随其逆时针方向转过α角，由于阀体2b没有转动，调节阀2就由中位变到上位通路，使P口与C口相通，液压泵的来油进入液压马达3的3C腔，而液压马达的3D腔排出的液压油通过调节阀2的D口流向B口。由于液压马达的输出轴几乎没有阻力矩，所以，B口压力与C口压力很接近，油液通过B口进入液压缸4a的有杆腔和4b的无杆腔，从而驱动杠杆机构8使车轮顺时针方向偏转β角。同时液压缸4a和4b排出的油液汇集在一起，通过调节阀2的A口，经O口流回油箱。

转向机构还具有实现位置反馈的功能，即液压马达的输出轴与调节阀2的阀体2b连接在一起，当调节阀2开始进入上位时，液压马达3的输出轴也开始转动，拖动阀体2b跟踪阀芯2a逆时针方向转动，于是，就有关闭阀口C、D、A、B的趋势，也就是使调节阀恢复中位的倾向。但由于驾驶员还没有将转向盘拨足α角度，所以转向盘和阀芯2a继续旋转，而阀体2b总是稍稍落后地跟着阀芯，所以，在转向盘停止转动之前，调节阀不会回到中位。只要转向盘和阀芯在达到α角时停下来，阀体终究会被液压马达拖到使调节阀2实现中位的位置上。这时，液压马达和液压缸停止运动，而车轮恰恰达到驾驶员所希望的β偏转角。

通过以上分析，驾驶员只要用很小的力量轻轻地拨动调节阀的阀芯，就可以控制油液的流动方向，从而使转向液压缸输出很大的功率，使车轮转向，这就是液压功率的放大作用。

当驾驶员反方向转动转向盘时，转向系统的工作过程相似，车轮将转向相反方向。不再赘述。

此转向系统具有实现人力转向的功能。当因故障发动机熄火时，液压泵5停止工作，这时液压转向消失，可人力驱动液压转向机构转向，以应急使用。其原理如下：

在转向装置中，转向盘1的轴与液压马达的轴在一根轴线上，在发动机和液压泵正常工作情况下，驾驶员转动转向盘，液压马达即以上述液压原理跟踪调节阀的转动，所以转向盘的轴与液压马达的轴之间没有角度差（稳态时）或有很小的角度差（动态时），此时二轴不相连。当发动机熄火而液压泵停止工作时，液压系统不起转向作用，驾驶员转动转向盘液压马达不再跟随调节阀芯转动，则调节阀阀芯与阀体二者角度差不断增大（阀芯与转向盘轴相连，阀体与液压马达的轴相连），当角度差达到某值后，转向盘轴就通过键销（图中未示出）以机械方式使二轴相连，强行带动液压马达的轴旋转，此时液压马达以人力驱动的泵的特点进行工作，将油液从油箱吸出，压入到液压缸4a和4b的油腔，另一个腔排油，液压缸驱动杠杆机构实现转向，此时实现人力转向。这是一种应急措施。

二、汽车起重机整机液压系统

（一）QY3型汽车起重机液压系统

QY3型汽车起重机是标准系列中最小型的，采用上海SH-130汽车底盘，并进行了加固。额定起重量为3t，最大起重高度为14.7m。起升、制动、回转、变幅、伸缩、支腿等工作机构全部采用液压传动。本机液压传动系统原理如图2-92所示。

此液压系统为定量开式系统。整个系统由两台液压泵1、2供油，液压泵1为齿轮泵，工作压力为28MPa，流量为10L/min，单独向回转机构供油；液压泵2为轴向柱塞泵，工作压力为28MPa，流量为25L/min，向由起升、制动、变幅、伸缩和支腿机构组成的串联回路供油。

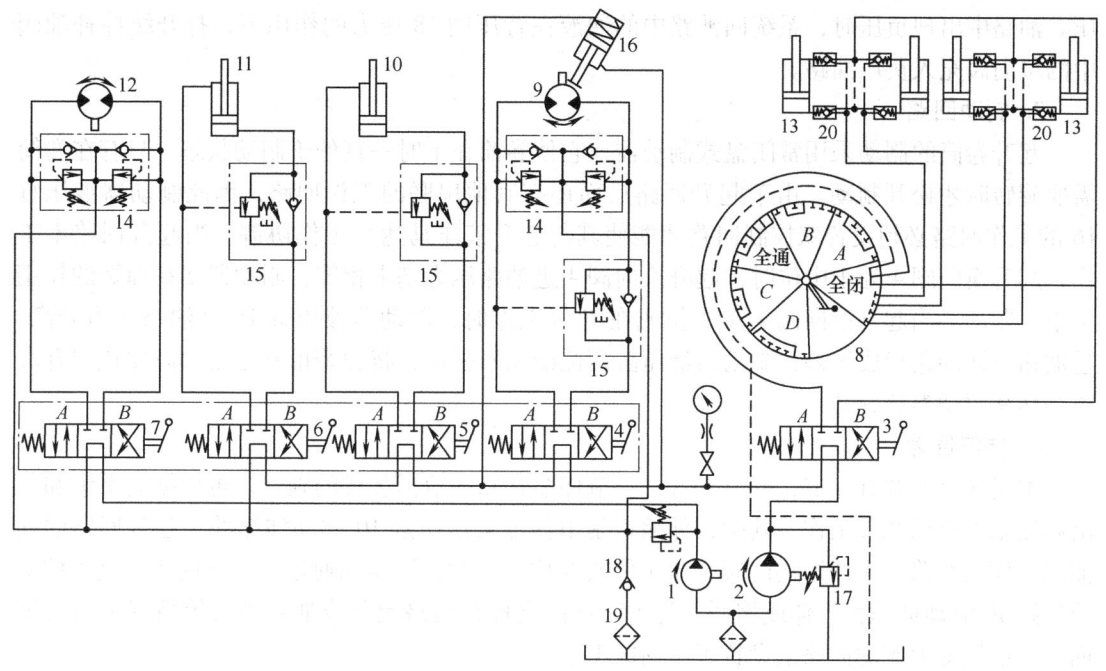

图 2-92 QY3 汽车起重机液压系统原理图

1、2—液压泵 3—油路转换换向阀 4—起升换向阀 5—伸缩换向阀 6—变幅换向阀 7—回转换向阀 8—转阀
9—起升液压马达 10—伸缩臂液压缸 11—变幅液压缸 12—回转液压马达 13—支腿液压缸 14—缓冲补油阀
15—平衡阀 16—制动器液压缸 17—溢流阀 18—背压阀 19—过滤器 20—液压锁

1. 支腿回路

支腿回路采用油路转换换向阀 3 与转阀 8 串联的换向方案。液压泵 2 输出的压力油首先经油路转换换向阀 3 进入支腿回路，将油路转换换向阀 3 置于 B 位，再操纵转阀 8 在六个不同的工位（全闭、A、B、C、D 全通），即能实现四个支腿液压缸 13 同时支撑和单独调平。如将油路转换换向阀 3 置于 A 位，再操纵转阀 8 在六个不同的工位，可实现四个支腿液压缸同时收起和单独收起。每个支腿液压缸的回路上均装有液压锁 20，以防止"掉腿"和"软腿"现象的发生。

2. 起升回路

本系统的起升回路采用低速大转矩的内曲线径向柱塞马达，结构比较紧凑。由于系统是串联回路，所以支腿回路的回油即起升回路的进油。当油路转换换向阀 3 处于中位，起升换向阀 4 处于 A 位时，液压油通过起升换向阀 4、平衡阀 15 中的单向阀进入起升液压马达 9，驱动卷筒正转，使重物上升，上升速度由换向阀阀口的开度来调节。液压马达的回油经过背压阀 18 再流回油箱。背压阀的作用主要是使液压马达具有 $0.5\sim1$MPa 的回油背压，以防滚轮脱离轨道，且能改善低速运转的平稳性。但是，开式系统中的回油背压是一种能量损失，将增加系统发热。当起升换向阀 4 移到 B 位时，起升液压马达回路换向，但这时回油路被平衡阀锁紧，待左边油路建立一定压力之后，通过控制油打开平衡阀 15 中的顺序阀，使回路畅通，液压马达反转，重物才能下降。平衡阀能限制重物因自重沉降，并防止超速下降。回路中的缓冲补油阀 14 用来防止油路过载或产生负压，尤其是在突然制动的情况下，由于运动部件和油液的惯性作用，往往使液压马达一边油路受到很大的液压冲击而另一边却出现负压。油路中出现负压时，系统回油路中的油液在背压阀 18 压力的作用下，打开缓冲补油阀中的单向阀充入负压油路。

3. 制动回路

起升卷筒的制动采用常闭盘式制动器，它使卷筒在平时一直处于制动状态，只有在卷筒需要旋转时才松开制动。由于起升回路后面还有其他串联的工作回路，因此制动器液压缸 16 的工作回路必须设置双控制回路才能使其与起升液压马达 9 工作协调。当起升回路不工作，起升换向阀 4 处于中位时，起升换向阀 4 进油路压力基本相等，制动器便在弹簧的作用下予以制动。当起升换向阀 4 在 A 位或在 B 位工作时，制动器液压缸 16 进油路压力升高，进油路与回油路形成压差，制动器液压缸两侧油压不平衡，将弹簧推开松闸，以便让起升液压马达 9 驱动卷筒旋转。

4. 伸缩回路

本机起重臂共有三节，一节基臂，一节伸缩臂和一节拆装式的副臂，可根据起重量和起吊高度来确定用几节工作。其中，伸缩臂是由伸缩臂液压缸 10 驱动伸缩的。起升回路的回油流入伸缩回路。当伸缩换向阀 5 在 A 位或 B 位工作时，液压油通过伸缩换向阀 5 进入伸缩液压缸 10 驱动伸缩臂外伸或缩回。为了防止活塞杆在油路泄漏或油管破裂等情况下自行缩回，在液压缸大腔的回路上设置了平衡阀 15。

5. 变幅回路

在液压泵 2 供油的串联回路中，最后一个回路是变幅液压缸 11 的工作回路。变幅回路的工作情况与伸缩回路基本相同。

根据串联系统的特点可知，在系统压力不满载的情况下，各串联回路均可工作。例如，起升回路与变幅回路同时工作，可以提高工作效率，也是某些吊装工作所要求的复合动作。

6. 回转回路

为了减少机械类零件的规格与型号，回转机构也采用与起升机构相同的低速大转矩液压马达，但回转液压马达 12 所需的流量和油压比起升液压马达 9 及其他执行元件所需的流量与压力小得多，因此专门由液压泵 1 供油。这样回转机构与起升机构可各自作独立调速、调压的联合动作，这也是起重机所要求的动作。考虑到回转液压马达在制动和换向时惯性作用所产生的液压冲击很大，故在油路上设有缓冲补油阀 14。

（二）QY8 型汽车起重机液压系统

QY8 型汽车起重机是在黄河 JN-50 汽车底盘基础上改装的，最大起重量为 8t。起重机行走部分与载重汽车相同，为机械传动，其余全部采用液压传动。图 2-93 所示为该机液压系统图。

该起重机液压系统由一台 ZBD-40 型轴向柱塞泵（液压泵 1）供油。各执行元件的动作由两组多路换向阀 I、II 控制。该机为全回转式，分为平台上部（上车系统）和平台下部（下车系统）两个部分。整个液压系统除了油箱 10、液压泵 1、过滤器 2、前支腿液压缸 9、后支腿液压缸 8 和稳定器液压缸 5 在平台上部，其他液压元件都布置在平台下部。上、下部的油路通过中心回转接头（图中未画出）连接。由第 I 组多路阀中换向阀 22 完成供油方向的转换，或通过换向阀 23、24 向下车系统的前、后支腿液压缸和稳定器液压缸供油，或通过第 II 组多路阀中换向阀 25、26、27、28 向上车系统的伸缩臂液压缸 14、变幅液压缸 15、回转液压马达 17、起升液压马达 18 及制动器液压缸 19 供油。

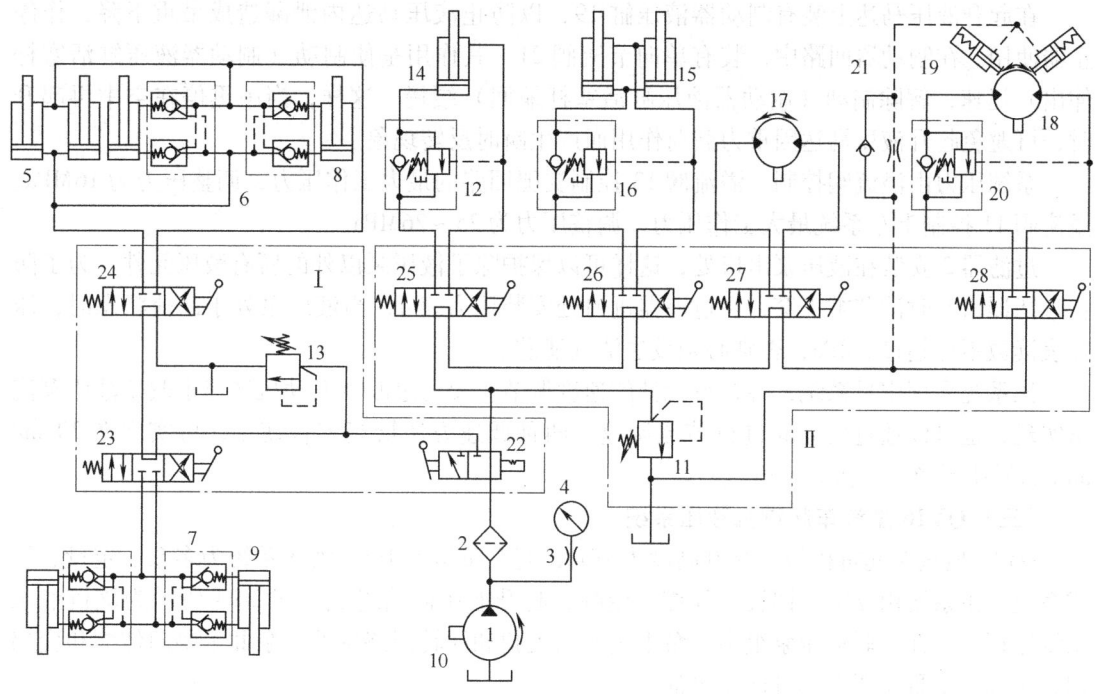

图 2-93　QY8 汽车起重机液压系统原理图

1—液压泵　2—过滤器　3—阻尼器　4—压力表　5—稳定器液压缸　6、7—液压锁　8—后支腿液压缸　9—前支腿液压缸　10—油箱　11、13—溢流阀　12、16、20—平衡阀　14—伸缩臂液压缸　15—变幅液压缸　17—回转液压马达　18—起升液压马达　19—制动器液压缸　21—单向节流阀　22~28—换向阀

1. 支腿与稳定器回路特点

换向阀 23 和 24 之间组成串联回路，可同时操纵前、后支腿动作。前、后支腿的收放顺序由驾驶员控制。另外，由于车体是通过板簧悬挂在后桥上的，当支腿将车体撑起时，由于板簧恢复变形，即使将车体撑起很高时后轮胎也仍不能离地。为此，在车体上安装了稳定器。两个稳定器液压缸 5 并联，并且与后支腿液压缸同时由换向阀 24 控制。当放出后支腿时，稳定器液压缸活塞杆首先伸出（因其阻力小），推动挡块将车体与后桥刚性连接起来，使起重作业稳定性好；当收回后支腿时，由于车体自重的作用，支腿活塞杆首先缩回，然后稳定器活塞杆才缩回。

2. 其他工作回路特点

系统中由第Ⅱ组多路阀控制的回路，其中四联换向滑阀组成串联油路。当各换向阀均处于中位时，液压泵输出的液压油经各换向阀回油箱，液压泵卸荷。当各换向阀分别或同时处于左、右位时，即可分别操控各执行元件同时或单独动作。由于采用串联系统，轻载作业时，起升和回转可进行复合动作，以提高生产率。在重载作业时，受供油压力的限制，进行复合动作比较困难。

在伸缩、变幅、起升回路中，为防止重力载荷作用下有超速下降的可能，分别设有平衡阀 12、16、20，以保持平稳下降。平衡阀既有液压锁的作用，也有可将吊臂、吊重可靠支撑住的作用。因此，在此类起升回路中平衡阀是不可缺少的液压元件。在使用平衡阀时，应注意将其串联在高压分支油路中。

在起升液压马达上装有制动器液压缸19，以防止液压马达内泄漏造成吊重下降，作停止器使用。在制动器回路中，装有单向节流阀21，其作用是使制动（制动器液压缸活塞杆伸出）迅速，解除制动（制动器液压缸活塞杆缩回）缓慢。这样，当吊重停在空中再起升时，可避免起升液压马达因重力载荷作用而产生瞬时反转现象。

系统压力由溢流阀控制，溢流阀13控制支腿回路的最大工作压力，调整压力为16MPa，溢流阀11控制上车系统最大工作压力，调整压力为25~26MPa。

过滤器2安装在液压泵出口处，这样可以保护除了液压泵以外的所有液压元件。为了防止过滤器堵塞时滤芯被击穿，在过滤器进口处安装压力表4，当液压泵处于卸荷状态时，压力表读数不得超过1MPa，否则必须设法清洗滤芯。

该系统采用定量系统，各执行元件的速度调节主要通过改变发动机转速来改变液压泵流量实现，也可以通过换向阀进行节流调速。两种调速方法恰当配合使用，可实现在20cm/min的低速下稳定工作。

(三) QY16型汽车起重机液压系统

QY16型汽车起重机最大起升高度为19m，起升重量为16t。液压系统为多泵、定量、开式系统，该系统由支腿、回转、伸缩、变幅、起升液压回路组成。图2-94所示为该机液压系统原理图。在三联液压泵组中，泵Ⅰ主要向支腿和回转回路供油，泵Ⅱ主要向伸缩和变幅回路供油，泵Ⅲ主要向起升回路供油。

1. 支腿回路

由泵Ⅰ提供液压油，通过换向阀2~6向水平支腿液压缸42、垂直支腿液压缸43供油。换向阀3~6组成并联油路，又与换向阀2组成串联油路。

换向阀2处于中位时，泵Ⅰ来油供回转回路，回转回路不工作时，液压油经过滤器12直接回油箱45。

换向阀3~6处于中位（不工作），仅操纵换向阀2使其处于左位或右位时，各支腿液压缸也不能动作。

换向阀2处于右位，再操控换向阀3~6使其单独或同时处于左位或右位时，各水平支腿液压缸单独或垂直支腿液压缸同时伸出。

换向阀2处于左位，再操控换向阀3~6使其单独或同时处于左位或右位时，各水平支腿液压缸或垂直支腿液压缸单独或同时缩回。

2. 回转回路

换向阀2处于中位，操控换向阀13使其处于左位或右位时，泵Ⅰ来油即可使回转液压马达37正反向回转。在进油同时配合脚踏液压缸27的动作，通过过载阀组32中液动制动阀34实现回转液压马达的制动液压缸33（常闭式）及时松闸。

3. 伸缩回路

操控换向阀14使其处于左位或右位时，泵Ⅱ来油经换向阀14、平衡阀22，即可使伸缩液压缸38伸出或缩回。

泵Ⅱ来油压力由远控溢流阀20、电磁阀组19进行控制。当油压超过调定值时，安装在进油路上的压力继电器（图中未画出）会使电磁阀组19通电，从而使远控溢流阀20的远控口接通油箱，使液压泵卸荷。

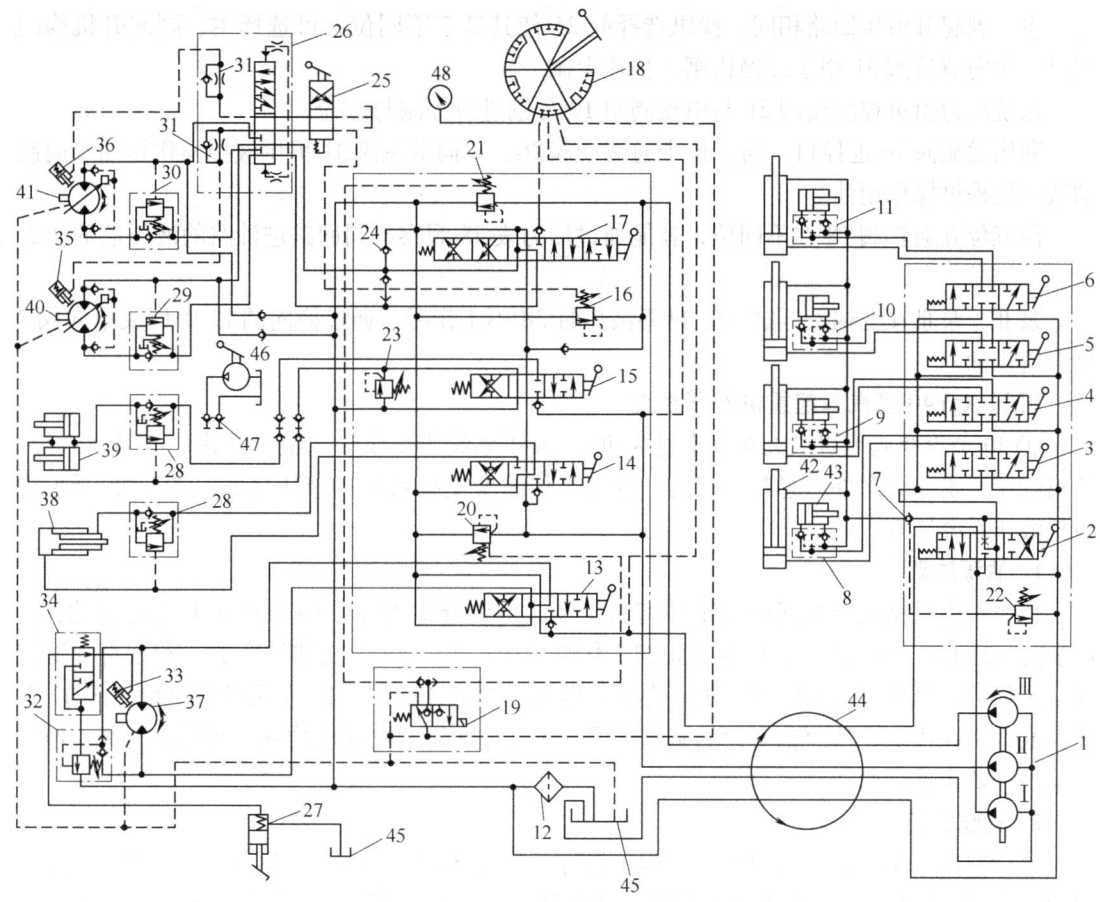

图 2-94 QY16 汽车起重机液压系统原理图

1—三联液压泵组（泵Ⅰ、泵Ⅱ、泵Ⅲ） 2~6、13~15、17—换向阀 7—单向阀 8~11—液压锁 12—过滤器 16—溢流阀 18—五位五通转阀 19—电磁阀组（含梭阀） 20、21—远控溢流阀 22、23—过载阀 24—补油阀 25—选择阀 26—二位十通液动阀 27—脚踏液压缸 28~30—平衡阀 31—单向节流阀 32—过载阀组 33、35、36—制动液压缸 34—液动制动阀 37—回转液压马达 38—伸缩液压缸 39—变幅液压缸 40、41—液压马达 42—水平支腿液压缸 43—垂直支腿液压缸 44—回转接头 45—油箱 46—应急泵 47—快速接头 48—压力表

4. 变幅回路

操控换向阀 15 使其处于左位或右位，泵Ⅱ来油经换向阀 15、平衡阀 28，即可使变幅液压缸 39 伸出或缩回。

此回路换向阀 15 与伸缩回路的换向阀 14 为并联回路。还设置了应急泵 46，当泵Ⅱ不能供油时，利用应急泵和快速接头 47 可以实现动臂应急下降。回路中还设置了过载阀 23。泵Ⅱ来油压力仍由远控溢流阀 20、电磁阀组 19 进行控制。

5. 起升回路

起升回路由泵Ⅲ、泵Ⅱ、换向阀 17（有两位属过渡位）、远控溢流阀 21、补油阀 24、选择阀 25、二位十通液动阀 26、单向节流阀 31、平衡阀 29 与 30、制动液压缸 35 与 36 及液压马达 40 与 41 组成。换向阀 17 处于不同位工作，可使起升液压马达实现正、反转（起升、下降）。

主、副起升液压回路相同。操纵选择阀 25 使其处于不同位，可选择主、副起升机构的工况。单向节流阀 31 用于缓慢松闸、快速上闸。

系统压力由远控溢流阀 21 与电磁阀组 19 分别进行控制与卸荷。

利用溢流阀 16 远控口，向二位十通液动阀 26、单向节流阀 31 提供液控操作用油及向制动液压缸提供操作用油。

使五位五通转阀 18 在不同位，就能通过压力表 48 观察不同回路进油路的液压油的压力值。

泵Ⅱ、泵Ⅲ在变幅液压缸 39、伸缩液压缸 38 不工作时，通过换向阀 15 中位及单向阀 7 可合流供油。

（四） QY40 型汽车起重机液压系统

QY40 型汽车起重机最大起升重量为 40t。液压系统为双泵、定量、开式、双回路系统。该机除了行走部分之外，起升、回转、变幅、伸缩及支腿均采用液压传动。图 2-95 所示为该机液压系统原理图。

1. 油源油路

该系统由规格完全相同的定量柱塞泵供油。供油分组为 A 泵向起升液压马达 26 供油，B 泵向回转液压马达 11、变幅液压缸 23、伸缩液压缸 14 及水平支腿液压缸 7 和垂直支腿液压缸 8 供油，从而形成双回路系统。为了获得快速的起升要求，A、B 泵可通过单向阀 47 合流向起升回路供油，从而获得大的调速范围，还充分利用了发动机功率。回转、变幅、伸缩及支腿回路组成串联回路。

2. 支腿回路

该回路由 B 泵供油，通过换向阀组 1 操作。当转换阀 1-1 处于右位（图示位置）时，B 泵只向支腿回路供油，油路压力由安全阀 5 限制。操控换向阀 1-2 使其处于右位或左位，可使四个并联的水平支腿液压缸 7 同时伸出或缩回。垂直支腿液压缸 8 由换向阀 1-3 和转阀 6 共同控制。当换向阀 1-3 处于右位，转阀 6 处于全通位时，四个垂直支腿液压缸活塞杆同时伸出，将车体支起。再根据情况，车体需要调平时，再调整转阀 6 到相应的位置，使某一垂直支腿液压缸单独动作。各个垂直支腿液压缸都有双向液压锁，可长期保持垂直支腿处于某一确定位置。当换向阀 1-3 处于左位，转阀 6 处于全通位时，四个垂直支腿液压缸活塞杆同时缩回，将车体放下。再根据情况也可以调整转阀 6 到相应的位置，使某一垂直支腿液压缸单独缩回。

3. 回转回路

回转回路由 B 泵供油，由低速大转矩内曲线 NJM-28 型定量液压马达驱动，由换向阀组 2 中的换向阀 2-1 操控。

当操控换向阀 1-1 使其处于左位时，B 泵来油经换向阀 2-1 进入回转回路。当换向阀 2-1 处于中位（回转马达不工作）时，B 泵来油进入后面的回路（依次为伸缩、变幅、起升回路），如果后面的回路均不工作，则油液经换向阀 2-2 的中位、2-3 的中位、远控溢流阀 43（此时电磁阀处于左位）、过滤器 45 低压流回油箱卸荷。此时，液控换向阀 9 的两端控制腔油压均通过换向阀 2-1 中位、过滤器 45 流回油箱，因而两腔压力相等，液控换向阀 9 处于中位，则回转液压马达 11 进、出油口关闭而处于制动状态。

当操控换向阀 1-1 使其仍处于左位，而操控换向阀 2-1 使其处于右位（或左位）时，液

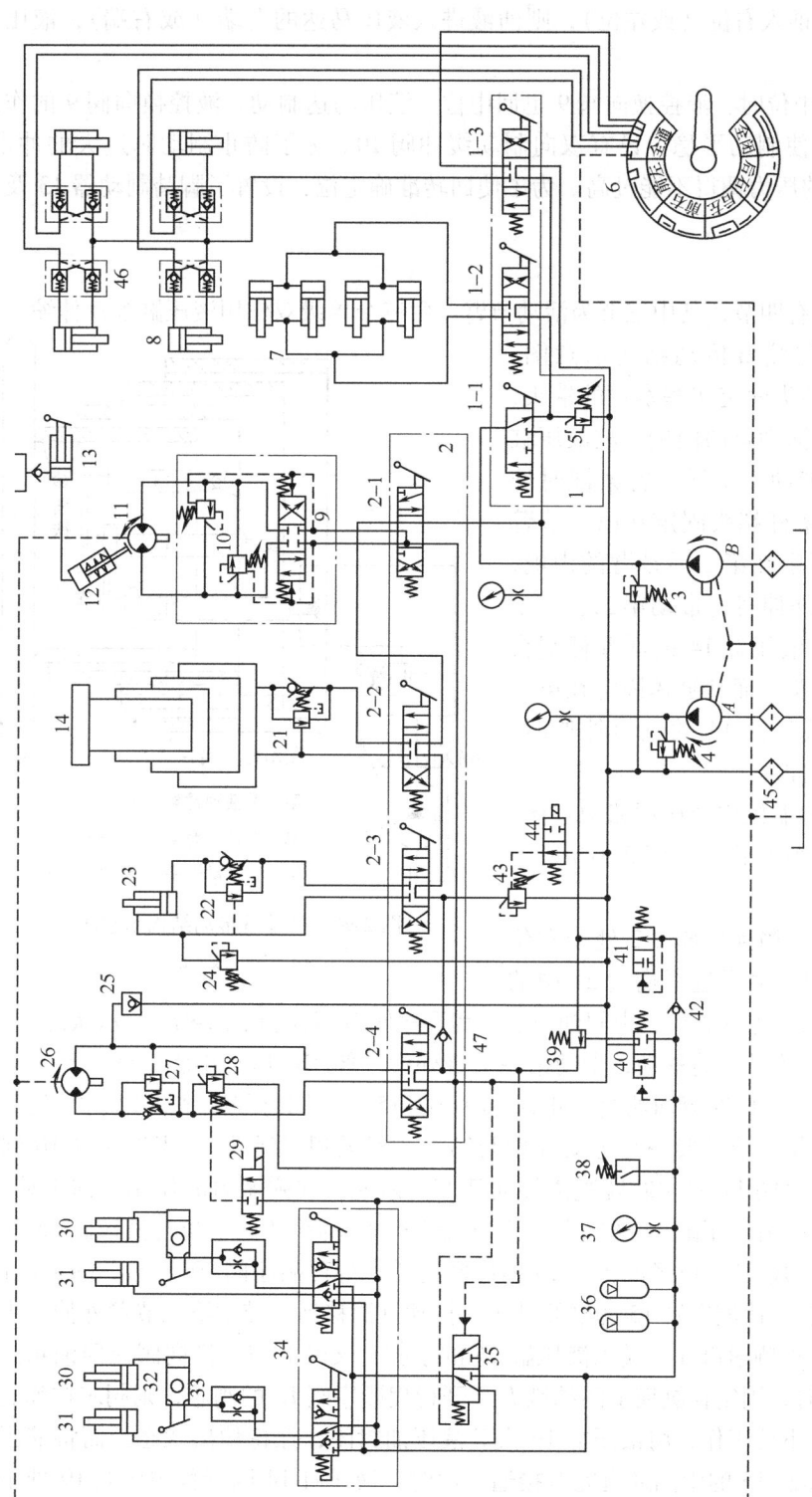

图 2-95 QY40 汽车起重机液压系统原理图

1、2—换向阀组 3~5、24—安全阀 6—转阀 7—水平支腿液压缸 8—垂直支腿液压缸 9、35、40、41—液控换向阀 10—双向制动缓冲阀 11—脚踏阀 12—回转液压马达 13—脚踏制动液压缸 14—伸缩液压缸 21、22、27—平衡阀 23—变幅液压缸 24—溢流阀 25、42、28、43—远控溢流阀 29、44—电磁换向阀 30—远控换向阀 31—起升制动器液压缸 32—脚踏泵 33—单向节流阀 34—手动换向阀组 36—蓄能器 37—压力表 38—压力继电器 39—远控顺序阀 45—过滤器 46—液压锁 A、B—液压泵

注：为了避免与图 2-96、图 2-97 的序号混淆，该图中未编序号 15~20。

控换向阀 9 的右端（或左端）压力升高，而左端（或右端）油腔通油箱，于是随着压力的升高液控换向阀 9 被推入右位（或左位），则油液进入液压马达的左端（或右端），液压马达开始正（反）转。

当换向阀 2-1 回中位时，液控换向阀 9 也回中位，液压马达制动。液控换向阀 9 的作用是保证换向平稳。为使制动平稳，设有双向制动缓冲阀 10。为了防止制动时过大的冲击，双向制动缓冲阀 10 的压力调得不能过高。为了使回转准确定位，设置了脚踏制动器 13 及回转制动液压缸 12。

4. 伸缩回路

该起重机伸缩臂有四节，其中三节为活动节臂，由三个单级双作用液压缸推动伸缩。

图 2-96 所示为伸缩臂传动结构示意图。液压缸 16 的活塞杆端头固定在基本臂的端头，而其缸体固定在第一活动臂的内侧，故液压缸 16 的缸筒外伸时，带动三个活动臂架同时伸出；液压缸 15 的活塞杆端头固定在第一节臂的端头，而其缸体固定在第二活动臂的内侧，故液压缸 15 的缸筒外伸时，带动第二、三个活动臂架同时伸出；液压缸 14 的活塞杆端头固定在第二节臂的端头，而其缸体固定在第三活动臂的内侧，故液压缸 14 的缸筒外伸时，带动第三个活动臂架伸出。

图 2-97 所示为伸缩机构液压回路原理图。图 2-97a 所示为完全缩回状态，图 2-97b 所示为完全伸出状态。

如图 2-97a 所示，当换向阀 2-2 处于右位时，从 B 泵输出的液压油通过平衡阀 21 中的

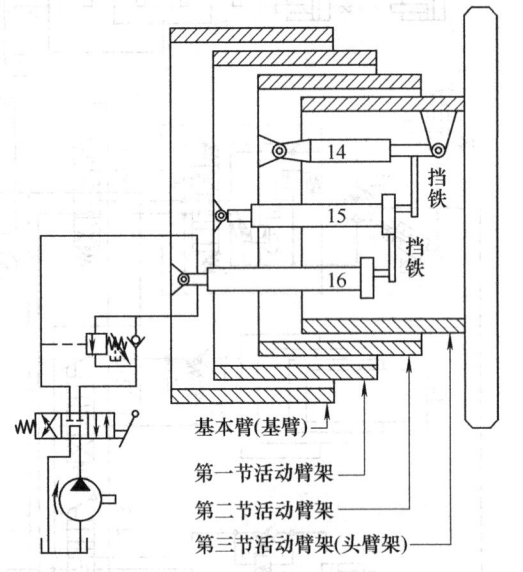

图 2-96 伸缩臂传动结构示意图
14~16—液压缸

单向阀、液压缸 16 活塞上的 a 口、中间油道、行程顺序阀 18 上位（图 2-97a 所示状态），流入液压缸 16 的大腔，推动缸筒移动，带动第一节臂外伸。伸缩液压缸小腔的液压油经活塞杆外侧通道，由 b 口经换向阀流回油箱。此时，液压缸 15、14 因行程顺序阀 17、19 处于下位工作而封闭，并与第一节臂架一起运动（即与第一节臂无相对运动）。当液压缸 16 到达行程终点时，行程顺序阀 17 的阀芯就脱离导向活塞的限制，在弹簧力的作用下向下移动，则上位开始工作，此时将液压缸 16 的中间通道通过行程顺序阀 17 的上位与液压缸 15 的中间通道 c 口接通，压力油从 c 口经液压缸 15 的中间通道、行程顺序阀 20 上位（图示位置）进入液压缸 15 的大腔，使液压缸 15 的缸筒伸出，推动缸筒移动，带动第二节臂外伸。小腔的液压油通过活塞杆外侧通道 d 口进入液压缸 16 的小腔，又经 b 口、换向阀流回油箱。当液压缸 15 向外伸出时，固定在缸筒上的挡铁 K 离开行程顺序阀 18 的阀芯，则阀芯在弹簧力的作用下向上移动，下位工作，将液压缸 16 大腔液压油封闭，保持伸出状态，而将液压缸 16 的中间通道与液压缸 15 的中间通道完全接通。此时，液压缸 14 因行程顺序阀 19 处于下位工作而封闭，并与第二节臂架一起运动（即与第二节臂无相对运动）。当液压缸 15 到达行程终点时，行程顺序阀 19 的阀芯就脱离导向活塞的限制，在弹簧力的作用下向下移动，

则上位开始工作，此时将液压缸 15 的中间通道通过行程顺序阀 19 的上位与液压缸 14 的中间通道 e 口接通，压力油从 e 口进入液压缸 14 的大腔，使液压缸 14 的缸筒伸出，推动缸筒移动，带动第三节臂单独外伸。小腔的液压油通过 f 口进入液压缸 15 的小腔，又经 d 口、液压缸 16 小腔 b 口、换向阀 2-2 右位流回油箱。当液压缸 14 向外伸出时，固定在活塞杆上的挡铁 K_1 离开行程顺序阀 20 的阀芯，则行程顺序阀 20 的阀芯在弹簧力的作用下向上移动，下位工作，将液压缸 15 大腔液压油封闭，保持伸出状态。臂架按一、二、三顺序伸出。各节臂全部外伸时的油路状态如图 2-97b 所示。

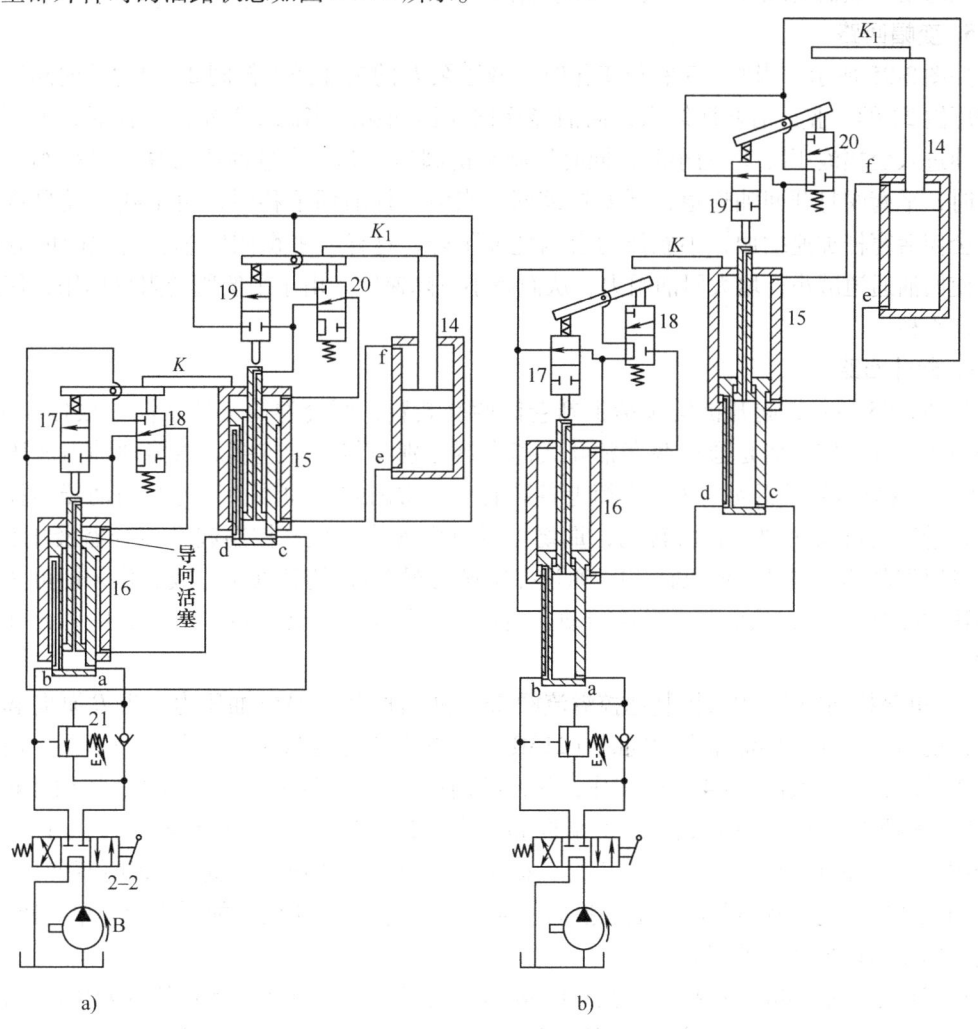

图 2-97　伸缩臂架液压回路原理图
a) 完全缩回状态　b) 完全伸出状态
14～16—液压缸　17～20 行程顺序阀

如图 2-97b 所示，当换向阀 2-2 处于左位时，从 B 泵输出的液压油通过液压缸 16 的 b 口进入，经液压缸 16 的小腔、液压缸 15 的小腔 b 口、液压缸 15 的小腔、液压缸 14 的 f 口到达液压缸 14 的小腔，液压缸 14 的活塞杆缩回，带动第三节臂单独缩回。此时液压缸 14 大腔的回油经 e 口、行程顺序阀 20 下位、液压缸 15 的中间通道、c 口、行程顺序阀 17 上位及行程顺序阀 18 下位、液压缸 16 中间通道、a 口、平衡阀（限制缩回速度）、换向阀 2-2 左位流回油箱。液压缸14缩回时,液压缸15、16的大腔液压油被行程顺序阀20、18的下位锁住,保持伸出状态。当液压缸14的活塞杆完全缩回时,挡铁K_1迫使行程顺序阀20上位工作,于是液压缸15通过行程顺序阀20的上位与上述回油路接通,使液压缸15缩回,带动第二节臂缩回,第三节臂随动。当液压缸15缩回到终点时,液压缸15的导向活塞将行程顺序阀19的阀芯顶起,使行程顺序阀19下位工作,将液压缸14的回油路完全切断。同时也将行程顺序阀18压下,迫使液压缸16缩回(其原理与上述相同),带动第一节臂缩回,第二、三随动。从而实现按三、二、一顺序缩回。

5. 变幅回路

如图2-95所示,当阀2-3右位工作时,液压泵B的来油经平衡阀22中的单向阀进入变幅液压缸23的大腔,活塞杆伸出,回油经换向阀回油箱。当阀2-3左位工作时,液压泵B的来油进入变幅液压缸23的小腔,同时控制平衡阀的阀芯,当进油压力高于平衡阀调定的压力时,平衡阀打开回油通道,活塞杆缩回。当活塞杆缩回下移时,由于载荷及自重的作用,会使活塞杆加速缩回,小腔压力会因此而下降,这样,平衡阀阀芯会向关闭的方向移动,使回油通道减小,增大回油阻力,从而减小下降速度。由于平衡阀的阻尼作用,使活塞杆运动平稳。

6. 起升回路

如图2-95所示,起升机构包括主副卷筒两套装置,两套卷筒支撑在同一根传动轴上,但不与传动轴固定,而是通过两套常开式离合器分别与传动轴连接。该传动轴由液压马达26通过机械减速装置驱动。两套卷筒上各装有一套常闭式制动器。当打开制动器不挂离合器时,卷筒便可以在轴上自由转动,重物可以自由落体下放。控制起升离合器液压缸31,从而可以控制起升制动器液压缸30。通过控制换向阀2-4,使其处于左或右位,即可实现液压马达26的正反转,从而驱动卷筒转动,卷筒收放吊索,升降重物。该回路中各元件的作用如下:

1) 电磁换向阀44用来控制远控溢流阀43,从而控制B泵供油压力。当B泵向起升回路供油的压力与A泵供油压力相同时(21MPa),电磁换向阀44右位工作,当B泵不向起升回路供油时,电磁换向阀44左位工作,从而控制远控溢流阀43使B泵卸荷,流回油箱。

2) 液控换向阀41用来控制A泵向蓄能器36充油的。当蓄能器压力低于调定值(12MPa)时,液控换向阀41右位工作,来自泵A的压力油通过单向阀42向蓄能器36充油,当充油压力达到规定值时,液控换向阀41左位工作,停止向蓄能器充油。单向阀42的作用是防止蓄能器液压油倒流。

3) 液控换向阀40用以控制远控顺序阀39。当蓄能器压力低于规定值(7MPa)时,阀40右位工作,这样就使得顺序阀39的远程控制口与油箱相通,顺序阀关闭,从而使A泵不能向起升回路供油,只能通过液控换向阀41的右位向蓄能器充油。当充油压力达到调定值时,液控换向阀40左位工作,顺序阀39远控口与(高压油)蓄能器接通,顺序阀打开,使A泵向起升回路供油,从而保证起升离合器液压缸31产生足够的离合器接合力矩,使起升制动器液压缸30有足够的解除制动的力。

4) 单向阀47的作用是,当A、B泵不合流时,防止A泵油液卸荷。单向阀25的作用是从回油路向起升液压马达26补油。

5) 主油路:换向阀2-4左位工作,起升液压马达正转,起升重物;换向阀2-4右位工作,起升液压马达反转,放下重物。电磁换向阀 44 左位工作时,B 泵卸荷,A 泵单独向起升回路供油;电磁换向阀 44 右位工作时,A、B 泵合流向起升回路供油,起升液压马达高速回转。

6) 电磁换向阀 29 控制远程溢流阀 28,作为起升液压马达 26 的行程限制器。当重物被提升到极限位置时,电磁换向阀 29 通电,右位工作,使远控溢流阀 28 远程控制口接通油箱,于是,经换向阀 2-4 来的主油路油液通过远控溢流阀 28 短路而回油箱,则起升液压马达停止转动。

7) 平衡阀 27 用以限制重物下降速度或使重物在空中停留。

8) 蓄能器 36 为蓄能器、制动器提供压力油。

9) 压力继电器 38 作用是,当蓄能器中压力低压规定值时发出信号,提醒驾驶员该向蓄能器充油了。

10) 液控换向阀 35 控制制动器液压缸进油通路。

11) 手动换向阀组 34 控制制动器和离合器液压缸进油通路。

12) 离合器与制动器回路:制动器是常闭式的,靠弹簧力上闸,起升制动器液压缸为 30。离合器是常开式的,靠液压力挂合离合器的液压缸为起升离合器液压缸 31。它们均由蓄能器 36 提供压力油,压力波动小,且液压泵不工作时也有足够的压力。两套离合器分别控制主、副卷筒,可使其同时转动也可分别转动。起升离合器液压缸 31 由蓄能器 36 的油压力推动活塞动作,从而把传动轴与卷筒连接起来。起升制动器液压缸 30 在蓄能器油压力的作用下松闸,当蓄能器不能向制动器液压缸供油时,可以操纵脚踏泵 32 向制动器液压缸供油使制动器松闸。

液控换向阀 35、手动换向阀组 34 中的两个换向阀均处于左位工作(图示状态),则制动器处于上闸状态,离合器处于脱离状态,卷筒不能转动。此时若踩脚踏泵 32,则制动器松闸,卷筒在自重作用下自由转动,实现重物自由降落。在降落的过程中,调整脚踏力的大小以控制制动力,可以控制下降速度。

液控换向阀 35 仍处于左位(图示状态)时,将手动换向阀组 34 中的两个换向阀移到右位工作,此时离合器结合,但起升制动器液压缸仍通油箱,制动器处于制动状态,故卷筒仍处于制动状态。

液控换向阀 35 处于右位工作,手动换向阀组 34 中的两个换向阀均处于左位工作时,离合器、制动器液压缸均通油箱,则制动器处于上闸状态,离合器处于脱离状态,卷筒不能转动。

液控换向阀 35 与手动换向阀组 34 中的两个换向阀均处于右位工作,起升离合器液压缸、起升制动器液压缸均通蓄能器,则离合器处于结合状态,制动器处于松闸状态,此时,卷筒才能在起升液压马达的带动下按一定的速度转动,从而实现重物的升降。

当换向阀 2-4 处于中位,即起升液压马达不转时,液控换向阀 35 两端控制腔接油箱,压力相等,液控换向阀 35 只处于左位工作,此时可实现重物自由下降;当换向阀 2-4 处于左或右位,即起升液压马达工作时,液控换向阀 35 左控制腔接油箱,右控制腔接压力油,此时液控换向阀 35 才处于右位工作,才能实现重物的升降及速度的控制。

单向节流阀 33 的作用是使制动器的松闸略滞后于离合器的结合时刻,以防止起动时重物失控。

该起重机起升回路共有四种调速方式：①除了 A 泵供油外，还可以与 B 泵合流供油实现有级调速；②改变发动机转速，从而改变液压泵的流量；③改变换向阀开口的大小进行节流调速；④重物的自由落体下降。

三、汽车起重机液压系统小结

1. 汽车起重机各工作机构的液压回路及其特点

汽车起重机由起升机构、臂架变幅机构、臂架伸缩机构、回转机构等协调动作完成起升重物的工作，并由支腿支撑起重机本身的重量和变化的载荷。

（1）起升机构　起升机构为了满足提升和下放重物的要求，起升液压回路具有如下一些特点：

1）具有限速措施，以保证提升、下放重物时的平稳性，又能防止因载荷自重作用而失去控制。一般采用平衡阀构成平衡回路。

2）调速方法通常有三种，一是调节发动机加速踏板改变转速，控制液压泵的流量和控制换向阀节流开度的联合调速。这是起重机多采用的主要调速方法。二是用变量液压马达的容积调速。三是通过多泵的合流实现有级调速。

3）设有自由落钩装置。当需要空钩自由下放时使卷筒解除约束，自由旋转，实现自由落钩。

4）起升机构的主传动有高速液压马达加减速器的高速方案和低速液压马达的低速方案两种。从效率和使用寿命上看，前者的方案较合理；从结构简单程度上看，后者的方案较合理。二者各有特色。目前前者应用占多数。

（2）变幅机构　为了满足带负载变幅动作平稳可靠，采用平衡限速措施，设置平衡阀组成平衡回路。有单缸和双缸之分。为了保证双缸同步，通常并联一个平衡阀，借助臂架刚度保证双缸同步。在中小型起重机中采用单缸，在大型起重机中，为避免变幅液压缸尺寸过大，多采用双缸。

（3）伸缩回路　臂架伸缩方式有三种形式，即单独伸缩、顺序伸缩、平行伸缩。有单级缸、多级缸，无特殊要求时使用单级缸。由于也要求带负载伸缩时动作平稳可靠，故应采用平衡限速措施，设置平衡阀组成平衡回路。

（4）回转回路　回转机构对微动性能和平稳性要求高，设有制动缓冲装置。中小型起重机回转回路可不设缓冲阀组，对于大型起重机应设缓冲阀组。

液压驱动的回转机构有高速方案、低速方案两种。使用高速方案的较广泛。但实践证明采用低速方案是合理的。

（5）支腿回路　为防止"掉腿"和"软腿"，在支腿回路设有双向液压锁。

支腿液压缸可采用两种操作阀：滑阀和转阀。用滑阀时，可与起重机多路换向阀通用，但占据位置较大；用转阀时，结构紧凑，操作灵活，便于单独操作支腿。

在支腿操作上有单独操作与联合操作两种。单独操作适用于在不平的场地上将机身调平，适用于野外作业；联合操作适用于车站、机场、码头、货场等比较平坦的场地，可缩短准备时间。

2. 起重机液压系统其他方面的选择

（1）系统压力的选择　起重机液压系统如同其他机械液压系统一样，有向高压发展的趋势。但受液压元件质量的限制，现在多采用的压力为20MPa。

（2）液压泵的形式选择　轴向柱塞泵和齿轮泵都有应用，定量泵应用较多，即便是轴向柱塞泵也只作定量泵使用。其原因是：一方面，变量泵距离操纵室较远不便于操控；另一方面，使用定量泵用控制发动机节气门来改变流量，结合控制换向阀开度进行节流，可获得适当范围的无级调速，就能满足起重机的微调性能要求，但这将造成功率损失和容积效率下降。国内采用轴向柱塞泵的较多，原因是高压齿轮泵压力还达不到20MPa。在国外，采用齿轮泵的较多。

（3）回路的组合　中小型起重机为了简化结构，常采用串联油路，这种油路可以把工作中经常需要组合的起升和回转回路加以组合，实现空钩和轻载下的联合操作，充分利用液压泵的流量和功率。串联油路在联合操作中由于液压泵压力的限制，在重载下无法实现动作组合。实践证明，中小型起重机采用单泵串联油路是适宜的。

对于大中型起重机来说，情况就不同了，各机构的工作负荷、速度、频繁度差别较大，如起升消耗功率较大，回转、伸缩消耗功率较小，在选择液压泵功率的大小上难于达到合理。为了合理地利用和分配动力及实现动作组合和调速，多采用多泵供油回路。有时还会采用闭式系统，用一台泵驱动一个执行机构。

第三章 工程机械液压传动系统故障诊断与排除基础

目前，越来越多的工程机械采用液压传动来完成动力传递，这是因为采用液压传动系统有许多方面的优点。例如，液压元件相对质量小、惯性小、结构紧凑、整体布局方便；可以在大范围内进行调速，传递运动平稳均匀，易于实现缓冲、安全保护；操作简单方便，当机、电、液联合使用时易于实现自动化、智能化；液压伺服控制和电-液比例控制的应用，大大提高了其控制精度和响应速度。因而，液压系统在现代工程机械中应用广泛。但是，液压传动系统在使用中也存在着许多方面的问题。例如，油液的渗漏和气体的混入，将影响机构的运动平稳性和准确性；油液对温度的变化范围和污染程度的要求严格；液压元件精度高、造价高；液压系统的故障诊断困难，系统故障不像机械传动那样显而易见，又不如电气传动那样易于检测。

一套好的液压传动系统要正常可靠地工作，必须达到许多方面的要求，主要包括：液压缸的行程、推力、速度及其调节范围；液压马达的转向、转速及其调节范围的技术性能；运动平稳性、精度、噪声、效率等方面的要求。如果在实际运行工作中能完全满足这些要求，则说明整个液压设备工作正常可靠；如果在实际运行工作中某些方面不能满足这些要求，则认为液压系统出现了故障。本章从液压传动系统工作原理出发，着重讨论液压系统故障诊断技术，了解液压系统常见故障的现象、类型、特征及产生的原因，掌握分析、判断、排除液压系统故障的方法和步骤。

第一节 液压传动系统故障概述

一、液压传动系统故障的概念

液压传动系统故障是液压元件或系统丧失规定功能的一种现象，也称失效。液压传动系统故障的最终表现为液压系统或回路中的元件损坏，伴随有漏油、发热、振动、噪声等现象，导致系统不能发挥正常功能。

二、液压传动系统故障的模式

液压故障模式是从不同表现形态来描述液压故障的，是液压故障现象的一种表征。一般来说，液压故障的对象不同，即不同的液压元件和液压系统，其液压故障模式也不同。

1）液压缸的液压故障模式有：液压缸爬行、冲击、泄漏、推力不足、运动不稳定等。

2）液压泵的液压故障模式有：无压力、压力与流量均提不高、噪声大、发热严重等。

3）电-液换向阀的液压故障模式有：滑阀不能移动、电磁铁线圈烧坏、电磁铁线圈漏电或漏磁、电磁铁有噪声等。

三、液压传动系统故障的征兆

一般情况下，工程机械液压系统的任何故障在演变为大故障，从而导致液压系统不能发挥正常功能之前都会伴有种种不正常的征兆。液压系统故障的常见征兆主要表现为：

1）出现不正常的声音。例如，液压泵、液压马达、液压阀等部位的声音不正常。
2）出现执行元件作业速度下降或无力的现象。
3）液压元件外部表面出现油液渗漏现象。
4）出现油温过高现象。
5）出现管路损伤、松动及振动现象。
6）出现焦糊气味等。

四、液压传动系统故障的分类

液压传动系统故障按不同方法分类有以下几种：

1. 按故障的性质分为突发性（急性）故障和缓发性（慢性）故障两种

突发性故障的特点是具有偶然性，它与使用时间无关。例如，管路破裂、液压阀阀芯卡死、液压泵压力失调、速度突然下降、振动、噪声、油温突然升高等。这样的故障具有偶然性，因而，难以预测与预防。

缓发性故障的特点是，它与使用时间有关，尤其是在使用寿命的后期表现得最为明显，主要是与磨损、腐蚀、疲劳、老化、污染等劣化因素有关。此种故障通常是由于液压元件或者液压油各项技术参数变差而引起的。此类故障通常可以预防。

2. 按故障的在线显现性分为实际故障和潜在故障两种

实际故障又称为功能性故障，这种故障的实际存在，使液压系统不能正常工作或工作能力、性能显著下降。例如，关键液压元件损坏等。

潜在故障与缓发性（或渐进性）故障相似，尚未在功能方面表现出来，但可以通过观察及仪器测试出来它所潜在的影响程度。

3. 按故障发生的原因分为人为故障和自然故障两种

人为故障是由于设计、制造、运行、安装、使用及维修的不当造成的故障。例如，使用了不合格的液压元件，违反了装配工艺、使用技术条件、操作技术规程，维护保养不当等，从而使液压系统过早地丧失应有的功能。

自然故障是在液压系统使用寿命期内，由于不可抗拒的自然因素的影响而引起的故障。例如，正常情况下的磨损、腐蚀、老化等损坏形式都属于这一故障范围。

4. 按故障发生的时间分为初期故障、中期故障和后期故障三种

初期故障是液压系统经过调试阶段便进行正常运行，运行初期阶段发生的故障。例如，管接头因振动而松脱；密封件质量差或由于安装不当被损伤造成泄漏；管道内或液压元件内油道内的毛刺、型砂、切屑等污物在液流的冲击下脱落，堵塞阻尼孔和过滤器，造成压力或速度的不稳定；由于负荷大、外界环境散热条件差使油温增高，引起泄露造成压力或速度的变化。一般在运行初期，由于设计、制造、运输、安装等原因，故障率较高。随着运行时间的延长及故障的不断排除，故障率不断下降。

中期故障是液压系统运行中期发生的故障。这个时期是液压系统的有效工作寿命期，故障率最低，系统运行状态最佳。但是，如果使用维护不当或对潜在的故障不及时诊断与排除，即使在有效寿命期也不能排除各种严重故障的可能。在此时期要特别注意控制油液的污染。

后期故障是液压系统运行到后期发生的故障。由于长期运行过程中的磨损、腐蚀、老化、疲劳等原因，故障增多。液压元件由于工作频率、负荷的差异，易损件先后开始正常性的超差磨损，泄漏增多，效率降低。此类故障率较高。针对这种情况，要对液压元件进行全面检验，对于已失效的液压元件应进行修理或更换，防止由于液压系统不能运行而导致停机。

5. 按液压故障特性分为共性故障、个性故障和理性故障三种

共性故障是各类液压系统和液压元件都经常出现的故障，其故障特点是相同的。例如，振动、噪声、液压冲击、爬行、进气等故障。由于对这种故障的分析比较全面，故障规律性较强，诊断率较高。

个性故障是指各类液压系统和液压元件所特有的特殊性故障。故障特点是各不相同的，故障特性均为个别特殊故障。

理性故障是由于液压系统设计不合理或不完善、液压元件结构设计不合理或选择不当而引起的故障。例如，溢流阀额定流量小，导致发出尖叫声。这类故障必须通过设计理论分析和系统性能验算后才能最终加以诊断。

五、液压传动系统故障的特点

1. 故障的多样性和复杂性

液压传动系统出现故障的原因可能是多种多样的，而且大多情况下是几个故障同时出现。例如，系统压力不稳定的同时伴随振动与噪声同时出现；而系统压力达不到要求往往与动作故障联系在一起；甚至机械、电气部分的毛病会与液压系统的故障交织在一起。从而使故障变得多样复杂，新液压传动系统在调试的时候更是如此。

2. 故障与原因的交错性

交错性是指液压传动系统的故障症状与原因之间存在着各种各样的重叠与交叉。

1）引起同一个故障症状有多种可能的原因。一个故障有多种可能的原因，而且这些原因常常是互相交织、互相影响的。例如，系统压力达不到要求，其原因可能是泵引起的，也可能是溢流阀引起的，还可能是两者共同作用的结果；系统压力不足，可能是油液粘度不合适，也可能是系统泄漏引起的；再如，引起执行机构速度慢的原因可能是负载过大、执行元件本身磨损使内泄漏过大、系统内存在泄漏口、系统调压故障、系统调速故障及泵的故障等。

2）同一个原因引起多种故障症状。液压传动系统中一个原因可能引起多个故障症状。往往同一个原因，但因其程度的不同、系统结构的不同、与它配合的机械结构的不同，所引起的故障现象也是多种多样的。例如，同样是混入了空气，严重时使泵吸不进油，轻者引起流量、压力的波动，同时还会产生噪声和运动部件的爬行。再如，叶片泵定子曲线磨损后会出现压力波动增大和噪声增大的故障；泵的配流盘磨损后会出现流量减小、泵的表面发热及油温升高等症状。

对于一个故障有多种可能的原因的情形,应采用有效的手段剔除不存在的原因。一个原因可能引起多个故障症状的情形,可利用多个症状的组合来确定故障源。对于叠加的现象,应全面考虑每个影响因素,分清各因素作用的主次轻重。

3. 故障的隐蔽性

液压传动系统是依靠在密封管道内并具有一定压力的油液来传递动力的,系统的元件内部结构及工作状况又不能从外表进行直接观察,因此它的故障具有隐蔽性,不如机械传动系统故障那样直观,又不如电气传动系统那样易于检测。液压装置的损坏与失效往往发生在内部,又不便拆卸,现场的检测条件也十分有限,难于直接观测,各类液压元件无不如此。由于表面症状的个数有限,加上随机因素的影响,使得液压传动系统的故障分析与诊断比较困难。大型液压阀板的内部孔系纵横交错,如果出现贯通与堵塞,液压传动系统就会出现严重的失调,在这种情况下寻找故障点的难度更大。

4. 故障产生的偶然性和必然性

偶然性和必然性是指液压传动系统故障的产生有时是偶然的,有时是必然的。

偶然性是指,因为液压传动系统在运行过程中受到各种随机性因素的影响,如环境温度的变化、机器工作任务的变化、外界污染的侵入等都是随机的。由于随机性的影响,故障的发生点及变化方向不确定,是偶然的,从而引起判断与定量分析的困难。如,溢流阀的阻尼孔突然堵塞,使系统突然失去压力;换向阀的阀芯突然卡死,不能换向;电气老化使电磁铁吸合不正常而引起的电磁阀不能工作等。这些故障没有一定的规律可循。

必然性是指,故障的发生是由特定原因引起的,而且持续不断经常发生的情况。如,液压油粘度低引起系统泄漏、液压泵内部间隙大导致容积效率低等这都是必然的。再如,环境温度低使液压油粘度增大,使油液流动困难;环境温度高使液压油粘度减小,使系统压力、流量不足;在不干净的环境工作会引起液压油严重污染,导致液压系统出现故障;另外,操作人员的技术水平也会影响系统的正常工作。这都是必然性的表现。

5. 失效分布的分散性

分散性是指由于设计、加工、材料及应用环境等方面的差异,以及液压元件的磨损恶化速度相差较大,致使液压元件的使用寿命差异很大。一般液压元件的寿命标准在现场是无法成为依据的,只有对具体的液压设备与液压元件确定具体的评定标准,这需要积累长期的运行数据。

由于液压传动系统故障具有上述的特性,所以当系统出现故障后要很快地确定故障部位是很困难的。必须对故障进行认真的检查、分析、判断,才能找出其原因。一旦找到原因,处理往往是比较容易的。

第二节 液压传动系统故障诊断技术概述

一、液压传动系统故障诊断的概念

液压系统故障诊断技术是一门了解和掌握液压系统运行过程中的状态,进而确定其全体或者局部是否正常,以便发现故障,查明原因的技术。其实质就是给液压系统"看病"的技术。

液压系统故障诊断是对故障及其产生故障的原因、部位、严重程度等——作出判断，是对液压系统"健康状况"的精密诊断。这种诊断要由专业技术人员来实施。

二、液压传动系统故障的原因

液压故障原因分为内因（因素）与外因（诱因）。内因指的是液压故障对象（即发生液压故障的液压元件或液压系统）本身的内部结构与状态，对故障具有抑制或促发作用；外因指的是引起液压元件和液压系统发生液压故障的破坏因素，如力、热、摩擦、磨损、污染等环境因素，时间因素和人为因素等。

（1）内因

1）液压元件结构设计潜在缺陷或液压元件结构特性不佳，如滑阀在往复运动中易发生泄漏的液压故障等。

2）液压元件材质不佳、制造质量差，留下隐患，易导致液压故障。

3）液压系统设计不合理或不完善，使用时由于液压功能不全导致液压故障。

4）液压设备运输、液压系统安装调试不当或错误导致液压故障。

（2）外因

1）液压系统的运行条件即使用条件与环境条件的影响，如温度高、水和灰尘的污染导致液压故障。

2）液压系统的维护保养不当和管理不善，如未能按时保养、按时换油、按时向蓄能器补充氮气等导致液压故障。

3）自然因素和人为因素的突变，如密封圈老化失效、运行规范不合理、操作失误等导致液压故障。

三、液压传动系统故障诊断的准备条件

1. 掌握理论知识

要有效地排除工程机械液压系统的故障，首先要掌握液压传动的基本理论知识，如各类液压元件的原理构造与工艺特性，液压传动的工作原理等。因为分析液压系统故障时必须从它的工作原理出发。当分析其丧失工作能力或出现某种故障的原因究竟是由于设计与制造缺陷还是由于安装使用不当带来的问题时，只有懂得液压系统工作原理才有可能作出正确的判断。否则，排除故障就有一定的盲目性。对于大型、精密、昂贵的液压设备来说，错误的诊断将造成维修费用的提高，停工时间长，导致生产率降低等经济损失。

2. 具备实践经验

工程机械液压系统的故障大量属于突发性和磨损性故障。这些故障在液压系统运行的不同时期表现形式与规律也不一样。因此，诊断排除这些故障不仅要有专业理论知识，还要有丰富的设计制造安装、使用维护保养各方面的实践经验。

3. 掌握系统的工作原理

检查与排除液压系统故障前，最重要一点是熟练掌握该液压系统的工作原理。掌握系统中每一个液压元件的作用，熟悉每一个液压元件的结构和工作特性。除此之外还要熟悉系统的容量等合理的工作参数。

每一个液压系统的性能指标都有其额定值，例如额定压力、额定流量、额定速度、额定

转矩等。负载超过系统的额定值就会增加故障发生的可能性。液压系统性能指标额定值称为系统容量。

四、液压传动系统故障诊断的策略

1. 由此及彼，触类旁通

各种液压装置在原理、结构、功能及加工方法等方面存在着不同类型的相似性。以实物相似性为桥梁，在认识一事物的情况下去认识另一事物，这在故障诊断问题的探讨中具有特殊意义。由于条件的限制，人们可以通过类比、仿真、故障模拟等方式去认识另一类似事物。利用事物的相似性可以缩短认识过程，降低把握新事物的困难程度。

2. 积极假设，严格论证

假设论证分析法将积极的探索精神与严格的逻辑论证紧密地结合起来，是典型的思维方法在液压系统故障诊断中的具体应用，值得在实践中广泛推广。

3. 化整为零，层层深入

化整为零，层层深入的基本思想是，在考察问题时将考察对象划分为低层次若干个子系统，每个系统又作出进一步的划分，直至分出的最基本的构成单元。液压系统是复杂庞大的，难于直接查出故障的具体位置，又不能盲目搜寻，只能逐步深入地判断故障点。在液压系统中，一个故障对应一系列的故障原因，通过对故障原因的总结与分类，可以划分出故障原因的不同层次，以及各层次所包含的子系统。故障原因的化整为零可通过因果关系图或故障树图等方法来实现。

4. 聚零为整，综合评判

液压系统发生故障以后，其故障信息是多方面的，它们通过不同的途径进行传播。由于液压系统故障因果关系的重叠交错，只从某一方面判断系统的问题可能无法得出结论。通过对系统多方面信息的综合考虑，可大大缩小问题的不确定性，得出更加具体的结论。在故障诊断过程中，除了对液压系统的主要症状作出必要的观测外，还要考察其他方面的情况，看是否有其他异常现象，将各症状综合起来，形成一个有机的故障信息群，信息群中每条信息说明一个问题，随着信息量的增多，问题得以具体描述与刻画，答案也就显露出来了。

5. 抓关键，顺藤摸瓜

现代液压设备日趋复杂，往往是机、电、液、气系统并存，相互交织。进行故障诊断时必须通过系统图来理清故障线索，这时有必要采取抓住关键问题，顺藤摸瓜的策略，使查阅系统图更加有的放矢。

鉴于液压系统故障的特点及故障诊断的重重困难，讲究策略是必要的。上述策略不仅对现场液压系统故障诊断十分奏效，而且为建立液压系统故障诊断专家系统的推理提供了极有价值的设计思路。

五、液压传动系统故障诊断技术分类

液压系统故障诊断技术一般可分为简易诊断技术和精密诊断技术。

简易诊断技术又称主观诊断，它是靠人的感觉和经验，利用简单的仪器对液压系统故障进行定性分析诊断的技术。简易诊断技术的主要方法有观察诊断法和逻辑分析法。

精密诊断技术是客观诊断，它是指在简易诊断的基础上，对有疑问的异常现象采用各种新的现代化仪器设备和电子计算机系统等进行定量分析诊断。精密诊断技术主要方法有仪器检测法、油样分析法、振动声学法、超声检测法、采用计算机检测专家系统等。

目前，精密诊断技术需要的各种仪器比较昂贵，在实际工程机械液压系统故障诊断中主要采用简易诊断技术，必要时采用精密诊断技术。

第三节　液压传动系统故障诊断方法

工程机械故障诊断最基本的方法有观察诊断法、逻辑分析法、仪器检测法、计算机辅助诊断法。

一、观察诊断法

观察诊断法，实质就是凭人的眼、耳、鼻、手的视觉、听觉、嗅觉、触摸的感觉与日常经验结合起来，分析液压设备是否存在故障及故障部位与产生的原因，是最初的直观诊断法。

（1）视觉　观察管路、接头有无破裂、损伤、漏油、松脱、变形；观察执行机构有无动作缓慢、爬行或速度不均；观察油箱油量、粘度、气泡、油液污染变质情况；观察液压泵、液压阀、液压缸、液压马达等的固定处有无松动与振动，元件的管接头、端盖、轴端等处有无渗漏和滴漏；观察系统工作压力、流量的稳定性。必要时辅以其他手段和方法。例如，当油液渗漏不严重又难以确定其位置时，可用洁净的擦布把可疑部位擦干净，仔细查找渗漏点。必要时在该部位配撒白色粉灰，以便准确找到渗漏点。不要盲目拆卸或更换。

（2）触觉　手摸感觉液压元件的外壳表面温度；感觉有无漏油及漏油部位；感觉有无振动、松动、爬行；感觉判断油路的通断。因为在油压较高并具有一定脉动性的液压系统中、当油管（特别是胶管）内有压力油通过时，手握管路会有振动或类似于摸脉搏的感觉，无油通过或压力过低时则没有这种感觉。据此可判断油压高低及油路通断。手感判断带有机械传动的液压元件润滑情况，当润滑不良时会出现壳体发热。手感适合于用眼直接观察不到的地方。

（3）耳觉　听液压泵、压力阀有无工作噪声；听换向有无冲击声；听有无吸空、气蚀、困油的异常声音；听有无振动、撞击敲打声。听机械零件损坏造成的异常声响，用于判断故障点、故障形式、损坏程度等。如，液压泵吸空、压力阀开启、运动元件卡滞等等都会有不同的声响。当金属元件破裂时，可通过敲击可疑部位倾听是否有嘶哑的破裂声。

（4）嗅觉　嗅油液是否有变质的味道，嗅是否有橡胶气味，嗅是否有焦化气味。根据部件过热、摩擦、润滑不良、气蚀等原因而发出的异味来判断故障点。例如，有焦化油味，可能是液压泵或液压马达吸入空气而产生气蚀，气蚀产生高温把周围的油液烤焦而致。密封件由于温度过高产生特殊味道。

观察诊断首先在机器不工作的状态下进行；当在停机状态不易察觉到故障时可开机检查，进行故障复现，但开机检查要注意做好安全防护措施，防止由于故障复现引起故障加重。

在用观察诊断法时，还必须结合查阅技术档案中的故障案、日检、定检、维修保养记录。还必须结合询问有关人员：故障时，系统工作是否正常，泵有无异常，油液、滤芯更换时间；故障前压力阀、流量阀是否调节过、有否不正常现象，是否更换过液压元件、密封件；故障后系统有哪些不正常；过去常出现哪些故障，如何排除的。

将以上观察所得到的现象、征兆、信息作为第一手资料，根据经验、有关理论知识及有关图表资料数据判断是否存在故障，分析故障性质、发生部位及产生原因，然后采取措施排除故障或排除故障隐患，防止大故障的发生。

观察诊断法虽然简单，但却是较为可行的一种方法，特别是在缺乏完备的设备、仪器、工具的情况下更为有效。只要逐渐积累了丰富的经验，运用起来更加自如。将观察诊断法归纳为六个字：看、听、摸、嗅、阅、问。

用观察诊断法进行日常检查的项目举例（表3-1）。

表 3-1 日常检查的项目

检查项目	检查方法	判断标准	处理方法
外观不正常现象	眼观	有无泄漏、管接头松动、管路损伤	修理、拧紧、维护
油箱油量、油变质、油污染	眼观	油位是否正常、过滤器是否堵塞、油液是否变质	补足油量、清洗过滤器、更换液压油等
振动、噪声不正常	眼观、耳闻	是否正常	比正常值大时立即查明原因后进行修理
油温不正常	手摸后发现不正常再用温度计测量	是否正常	超过正常允许值时，查明原因后进行修理
工作速度不正常	眼观	不正常、太慢	流量不足、泄漏、定压太低等，查明原因后进行处理
工作压力不正常	眼观	无力	定压太低、供油不足及其他故障的查处

不难看出，液压系统常见故障的各项征兆均可以通过观察诊断法进行判断。

二、逻辑分析法

逻辑分析法是根据设备液压系统基本工作原理进行逻辑推理的方法。也是掌握故障诊断技术及排除故障的最主要的基本方法。该方法是根据液压系统图，按一定的思考方法并合乎逻辑地进行分析，根据逻辑关系逐一查找原因，排除不可能的因素，最终找出故障所在。它是根据该组成设备液压系统中各回路内的所有液压元件有可能出现问题导致故障发生的一种逼近的推理查处法。

这种方法比较简单，但是要求诊断者具有丰富的知识和经验。要求诊断人员首先要了解机械设备的性能，认真阅读说明书，对液压设备的液压系统原理图、液压元件的结构与特性进行深入仔细的研究；查阅设备运行记录和故障档案，了解设备运行的历史与当前状况，向操作者询问设备出现故障前后的工作状况和异常现象等，然后现场观察。如果设备还能起动运行，就应当亲自起动一下，并操纵有关控制部分，观察故障现象及有关工作情况，然后归纳上述情况进行综合分析，认真思考。最后进行诊断与排除。

逻辑分析法按采用的方式不同可分为叙述法、列表法、框图法、因果图法及故障树法等。

1. 叙述法

叙述法就是以叙述的方式将系统发生的故障、发生的原因、发生的部位联系起来进行一系列的逻辑推理过程，从而对故障进行诊断和排除的方法。下面以图3-1所示简单液压系统的故障诊断为例说明叙述法的应用。

液压系统故障现象是液压缸动作不灵，采用叙述法诊断分析。

1）油箱5内液面太低。

故障原因：油液长期损耗或泄漏以致供油不足。

排除方法：加足液压油至油箱容积的80%处。

2）吸油过滤器6堵塞。

故障原因：液压油受到污染。

排除方法：检查液压油或换油，清洗或更换吸油过滤器。

3）液压油污染或变质。

故障原因：液压油在运输、加注过程中有雨水侵入；元件使用过程中的磨损、高温、气蚀、氧化等。

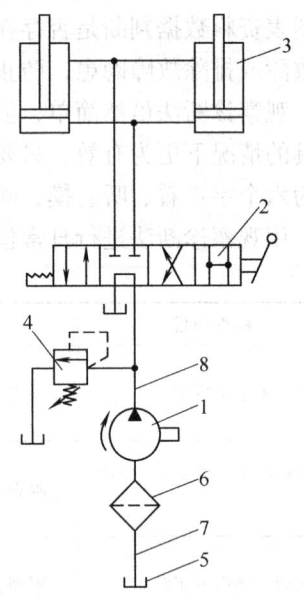

图3-1 简单液压系统示意图
1—液压泵 2—换向阀 3—液压缸
4—溢流阀 5—油箱 6—吸油过滤器 7—吸油管道 8—压力管道

排除方法：检查油液污染度、变质情况，更换液压油。

4）吸油管道7堵塞或太细长，引起吸油不足。

故障原因：吸油管因氧化腐蚀、污物堵塞或设计得太细长，使吸油阻力大、吸油性差。

排除方法：疏通吸油管道，减小管道长度，加粗管径。

5）液压泵1自吸性能差。

故障原因：吸油高度过大，吸油速度过快，吸油管过细、弯曲、内壁不光滑、密封性差。

排除方法：减小吸油高度；增大吸油管径，保持内壁光滑、减少弯曲；提高管接头的密封性；变开式油箱为闭式油箱，并使油箱压力提高；在液压泵的上端设立副油箱等。

6）液压泵1故障。

齿轮泵自身故障，如密封性差，产生漏气；齿形精度低，接触不好；轴向及径向间隙不合适；安装精度低；齿轮、轴承、密封件的零件损坏等，均会造成压力波动、提不高，流量不均等。

7）溢流阀4故障。

溢流阀调压失灵，溢流不正常。原因：阻尼孔堵塞、主阀阀芯卡死、先导阀密封不良、弹簧疲劳或折断等。

8）换向阀2故障。

换向阀间隙过大、泄漏严重或阀芯卡紧等。

9）液压缸3故障。

液压缸自身存在问题，如密封件损坏、活塞与缸体存在间隙、存在内外泄漏、缸内有空气、缓冲装置有问题等。

10）压力管道 8 有故障。

压力管道接头松动、管内阻尼大、弯头多、弯头处存有空气等。

以上是采用的叙述法诊断故障原因的例子，实际运用中，以上叙述各项均可视情对症予以逐项勘察排除，直至故障消失。

2. 列表法

列表法是利用表格的形式将系统发生的故障、故障原因、排除方法简明地列出的一种故障诊断法，见表 3-2。

表 3-2 列表法分析诊断液压系统故障

故障	故障原因分析	故障排除办法
油温上升过高	1）使用了粘度高的工作油，粘性阻力增加，油温升高 2）使用了消泡性差的油，由于气泡的绝热压缩，油液变质是油温升高 3）在高温暴晒下工作，油液劣化加剧，使油温升高 4）其他如过猛操纵换向阀，经常处于溢流状态等也会使油温加速升高	更换合适的液压油，平稳操作，防止冲击，尽可能减小系统溢流损失等
工作油中气泡增多	1）工作油中混入了空气，停机时气泡积存于配管中，执行元件排气不良时，同样会出现更多的气泡 2）密封性差 3）油温上升	检查油量是否过少，尤其是在倾斜使用时液面要高于泵的进油口，检查密封性，使用消泡性好的液压油

3. 框图法

框图法是利用矩形框、菱形框、指向线和文字组成的描述故障及故障原因诊断和故障排除过程的一种图示方法。有了框图，即使故障复杂也能做到分析思路清晰，排除方法层次分明，解决问题一目了然。

框分为两种，一种是矩形框，称叙述框，用来表示故障现象或要解决的问题及排除措施，它只有一个入口或只有一个出口；另一种是菱形框，它表示故障原因的分析，是检查判断框，一般有一个入口、两个出口，判断后形成两个分支，一个是满足条件的分支（常以"是"表示），另一个是不满足条件的分支（常以"否"表示）。框图法应用举例如图 3-2 所示。

4. 因果图法

因果图法是利用因果分析的方法，将故障的特征与可能的影响因素联系在一起对故障的发生过程及原因进行推理诊断的方法。是对液压系统工作可靠性及液压设备故障进行分析诊断的重要方法。由于其图形与鱼骨相似，故因果图又称鱼刺图。

因果图的一般结构如图 3-3 所示。下面举例说明其画法及分析诊断过程：作因果图之前首先要明确分析的故障是什么，例如，液压系统油液过热的故障，通过收集资料、分析研究，找出产生故障的原因，并从主到次、从粗到细进行分析整理。然后按因果关系和层次作出图形，将分析的故障写在图的右端，画出一条带箭头的主干线，箭头指向右端。把产生故障的原因（一般有液压系统原因、环境原因、机械原因三大因素，可视具体情况增减）视为大原因,把大原因用较细线箭头(与主干线箭头夹角为 60°)排列在主干线的两侧;把各大原因作为结果,找出其产生的原因,也就是次层次中的原因(大原因"液压系统原因"的中原因一般有压力损耗大、设计不合理),把中原因用箭头(一般应与主干线平行,并指向大原因)排列在大原因的两侧;再把中原因作为结果,找出其产生的原因,也就是有一层次的小原因(中原因"压力损耗大"的小原因一般有油液粘度高、管路设计与安装不合理、油液流动速度过大),把小原因用箭头(一般应平行于大原因箭头,指向中原因),排列在中原因的两侧;依次类推,直到找出能采取措施以解决的最终层次的原因为止。最后把关键的原因加框以便加以重视。

故障的排除方法:通过在因果图中小原因箭头所指的位置标注代号,统一归纳列出表示该项故障的措施。例如图 3-3 中:①更

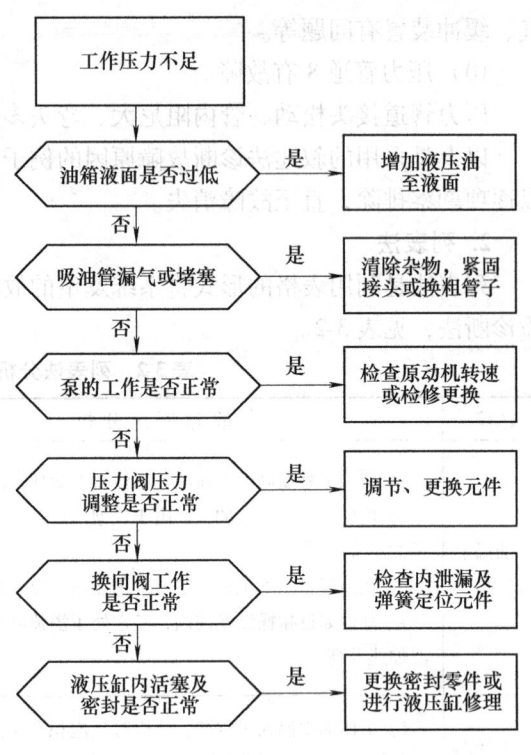

图 3-2 框图法应用举例

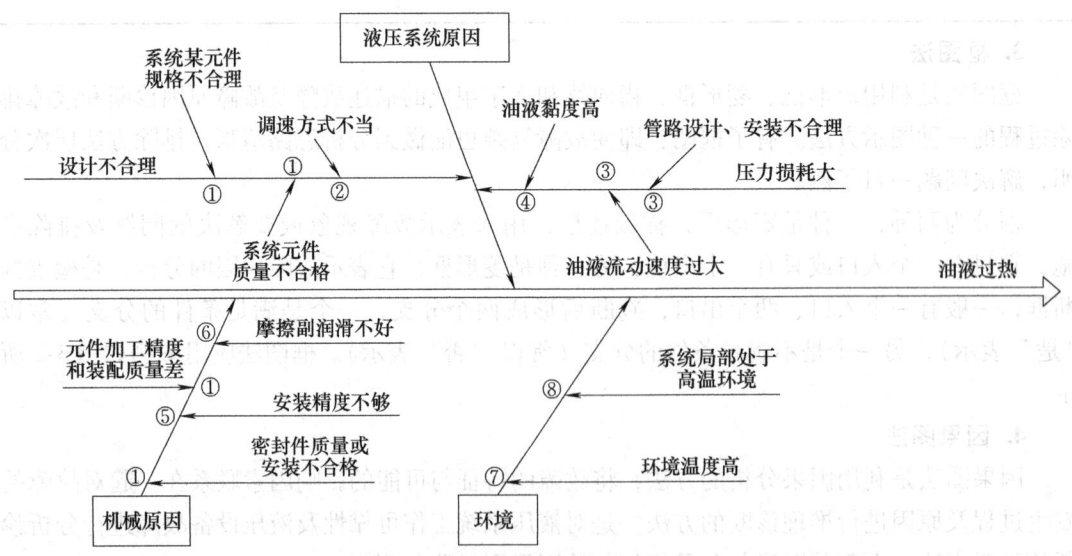

图 3-3 液压系统油液过热故障诊断因果图

换元件;②选择合适的调速方式;③更新设计;④选用合适的润滑油;⑤重新安装;⑥更换润滑介质;⑦降温;⑧局部降温。

应该指出,因果图需要在使用实践中不断验证和修改完善。

图 3-4 所示为液压泵不出油或流量不足原因的分析因果图。

第三章 工程机械液压传动系统故障诊断与排除基础

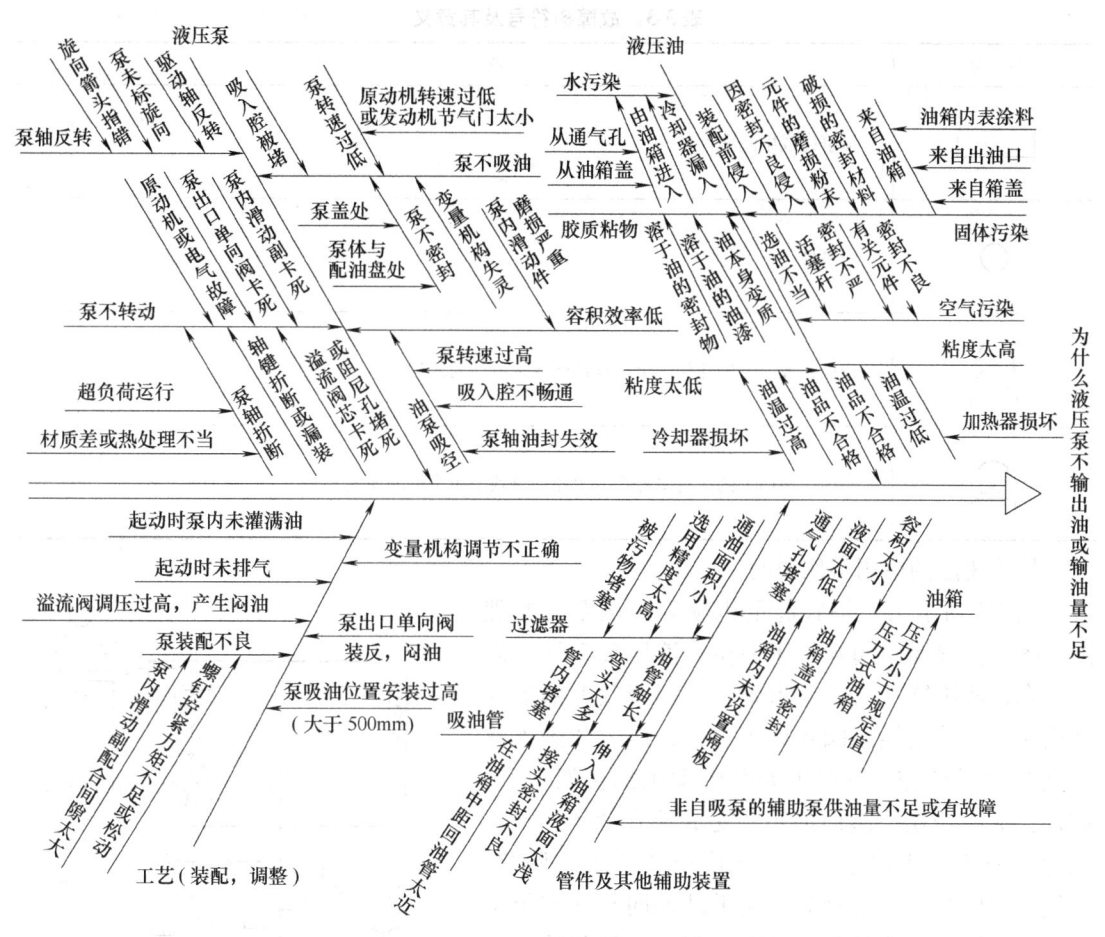

图 3-4 液压泵不出油或流量不足原因的分析因果图

5. 故障树法

故障树法是在研究系统故障与引起系统故障的直接原因和间接原因之间关系的基础上，建立这些故障原因之间的逻辑关系，从而确定系统故障原因的分析方法。是一种将故障形成的原因由总体到部分按树枝状逐渐细化，从而找出故障发生的直接原因的分析方法。

故障树是一种图形演绎，它把系统故障与导致该故障的各种可能的原因形象地绘制成树形故障图表，较直观地反映故障现象与原因之间的相互关系。正确地建立故障树是进行故障分析的关键环节，只有建立了正确完整的故障逻辑关系才能保证诊断结果的准确性。

在故障诊断时，以待诊断的故障现象作为故障树的顶事件，把顶事件作为第一级，用规定的符号画在故障树的最上端；顶事件确定之后分析引发顶事件的可能原因，并将其作为第二级又称中间事件，选择相应的符号将第二级画在顶事件之下，按照第二级与顶事件之间的关系（"或"关系或"与"关系），并用逻辑门符号与线条连接。依次分析第二级及以后的各级（均称为中间事件）各个事件的引发原因，并按照逻辑关系进行连接，直到不能进行进一步分析为止（最后一级事件称为底事件），底事件用实线圆内填写数字来表示。最后形成一个以顶事件为根，以中间事件为节，以底事件为叶的，自上而下的，具有若干级的，倒置的树状逻辑结构图——故障树。故障树中出现的符号及其意义见表 3-3。

表 3-3 故障树符号及其意义

符 号	意 义
▭	顶事件或中间事件
○	底事件
⌒	或门，或门下的任何一个事件都能导致事件的发生
⌂	与门，与门下的所有事件都发生才会导致上级事件的发生

故障树法的应用举例说明：

图 3-5 所示为一塔式起重机顶升液压系统原理图。图示位置换向阀 6 位于中位，液压泵 3 处于卸荷状态，液压缸 9 不动。当要顶升套架及上部塔顶结构时，使手动换向阀 6 处于右位，压力油进入液压缸 9 的无杆腔，缸筒上升并带动顶部套架上升，有杆腔油液经换向阀回油箱，完成顶升动作。顶升压力由溢流阀 4 调定，顶升速度由节流阀 7 调节。当施工完毕要降低塔身时，使手动换向阀 6 左位工作，压力油进入有杆腔，缸筒下降，无杆腔油液经换向阀回油箱。双向液压锁 8 的作用是保证液压缸 9 在顶升和下降的过程中可在任意位置停止、锁紧不动。

系统在工作中顶升液压缸会出现不动作的现象，使液压系统处于故障状态。确定以"顶升液压缸不动作"为顶事件建立故障树。

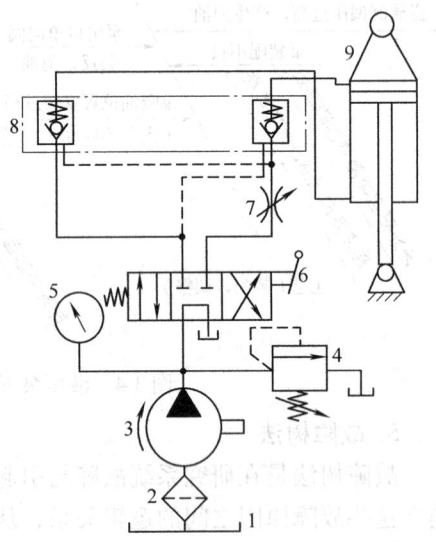

图 3-5 塔式起重机顶升液压系统原理图

根据塔式起重机顶升液压系统原理图、结构特点、各元件在液压系统中的作用、系统的有关参数及实际液压系统的布置情况，应用故障树逻辑分析法，分析找出导致顶事件所有可能的直接原因有液压缸故障、溢流阀故障、油箱故障及齿轮泵故障，它们是中间事件，与顶事件是"或门"逻辑关系。继续用逻辑分析法找出导致中间事件所有可能的直接原因。

1) 导致液压缸故障的原因有：①液压缸活塞或活塞杆被卡住；②液压缸活塞密封圈损坏，内泄漏严重造成液压缸油压不足。

2) 导致溢流阀故障的原因有：③溢流阀调整压力过低；④主阀阀芯或锥阀座面磨损严重导致压力过低；⑤先导阀调压弹簧弯曲、太软，先导锥阀与阀座结合面处密封性差导致压力低。

3）导致油箱故障的原因有：⑥油箱油量不足；⑦吸油口过滤器堵塞。

4）导致齿轮泵故障的原因有：⑧齿轮泵端面与侧板磨损，轴向间隙增大，内泄漏严重，⑨齿顶与泵体磨损，径向间隙增大，内泄漏严重。

它们是底事件，与相应的中间事件是"或门"逻辑关系。

经过以上分析，可得到塔式起重机顶升液压系统中的顶升液压缸不动作的故障树，如图 3-6 所示。

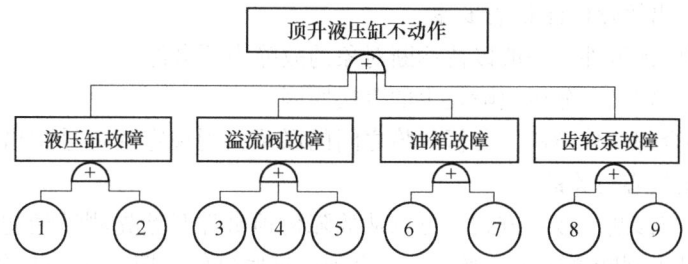

图 3-6　顶升液压缸不动作的故障树

根据故障树进行故障诊断与排除的过程是，对故障树所列的底事件共 9 项进行逐项检查，并相应采用调整、维修、更换等手段进行排除。

图 3-7 所示为油液含气的故障树。

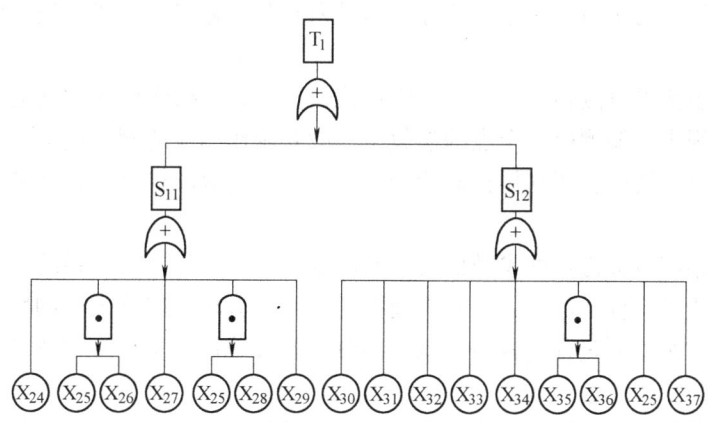

图 3-7　油液含气故障树

图中，顶事件 T_1：油液污染；中间事件 S：S_{11}——系统吸入空气，S_{12}——油液低于分离压析出空气；底事件 X：X_{24}——吸油管路或泵壳内存有空气，X_{25}——过滤器堵塞，X_{26}——液压泵吸油侧密封不良，X_{27}——吸油管口浸入液面过低，X_{28}——吸油管密封不良，X_{29}——回油口未浸入液面下系统回油带入空气，X_{30}——泵安装过高，X_{31}——油箱通气口堵塞，X_{32}——吸油管路过长或内径过小，X_{33}——吸油管弯折或堵塞，X_{34}——液压阀节流造成局部压力过低，X_{35}——电动机转速过高，X_{36}——油液温度过低，X_{37}——泵内吸入腔不畅。

其中底事件 X_{25}、X_{26} 及 X_{25}、X_{28} 与中间事件 S_{11} 为"与门"的逻辑关系，底事件 X_{35}、X_{36} 与中间事件 S_{12} 也为"与门"的逻辑关系。

在故障树中，割集是指故障树的一些底事件的集合，当这些底事件同时发生时，顶事件必发生；最小割集是指除去任何一个割集中所含底事件，顶事件就不会发生，也就不再成为割集了。建立故障树的目的就是找出系统全部的最小割集。

根据故障树，分析出底事件共 16 项，可求出最小割集为 12 个，它们是 $\{X_{24}\}$、$\{X_{25}\}$、$\{X_{27}\}$、$\{X_{29}\}$、$\{X_{30}\}$、$\{X_{31}\}$、$\{X_{32}\}$、$\{X_{33}\}$、$\{X_{34}\}$、$\{X_{35}\}$、$\{X_{36}\}$、$\{X_{37}\}$。逐项测试这些最小割集，就可找到故障源。

经过归纳，得出故障树诊断法步骤：

1）选择合理的顶事件。一般以待诊断对象的故障为顶事件。

2）对故障进行定义，分析故障发生的直接原因。

3）建立正确合理的故障树。分析故障之间的联系，用规定的符号画出系统的故障树结构图。这是诊断的核心与关键。

4）故障搜寻与诊断。搜寻方式：可以从故障树顶事件开始先测试最初的中间事件，根据中间事件测试结果判断测试下一级事件，直到测试底事件，搜寻到故障的原因及部位；也可以逐个测试最小割集，从而搜寻故障源，进行故障诊断。

三、仪器检测法

仪器检测法是使用仪器、仪表进行诊断的方法。这些仪器、仪表必须在拆卸液压设备的情况下进行参数测量，参数测量后与正常值相比较，从而断定是否有故障。主要是通过对液压系统各部分液压油的压力、流量、油温的测量来判断故障点。一般来说，用仪器、仪表检测是较准确有效的。

仪器检测法虽然可以测知相关点的准确数据，但存在着操作繁琐的问题。由于液压系统所设的测量接头很少，要测得某个点的参数，一般要制作相应的测量接头；另外，系统图上给出的数据也很少。所以，要利用仪器检测法顺利地进行故障检查，必须做好以下几个方面的工作：

一是对所测系统各关键点的参数值要有明确的了解，一般在液压系统图上会给出几个关键点的数据，对于没有标注的点，在测量前要通过计算分析得出其大概的数值。

二是要准备几个不同量程的仪表，以提高测量的准确性。量程过大测量不准确，量程过小会损坏仪表。

三是多准备几种规格的测量接头，主要考虑与系统中元件、油管接口连接的需要。

四是要注意执行元件回油压力的检查。因为回油路堵塞会造成回油压力增高，以致执行元件进、出油口压差减小，出现执行元件工作无力的现象。

常用检测仪有 SP3600 液压系统检测仪、HICLAS-A 型液压泵故障早期诊断器、PFM 型万能液压故障检测仪。

四、计算机辅助诊断法

计算机技术的发展使人工智能专家咨询系统得以实现。它可以根据人们事先安排好的程序有条不紊的进行逻辑判断和推理，模拟人类专家的思维过程。计算机辅助诊断法是在机械的工作状态监测与故障诊断的过程中建立起来的一种以计算机辅助诊断为基础的多功能自动化诊断系统。但是仍要依靠人们在日常工作中积累起来的大量经验与计算机判断结合才能得出正确判断。这种诊断方法特别适用于工程机械的自诊断和在线监测。

此外还有其他诊断方法，对于液压系统中某些元件，如液压泵、液压马达、液压缸等主要元件，可按规定取油样，对油样进行光谱分析或铁谱分析，以确定这些元件的磨损程度，以便及时发现、修理、更新，避免酿成大患。

第四节 液压传动系统故障诊断与排除步骤

1. 故障诊断前的准备工作

阅读液压设备使用说明书及液压系统图，掌握液压系统的结构、工作原理、性能及设备对液压系统的要求；掌握液压系统中所有液压元件的结构、工作原理、性能；阅读设备使用的有关档案资料，掌握诸如生产厂家、制造日期、液压件状况、使用期间出现过的故障及处理方法原始记录等。

2. 现场勘查

现场查清故障现象，仔细观察，充分掌握其特点。了解故障产生前后设备的运转情况，查清与故障有关的一切因素。

3. 分析判断

在现场勘查的基础上对可能引起的故障原因作初步的判断分析，初步列出可能引起故障的原因。分析判断时要注意：首先充分考虑外部因素对系统的影响，查明确实不是外部原因引起的情况下，再将注意力集中在系统内部来查找原因。其次，分析判断时一定要把机械、电气、液压三个方面联系起来一起考虑，切不可孤立单纯地考虑液压系统。第三，要分清故障是偶然发生的还是必然发生的。对于必然发生的故障，要认真分析原因，并彻底排除；对于偶然发生的故障，只要查出原因并排除即可。

4. 调整试验

调整试验就是对于仍能运转的机械设备经过上述分析判断后所列出的故障原因进行压力、流量和动作的循环试验，以便去伪存真，进一步证实并找出哪些更可能是引起故障的原因。调整试验可按照已列出的故障原因，依照先易后难的顺序一一进行。如果把握不大，可首先对怀疑较大的原因部位直接试验。

5. 拆卸检查

拆卸检查就是经过调整试验后对进一步认定的故障原因部位进行拆开检验。拆开时要注意保持部位的原始状态，仔细检查有关部位，切不可用手乱摸有关部位，以防手上污物沾到该部位上。

6. 处理故障

对检查出来的故障部位修复或更换，切勿草率处理。

7. 重试与效果测试

按技术规程仔细认真处理故障完毕后，重新进行试验测试。注意观察其效果，并与原来的故障现象进行对比。如果故障已排除，就证实了故障的分析判断与处理是正确的；如果故障还没有排除，就要对其他的怀疑的原因和部位进行同样的处理，直至故障消失。

8. 故障原因分析与总结

按上述步骤将故障排除后，要对故障现象与原因进行认真地定性、定量分析总结，以便对故障的原因、规律得出正确的结论，从而提高处理故障的能力，积累经验，也可以防止同类故障的再次发生。

第四章 常见液压元件与液压系统故障分析与排除

液压系统工作过程中出现的故障有多种类型，无论哪种类型的故障，具体地说就是液压泵、液压缸、液压马达、液压阀、管路及过滤器等构成液压系统的基本元件出现了故障。因此，分析诊断液压传动系统出现的故障也就是判断液压系统中哪个元件出现了故障，所以诊断排除液压系统的故障，必须首先了解各种液压元件本身经常会出现哪些故障，以及怎样排除，以便掌握规律，及时诊断排除液压系统的故障。

第一节 液压泵故障分析与排除

怀疑液压泵有机械故障时，应脱开动力后再进行检查。首先用手转动泵轴，如果转动过紧或不平滑，则说明泵的内部有机构损坏，需要更换或维修内部机构。如果泵转动平滑，但运转时出现噪声大、不出油、建立不起压力等故障现象时，就要对泵进行具体的分析与诊断。不同类型的泵，不同的故障现象，其具体的原因与诊断方法也不尽相同，下面进行具体分析。

一、液压泵的常见故障分析

(一) 液压泵的噪声
液压泵的噪声主要有液压噪声和机械噪声两种。

1. 液压泵的液压噪声

液压泵的液压噪声主要是指困油、吸油及进气等引起的噪声。

(1) 液压泵困油产生的噪声　困油现象会产生噪声。为了消除困油现象，在液压泵设计时已采取了改进机构，如在液压泵中设卸荷槽。但是，如果装配质量不高或维修拆装不当时，就会造成卸荷槽的位置偏移，导致困油现象发生。其表现为随着液压泵的旋转，不断地交替发出爆破声和尖叫声，规律性很强，新旧泵均如此。

消除办法是：用刮刀或锉刀修磨卸荷槽（卸荷孔），边修边试验，直至消除困油噪声。每次修正量一定要很微小，以免造成液压泵吸、压油口互通。

(2) 液压泵吸油及进气产生的噪声　一般工作油中溶解的空气量较少，对泵的噪声影响不大，然而，油中一旦混入空气，则影响极大。液压系统通常在运转初期噪声很小，但运转一段时间后出现较大的噪声，且油箱中油液因含有小气泡而变成乳白色，证明油中已混入了空气。油中混入空气产生气穴，噪声值将增加 10~15dB，很容易发出尖叫声。控制空气侵入是减小噪声的重要途径。

检查部位及清除方法是：

1) 油箱液面不能过低，油量要足，一般吸油管口距油箱液面高度以 140~160mm 为宜。

2) 进油管的密封性要可靠，如有漏气可拧紧管接头或更换密封圈。

3) 进油口过滤器不能堵塞或滤网过密（一般过滤精度齿轮泵为 50μm、叶片泵为

30μm、柱塞泵为 25μm)。过滤器应在油箱液面下 2/3 处。

4) 液压泵的各个密封部位不能漏气。转速也不能过高,以防止吸空。

若液压泵中已进入了空气,则要排气。进入管道内的空气,可以松开放气阀排气;对于油中的气泡,可采取短时间停车的方法,让油箱中的气泡分离。总之,为了防止气穴的产生,控制液压泵的噪声,对于所有可能进入空气的渠道都应进行检查,并采取相应的措施。

液压油粘度过高、吸油口过小,则吸油阻力大;转速、压力过高,超负荷工作,均会引起噪声。应检查液压油牌号及工作温度(液压油牌号合适、工作温度应正常),检查吸油口流速(不超过 1.5m/s),检查压力、转速(均不应超过额定值)。

2. 液压泵的机械噪声

由机械振动引起的噪声有两类。一类是属于设计、加工问题造成的噪声,如泵的旋转部分的不平衡与加工误差(齿形误差、节距误差等),造成周期性冲击振动,引起噪声;另一类是属于装配质量和零件磨损、破裂及拉毛等造成的振动引起的噪声。具体情况如下:

1) 因轴线不平行造成齿轮啮合不良,泵盖与齿轮端面磨擦,螺栓松动使泵体与泵盖接触不良,尤其是齿形误差较大、安装又不符合要求出现的振动噪声更大。

2) 泵的轴承磨损,叶片与定子表面撞击、损伤,会出现异常的噪声,这往往是在运转一段时间后出现的,而且会越来越严重。

3) 动力轴与泵的传动轴不同心,变量叶片泵滚针轴承调整不当也会产生振动噪声。

4) 油管、机架、液压泵零件松动与泵出口压力脉动引起振动噪声。可安装蓄能器吸收压力脉动或缓冲压力突变。可通过加橡胶垫、隔音材料或隔音装置降低振动噪声。

齿轮泵噪声高的主要原因有:困油现象、齿形精度低。解决方法是:修磨卸荷槽或调换盖板,对研齿轮或更换齿轮。

叶片泵噪声高的主要原因有:①定子曲线不良,解决方法是修理研磨或更换定子;②叶片槽与叶片松紧不一,解决方法是单槽配研或更换,使之灵活;③配流盘有困油现象,解决方法是修正卸荷槽;④叶片槽歪斜或转子轴歪斜,解决方法是更换转子或转子轴。

(二) 液压泵压力不足或无压力

液压泵的压力取决于负载,当负载很小或无负载时,压力很小或无压是正常的。但是,如果在负载工作情况下不能输出额定压力或压力很小,即为液压泵压力不足的液压故障。其原因主要有以下几个方面:

1. 液压泵不吸油

电动机起动后,液压泵不吸油,其原因主要是液压泵转向不对或转速太低,有时也可能是吸油管没有插入到液面下。此类故障较好检查,也较易排除。

2. 液压泵泄漏严重

液压泵泄漏严重,造成流量下降,压力不足。此故障多半是由于液压泵磨损、配合间隙增大造成的(也会有其他部位的泄漏)。

对于齿轮泵,磨损造成轴向间隙过大,这是引起泄漏的主要原因。因过多的油流回吸油腔,必然使压力降低。这种故障比较容易从机械噪声和泵的温升状况来判断。解决办法是修磨齿轮端面,使误差满足公差要求,然后修配泵体,保持合适的轴向间隙(CB 型齿轮泵的间隙一般为 0.025~0.04mm)。

对于叶片泵,磨损造成轴向间隙过大,叶片与叶片槽的间隙超差,叶片顶部与定子内表面接触不良，使得密封性能差，内泄漏增大，压力降低。定子内表面及叶片顶部、转子与配油盘的磨损是维修中常见的。双作用叶片泵定子内表面的吸油区过渡曲线部分，由于叶片根部通压力油使叶片顶部顶在定子内表面上的压力和叶片冲击力较大，最容易磨损。而在压油区，叶片两端（根部和顶部）受力基本平衡，磨损较小。解决办法是：磨损不严重时，可用细砂纸修磨，并把定子旋转180°（使原来的吸油腔变为压油区）即可使用；如果叶片顶部磨损，可把叶片根部做成倒角或圆角作顶部使用（即原来的顶部作根部使用）。转子与配油盘磨损严重时，也可采用修磨的办法，把磨损表面磨平。应当注意，转子磨去多少，叶片也应磨去多少，保证叶片宽度比转子宽度小 0.005 ~ 0.001mm，同时还要修磨定子端面，保证轴向间隙。装配时注意不要将叶片装反，叶片和槽不要配合过紧或有卡滞现象。

对于柱塞泵，配油盘与泵体、柱塞与泵体之间的磨损造成间隙过大失去密封性；中心弹簧断裂，使柱塞不能复位或行程不够，引起配油盘与泵体受力不均而失去密封性。从而内泄漏增大，压力降低。

（三）液压泵排量不足或无排量

液压泵排量不足或无排量的原因可能与压力不足的原因相同（液压泵不吸油或泄漏严重），也可能有其他的原因。这里就其他原因进行分析。

1）吸油口漏气，流量不足和噪声较大。漏气的原因多是管接头处密封不良。

2）吸油管或过滤器堵塞，造成吸油困难，流量不足，多为被油中污物堵塞。所以应选用过滤精度合适的过滤器且定期清洗、检查油质。

3）油箱中液面太低、油量不足或液压泵安装位置距油面过高等使吸油困难。若空气被吸入，也会使流量不足。若油量不足，则必要时加油。

4）油液粘度过高或温度过低，造成吸油不畅或液压泵转速下降，造成流量下降。应检查油液状况，必要时更换。

5）油液粘度过低或温度太高，造成泄漏增大，使流量不足。应检查油液状况，视情况将油温和粘度控制在适当的范围内。

6）液压泵停转。检查泵轴或驱动连接件是否损坏。可能轴上的键被剪断或泵内有零件损坏，应检查更换。

7）对于变量泵，可能由于变量机构磨损等原因损坏，使其达不到极限位置，造成偏心距（对于叶片泵、径向柱塞泵）、斜盘倾角（对于斜盘式柱塞泵）偏小而引起流量不足。当在高压情况下流量不足时，可能是调整的误差，此时可在功率允许的情况下将偏心距或斜盘倾角增大。

（四）液压泵温升过高

液压系统的油温以不超过 55℃ 为适宜，液压泵的温度允许稍高些（高出系统油温 5 ~ 10℃），但液压泵与系统的最高温差不得大于10℃。温升过高（俗称发热），有设计、装配、调整及使用等多方面的原因。

1）系统卸荷不当或无卸荷、管道流速选择得过高、压力损失过大及油箱过小散热不好等，都是造成液压泵温升过高的原因。

2）从装配使用和维护的角度造成温升过高的原因有：

① 液压泵装配质量没有保证（如轴向间隙过小、转子垂直度超差、几何形状超差等），相对运动表面油膜被破坏，形成干摩擦，机械效率降低，使液压泵发热。

② 液压泵磨损严重，轴向间隙过大，泄漏增加，容积效率降低，其能量损失转化为热能，使液压泵发热。

③ 油液污染严重、粘度过高或过低使油温升高。油液污染或变质后形成沥青状污物，使运动副表面油膜破坏，摩擦增大，油温升高。油液粘度过高使流动阻力增大，能量损失转化为热能增加；粘度过低，泄漏增大，也导致油温升高。

④ 系统压力调整过高，液压泵在超负荷下（超过额定压力）运行，因而易使油温升高。此外，油量不足或油箱隔板漏装（或没设置），使回油得不到充分的冷却又被吸入液压泵，因而造成油温升高。高压泵吸进空气也会使油温急剧升高。

总之，为抑制油温的升高，从制造到使用、维修都应严格检查和控制。在设计合理的情况下，装配时，要保证轴向间隙符合要求，保证相对运动表面充分润滑，不能出现干摩擦。使用时，系统工作压力要调整到小于液压泵的额定压力，选择油的粘度适当并保持清洁，保证回油箱的油液充分冷却，必要时设冷却器。

（五）变量泵变量机构故障

1）手动伺服变量机构有时操纵杆停不住、失灵。可能原因与排除方法有：

①伺服阀阀芯被卡死，可清洗、研磨或更换阀芯；②变量控制活塞磨损严重，造成漏油和停不住，修配或更换变量控制活塞；③伺服阀阀芯端部折断，需要更换阀芯。

2）液控变量机构的变换速度不够。可能原因与排除方法有：①控制压力过低，应提高控制压力；②控制流量太小，应增加控制流量；③个别油道堵塞，应疏通油道。

液压泵出现故障的原因是多方面的，既具体又复杂，分析与诊断故障的方法要根据故障的表现、维修人员的知识和经验、工厂的条件和生产使用情况来确定。

二、各类型液压泵常见故障、产生原因及排除措施（见表4-1～表4-3）

表4-1 齿轮泵常见故障、产生原因及排除措施

故障现象	原因分析	排除方法
噪声大、压力波动严重	1）过滤器堵塞	清除过滤器上的污物
	2）吸油管外露、深入油箱液面较浅、贴近油箱底面太近或吸油位置太高	安装调整，使油管深入油箱液面内2/3处，吸油高度不大于500mm
	3）油箱中油液不足	按游标规定添加油液
	4）泵体与泵盖平面度误差大，密封性差	研磨接触面，紧固连接件严防泄漏
	5）齿轮精度不高	更换齿轮或修整齿形
	6）骨架油封损坏、油封内弹簧脱落	检查，更换油封
	7）泵轴联轴器碰撞	采用弹性联轴器，联轴器橡胶圈损坏时需更换，安装时保证同轴度
输出流量不足、压力提不高	1）轴向、径向间隙过大	进行检查、调整、修复或更换机件
	2）吸油管或过滤器堵塞	清除污物，定期更换液压油
	3）连接处泄漏吸入空气	检查密封，紧固连接处，重装或更换机件
	4）油液粘度大或油温过高	选用适合的液压油，控制油温在规定范围
	5）泵的转速过高或转向不对	控制转速在规定范围，纠正转向
	6）轴套或侧板与齿轮端面磨损严重	更换轴套、侧板或齿轮

(续)

故障现象	原因分析	排除方法
泵温、油温过高	1）轴向、径向间隙过小，严重摩擦	检查装配质量，调整间隙，修理或更换机件
	2）油液粘度过高	更换粘度适当的油液
	3）油液变质，吸油阻力大	更换油液
	4）油箱小、散热不良	增大油箱，增设冷却器
	5）卸荷方法不当或带压溢流时间过长	改进卸荷方法，减少带压溢流时间
	6）油液在管中流速过高，压力损失过大	加粗油管，调整系统布局
	7）受外界各种影响	消除外界影响
外泄漏严重	1）泵盖上的回油口堵塞	清洗回油孔
	2）泵盖与密封圈配合过松	调整或更换密封圈
	3）密封圈装配不当或失效	调整装配或更换密封圈
	4）零件密封面划痕严重	修磨或更换机件

表 4-2 叶片泵常见故障、产生原因及排除措施

故障现象	原因分析	排除方法
不排油或无压	1）泵的转向不对	纠正转向
	2）油箱液面过低	加油至规定高度
	3）油液粘度过大，叶片滑动阻力大	改用适当粘度的液压油
	4）泵体有砂眼，使高低压腔互通	更换泵体
	5）配油盘与壳体接触不良，配油盘在油液压力作用下变形	修整配油盘的接触面
排油量不足或压力提不高	1）轴向、径向间隙过大	修复或更换有关机件
	2）有关连接部位密封不严，吸入空气	检查是否有泄漏，紧固各连接处或更换密封件
	3）个别叶片移动不灵活，与定子曲面接触不良	检查，单槽配研不灵活的叶片
	4）叶片与定子曲面接触不良	修磨定子表面
	5）叶片或转子方向装反	纠正装配
	6）配油盘内孔磨损	严重损害时更换配油盘
	7）叶片与叶片槽间隙过大	根据叶片槽单配叶片
	8）过滤器堵塞，吸油不畅	清洗过滤器、吸油管使其畅通，并定期更换油液
噪声、振动严重	1）空气进入	检查有关密封部位、液面高度等吸入空气的可能，加以排除
	2）过滤器堵塞，吸油不畅	清洗过滤器，吸油管路，使之畅通
	3）转速过高	适当降低转速
	4）联轴器不同心、松动	重装使同心、紧固
	5）定子曲面拉毛	抛光修磨定子曲面
	6）配油盘上三角槽堵塞或太短	检查，清除堵塞物或适当修长
	7）叶片倒角太小或高度不一致	加大倒角或加工成弧形，修磨使其高度一致
	8）个别叶片过紧	检查，进行研配
	9）轴的密封过紧，温升大	调整密封圈使松紧适度
	10）油液粘度过高	改用适当粘度的液压油

表 4-3 轴向柱塞泵常见故障、产生原因及排除措施

故障现象	原 因 分 析	排 除 方 法
流量不足或无流量	1）吸油不足 ①吸油管、过滤器堵塞，阻力大 ②油箱液面过低 ③进油管漏气 ④油温过低	①清除污物，排除堵塞 ②加油至规定高度 ③紧固连接处使之密封 ④根据温升实际情况，选用合适的油液
	2）密封不良，泄漏量过大 ①配油盘密封面有砂眼或划伤 ②柱塞与缸孔或配油盘与缸体接触面磨损 ③变量机构各元件之间配合或密封不好	①配研缸体端面及配油盘或更换机件 ②更换柱塞，修磨配油盘与缸体的接触面 ③检查、维修、更换密封件或机件
	3）柱塞回程不够或不能回程	检查中心弹簧，加以更换
	4）实际斜盘倾角太小或变量机构失灵	调整手动操纵杆或伺服操纵系统，检查并修复
	5）压盘损坏	更换压盘，清除碎渣
	6）泵内未充满油，留有空气	排出空气
	7）油液粘度过低	根据温升实际情况，选用合适的油液
斜盘零角度时仍有流量	1）斜盘耳轴磨损	更换斜盘或研磨耳轴
	2）控制器的位置偏离	重新调零
	3）控制器松动或损坏	紧固、更换元件，调整控制油压
输出流量、压力波动	1）有规则变化的原因：柱塞与柱塞孔、滑履与斜盘、缸体与配油盘有磨损、损伤	修理、研磨接触表面，更换已损坏的机件
	2）变量机构控制作用不佳（流量波动很大时）的原因：异物进入变量机构，控制活塞上有划痕，控制弹簧自激振动，控制活塞阻尼差	拆开液压泵，清洗、更换已损坏的机件，加大阻尼，改进弹簧刚度，提高控制压力
	3）吸油管堵塞，阻力大或漏气	清除污物，排出堵塞，紧固密封连接处
	4）油温高、粘度低，泄漏大	控制油温，选用合适的液压油
	5）流量过小，内泄大	加大流量
输出压力异常（压力升不上去或过高）	1）压力升不上去通常为液压泵内泄过其或漏气	检查排除
	2）液压泵以外的元件故障，如溢流阀、液压缸、液压马达等故障	检查、诊断，排除故障
噪声大	1）泵内有空气	排出空气，检查漏气部位并维修
	2）吸油管、过滤器堵塞	清除污物，排出堵塞
	3）油液粘度大或不干净	检查，过滤或更换合适的油液
	4）泵轴安装不同心	重新调整，达到同轴度要求
	5）油箱液面过低，吸入泡沫或阻力大吸入不足	加油至规定高度，增大管径，减小弯头，减小吸油阻力
	6）管路振动	采取隔振或减振措施

(续)

故障现象	原因分析	排除方法
变量机构失灵	1）在控制油道上出现堵塞	过滤油液，必要时冲洗控制油道
	2）斜盘与变量活塞磨损	刮修、配研配合面
	3）伺服活塞、变量活塞拉杆卡死	机械卡死时，研磨法使各运动件灵活；油液脏时，更换油液
	4）个别油道、孔堵塞	疏通
泵不转动	1）油脏或油温变化使柱塞与缸体卡死	更换油液，控制油温
	2）因柱塞卡死或有负载起动致使柱塞球头折断	更换柱塞
	3）因柱塞卡死或有负载起动致使滑靴脱落	修复
泵发热严重	1）内部泄漏、压力损失严重	检查配合间隙，研修有关密封
	2）相对运动配合接触面磨损	修整或更换磨损件
漏油严重	1）泵上的回油管路漏损严重	检查主要零件是否损坏或磨损严重
	2）结合面或轴端漏油	检查结合面密封或轴端密封，修复或更换
	3）变量活塞、伺服活塞磨损	严重时更换

第二节 液压马达与液压缸故障分析与排除

一、液压马达的常见故障分析与排除

液压马达是把液压泵输出的液压能转化为机械能的执行元件。从理论上讲，液压马达与液压泵是可逆的，其结构基本相同，其故障诊断及排除可参照液压泵的方法。但实际中同类型的液压马达和液压泵由于二者的使用目的不同，结构上也有差异。为了弄清产生故障的原因，必须了解二者的差异。

液压泵的低压腔一般为真空。为了改善吸油性能和抗气蚀能力，通常进油口做得比排油口大。而液压马达的低压腔的压力略高于大气压，没有这样的要求。

液压马达必须能正反转，所以内部结构具有对称性，而液压泵一般为单方向转动，没有对称性要求。例如，齿轮液压马达必须有单独的泄漏油道，而不能像液压泵那样引入低压腔；叶片液压马达由于叶片在转子中沿径向布置，装配时不会出现装反的情况，而叶片泵的叶片在转子中必须前倾或后仰安放。

液压马达的速度范围很宽，要求低速稳定，起动转矩大。液压泵一般速度很高，变化较小。

液压泵结构上必须保证自吸能力，而液压马达没有这样的要求。点接触式轴向柱塞液压马达，其柱塞底部没有弹簧，不能作液压泵使用，就是因为其没有自吸能力。

由于以上原因，实际上很多类型的液压泵和液压马达不能互逆使用，因而其故障原因和诊断也不尽相同。

液压马达的特殊问题是起动转矩和起动效率等问题，这些问题与液压泵的故障也有一定的关系。液压马达常见故障分析如下。

1. 液压马达回转无力或速度迟缓

这种故障往往与液压泵输出功率有关，液压泵一旦发生故障，将直接影响液压马达。原因有：

（1）液压泵出口压力过低　除了溢流阀调整压力不够或溢流阀发生故障外，原因都在液压泵上。由于液压泵出口压力不足，使液压马达回转无力，因而起动转矩很小，甚至无转矩输出。解决办法是针对液压泵产生压力不足的原因进行排除。

（2）流量不够　液压泵供油量不足和出口压力过低导致液压马达输出功率不足，因而输出转矩较小。此时，应检查液压泵的供油情况，查找供油不足的原因并加以排除。

2. 液压马达泄漏

（1）液压马达泄漏量过大，容积效率大大降低　泄漏量不稳定，引起液压马达抖动或时转时停（即爬行）。泄漏量的大小与工作压差、油的粘度、液压马达的结构形式、排量大小及加工装配质量等因素有关。此现象在低速时比较明显，因为低速时进入液压马达的流量小，泄漏量大，易引起速度波动。

（2）外泄漏会引起液压马达制动性能下降　用液压马达起吊重物或驱动车轮时，为防止重物自动下落或在斜坡上车轮自动下滑，必须有一定的制动要求。液压马达进、出油口切断后，理论上马达应该完全不转动，但实际上仍在缓慢转动（即有外泄漏），重物缓慢下落或车辆在斜坡上下滑会造成事故。解决办法是检查密封性能，选用粘度适当的液压油，必要时另设专门的制动装置。

3. 液压马达爬行

液压马达爬行是低速时容易出现的故障之一。液压马达最低稳定的转速是指在额定负载下，不出现爬行现象的最低转速。液压马达在低转速时产生爬行的原因有：

（1）摩擦阻力的大小不均匀或不稳定　摩擦阻力的变化与液压马达的装配质量、零件滑动表面磨损、润滑状况、液压油的粘度及污染度等因素有关。

（2）泄漏量不稳定　泄漏量不稳定导致液压马达的爬行现象。高速时因其转动惯性大，爬行并不明显；而在低速时惯性较小，就会明显地出现转动不均匀、抖动或时动时停的爬行现象。

为了避免或减小液压马达的爬行现象，维修人员应做到根据温度与噪声的异常变化及时判断液压马达的摩擦、磨损情况，保证相对运动表面有足够的润滑；选择合适的油液并保持清洁；保持良好的密封，及时检查泄漏部位，并采取防漏措施。

4. 液压马达脱空与撞击

某些液压马达，如曲柄连杆式液压马达，由于转速的提高，会出现连杆时而贴近曲轴表面，时而脱离曲轴表面的撞击现象。再如多作用内曲线式液压马达作回程运动时，柱塞和滚轮因惯性力的作用会脱离导轨曲面（即脱空）。为了避免撞击和脱空现象，必须保证回油腔的背压。

5. 液压马达噪声

液压马达噪声和液压泵一样，主要有机械噪声和液压噪声两种。机械噪声由轴承、联轴节或其他运动件的松动、碰撞、偏心等引起。液压噪声由压力与流量的脉动，困油容积的变化，高、低压油瞬时接通时的冲击，油液流动过程中的摩擦、涡流、气蚀、空气析出、气泡溃灭等引起。

一般噪声应控制在80dB以下，如果噪声过大，则应根据其发生的部位及原因采取相应的措施予以降低或排除。

各类液压马达常见故障现象、产生原因及排除措施见表4-4与表4-5。

表4-4 齿轮式、叶片式液压马达常见故障现象、产生原因及排除措施

故障现象	原因分析	排除方法
转速低	流量不足或内泄漏太大	检查流量和内部零件，必要时更换
转矩小	1）溢流阀调定压力低	检查溢流阀，重新调定压力
	2）回油阻力过大	检查，降低回油阻力
	3）零件磨损	更换零件
换向阀关闭马达不能立即停	1）工作机构惯性大	增设制动回路，控制惯性
	2）换向阀泄漏大	检查换向阀，修复或更换
	3）缓冲溢流阀额定压力不当	重新调整缓冲溢流阀

表4-5 径向柱塞式大转矩液压马达常见故障现象、产生原因及排除措施

故障现象	原因分析	排除方法
压力低时转速不均	1）系统内有空气	排除空气
	2）供给流量不均	查找原因并排除
压力波动大时转速不均	1）配流器安装不正确	转动配流器直至消除不均现象
	2）柱塞被卡紧	拆开液压马达修理
发出激烈撞击声（每转撞击次数等于液压马达作用数）	柱塞被卡紧	拆开液压马达修理
有时发出撞击声	1）配流器错位	正确安装配流器
	2）凸轮环工作表面损坏	拆开液压马达修理
	3）滚轮轴承损坏	拆开液压马达更换轴承
在额定流量转速达不到额定值	1）配流器漏油	拆开液压马达检查并修理
	2）配流器配合间隙过大	
	3）柱塞或柱塞缸间隙过大	
输出轴不转	1）进口压力低于额定压力	将压力调整在额定压力范围内
	2）柱塞被卡紧	拆开液压马达检查并修理
	3）配流器被卡紧	
	4）滚轮轴承损坏	
	5）主轴或其他零件损坏	
壳体或密封处泄漏	1）紧固螺钉松动	拧紧螺钉
	2）密封圈损坏	更换密封圈

二、液压缸的常见故障分析与排除

液压缸也是把液压泵输出的液压能转化为机械能的执行元件。液压缸的故障原因除了有流体的因素外，还有机械方面的因素。液压缸的结构有多种形式，典型的、常用的为活塞式

液压缸。它主要由两个组件（缸筒组件和活塞组件）和三个装置（密封装置、排气装置及缓冲装置）组成。所以，对液压缸的故障分析主要以活塞式液压缸为主，从流体和机械两个方面进行分析。

（一）液压缸爬行

所谓液压缸爬行是指液压缸运动时所出现的时断时续的速度不均现象。低速时爬行现象更为严重，而且显得液压缸推力不足。速度下降的主要特征是推不动或速度慢，使液压缸工作不稳定。其原因有流体的因素，也有机械方面的因素。

（二）液压缸内泄漏

液压缸内泄漏容易导致液压缸爬行或液压缸推力不足、速度下降、工作不稳定等现象。液压缸内泄漏的主要表现为压力表显示值上升慢或难以达到规定值；液压缸中途用挡铁挡住不能前移时，回油管仍有回油，并且检查液压泵和溢流阀均无故障；在液压缸全行程上故障部位规律性很强。

液压缸内泄漏的原因是缸体与活塞的磨损导致间隙过大，若活塞上装有密封圈则因磨损或老化失去密封作用。处理措施是更换活塞或密封圈，保持合理的间隙。若液压缸经常使用的只是其中的一部分，则局部磨损严重，间隙增大，液压缸会内泄漏。此时可重磨缸筒，然后重配活塞。

（三）液压缸机械别劲

液压缸机械别劲也容易导致液压缸爬行、推力不足、速度下降、工作不稳定等现象。液压缸机械别劲表现为压力表显示压力偏高；液压缸中途用挡铁挡住不能前移时，回油管无回油，而溢流阀回油管有回油；故障规律性也很强；液压缸运动部件阻力过大，使液压缸的速度随着行程位置的不同而变化。

这种现象大多由装置质量差，零件变形与磨损或形位误差超差等所引起。如活塞杆过长、刚性差，缸筒内径成鼓形或锥形、腐蚀、拉毛，活塞与活塞杆同轴度不好，液压缸安装位置与导轨平行度差，导轨与滑块夹得太紧，活塞杆密封压得太紧等。若污物进入液压缸的滑动部位，也会造成阻力增大，都会产生液压缸机械别劲。如果在同一部位阻力变大，则可能是伤痕或烧结所致。这时，应先卸荷，再往复空行，检查液压缸工作阻力，视情况维修和调整。

（四）液压缸进气

1. 液压缸进气的危害

液压缸混入空气后，使活塞工作不稳定，产生爬行和振动，还会使油液氧化变质、腐蚀液压系统和元件。当液压缸竖直或倾斜安装时积聚在活塞下部的空气不易排出，从而产生大的振动和噪声，一旦受到绝热压缩就会产生较高的温度，以致烧毁密封元件。

2. 液压缸进气的原因及处理

1）液压缸原有的空气未排干净。由于结构上的原因液压缸内的空气不易排除干净。应在结构上设排气口，且设置在最高处。工作前尽量把残存空气排净。

2）液压缸内部形成负压时空气被吸入液压缸。应在液压系统中设置补油管路等。

3）管路中积存的空气没有排除干净。连接管路的拐弯处容易积存空气，也很难排除。因此在管路高处应设排气装置。

4）从液压泵吸油管吸入空气。因为液压泵吸油腔为负压，容易吸入空气。因此吸油管应插入油箱液面以下一定的深度，且吸油管不得漏气。

5) 油液中混入空气。回油管口高出液面时，排回的油液在油箱液面上飞溅，就可能卷进空气。过滤器部分露出液面时也会使液压泵吸入空气而带入液压缸。因此回油管应插入油箱液面以下，过滤器不得露在液面外。

3. 液压缸进气的故障诊断

1) 液压泵连续吸入空气进入液压缸，其压力表显示值较低，液压缸无力或爬行，油箱起泡，此时诊断为液压泵吸气故障。

2) 液压缸内和油管内存有空气，表现为压力表显示值偏低，液压缸有轻微的爬行，油箱内有少许气泡或无气泡。通过排气即可解决。

3) 液压缸形成负压吸气和油中带入气体，表现为压力表显示值偏低，液压缸不断爬行，油箱内有少量的气泡，应及时消除油中气体及对液压缸形成负压的部位进行处理。

（五）液压缸冲击及缓冲装置故障

1. 液压冲击

液压冲击是液压缸快速运动时，由于工作机构质量大，因而有很大的动量和惯性，往往在行程的终点造成活塞与缸盖撞击，产生很大的冲击力，并发生较大的声响和振动。

液压冲击不仅损坏液压缸及有关结构，而且影响配管和控制阀的工作性能。为了防止液压冲击的发生，应在液压缸中设置缓冲装置。

2. 缓冲装置工作不良

缓冲装置有多种结构，有环形间隙式、节流口可调式、节流口可变式及外部节流式等。

1) 缓冲作用失灵，即失去缓冲作用。如缓冲调节阀处于全开状态，活塞不能减速，惯性力很大，会突然撞击缸盖，可能使安装在底座和缸盖上的螺栓损坏。应检查、调节缓冲阀，使之进入合适的缓冲状态位置。如是负载惯性过大，应设计合适的缓冲机构。如是缓冲阀不能调节，应进行修复或更换。如是阀口封闭不严，应检查，可更换或修复阀芯与弹簧。如是活塞上密封件破坏，应该更换密封件。如是缓冲柱塞表面上有伤痕，或锥面长度或角度不对，应修复或更换。

2) 缓冲作用过度。缓冲节流口开口过小，应检查、调节缓冲阀，使之进入合适的缓冲状态位置。缓冲节流口有污物时，应清洗干净。固定式缓冲装置的柱塞头与衬套之间间隙过小，应修复间隙。

液压缸常见故障、产生原因及排除措施见表4-6。

表4-6 液压缸常见故障、产生原因及排除措施

故障现象	原因分析		排除方法
活塞杆不动作	没有油液	1) 换向阀未换向	检查未换向原因并排除
		2) 系统未供油	检查液压泵、液压阀的故障并排除
	压力不足	3) 系统中泵或溢流阀的故障	检查液压泵、溢流阀的故障原因并排除
		4) 液压缸内泄严重，活塞与活塞杆松脱，密封件老化、失效、唇口装反或损坏	将活塞与活塞杆紧固牢固，更换密封件并正确安装
		5) 活塞环损坏	更换活塞环
		6) 系统调压太低	重新调整压力，达到要求值
		7) 通过调速阀的流量过小，再因为泄漏，流量不足造成压力不足	调整调速阀，使流量大于泄漏量

（续）

故障现象		原因分析	排除方法
活塞杆不动作	压力已达到要求仍不动作	8）加工、安装质量差，液压缸别劲： ①液压缸零件尺寸、形状超差 ②缸体与活塞，导向套与活塞杆配合间隙过小 ③活塞、活塞杆、缸盖之间同轴度差 ④液压缸与工作平台平行度差	按正确方法安装，找出别劲原因： 1）检查，更换无法修复的零件 2）检查配合间隙并配研到规定值 3）重新装配和安装，更换不合格零件 4）重新安装达到要求
		9）液压缸结构上问题： ①活塞端面与缸筒端面紧贴在一起，工作面积不够，故不能起动 ②具有缓冲装置的缸筒上单向回路被活塞堵住	1）端面上要加一条通油槽，使工作油迅速流向活塞工作面，缸筒的进、出油口位置应与接触表面错开 2）排除
		10）背压腔未与油箱相通；回油路上调速阀调节的流量过小或换向阀未动作	检查原因并排除
速度达不到要求值	内泄漏严重	1）密封件损坏严重，油液粘度太低，油温太高	检查原因并排除
	外载荷过大	2）设计错误，选用压力过低	核算后更换元件，调大工作压力
		3）工艺使用错误，造成外载荷比预定值大	按设备规定值使用
	活塞移动时别劲	4）同"活塞杆不动作"原因8	同"活塞杆不动作"原因8
	脏物进入滑动部位	5）装配时未清洗干净，带入脏物，油液过脏，防尘圈破损	清洗、过滤或更换油液，更换防尘圈，装配时注意清洁
	活塞在端部行程速度急剧下降	6）缓冲节流口过小，在缓冲行程时速度急剧下降或停止	若节流口为可调式的，则调节节流口开度至适宜，使其起缓冲作用；若节流口为固定式的，则适当加大节流孔径或节流环间隙
	活塞移动到中途速度变慢或停止	7）缸筒内径精度差或缸筒发生膨胀，活塞通过增大部位时，泄漏量增大	修复或更换缸筒
爬行	活塞杆移动别劲	1）同"活塞杆不动作"原因8	同"活塞杆不动作"原因8
	阻力不均	2）活塞杆全长或局部弯曲	校正
		3）缸筒内孔直线性不良	镗磨修复、重配活塞
		4）双出杆缸两端螺母拧得太紧使同轴度超差	用手旋紧即可，保持活塞杆处于自然状态
		5）活塞杆刚性差	加大活塞杆直径
		6）缸内腐蚀、拉毛	轻微者除去锈蚀与毛刺，重者镗磨
		7）端盖密封圈过紧或过松	调整密封圈至锁紧合适，且平稳拉动活塞时无泄漏（允许微量渗油）

(续)

故障现象		原因分析	排除方法
爬行	液压缸内进入了空气	8）液压泵吸入空气	检查，诊断原因并排除
		9）油液中混入空气	排除空气，增设排气装置，油质欠佳则更换
		10）新的、修理过的、停机时间过长的液压缸或管道内排气不净	空载大行程往复运动，直到排净空气
		11）液压缸内形成负压，吸入空气	用油脂涂抹密封结合面进行检查并排除
		12）由于液压缸至换向阀段管道容积比液压缸大，空气难以排净	在靠近液压缸的管道最高处加排气阀进行排气
牵引力不足、速度下降	阻力增加	1）活塞配合间隙过小造成阻力大	调整配合间隙至合适
		2）端盖密封圈过紧，活塞杆弯曲引起剧烈摩擦	调整密封圈，校正活塞杆
		3）油液杂质卡住活塞或活塞杆，使阻力增大	过滤或更换油液
	流量不足	4）缸筒拉伤，造成内泄漏严重	修理或更换缸筒
		5）活塞配合间隙过大或密封件损坏造成内泄漏量大	调整配合间隙至合适，更换密封件
		6）油温升高，粘度下降，泄漏增大	控制温升，过滤或更换油液
		7）缸筒局部磨损或变形成腰鼓形，造成内泄漏大	镗磨修复缸筒，单配活塞
		8）外泄漏过大，造成流量、压力不足	检查各结合部位，紧固各结合面
		9）采用蓄能器增速时，蓄能器压力、容量不足	压力不足时给蓄能器冲压、容量不足时更换蓄能器
	空气进入	10）系统中有空气，造成运动不平稳，速度下降	检查进气原因并排除
	负载过大	11）液压缸外载荷过大	控制载荷在额定值的80%左右
缓冲装置失灵（冲击、振动）	缓冲作用过度	1）缓冲节流阀的节流开口过小	将节流口调节到合适并紧固
		2）缓冲柱塞头部与缓冲环间隙太小、有脏物、倾斜或偏心	拆开清洗，适当加大间隙，修理、更换不合格零件
	失去缓冲作用	3）缓冲节流阀处于全开状态或不能调节	将节流口调节到合适并紧固，修复或更换机件
		4）单向阀处于全开位置或密封不严	检查，研配修复或更换阀芯、弹簧
		5）缓冲柱塞头或衬套内表面有伤痕	修复或更换机件
		6）缓冲柱塞锥面的长与角度不对	修正
		7）镶在缸盖上的缓冲环脱落	更换缓冲环
		8）活塞上密封件损坏	更换密封件
		9）液压缸惯性太大	应设计或选用合适的缓冲机构
	缓冲行程段出现爬行	10）加工质量不良	对每个零件进行检查，不合格零件不许使用
		11）装配不良	重新装配，确保质量

(续)

故障现象		原 因 分 析	排 除 方 法
泄漏	加工质量	1）活塞杆表面粗糙	按要求修复或更换
		2）沟槽尺寸不合要求	按要求修复或更换
	装配不良	3）液压缸自身装配或液压缸与工作台之间的装配不良，使活塞杆伸出困难，加速密封件磨损	拆开检查，重新装配
		4）密封件安装差错（划伤、装反、唇口破损、尺寸不对、切断或漏装）	检查，更换或重新安装密封件
		5）密封件压盖未装好（尺寸偏差、紧固螺钉过长不能压紧或受力不均）	重新安装，使受力均匀
	密封件质量差	6）密封圈或防尘圈老化、变形、损坏、胶料性能差、尺寸误差大	更换密封件
	使用过程造成	7）密封件咬边、拉伤、胶着而破坏	更换密封件
		8）运动件之间有纵向拉伤或沟痕（有砂粒、切屑、配合过紧）	检查，清洗，修理或更换零件
	粘度低	9）用错液压油或液压油中掺有乳化液	更换合适的液压油
	油温高	10）液压缸进、出油口阻力大	检查进、出油是否通畅
		11）环境温度高	采取隔热措施
		12）冷却器有故障	检查并排除
	高频振动	13）紧固螺钉、接头松动、位置变动	定期紧固机件
缸体破损	使用不当	1）压力、作用力过大	严禁超负荷使用
	制造质量	2）缸体加工不良或存在缺陷	特别注意检查，发现问题及时更换

第三节　液压控制阀故障分析与排除

液压系统的液压故障主要是由液压控制阀的故障所引起的。及时地对液压控制阀的故障诊断处理，能极大地提高液压系统的工作稳定性、可靠性、控制精度与寿命。液压控制阀分为方向控制阀（包括换向阀、单向阀）、压力控制阀（包括溢流阀、减压阀、顺序阀、压力继电器）、流量控制阀（包括节流阀、调速阀、分/集流阀等）三大类以及电-液伺服阀。下面进行具体分析。

一、方向控制阀故障分析与排除

（一）单向阀故障分析与排除

单向阀按不同的分类方式分有普通单向阀和液控单向阀，锥阀和球阀，直通型单向阀和直角型单向阀等。

1. 普通单向阀

1) 噪声。流量超过额定值及与其他阀产生共振等都会造成单向阀尖叫。可通过调整阀或系统参数加以解决。

2) 泄漏。当油液反向进入单向阀时有渗漏。原因为阀座密封不严、拉毛、碎裂、阀芯滑动表面磨损等，油中有杂质也会将密封面损坏，阀座与阀芯同心度差、密封面磨损或锈成麻点等造成密封面接触不良，使阀芯与阀座有泄漏，容易出现反向油流压力较低的情况。应拆下并通过研配、更换等来消除。

结合处有泄漏，主要是由于螺纹联接不紧、密封不严，检查并拧紧，必要时更换密封件或螺栓。

3) 启闭不灵，不起单向作用。阀体或阀芯变形、几何精度与配合精度差、配合处有毛刺或污物等将阀芯卡住，弹簧弯曲、折断或漏装，泄漏过大等。解决方法是：拆检、清洗、检修阀体和阀芯，更换或补装弹簧。另外，把背压阀当成单向阀使用时也会不起单向阀作用，此时应更换弹簧或阀。

启闭不灵活可能出现在开启压力很小的单向阀，或者开启压力很小的单向阀在水平方向安装使用的场合。注意，无论是直通型还是直角型单向阀，都不允许将阀芯锥面沿向上的方向安装。

普通单向阀常见故障现象、产生原因及排除措施见表 4-7。

表 4-7 普通单向阀常见故障现象、产生原因及排除措施

故障现象	原 因 分 析	排 除 方 法
发出异常响声	1) 流量超过允许值	更换大流量阀
	2) 与其他阀共振	可略微改变阀的稳定压力或调节弹簧软硬
	3) 零件磨损	更换零件
严重泄漏	1) 阀芯、阀座锥面密封不好	重新配研
	2) 滑阀、阀座拉毛	重新配研
	3) 阀座碎裂	更换并研配阀座
不起单向阀作用	1) 阀体孔变形使阀芯卡住	修研阀体孔
	2) 滑阀配合处有毛刺使滑阀不能工作	修理去毛刺
	3) 滑阀胀大变形使阀芯卡住	修研滑阀外径
结合处泄漏	螺钉或管螺纹没拧紧	拧紧螺钉或管螺纹

2. 液控单向阀

1) 噪声。原因同普通单向阀。

2) 油液不能逆流。原因是单向阀打不开。控制压力过低、阀芯卡死（加工或安装精度差、油液脏、弹簧太硬或弯曲等）、液控油管不通、液控腔漏油、泄油孔堵塞等均会造成单向阀打不开。

3) 逆流方向有泄漏。原因是逆流方向单向阀不密封。单向阀在打开的位置上卡死（阀芯与阀体口配合过紧，弹簧弯曲、变形、太软），单向阀密封面密封不均（阀芯与阀座同轴度差、磨损、油液脏），控制阀阀芯在顶处的位置上被卡死等。

液控单向阀常见故障现象、产生原因及排除措施见表4-8。

表4-8 液控单向阀常见故障现象、产生原因及排除措施

故障现象	原 因 分 析		排 除 方 法
油液不逆流	单向阀打不开	1) 控制压力过低	提高控制压力使达到要求
		2) 控制管接头漏油严重或管道弯曲、压扁,油液不畅通	紧固接头,消除漏油;更换管子,使油液畅通
		3) 控制柱塞卡死(柱塞精度低,油液过脏等)	清洗、修配使柱塞运动灵活
		4) 单向阀阀芯卡死(弹簧弯曲、阀加工精度低,油液过脏等)	清洗、修配使阀芯灵活;更换弹簧;过滤或更换油液
		5) 阀盖处漏油	紧固阀盖螺栓,并预紧均匀
		6) 阀的泄漏孔被堵塞	检查,疏通泄漏管,应使其单独接油箱
逆流方向有泄漏	单向阀不密封	1) 单向阀在全开位置卡死(阀芯与孔配合太紧,弹簧弯曲变形或太软等)	调整配合间隙,更换弹簧
		2) 单向阀锥面与阀座接触不均(同轴度差,油液过脏等)	检修或更换阀,过滤或更换油液
		3) 控制柱塞在顶开位置卡死	检查、修配,使柱塞运动灵活
		4) 控制油液的预控阀接触不良	检查原因并排除
噪声	选用错误	1) 流量超过允许值	更换合适规格的阀
	共振	2) 与别的阀共振	更换弹簧,消除共振

(二)换向阀故障分析与排除

换向阀是利用阀芯与阀体相对位置的变化来控制液流方向的。对换向阀的主要要求是:换向平稳、冲击小(或无冲击)、压力损失小(减小温升与功率损失)、动作灵敏、响应快、内漏小和动作可靠等。换向阀可分为滑阀式换向阀(简称换向阀)和转阀式换向阀(简称转阀);按操纵方法可分为手动、机动(行程)、电磁动、液动、电-液动、机-液动(液压操纵箱)换向阀等。

换向阀故障按阀的类型及发生部位分为电气控制部分故障、阀体与阀芯结构部分故障、液压控制部分故障三个方面。下面分别进行分析。

1. 电气控制部分故障

电气控制部分故障称为电气故障,通常发生于电磁、电-液换向阀的电气结构即电磁部分。

电磁换向阀按使用电源分为直流式(110V和24V)和交流式(220V和380V)两种。交流式电磁换向阀的优点是简单、方便、起动力大、动作快、换向时间短(每次0.01~0.07s),缺点是起动电流大、铁心不吸合时易烧坏线圈、换向阻力大、换向频率(30次/min)不能太高。直流式电磁换向阀无论是否吸合,电流基本不变,故不易烧坏线圈,可靠性好,换向时间长(每次0.1~0.2s),换向冲击小,换向频率高(允许120次/s,高达240次/s),但需要有直流电源,因此成本高。如果交流式电磁换向阀经常烧坏或换向冲击过大,改用直流式电磁换向阀可消除故障。

电磁换向阀又分为湿式和干式。干式电磁换向阀不允许油液进入电磁换向阀内部，故在推杆上装有密封圈，这样既增大了阻力又易泄漏，但目前常用的仍是干式的。湿式电磁换向阀的衔铁浸入油中，推杆间不需设密封装置，减小了运动阻力，又无泄漏。当换向要求高时，应改用湿式直流电磁换向阀，这对于减少换向阀故障很重要。

电气故障分为线路故障和电磁铁故障，分析如下：

1) 电气线路故障：①电气线路被拉断，电磁铁不通电，无控制信号；②电极焊接不良，接头松脱；③电压太低或不稳定，其变化量应在额定值的15%~10%范围内。

2) 电磁铁线圈发热直至烧坏：①线圈绝缘不良产生漏电，应更换线圈；②电磁铁铁心不合格，吸不住，应更换铁心；③推杆过长，电磁铁铁心不能吸到位，使电流过大、线圈过热，应修整推杆到适当的位置；④电磁铁在高频下工作，铁心干摩擦引起发热膨胀使铁心卡死，应检修或更换铁心；⑤电源电压过高。

2. 阀体与阀芯结构部分故障

阀体与阀芯结构部分故障称为机械故障，通常发生于各类换向阀的主体部分即阀体与阀芯之间。

例如，换向阀换向不到位、动作不灵。判断是否发生此类故障，可将阀卸下，通过手动使其换位，向油口注入些油，通过观察各油口的连通情况来判断。若确诊为此故障则拆开阀体进一步检查，可能的原因分析如下：

1) 阀芯与阀体孔配合间隙过小。检查配合间隙，当阀芯直径小于20mm时，间隙应在8~15μm，当阀芯直径大于20mm时，间隙应在15~25μm，否则应配研。

2) 阀芯与阀体孔几何精度差，移动时有卡死现象。应修复其精度。

3) 弹簧太硬或太软、弯曲或变形。太硬使阀芯行程不足，太软使阀芯不能复位。应更换适当的弹簧。

4) 联接螺钉紧固不良，使阀体孔变形。应重新紧固螺钉，并使之受力均匀，同时检查底垫厚度是否均匀，精度是否符合要求。

5) 油温太高，使零件变形而产生卡死现象。应采取措施控制油温。

6) 油液粘度大，使阀芯运动不灵活。应采取措施控制油液粘度或更换油液。

7) 油液过脏，使阀芯被卡住。应过滤或更换油液，清洗阀。

3. 液压控制部分故障

液压控制部分故障称为液压故障，通常发生于液动阀、电-液动阀的液压控制部分。对于液动、电-液动换向阀动作不灵活，有如下原因：

1) 阻尼器质量差或调节不当。

① 阻尼器单向阀封闭性差。应配研阀座孔与阀芯。

② 阻尼器（采用针形节流阀时）调节性能差或加工精度差，调节不出最小流量。改用精度高的节流阀（三角槽式）。

③ 节流阀控制流量过大，阀芯移动速度过快产生冲击。调小节流口，减慢阀芯移动速度。

2) 控制管路无油。

① 控制管路电磁阀不换向。检查原因，针对原因采取措施。

② 控制管路被堵塞。检查清洗，使管路畅通。

3) 控制管路压力、流量不足。
① 调节阀漏油。检查，采取措施防止泄漏。
② 滑阀一端回油腔节流阀调节过小或堵死。清洗节流阀并调整。
换向阀常见故障现象、原因与排除方法见表 4-9。

表 4-9 换向阀常见故障现象、原因与排除方法

故障现象		原　　因	排　除　方　法
阀芯不动或不到位	电磁换向阀的电磁铁故障	1）电磁铁线圈烧坏	检查原因，进行修理或更换
		2）电磁铁吸力不足或漏磁	检查漏磁原因及电源电压，修理或更换
		3）电气线路故障	检查原因，进行修理
		4）电磁铁未加上控制信号	检查后加上控制信号
		5）推杆过长或因磨损而过短，电磁铁铁心不能吸到位	修整推杆到适当的位置
	液动换向阀液控系统故障	1）控制油路无油 ①控制油路换向阀未换向 ②控制油路被堵塞	①检查原因并排除 ②检查，清洗，使控制油路畅通
		2）控制油路压力不足 ①阀盖处有漏油 ②排油腔一端节流阀开口调节得过小或堵塞	①拧紧端盖螺钉 ②清洗节流阀并调整至合适开口大小
	主阀芯卡死	1）阀芯与阀体几何精度和装配精度差 ①阀芯与阀体几何形状超差 ②阀芯与阀体装配不同心产生轴向液压卡紧现象 ③阀芯与阀体配合间隙过小 ④阀芯与阀体表面有毛刺、拉伤	检查、修理、研配阀体与阀芯，重新装配，使达到装配精度要求
		2）安装不良、阀体变形 ①安装螺钉预紧力不均 ②阀体上连接的管路别劲	①重新紧固螺钉，使受力均匀 ②重新安装
		3）复位弹簧不符合要求 ①弹簧力过硬、过软、漏装 ②弹簧弯曲变形、断裂，不能复位	更换合适的弹簧
	油液变化	1）油液过脏	过滤或更换油液
		2）油温升高使零件产生变形	检查油温升高的原因并排除
		3）油温过高，油液中产生胶质粘住阀芯	清洗阀，消除高温
		4）油液粘度太高，使阀芯移动困难	更换适宜的油液
换向后流量不足	开口量不足	1）电磁阀经长期使用，磨损撞击，使推杆缩短，使阀换向行程不足	更换推杆或电磁铁
		2）阀芯与阀体精度差、间隙太小，有卡滞现象，配合不到位	研配阀体与阀芯达到要求
		3）弹簧太硬，推力不足，使阀芯行程达不到终端	更换适宜的弹簧

(续)

故障现象		原因	排除方法
压力损失太大	使用参数选择不当	实际通过流量大于额定流量	应在额定范围内使用
冲击与噪声	换向冲击	1）大流量电磁换向阀，吸合速度过快，产生冲击	需要采用大流量、大通径换向阀时应选用液动换向阀
		2）液动阀因控制流量过大，阀芯移动速度过快，产生冲击	调小节流阀的节流口，减小流量，减慢阀芯移动速度
		3）单向节流阀中单向阀钢球漏装或破碎，弹簧漏装，造成无阻尼作用	检修单向节流阀
		4）电磁铁吸力过大	选用适当的电磁铁
	振动	1）电磁阀固定电磁铁的螺钉松动	紧固螺钉，并加防松垫圈
		2）由于压差大，产生液压冲击，使配管及其他元件振动	控制回路压差，必要时采用湿式直流或带缓冲的换向阀
		3）滑阀移动时局部摩擦力过大，时卡时动	研修或更换换向阀
		4）电磁铁铁心接触面不平或接触不良	清除异物，修整电磁铁的铁心
电磁铁过热或烧坏	电磁铁故障	1）电源电压太高或不稳定	使电压变化在规定范围内
		2）换向频率过高	更换高频换向阀
		3）线圈绝缘不良	更换线圈
		4）电磁铁铁心、推杆长度不合适、吸不到位	修理
		5）电极焊接不好	重新焊接
	负荷变化	1）换向压力超出规定	降低压力
		2）换向流量超出规定	更换合适规格的换向阀
		3）有专用泄油口的换向阀，泄油口没有接到油箱或背压太高，造成阀芯闷死	使泄油口单独接回油箱，调整背压至规定范围内
	装配不良	电磁铁铁心与滑阀轴线不同心	重新装配，保证装配精度
电磁铁吸力不够	装配不良	1）推杆过长	维修推杆到适当长度
		2）电磁铁铁芯接触面不平或接触不良	清除异物，修整至达到要求
	使用参数不当	1）电源电压太低	使电压变化在规定范围内
		2）漏磁	修理或更换电磁铁

二、压力控制阀故障分析与排除

常用液压控制阀有溢流阀、减压阀、顺序阀、压力继电器。这类阀产生故障的原因有很多相近之处，掌握了一种阀的故障分析方法会对其他阀的故障分析有所帮助。下面主要分析溢流阀，其他阀作简要分析。

（一）溢流阀故障分析与排除

溢流阀的作用是在系统中实现定压溢流。按结构不同可分为直动式和先导式两种。直动式用于低压系统调压或用作远程调压，故又称为调压阀。一般中高压系统均用先导式溢流阀，多级调压系统也可用。溢流阀还可以作安全阀、背压阀使用，它是压力控制阀中重要的阀类，应用于所有的液压系统。先导式溢流阀的故障按发生故障的部位不同，可分为主阀故障或先导阀故障。下面对溢流阀常见故障进行分析。

溢流阀的常见故障现象是压力失调、压力波动大、噪声与振动、泄漏等。

1. 压力失调

压力失调主要是指压力调整无效，即系统无压力或压力完全调不上去、压力调不高、突然上升过高、压力上升不止等。

调节系统压力的正确方法是：首先将溢流阀全打开（即弹簧无压缩），起动液压泵，慢慢旋紧调压螺母（弹簧压缩量渐渐增大），压力即逐渐上升，调整到预定值后，拧紧锁紧螺母。调整无效的原因及其解决办法有：

原因1：先导式溢流阀主阀阀芯上设有阻尼孔，通过该孔的流量就是先导阀的流量。当先导阀的流量变得很小时，调定的压力就会不稳定，压力响应变慢，其结果是压力也调不高。假如液压油中的大颗粒杂质附着在阻尼孔上，使阻尼孔通流面积减小，则先导阀的流量变得很小，压力响应也变慢。要是阻尼孔被完全堵住，先导阀的流量几乎等于零，压力就完全调不上去。

解决办法：拆开清洗溢流阀，必要时过滤或更换液压油。

原因2：先导阀阀芯与阀座间进入了大颗粒杂质，致使先导阀阀口开度大于需要值而无法关闭，从而压力完全上不去。

解决办法：拆开溢流阀，清洗先导阀阀芯及阀座。

原因3：溢流阀有远控油路，远控用换向阀不换向，始终保持与油箱连通状态，则压力完全上不去。

解决办法：检查远控换向阀不换向故障的原因，排除故障。不用液控口时，应加装堵塞，防止泄漏。

原因4：先导阀阀口被杂质堵住，因此丧失溢流阀功能，压力会上升不止，直到元件、管路破坏为止。

解决办法：拆洗溢流阀，特别是清洗先导阀阀座小孔。

原因5：溢流阀被安装在管路上时使阀体变形，使阀芯卡死在关闭的位置上不能工作，压力会上升不止。

解决办法：重新安装。

原因6：溢流阀长期在被污染的液压油中工作，滑动表面磨损，间隙增大，流过主阀阻尼孔的流量从该间隙流入回油腔，使先导阀的流量减到极小，压力响应变得缓慢，再加上油中水分、油液变质造成的腐蚀及进一步磨损，使溢流阀失去控制高压的能力，压力就升不上去。

解决办法：拆开检查溢流阀的滑动部分，看是否有有害磨损，检查油液的污染程度，必要时更换溢流阀或液压油。

原因7：弹簧太软、损坏或漏装，此时滑阀失去弹簧力的作用，使溢流阀无法调整而压力调不上去。阀芯漏装，使阀失去控制，压力调整也无效。

解决办法：拆检，更换或重新装入弹簧或阀芯。

原因8：滑阀配合过紧或在关闭状态被卡死，造成压力上升不止。

解决办法：检查、清洗并研修，使阀芯移动灵活，如油液过脏，则更换新油。

原因9：进油口和出油口接反，造成压力调节失效。板式连接的阀常在连接面上标有"O"（出口）及"P"（进口）的字样，不易装反；而管式连接的阀就容易接反。

解决办法：进、出油口无标示的阀，应根据液流方向加以纠正。

原因10：由溢流阀以外的原因引起的压力失调。例如，如果液压泵的容积效率极度下降，随着压力的升高，液压泵的流量从内部漏回吸油侧，造成液压泵输出流量为零，压力再也升不上去。像这样溢流阀正常，由于其他原因使压力升不上去的场合，溢流阀是不溢流的。因此可以根据溢流阀的流速声及油口管壁的温度等来判断溢流阀工作正常与否。再如，液压泵的压力、流量波动大，使溢流阀无法起到平衡作用。

解决办法：寻找溢流阀以外的原因，排除故障。

2. 压力波动

压力波动即调整压力不稳定，系统压力出现反复不规则的变化，这是溢流阀很容易出现的故障。这有阀本身的问题，有受液压泵及液压系统影响的问题，也有液压油的问题。例如，液压泵流量波动大、流量不均匀和系统中进入了空气等都会造成溢流阀压力波动；液压油污染是引起溢流阀及其他液压元件的故障的主要原因。因为，为了使阀芯运动灵活并减小内部泄漏，这些阀的滑动部位的间隙、表面粗糙度、形状等都经过十分精密的加工。如果使用被杂质污染的液压油，势必造成阀芯运动受到障碍，引起不规则的压力波动。特别是在先导阀中，先导阀的升程仅 $10\mu m$ 左右，当阀口被微小的杂质堵塞，即会妨碍正常的压力控制，引起不规则的压力变化。因此，使用洁净的液压油、严格控制液压油的污染以减少溢流阀故障是非常重要的。溢流阀本身引起的压力波动的原因主要有：

1）控制弹簧刚度不够、弯曲变形或破损，使滑阀难以复位，不能维持稳定的压力。解决办法是更换合适的弹簧。

2）油液污染严重，阻尼孔堵塞，滑阀移动困难。为此应经常检查油液污染度，必要时疏通阻尼孔或更换油液。

3）锥阀或钢球与阀座配合不良。其原因可能是被污物卡住或磨损。解决办法是清除污物或修磨阀座。如果磨损严重则需更换锥阀或钢球。

4）滑阀表面拉伤、变形，滑阀被污物卡住，滑阀与孔配合过紧等，致使滑阀动作不灵活。可先进行清洗并修磨损伤处，不能修磨时，更换阀芯。

5）阻尼孔孔径太大，阻尼作用差。可将原阻尼孔封闭，重新加工阻尼孔（一般孔径应为 1mm 左右）。

6）调压螺钉松动，使压力波动。调压后应立即将锁紧螺母锁紧。

3. 噪声与振动

液压系统中容易产生噪声的元件是泵和阀，阀中又以溢流阀和电磁换向阀为主。溢流阀产生噪声与振动是一个突出问题，因素有很多，有流体噪声和机械噪声两种。

（1）流体噪声　流体噪声主要是由流体压力流量不均、气穴及液压冲击等产生的噪声。

1) 气穴产生的噪声。由于气穴现象产生的气泡，在高压区时体积减小急剧溃灭，使局部形成真空，周围质点以高速来填补这一空间，质点相互碰撞而产生局部高温和高压，在低压区气泡体积急剧增大，引起局部液压冲击，造成强烈的噪声和油管的振动和气蚀。溢流阀先导阀阀口和主阀阀口油液流速和压力变化较大，很容易发生气穴现象，由此产生噪声和振动。也会因为涡流及剪切流体而产生噪声和振动。

解决办法有：①对溢流阀回油管口进行防漏密封，防止空气进入或者回油保持一定的背压，如果回油管口内有空气，应及时排除；②改变阀体内回油腔的结构形状，使能量损耗掉，使流速降低，使压力回升到大气压以上；③溢流阀主阀弹簧不能太硬，压紧力要适中，使开始溢流时阀口开大一些，以降低溢流速度，减小溢流的流速声。

2) 流体压力与流量不均引起的噪声。溢流阀的尖叫声主要是因主阀和先导阀所处回路压力波动大而引起的高频振动所产生的。原因之一是阀芯和阀座孔的加工质量差、阀装配质量差、有污物等导致配合间隙过大或不均，这样在阀工作时由于径向受力不平衡导致性能不稳定。先导阀是一个易振部分，在高压下溢流时，先导阀轴向开口很小，只有 3~6μm，过流面积很小，而流速高达 200m/s，易引起压力分布不均、阀芯受径向力不平衡而产生振动。阀芯与阀座接触不均是引起压力分布不均的内在因素。原因之一是阀芯与阀座加工几何误差大、表面质量差，在阀口打开时，开口大小不均，调压弹簧被迫受力不平衡，使先导阀振荡加剧，啸叫声刺耳。原因之二是调压弹簧节距不均，弹簧的轴线与其端面不垂直，阀芯密封面的中心线和与其相接触的弹簧端面不垂直，调节杆轴线和与其相接触的弹簧端面不垂直，都会影响调压弹簧工作轴线与其端面的垂直度，装配后实际误差更大，先导阀阀芯歪斜，阀芯与阀座接触不均。原因之三是由于调压弹簧、调节杆、阀芯密封面轴线装配时不重合而装偏，使调压弹簧轴线与液压力作用线不重合而偏移以及调压弹簧弯曲、变形，倾斜力矩会使阀芯倾斜，使阀芯与阀座接触不均。另外，阀口上沾有污物，也会引起阀的振动。所以，一般认为先导阀是产生噪声的振源。由于先导阀构造条件，即弹性元件（弹簧）和运动质量（阀芯）的存在，以及阀的前腔起共振腔的作用，所以先导阀经常处于不稳定的高频振动状态，发出颤振音，易引起整个阀的共振而发出噪声，一般还多伴剧烈的压力跳动。高频噪声的发生率与回油道的配置、压力、流量、油温（粘度）有关。一般情况下，管道口径小、流量小、压力高、粘度低时，自激振动发生率高，易发生高频噪声。

解决办法有：①提高零件的设计、加工精度，例如，阀体与阀芯的配合圆柱面的圆度在 0.002mm 左右，配合间隙在 0.01mm 左右，阀口密封面的圆度在 0.025mm 以内，表面粗糙度值在 0.8μm 以内，并清除污物，特别是封油面上的污物，尖叫声可降低 10% 以上；②加大回油管径，选用适当粘度的油液，主阀弹簧不要太硬，使溢流阀的溢流量不至于过少而降低高频噪声的发生率。

3) 液压冲击噪声。液压冲击噪声是指溢流阀在卸荷时，液压回路的油液在很短的时间里流速急剧变化（升高）引起压力突变（下降），造成压力波的冲击，产生压力冲击的噪声。越是高压大流量时噪声越大。压力波随油传到系统中，如果同任何一个元件发生共振就可能加大振动和噪声。因而在发生液压冲击时多伴有系统的振动。

解决办法有：①在溢流阀遥控口上设置节流阀，使溢流阀打开或关闭时增加卸荷时间，以减小液压冲击；②在卸荷油路中采用二级卸荷方式，如先用高压，再降至中压溢流，然后由中压卸荷，可减小液压冲击。

另外，溢流阀噪声与压力、流量及背压的大小有关。调定压力越高，流量越大，其噪声越大。阀的流量超过允许最大值，会造成尖叫声。溢流阀的背压过低易产生气穴，噪声增大，背压过高也会增大噪声。

(2) 机械噪声　机械噪声主要是由装配、维护和零件加工误差等原因引起的零件撞击、振动、摩擦所产生的噪声。其主要原因有：

1) 阀芯与阀体配合过松或过紧。过紧，阀芯移动困难，引起振动和噪声；过松，造成间隙过大，泄漏严重，引起振动和噪声。所以，在装配时必须严格控制配合间隙。

2) 弹簧刚度不够，产生弯曲变形，液动力引起弹簧自振。当弹簧振频与系统振频相同时，会引起共振。排除方法是更换弹簧。

3) 调压螺母松动。调压后一定要拧紧锁紧螺母。

4) 溢流阀与系统其他元件共振时，会使振动与噪声增大。应检查其他元件的安装固定是否有松动。

5) 机械性高频振动声（称为自激振动声），一般为主阀与先导阀因高频振动而发出的。

4. 泄漏严重

1) 阀芯与阀体孔配合间隙过大。重制阀芯和配研。
2) 密封件损坏。更换密封件。
3) 阀芯与阀座孔接触不良或磨损严重。修磨阀芯，研磨阀座孔，使其配合紧密。
4) 阀盖与阀体孔配合间隙过大。重配阀盖，控制配合间隙。
5) 接合面处油纸垫被冲破。更换耐油纸垫，应注意不可盖住通油孔。
6) 各连接处螺钉未拧紧。紧固各连接处螺钉。

先导式溢流阀常见故障现象、原因分析及排除方法见表4-10。

表4-10　溢流阀常见故障现象、原因与排除方法

故障现象		原　因	排　除　方　法
无压力	主阀故障	1) 主阀阀芯阻尼孔被堵塞（装配时未洗干净、油液过脏）	清洗阻尼孔使其畅通，过滤或更换油液
		2) 主阀阀芯在开启位置卡死（如零件精度低、装配质量差、油液过脏）	拆开检修、重新装配；阀盖紧固螺钉拧紧要均匀；过滤或更换油液
		3) 主阀阀芯复位弹簧折断或弯曲，使主阀阀芯不能复位	更换弹簧
	先导阀故障	1) 调压弹簧折断或未装	更换或补装
		2) 锥阀或钢球破碎或未装	更换或补装
	装错	进、出油口装反	纠正
	液压泵故障	见液压泵故障分析	见液压泵故障分析
压力升不高	主阀故障	1) 主阀口密封锥面封闭性差（锥面磨损、不圆、不同轴、有脏物）	配研或更换、清洗，修配，使之良好结合
		2) 阀芯工作有卡滞现象，使阀口密封面不能严密结合	修配，使之良好结合
		3) 主阀盖处有泄漏（密封垫损坏、装配不良、螺钉松动）	拆开检修，更换密封垫，重新装配，确保螺钉预紧力均匀

(续)

故障现象		原因	排除方法
压力升不高	先导阀故障	1) 调压弹簧弯曲、太软或长度过短	更换弹簧
		2) 锥阀阀口密封锥面封闭性差（锥面磨损、不圆、有脏物、胶质粘住）	检修更换，使之到密封要求
压力突然上升	主阀故障	主阀阀芯动作不灵敏，在关闭状态突然被卡死（零件加工精度低、装配质量差油液过脏）	检修更换零件，过滤或更换液压油
	先导阀故障	先导阀阀芯与阀座结合面突然被粘住，脱不开	清洗修配或更换液压油
压力突然下降	主阀故障	1) 主阀阻尼孔突然被堵塞	清洗、过滤或更换液压油
		2) 主阀阀芯动作不灵敏，在开启状态突然被卡死（零件加工精度低、装配质量差、油液过脏）	检修更换零件，过滤或更换液压油
		3) 主阀盖密封垫突然被破坏	更换密封垫
	先导阀故障	1) 先导阀阀芯突然破裂	更换阀芯
		2) 调压弹簧突然断裂	更换弹簧
压力波动	主阀故障	1) 主阀阀芯动作不灵活，时有卡滞现象	检查原因，采取措施排除
		2) 主阀阀芯阻尼孔时堵时通	检查原因，采取措施排除
		3) 主阀阀口密封面接触不良，磨损不均	修配或更换零件
		4) 阻尼孔太大，阻尼作用差	适当缩小或重新加工阻尼孔
	先导阀故障	1) 调压弹簧弯曲	更换弹簧
		2) 锥阀阀口密封面接触不良，磨损不均	修配或更换零件
		3) 调压锁紧螺母松动使压力变动	调压后应把锁紧螺母锁紧
振动和噪声	主阀故障	主阀工作时径向力不平衡（加工、装配精度差，污物，使配合间隙大、不均匀）导致阀的工作不稳定	检查零件精度，对不合格的零件进行更换，检修零件去除毛刺，清洗阀
	先导阀故障	1) 锥阀阀口密封面接触不良（封油面圆度不佳、表面质量差、磨损不均等）造成调压弹簧受力不均衡，阀芯振荡加剧，发出噪声	控制封油面的圆度误差在 0.01mm 以内，表面粗糙度值控制在 0.4μm
		2) 调压弹簧轴心线与端面不垂直（弹簧弯曲、阀座装偏、弹簧在定位杆上偏向一侧），这样阀芯会倾斜，造成密封面接触不均匀，阀芯振荡加剧，发出噪声	更换弹簧、提高装配质量
	系统中有空气	泵吸入空气或系统中存在空气	排除空气
	使用不当	通过流量超过允许值	在额定范围内使用
	回油不畅	回油管内阻力过高或回油口距油箱底面太近	适当增大管径，减少弯头，调整回油管口位置，应离油箱底面两倍管径以上

(续)

故障现象	原因		排除方法
泄漏明显	阀的精度误差	1) 阀内各动、静配合间隙过大	检查、修理、更换零件或阀
		2) 阀口密封面接触不良或磨损严重	
		3) 零件结合面密封性差	
	日常维护差	各主要部件的螺钉、管接头未定期紧固，结合面密封件未定期更换	定期紧固、更换和维护

（二）减压阀故障分析与排除

减压阀的常见故障现象是调压失灵、压力波动大、振动及噪声等。其原因与溢流阀基本相同，以下对其特殊点进行分析。

1. 调压失灵

1) 先导阀主阀阀芯阻尼孔堵塞，出油口油液不能流入主阀阀芯上腔和先导阀的前腔，则出油口压力传递不到先导阀上，使先导阀失去对主阀阀口压力的调节作用；又因阻尼孔堵塞以后，主阀阀芯上腔失去出油口压力的作用，使主阀变成一个弹簧力很小的直动式滑阀，故在出油口压力很低时就将减压阀口关闭，使出油口建立不起来压力；所以调节手轮，出油口压力不上升。另外，主阀减压阀口关闭时主阀阀芯被卡住不能动、先导阀阀芯未安装在阀座孔内、外控口未堵住等，也是使出油口压力不能上升的原因。

2) 调压弹簧选用错误、永久变形或压缩行程不够，先导阀磨损严重失去密封性等，使出油口压力达不到额定值。

3) 先导阀阀座阻尼孔堵塞，出油口油液压力不能作用在先导阀上，使先导阀失去对主阀阀口压力的调节作用；又因先导阀阀座阻尼孔堵塞后，无先导流量经过主阀阀芯阻尼孔，使主阀上、下腔压力相等，主阀阀芯在主阀弹簧的作用下处于最下部的位置，此时减压阀阀口通流面积最大，所以出油口压力随进油口压力的变化而变化，则出油口压力和进油口压力同时上升或下降。

4) 泄油口堵住，相当于先导阀阀座阻尼孔堵塞，这时，出油口油液压力虽然能作用在先导阀上，但同样无先导流量经过主阀阀芯阻尼孔，减压阀阀口通流面积也最大，故出油口压力随进油口压力的变化而变化。

5) 当减压阀主阀口处于全开位置时，主阀阀芯被卡住不能移动，这时出油口压力随进油口压力的变化而变化。调节手轮，出油口压力也不下降。

6) 减压阀与单向阀并联使用时，单向阀泄漏严重，进油口油液压力就会通过泄漏处传递给出油口，使出油口压力随进油口压力的变化而变化。

7) 先导阀中，调压弹簧座密封圈与阀的内孔配合过紧或被卡住，调压弹簧预压力不能调节，从而使出口压力达不到最低值。

8) 在用来向电-液换向阀或外控顺序阀等提供控制油液的减压回路中，当回路处在流量为零、但压力还需要保持在调定压力的工况时，减压阀出口的压力往往会升高，这是由于主阀泄漏量过大所引起的。

原因是：在这种工况下，因减压阀出口流量为零，而流经减压阀阀口和主阀阻尼孔的只有先导阀流量，但流量很小，所以主阀减压阀口基本上处于全关状态。如果主阀阀芯配合过松或磨损过大，则主阀泄漏量增大。这部分泄漏流量也必须从主阀阻尼孔流过，这样流经主阀阻尼孔的流量就由先导阀流量和泄漏流量两部分组成。因阻尼孔通流面积和主阀上腔油液压力（由已调好的先导阀调压弹簧预压缩量确定）都未变，但流经阻尼孔的流量增大了，则必然引起主阀下腔压力升高。因此，出口压力会因主阀阀芯磨损过大、配合过松而升高。

9）液压卡紧。由于减压阀的弹簧力很小，主阀阀芯在高压情况下容易发生径向卡紧现象而使阀的各种性能下降，也将造成阀的零件过度磨损，缩短阀的使用寿命，甚至使阀不能工作。

2. 压力波动大、振动及噪声

由于先导式减压阀也是一个双级阀，其先导阀部分和溢流阀通用，因而所引起的压力波动、振动及噪声的原因与溢流阀基本相同。

减压阀在超流量使用时，有时也会出现主阀振动现象。这是由于过大的流量使液动力增大所致。当流量过大时，软的主阀弹簧平衡不了由于过大的流量产生的液动力增加量，主阀阀芯在过大的液动力作用下使减压阀阀口关闭，出油口压力和流量随即减为零，液动力也随即减为零；液动力一减为零，于是主阀阀芯在主阀弹簧的作用下又使减压阀阀口打开，出油口压力和流量又增大；出油口压力和流量又一次增大，液动力又增大，使减压阀阀口又关闭，出油口压力和流量又减为零。这样反复就形成了主阀阀芯振荡，使出油口压力不断变化，并产生噪声。因此减压阀在使用时不宜超过推荐的公称流量。

减压阀常见故障现象、原因分析及排除方法见表4-11。

表 4-11　减压阀常见故障现象、原因与排除方法

故障现象	原　因	排　除　方　法
不起减压作用	1）阻尼孔被堵塞	清洗疏通阀上的阻尼孔
	2）阀芯移动不灵或被卡住	研配阀芯与阀体孔，清理污物，使阀芯移动自如
	3）调压弹簧太硬、太长或弯曲被卡住	更换合适的弹簧
	4）将顶盖方向装错、回油孔道螺塞未拧下，使回油、泄漏通道堵塞，阀芯不能移动	检查并纠正，使回油和泄漏通道畅通
压力波动	1）油液中侵入了空气	设法排除空气，并诊断进气故障
	2）阻尼孔时堵时通	清洗疏通阀上的阻尼孔，更换油液
	3）阀芯移动不灵活	研配阀芯与阀体孔，使配合间隙符合要求，使阀芯移动自如
	4）先导阀阀口密封面接触不良	修磨、研配，使之密封良好
	5）主阀弹簧太软或弯曲被卡住，调压弹簧变形	更换合适的弹簧
输出压力低，升不高	1）锥阀与阀座配合不良	拆检，配研或更换
	2）阀盖密封不良有泄漏	拆检，更换纸垫，拧紧螺栓
	3）主阀弹簧太软或被卡住，使移动困难	拆检，更换已损坏的零件
振动与噪声	1）先导阀在高压下压力分布不均，引起高频振动（与溢流阀同）	按溢流阀故障诊断方法诊断
	2）实际通过流量超过额定值	按标称额定值使用，或更换

(续)

故障现象	原 因	排 除 方 法
泄漏	1) 滑阀磨损使配合间隙增大	重制阀芯,并与阀体配磨,使间隙达到规定值
	2) 锥阀与阀座孔磨损严重,接触不良	修磨锥阀、研磨阀座孔,使其配合紧密
	3) 密封件老化、磨损	更换密封件
	4) 各连接处联接螺栓拧紧力不均、松动	紧固各连接处螺栓

(三) 顺序阀故障分析与排除

顺序阀用来控制执行元件的先后动作顺序,以实现液压系统的自动控制。常用的顺序阀分为直动式和先导式、液控式和外控式、内泄式和外泄式。顺序阀的常见故障现象是出油口关闭打不开不出油、出油口始终出油不能关闭、调定压力不符合要求、振动噪声与泄漏等。由于顺序阀与溢流阀的结构及原理均相似,故其故障原因与溢流阀基本相同。以下对其特殊点进行分析。

1) 当阀芯内阻尼孔堵塞时,使控制柱塞的泄漏油液无法经弹簧腔回油箱,时间一长,使阀处于全开的位置不能关闭,变成一个常通阀,因此出现进油腔与出油腔压力同时上升或下降的故障的现象。当阀芯在全开的位置不动时,即出现此故障。

2) 将泄漏油口安装成内部回油形式,使调压弹簧腔的油液压力等于出口油液压力。此时,因阀芯上端面积大于控制柱塞的面积,阀芯在液动力的作用下使阀口关闭,顺序阀变成一个常闭阀,出现出油腔没有流量的故障现象。当阀下盖的阻尼小孔堵塞时,控制油液不能进入控制活塞腔,阀芯在调压弹簧力的作用下使阀口关闭,同样出现此故障现象。

顺序阀常见故障现象、原因分析及排除方法见表4-12。

表4-12 顺序阀常见故障现象、原因与排除方法

故障现象	原 因	排 除 方 法
始终出油,不起顺序作用	1) 阀芯在打开位置被卡死(几何精度低、间隙小、弹簧弯曲或断裂、油液过脏等)	检查修理,使配合间隙达到要求、阀芯移动灵活;过滤油液;更换弹簧
	2) 单向顺序阀的单向阀在打开位置被卡死或密封不良(几何精度低、间隙小、弹簧弯曲或断裂、油液过脏等)	检查修理,使配合间隙达到要求、阀芯移动灵活;密封良好;过滤油液;更换弹簧
	3) 调压弹簧断裂、漏装,滑阀弹簧太软使滑阀不能复位	更换弹簧
	4) 阻尼孔堵塞	清洗、疏通阻尼孔
	5) 先导锥阀与阀座孔接触不良或磨损严重	修磨锥阀,研配阀座孔,使其密封良好
不出油,不起顺序作用	1) 阀芯在关闭位置被卡死(几何精度低、间隙太大或太小、弹簧弯曲或断裂,油液过脏等)	检查修理,使配合间隙达到要求、阀芯移动灵活;过滤油液;更换弹簧
	2) 先导锥阀阀芯在关闭位置被卡死	检查修理,使阀芯移动灵活;过滤或更换油液
	3) 液控油液流动不畅(阻尼孔堵塞、管路压扁)压力不足(管路未拧紧,有泄漏)	清洗疏通控制管路,拧紧管路接头螺母,提高控制油液压力
	4) 油液太脏使阻尼孔堵塞	清洗、疏通阻尼孔,过滤或更换油液
	5) 调节弹簧调压太高,弹簧太硬	调整压力,更换合适的弹簧
	6) 泄油背压太高,使滑阀不能移动	泄油管道应单独接回油箱

(续)

故障现象	原　　因	排　除　方　法
调压不符合要求	1) 调压弹簧变形、调整不当	重新调整所需压力，更换弹簧
	2) 滑阀有阻滞（拉毛、变形、配合间隙不适、外泄漏油腔有背压、油液脏），使滑阀移动不灵活	检查滑阀，修配使滑阀移动灵活，清理外泄漏回油管道，过滤或更换油液
振动与噪声	1) 回油管不合适，使阻力太大，回油背压高	降低回油阻力
	2) 油温过高	控制油温在规定范围内
泄漏严重	1) 滑阀磨损后配合间隙过大	更换阀芯并与阀体孔配研，使间隙达到要求
	2) 先导阀阀芯与阀座孔接触不良	修磨锥阀，研磨阀座孔
	3) 密封件老化、损坏	更换密封件
	4) 各连接处螺钉松动，连接预紧力不均	紧固各连接处，并使预紧力均匀

（四）压力继电器故障分析与排除

压力继电器是液压压力信号转变为电信号的小型液-电转换元件。当油液压力达到调定压力值时，即发出电信号，以控制电磁铁、电磁离合器、继电气开关、电动机等电气元件动作，从而使油路卸压、换向，执行元件实现顺序动作，或关闭电动机使系统停止工作，起到自动程序控制和安全保护作用。

安装时，必须处于垂直位置，通流螺钉头部向上，不允许水平或倒装。调整时逆时针方向转动为升压，顺时针方向转动为降压，调整后应锁定，以免因振动而引起变化。微动开关的原始位置可通过杠杆把常开变成常闭，接线时要特别注意。

压力继电器的常见故障是灵敏度降低和微动开关损坏等。

1. 灵敏度降低

阀芯、推杆的径向卡紧。当阀芯、推杆径向卡紧时，摩擦力增大，这个阻尼与阀芯和推杆的运动方向相反，它在一个方向上帮助调压弹簧力，使油液压力升高；它在另一个方向上帮助油液压力克服调压弹簧力，使油液压力降低。因而使压力继电器的灵敏度降低。

微动开关行程过大。在使用中，由于微动开关支架变形或零位可调部分松动，也会使原来调整好的或在装配后保证的开关最小空行程变大，从而使灵敏度降低。

泄油腔背压过高。压力继电器的泄油腔如不直接通油箱，则由于泄油腔背压过高，也会使灵敏度降低。调压弹簧腔与泄油腔相通，调节螺纹处又无密封装置，泄油压力过高时，在调节螺纹处会有油液外泄漏现象。所以泄油腔必须直接接通油箱。

2. 微动开关损坏

某些类型的压力继电器中，微动开关部分和泄油腔是用橡胶薄膜隔开的，当泄油腔与进油腔装错，使压力油冲破橡胶薄膜进入微动开关部分，从而使微动开关损坏。

压力继电器常见故障现象、原因分析及排除方法见表4-13。

三、流量控制阀故障分析与排除

流量控制阀简称流量阀，它通过改变通流面积的大小来控制流量，从而执行元件的运动。所以流量阀的工作质量直接影响执行元件的速度。常用的流量阀有节流阀、调速阀

（压力补偿型-减压节流式）、旁通型调速阀（压力补偿型-溢流节流式）、温度补偿调速阀、分流阀、分集流阀等。

表 4-13 压力继电器常见故障现象、原因与排除方法

故障现象	原 因	排 除 方 法
灵敏度差	1）微动开关行程太大	调整或更换行程开关
	2）杠杆、柱销等滑动摩擦处摩擦力大	拆出杠杆清洗，保证运动自如
	3）柱塞与杠杆间顶杆不正	调整柱杆安装，减小摩擦力
	4）安装不当（水平或倾斜）	改为垂直安装，减小摩擦力
	5）接触螺钉、杠杆等调整不当	合理调整各部位
	6）内或外泄漏	检查，消除泄漏
不发信号（无输出）	1）指示灯损坏	更换
	2）微动开关损坏	更换或修理
	3）线路不畅通	检修线路
	4）调节弹簧太硬或压力调得太高	更换合适的弹簧，按要求调压力值
发信号太快	1）进油口阻尼孔太大或系统冲击压力大	适当增大阻尼，减弱压力冲击
	2）膜片碎裂	更换膜片
	3）系统设计问题	按工艺要求设计

（一）节流阀故障分析与排除

节流阀的常见故障主要有调节失灵、控制速度不稳定等。

1. 调节失灵

节流阀调节失灵是指调节手轮后出油流量不发生变化，原因分析如下。

当阀芯在全关或全开的位置被径向卡住时，调节手轮，出油腔无流量或流量无变化，节流孔被堵塞，也会造成同样的现象；节流阀阀芯和阀体的间隙过大，造成内部泄漏，往往导致流量调节范围小；当单向节流阀进、出油口接反时，此时只起单向阀作用，调节手轮，流经单向阀的流量也不会发生变化。

解决办法是针对具体原因，进行清洗、排除污物、去掉毛刺；疏通、清洗节流孔，更换液压油；找出泄漏部位、修理或更换零件；纠正装配进、出油口等。

2. 控制速度不稳定

节流阀节流口调整好并锁紧后，有时会出现流量不稳定现象，特别是在最小稳定流量时更容易发生。流量不稳定造成执行元件速度不稳定。其原因有锁紧装置松动、节流口部分堵塞、油温变化、负载变化等，分析如下。

1）节流口的边上粘附堆积污物，使通流面积逐渐减小，引起流量减小，使执行元件运动速度减慢。当压力油将污物冲掉后，节流口又恢复到原通流面积，流量、速度也就恢复到正常状态。如此反复，从而造成速度逐渐减慢又突然增快及跳动的速度不稳定现象。解决办法：清洗元件、换油、增加过滤器。

2）节流阀性能较差，当节流口调整好并锁紧以后，由于机械振动及其他原因使锁紧机构松动，调节状态变化引起流量变化、速度变化。对此应采用可靠的节流口锁紧装置。

3）当流经节流阀的油液温度发生变化时，油液粘度会发生变化，从而引起流量变化、

速度不稳定。解决办法：待系统运行一段时间并稳定后，重新调整节流阀，系统要求高时，采用温度补偿型调速阀。

4）当负载发生变化时，系统压力发生变化、节流阀前后压差发生变化，从而引起流经节流阀的流量变化，造成执行元件速度变化。解决办法：当系统要求速度稳定性好时，应使用调速阀。

5）节流阀内外泄漏增大，造成输出流量不稳定、速度不均匀。解决办法：检查配合间隙，修理或更换零件及各连接处密封件。

节流阀常见故障现象、原因分析及排除方法见表4-14。

表4-14 节流阀常见故障现象、原因分析与排除方法

故障现象	原 因	排 除 方 法
调节失灵或调节范围不大	1）阀芯卡住、节流口堵住	清洗，排除污物，去掉毛刺，更换油液
	2）阀芯与阀体孔配合间隙过大	修理或更换零件
	3）单向节流阀进出油口接反	纠正
执行元件速度不稳定	1）节流口被污物堵塞	清洗、换油、加过滤器
	2）油液温度变化	采用散热措施。要求高时采用温度补偿型调速阀
	3）负载变化不稳定	要求高时采用压力补偿型调速阀
	4）节流阀内、外泄漏严重	检查配合间隙、密封部位及零件精度。修理或更换零件，更换密封件
	5）调节位置变动	调节并锁紧调节杆。采用可靠的锁紧装置

（二）调速阀故障分析与排除

调速阀的常见故障主要有调节失灵、流量不稳定、内泄漏增大等。

1. 调节失灵

调节失灵主要是指调整节流控制部分，出油腔流量不发生变化。原因分析如下：

减压阀阀芯或节流阀阀芯径向被卡住而不起作用。在关闭位置卡住，则没有流量；在全开位置卡住，则调节控制部分时流量也不发生变化。节流控制调节螺杆出现故障，使螺杆不能轴向移动，则流量也不发生变化。

解决办法是针对具体原因进行清洗、排除污物、去掉毛刺，修理或更换零件等。

2. 流量不稳定

减压节流型调速阀调好并锁紧后，有时会出现流量不稳定现象，特别是在最小流量时更容易发生。流量不稳定造成执行元件速度不稳定。分析原因有锁紧装置松动、节流口部分堵塞、油温升高、进出油腔最小压差过低、进出油口接反等。

油液反向通过调速阀时，减压阀对节流阀不起压力补偿作用，使调速阀变成节流阀。当进、出油腔压力发生变化时流经的流量就会变化，因此在使用时要注意，不能接反。

3. 内泄漏量增大

减压节流式调速阀节流口关闭时是靠间隙密封的，因此不可避免地有一定的泄漏量，因而不能作截止阀使用，当密封面磨损过大后，会引起内泄漏增大，使流量不稳定，特别是影响最小稳定流量。

调速阀常见故障现象、原因分析及排除方法见表4-15。

表 4-15　调速阀常见故障现象、原因分析与排除方法

故障现象	原　因		排　除　方　法
调节阀的手柄不出油	补偿装置不动作	1) 压力补偿阀阀芯在关闭位置上卡住 ①阀芯与阀套几何精度差，间隙小 ②弹簧变形使阀芯卡住、弹簧太弱 ③阀芯被污物卡死	1) 检查精度，修配间隙，达到要求，并移动灵活 2) 更换弹簧 3) 排除污物，更换油液
		2) 阀芯与阀套上的小孔堵塞	疏通、清洗小孔，排除污物，更换油液
	节流阀故障	1) 节流口被污物堵塞	清洗、换油、加过滤器
		2) 节流阀阀芯与阀体孔配合间隙过小或变形，使阀芯在关闭状态卡住	去掉毛刺，修理或更换零件
		3) 手轮、螺杆及节流阀阀芯之间安装位置不适、连接装置失落	检查、重新装配
	系统未供油	换向阀未换向	检查并排除
执行元件速度不稳定（流量不稳定）	补偿装置故障	1) 压力补偿阀阀芯工作不灵敏 ①阀芯有卡滞现象 ②阻尼孔时堵时通 ③弹簧弯曲变形、轴线与端面不垂直	1) 修理，使阀芯移动灵活 2) 清洗、疏通，油液过脏应更换 3) 更换弹簧
		2) 压力补偿阀阀芯在打开位置上卡住 ①阻尼孔堵塞 ②阀芯与阀套几何精度差，间隙小 ③弹簧变形使阀芯卡住 ④阀芯被污物卡死	1) 疏通清洗阻尼孔，过滤或更换油液 2) 检查精度，修配间隙，达到要求，并移动灵活 3) 更换弹簧 4) 排除污物，过滤或更换油液
		3) 温度补偿杆温度敏感性差或已损坏	选用敏感性强的材料制作补偿杆，坏的更换
	节流阀故障	1) 节流口处积有污物，造成时堵时通	拆开、清洗，检查油质，过滤或更换油液
		2) 负载变化不稳定、节流阀进出油口压差变化引起流量不稳定	对外载荷变化大的或执行机构运动速度要求平稳的系统，应该用压力补偿型调速阀
	油液品质变化	1) 油液温度变化	采用散热措施。要求高时采用温度补偿型调速阀
		2) 油液过脏	检查油质，过滤，不合格更换
	管道振动	1) 系统中有空气	排除空气
		2) 管道振动，使调节位置变动	调整后锁紧
	泄漏	内外泄漏严重，使流量不稳定	检查密封部位及零件精度。修理或更换零件，更换密封件，控制泄漏
	单向阀故障	在单向调速阀中，单向阀密封不良	研合单向阀

（三）分流-集流阀故障分析与排除

分流-集流阀也称为同步阀，是分流阀、集流阀、单向集流阀和分流集流阀的总称。它的常见故障是同步失灵、同步误差大、执行元件运动到终点时动作异常等。

1. 同步失灵

所谓同步失灵是指几个执行元件的速度不同或不成比例或不同时运动。

为了减小泄漏量对同步速度精度的影响，一般分流-集流阀的阀体与阀芯及换向活塞与阀芯之间的配合间隙均较小，所以在系统油液污染或油温过高时，阀芯或换向活塞容易发生径向卡住，因此在使用时应注意油液的清洁度和温度。解决办法是在发现阀芯或换向活塞径向卡住后，应及时清洗以保证阀芯或换向活塞动作灵活。

2. 同步误差大

阀芯被卡紧后运动阻力就增大，因而推动阀芯以达到自动补偿的 a、b 两室的油液压差就增大，从而两个固定节流口前后压差的差值也就越大，由小孔流量公式可知，流经 a、b 两室的油液流量差就越大，速度同步差也就大。所以，发现阀芯卡紧时，应及时拆卸清洗以保证阀芯或换向活塞动作灵活。

当通过分流-集流阀的流量过低或进出油腔压差过低时，从固定节流口前后压差对速度同步精度的影响来看，压差越小，同步精度就越差。所以，分流-集流阀的使用流量一般不低于公称流量的 25%，进出油腔压差不低于 $0.8 \sim 1$ MPa。

3. 执行元件运动到终点时动作异常

在采用分流-集流阀作同步元件的系统中，有时会发现一个执行元件到达终点时，而另一个执行元件不停止运动的现象。这是由于阀芯上常通的小孔堵塞所致。所以，发现此现象时应及时拆卸清洗以保持小孔畅通。

分流-集流阀在制造中，为了保证左右两侧结构尺寸相等，在目前的工艺水平下，零件的装配一般采用选配的形式。因此在清洗维修后，各零件要按原部位装配，否则将影响同步精度。

四、电-液伺服阀故障分析与排除

电-液伺服阀是电-液伺服系统的关键元件。其性能好坏直接影响系统工作情况。该元件结构复杂、精度高，对油液的清洁度要求十分高，在系统中进行闭环控制，可用于位置控制、速度控制、加速度控制、力控制、同步控制等场合。电-液伺服阀价格高，对其有效诊断维修十分重要。如果说普通液压系统的故障中有 75% 是由于液压油污染造成的，则电-液伺服阀系统故障中有 90% 是由于液压油污染造成的。所以电-液伺服阀的故障分析与排除问题，实际上是液压油污染的分析与排除问题。

电-液伺服阀常见故障现象、原因分析及排除方法见表 4-16。

五、电-液比例阀故障分析与排除

电-液比例阀是电-液比例控制系统的关键元件，其性能好坏直接影响系统工作情况。其控制系统具有电-液伺服阀控制的基本功能，然而，其主阀和先导阀都是普通阀。因此电-液比例阀的故障和维修与普通阀相同，可参考前面讲过的普通阀与电-液伺服阀的有关内容。

电-液比例阀常见故障、产生原因及排除措施见表 4-17。

表 4-16 电-液伺服阀常见故障现象、原因分析与排除方法

故障现象	原因	排除方法
阀芯处于单边全开口位置,控制信号改变,主阀阀芯不动作	喷嘴挡板和射流管阀阻尼孔或喷嘴堵塞	打开阀体取出阻尼孔清洗或拆开先导级清洗喷嘴
控制信号为零时,阀芯处于单边部分开口位置	喷嘴挡板阀反馈杆变形	更换元件或调节零位,控制电流进行零位补偿
控制信号变化时阀芯分别处于两边全开口位置,液压参数与控制信号无比例关系	喷嘴挡板阀反馈杆折断	更换元件
阀的响应速度下降,动作迟缓,线性度下降	阀内置过滤器污染	清洗内置过滤器
内泄漏大、阀控系统零位稳定性下降	主阀阀芯磨损	更换元件
常温下测量线圈电阻,阻值无穷大或与实际阻值差距过大	线圈损坏	更换电磁铁
零点漂移远且无规律或输入输出线性度变差,元件工作性能不稳定	内置放大器受潮或腐蚀	改善工作环境,清洗干燥内置放大器,并对元件电气仓密封进行加强

表 4-17 电-液比例阀常见故障、产生原因及排除措施

故障现象	原因	排除方法
调低压力比例阀起始电流,压力始终处于较低值,不能调节	压力阀阻尼孔堵塞	打开阀体取出阻尼孔清洗
调低比例阀最小电流,起始压力始终偏高,不能下降	先导阀阀座位置不合理使压力阀起始压力过大	重新调节好阀座位置后锁紧
改变控制电流,液压参数基本不变	阀芯卡滞	在确认电磁铁完好的情况下,拆开阀体,清洗阀芯
在控制电流不改变的情况下,液压参数不稳定(压力波动大等)或内泄漏增大或元件温度和噪声异常	阀芯磨损	研磨修复阀芯或更换阀芯
常温下测量线圈电阻,阻值无穷大或与实际阻值差距超过5%	线圈损坏	更换电磁铁
零点漂移远且无规律性或输入输出线性改变,元件工作性能不稳定	内置放大器受潮或腐蚀	改善工作环境,清洗干燥内置放大器,并对元件电气仓加强密封

六、多路阀故障分析与排除

多路阀是一种集成化结构的手动方向控制阀,根据不同的工作要求可以组合单向阀、安全阀或补油阀等元件,对液压系统的液流进行方向控制的多路切换。多路阀的结构有整体式和分片式两种,基本油路形式有并联、串联、串并联及复合油路。多路阀的故障与维修与普通阀相同,可参考前面讲过的普通阀的有关内容。

多路阀常见故障、产生原因及排除措施见表 4-18。

表 4-18 多路阀常见故障、产生原因及排除措施

故障现象	原因	排除方法
压力波动与噪声	1) 溢流阀弹簧弯曲或太软	更换弹簧
	2) 溢流阀阻尼孔堵塞	清洗疏通
	3) 单向阀关闭不严	修整或更换
阀芯不能回位	1) 回位弹簧损坏	更换弹簧
	2) 轴用弹性挡圈损坏	更换弹性挡圈
	3) 防尘圈过紧	更换防尘圈
泄漏	1) 阀芯与阀座接触不良	调整或更换
	2) 双头螺栓松动	按规定紧固

第四节　液压辅助元件故障分析与排除

液压辅助元件是液压系统必不可少的部分，它包括液压油箱、过滤器、蓄能器、压力表、密封装置、液压导管、管接头、冷却器、加热器等。虽然被称为液压辅助元件，但从保证完成液压系统传递力和运动的任务来说，它们是非常重要的。因为，这些辅助元件在系统中所占数量最多，分布极广，影响大。如果液压辅件发生故障，会严重影响整个系统的性能、工作效率及使用寿命。因此，在设计、制造和使用液压设备时必须认真对待液压辅助元件的有关问题。下面对有关液压辅助元件的常见故障进行分析。

一、非金属密封件故障分析与排除

非金属密封件主要采用耐油丁晴橡胶、夹织物耐油橡胶、聚氨酯橡胶等模压而成，还可用聚四氟乙烯和尼龙加工制成。其常见故障、原因分析与排除方法见表 4-19。

表 4-19 非金属密封件常见故障现象、原因分析与排除方法

故障现象	原因分析	排除办法
挤出间隙	1) 压力过高	调低压力，调整支撑环或挡圈
	2) 间隙过大	检修或更换
	3) 沟槽尺寸不合适	检修或更换
	4) 装入状态不良	重新安装，检修或更换
老化开裂	1) 温度过高	检查油温，及时检修或更换
	2) 存放或使用时间太长，自然老化变质	更换
	3) 低温硬化	调整油温，及时更换
表面磨损与损伤	1) 密封配合表面运动摩擦而损伤	检查油液杂质、配合表面加工质量和密封圈质量，及时检修或更换
	2) 装配时切破损伤	检修或更换
	3) 润滑不良造成磨损	查明原因，加强润滑
膨胀（发泡）	1) 与液压油不相容	更换液压油或密封圈
	2) 被溶剂溶解	严防与溶剂（汽油、煤油等）接触
	3) 被液压油劣化	更换液压油

(续)

故障现象	原因分析	排除办法
损坏、粘着、变形	1）压力过高，负载过大，工作条件不良	增设支撑环或挡圈
	2）密封件质量太差	检查密封件质量
	3）润滑不良	加强润滑
	4）安装不良	重新安装或检修更换
收缩	1）与油液不相容	更换液压油或密封圈
	2）失效硬化或因闲置太久而干燥收缩	更换
扭曲	横向（侧向）负载作用所致	采用挡圈加以消除

二、蓄能器故障分析与排除

蓄能器按其构造可分为重锤式、弹簧式、充气式；油气直接接触式、油气分离式；隔膜式、活塞式、囊式等。其中活塞式、囊式应用较广泛。其故障现象、原因分析及排除方法见表4-20。

表4-20 蓄能器故障现象、原因分析及排除方法

故障现象	原因分析	排除方法
蓄能器供油不均	活塞式气囊运动阻力不均	检查活塞密封圈或气囊运动是否受阻碍，及时排除
充气冲不起压力来	1）气阀泄气	修理或更换已损件
	2）氮气瓶内无气体或气压不足	应更换氮气瓶
	3）气囊或蓄能器盖向外泄气	紧固密封或更换已损件
蓄能器供油压力太低	1）充气压力不足	及时充气，达到规定充气压力
	2）蓄能器漏气，使充气压力不足	紧固密封或更换已损件
蓄能器供油量不足	1）充气压力不足	及时充气，达到规定充气压力
	2）系统工作压力范围小，且压力过高	进行系统调整
	3）蓄能器容量小	重选蓄能器容量
蓄能器不供油	1）充气压力太低	及时充气，达到规定充气压力
	2）蓄能器内部泄油	检查活塞密封圈及气囊泄油的原因，及时修理或更换
	3）系统工作压力范围小，且压力过高	进行系统调整
系统工作不稳定	1）充气压力不足	及时充气，达到规定充气压力
	2）蓄能器漏气	紧固密封或更换已损件
	3）活塞式气囊运动阻力不均	检查受阻碍原因，及时排除

三、过滤器故障分析与排除

过滤器按其材质构造可分网式、线隙式、纸芯式、烧结式及磁性过滤器；按过滤精度分为粗过滤器、普通过滤器、精过滤器、特精过滤器。其故障现象主要有过滤器堵塞、滤芯变形、过滤器脱焊、过滤器掉微粒等，分析如下。

1. 过滤器堵塞

过滤器堵塞表现为油流不通畅，油液流动阻力增大，流量减小，严重时几乎堵死。特别是液压泵吸油口处的过滤器堵塞会引起噪声和气蚀现象。堵塞原因一般是金属碎屑及密封材料碎屑，对于金属网式过滤器主要是纤维性污物缠绕。

解决办法是定期取出滤芯进行清理和检查以诊断污染物的来源，及时清理并更换已损的滤芯。

2. 滤芯变形

作用在过滤器的滤芯上的油液的压力，随着工作中滤芯堵塞的程度加剧、通油能力减小、阻力急剧上升而增大，如果滤芯的强度不够，就会造成滤芯变形，严重时会被破坏。这种故障的产生，大多数发生在网式过滤器、板式过滤器和粉末烧结过滤器上，特别是单层金属滤网，在压力超过 10MPa 时便易于冲坏。即使滤芯具有刚度足够的骨架支撑，由于金属网和板网的壁薄，同样会使滤芯发生变形、弯曲、凹陷、冲破等故障，严重时连同骨架一起毁坏。

解决办法是要使油液从滤芯的侧面或从切线方向进入，避免从下面直接冲击滤芯。

3. 过滤器脱焊

过滤器脱焊即为网式过滤器在高压下发生金属网和铜骨架脱离现象。网式过滤器通常使用低熔点的锡铅焊料（熔点为 183℃），当过滤器在高温高压下工作时，易于脱焊。

解决办法是采用熔点较高的银镉焊料（熔点为 235℃）或银焊料（熔点为 300℃）。

4. 滤芯脱落

烧结式过滤器的滤芯由颗粒状青铜等冶金粉末烧结而成，在高温、高压、冲击、振动的工作环境下，容易发生脱粒，造成阻尼孔、节流孔堵塞。

解决办法是在使用前对滤芯进行强度试验，试验项目与要求：①在一定的振动条件下不允许掉粒；②在 21MPa 压力下工作 1h，无金属粉末脱落；③用手摇泵做冲击载荷试验，加压速率为 10MPa/s 时无破坏现象。

5. 纸芯状态

纸芯式过滤器的滤纸状态是判断滤芯温度和通流情况的依据，大多数纸滤芯可承受 167℃ 的温度，温度过高会烧焦滤纸或使浸渍树脂过热，使滤芯变脆。流量过大把纸褶永久地压在一起，使通油能力严重下降。如有上述现象应及时更换纸芯。

6. 污垢状态

滤芯捕捉到的污垢来源于油液中的颗粒，如有金属屑的存在，可诊断为液压泵和液压马达磨损故障；如有过量的灰尘，可诊断为管接头松动或密封失效故障。根据诊断、检查结果进行维修或更换相应的元件、配件。

四、压力表故障分析与排除

压力表是测量压力不可缺少的仪表，由于压力表在高压及高速循环条件下使用，常会出现在短期内读数不准、指针不动、波登管破裂等故障。下面对其原因进行分析。

1. 压力表损坏的主要原因分析

（1）压力波动引起的损坏 压力表损坏的原因有 70% 为系统压力波动在波登管内产生急剧的压力脉动造成的。压力脉动常引起波登管破裂；当压力超过波登管的弹性极限时，因波登管伸长而引起读数不准;在常压下长时间的压力波动,齿条和小齿轮的齿面产生磨损,导致读数不准。

(2) 振动引起的损坏　压力表损坏的原因有30%为机械本身的振动造成的。其中大部分原因是由于压力表安装平面与振源处在同一平面内,配管起到了传播振动的作用。振动使指针或齿轮的锥面配合松动,甚至使指针脱落;表芯的扇形齿轮和小齿轮的磨损、游丝缠绕等原因造成读数不准,但波登管本身不会损坏。

(3) 制造质量、使用不当引起的损坏　波登管的加工质量差引起开裂,连接处漏油,这些故障通常发生在使用一段时间以后。使用压力超过压力表的允许压力值,导致管体破裂;灰尘堵塞会引起故障。

2. 防止压力表损坏的方法

(1) 防止压力波动造成压力表损坏　应加一节流机构(缓冲器),如直管节流孔、螺旋槽节流孔、圆管间隙节流孔、针阀式可变节流等阻尼装置。

(2) 防止机械振动造成压力表损坏　可采用以下两种方法:

1) 采用防振橡胶把压力表与振源隔离。即将防振橡胶固定在仪表板面与压力表之间,使仪表盘中间呈鼓起形状,可防止仪表板面将振动传递给压力表,通向压力表的管道以采用柔性管为最佳。

2) 使用甘油压力表,即表内充有丙三醇水溶液的压力表。甘油压力表的特征是,由于表内甘油的粘性阻力,可以缓冲因振动引起的压力表指针抖动;吸收流体的压力脉动,缓冲波登管的振动;润滑压力表内的轴承、齿轮等磨损部位,延长使用寿命。采用了密封结构,适用于恶劣工况。普通压力表通常采用C形波登管,而甘油压力表通常采用螺旋形波登管。螺旋形波登管甘油压力表比C形波登管甘油压力表吸收压力脉动效果好;C形波登管的甘油压力表比普通压力表的吸收压力脉动效果好。

3. 压力表故障现象、原因分析及排除方法(表4-21)

表4-21　压力表故障现象、原因分析及排除方法

故障现象	原因分析	排除方法
指针抖动	1) 压力波动引起	1) 利用蓄能器吸收液压系统的所有脉动
		2) 在压力表和回路之间装入节流机构(节流阀)
		3) 在压力表和回路之间装入缓冲机构(小型蓄能器)
		4) 在波登管与指针之间装入缓冲体(采用甘油压力表)
	2) 机械振动引起	1) 在压力表和仪表板之间增加缓冲体(防振橡胶)
		2) 在波登管与指针之间装入缓冲体(采用甘油压力表)
指针摆动厉害	同"波登管破裂"的原因	同"波登管破裂"的排除方法

故障现象	原因分析	排除方法
读数不准确	1) 压力超过波登管的弹性极限使波登管伸长	在压力表量程范围内使用或更换合适量程的压力表
	2) 齿条、齿轮质量差	修理或更换齿轮、齿条
	3) 机械振动造成表芯的扇形齿轮和小齿轮磨损以及游丝缠绕	修理更换易损件,加防振橡胶
指针不能回零	1) 波登管疲劳致使伸长	回转表盘对零,但精度不高;更换波登管
	2) 指针和齿轮等位移或减小过大	修理或更换易损件
冲针过零(超过最大刻度值)	压力太高	及时清除压力波动或脉冲压力
指针脱落	长时间机械振动使指针或齿轮的锥面配合松动	修理或更换已损件并加防振橡胶
波登管破裂	1) 瞬时压力急剧升高,超过表面刻度值,又很快降到零,以后无法测压	1) 在压力表和回路之间装入缓冲器
	2) 常压下压力波动或管内产生急剧的压力脉动所致	2) 装有压力表开关时,则把开关关小点以产生阻尼

第五节 液压系统故障分析与排除

本节主要介绍液压系统常见的具体故障现象的原因分析及排除方法。

故障现象一:液压系统压力、执行元件速度不正常

原因分析及排除方法如下:

1) 检查液压泵输油状况。如液压泵无油输出,则可能是转向不对,零件磨损或损坏,油箱液面过低,吸油阻力大或漏气致使液压泵排不出油液。如果液压泵输出油液流量随压力升高而显著减小,且压力达不到所需数值,则是由于液压泵磨损使间隙增大所致。排除方法是测定泵的容积效率,确定泵是否能继续工作,对磨损严重者进行修配或更换。如果是新泵无油输出,则可能是泵体有铸造缩孔或砂眼,使吸、压油腔互通,或输入功率不足,使泵的输油压力达不到工作压力;也可能是因为泵轴扭断而不出油。

2) 如液压泵输油正常,则应检查各回油管,看哪个部件溢流。首先应检查溢流阀回油管,如有溢流,则可能是调定压力低;这时应试调压力,若压力毫无变化,则可能是溢流阀主阀阀芯或先导阀阀芯因脏物或锈蚀而卡死在开口位置,或弹簧折断失去作用,或阻尼孔堵塞等原因,使泵输出油在低压下经溢流阀回油箱。排除方法是拆开溢流阀加以清洗、检查或更换弹簧,恢复其工作性能。如果溢流阀工作正常,则可能是压力油路中某些阀由于污染物或其他原因卡住而处于回油位置,致使压力油路与回油路短接,系统建立不起压力。

3) 如果上述检查均属正常,则可能是严重泄漏使系统压力建立不起来。主要检查管路接头是否松脱、液压缸与液压马达的密封是否损坏、压力油路中某些阀是否有内泄漏,从而致使系统泄漏严重。排除方法是拧紧管接头,更换损坏的密封装置,清洗、检查有关阀。

4）如果整个液压系统能建立正常的压力，而某些管路或液压缸、液压马达中没有压力，则可能是由于管道、小孔或节流阀、换向阀等堵塞，或是个别液压缸、液压马达泄漏严重。此时应进行局部检查。

故障现象二：振动和噪声

液压系统的振动和噪声的主要来源于气穴现象、困油现象、调节阀、机械噪声。这类故障的主要原因是油液中混有较多的空气；液压泵输油量脉动较大，液压元件参数选择不当而发生共振及液压元件磨损；工作不良引起振动噪声，管道细长、固定不牢及机械振动等引起系统振动和噪声。具体原因分析及排除方法如下：

1）吸油管路中有空气存在时产生严重的噪声。混入空气可能是吸油管道过细，阻力大；油面过低，滤网部分外露；液压泵转速太高；油箱透气不好；油液粘度过大或滤网堵塞等原因。也可能是吸油管密封不好，油液乳化而有大量气泡。上述原因使得在吸油的同时吸入大量的空气。针对不同的具体原因采取相应的措施予以消除。

2）经过检查上述各项均无问题，则振动和噪声可能是液压泵或液压马达的质量不好所致。一般认为液压系统中主要的噪声源是液压泵。液压泵的流量脉动、困油现象未能完全消除、配油盘困油区设计得不合理、叶片或柱塞移动不良及卡死都将引起振动和噪声。排除方法是清洗液压泵、液压马达，检查其制造质量，对不符合要求的零件或总成加以修理或更换。

3）引起振动还可能由于下述原因：液压泵与原动机的传动中心线不同心，或联轴节松动引起泵振动；管道细长、弯头多又未固定，且管中油液速度高引起管道振动（如某一段管子有显著振动，则故障原因可能就是管道选择和安装不当）；溢流阀阀座磨损、阀芯与阀孔配合间隙不当、弹簧疲劳有损坏、阀芯移动不良等引起振动和噪声；溢流阀或其他阀的自然频率与泵的流量脉动频率相近而发生共振；换向阀动作太快换向时产生冲击和振动。

4）将液压泵和电动机安装在油箱上面，将引起振动和噪声。当结构上不能避开这种情况时，必须在液压泵、电动机的安装板和油箱之间装一个厚的橡胶弹性衬垫，以降低振动和噪声。

故障现象三：执行元件"爬行"

爬行是液压系统中经常出现的不正常运动状态，轻微时产生目光不易觉察的振动，严重时将出现大距离的跳动。爬行现象一般发生在低速运动时。产生爬行的主要原因有液压缸阻力过大、液压缸侵入空气、泵和阀类磨损、工作不良及油液污染等。原因分析及排除方法如下：

1）液压缸阻力过大、阻力变化大的原因是液压缸装配质量差、运动密封件装配过紧、活塞杆局部或全长变形、缸筒锈蚀拉毛等。采取措施是逐项检查液压缸的精度及损伤情况并修复，使液压缸安装精度符合技术要求。

2）液压缸侵入空气使驱动刚性差而产生爬行是缸内空气的可压缩性对阻力变化的必然反应。液压缸内侵入空气的原因主要是液压缸制动或换向时因惯性作用形成真空度，系统中的空气进入液压缸，工作之前液压缸内的空气未排尽。采取措施是检查并消除空气进入系统的可能渠道，在工作前排出缸内空气，在液压系统易产生真空度的油路上设置补油单向阀，预防空气混入整个系统。

3）液压零件磨损、间隙过大，引起流量脉动和压力脉动大，致使执行元件爬行；溢流阀调定压力不稳定、工作失灵也将引起执行元件爬行。这种情况下就应检查、修复液压泵和控制阀，保证配合间隙。

故障现象四：油温过高

产生这类故障的主要原因往往是液压系统设计不当或使用时调整不当及周围环境温度较高。另外调速方法、系统压力、液压泵与液压马达的效率、各个阀的额定流量、管道的大小、油箱的容量及卸荷方式等都直接影响油液的温升。这些问题在液压系统设计时就应妥善处理。除了设计不当外，液压系统出现油温过高的常见原因有以下几点：

1）泄漏严重。系统各连接处泄漏、密封装置损坏泄漏、运动零件磨损后增加泄漏，造成容积损失而发热。应采取相应的措施防止内、外泄漏。

2）系统卸荷回路动作不良，使系统在不需要压力油时油液仍在溢流阀所调定的压力下溢回油箱，或在卸荷压力较高的情况下流回油箱。发生这种情况要检查卸荷回路的工作是否正常（如卸荷油路是否被脏物堵塞，电气系统能否使起卸荷作用的电磁阀动作），并采取相应措施消除。

3）散热不良。油箱散热面积不足、油箱油量太少致使油液循环太快或冷却器作用差（如冷却水系统失灵或风扇失灵）、周围环境温度较高等都是导致散热不良的原因。采取措施为改善散热条件，必要时采取强制冷却措施。

4）误用粘度过大的油液，使液压损失过大，引起油温升高。

第六节　液力系统故障分析与排除

液力变矩器在使用中常见故障现象、原因分析及排除方法见表4-22。

液力补偿系统原理参见第二章第一节中 D155A 推土机的液力补偿系统图。

表4-22　液力变矩器常见故障现象、原因分析及排除方法

故障现象	原因分析	排除方法
供油压力低	1）油箱油位低 2）油箱泄漏或放油塞松动 3）流到变速箱的油液过多 4）进油路、过滤器堵塞 5）供油泵不合格或磨损严重 6）油起泡沫 7）溢流阀损坏或卡在开启位置 8）密封环磨损、破裂或夹杂质 9）工作油不合格	1）加油到规定液位 2）排除泄漏，拧紧放油塞 3）查找原因并排除 4）疏通、清洗油路及过滤器 5）检查，修理或更换 6）检查油质，更换新油 7）修理或更换 8）清洗检修或更换新的密封环 9）按规定更换
油温过高	1）油位不适当 2）油压高、压力阀卡在关闭位置 3）冷却系统水位低 4）变矩器油位压力低 5）冷却器、过滤器或管路堵塞 6）在低速作业时间太长或过速、过载 7）导轮卡死 8）单向离合器故障	1）加油或放油到规定油位 2）修理或更换压力阀 3）加水并检查泄漏原因 4）参见故障现象"供油压力低" 5）清洗或更换 6）调整作业周期，改善作业工况 7）拆检修理或更换 8）拆检，排除

(续)

故障现象	原因分析	排除方法
噪声	1）轴承损坏 2）液压泵磨损 3）与发动机的连接有故障 4）变矩器连接部分不紧	1）更换轴承 2）进行或更换 3）拆检、调整对中 4）检查，排除
功率损失大	1）导轮的单向离合器故障 2）变矩器供油压力低 3）变矩器叶轮间有磕碰 4）轴承磨损	1）修理排除 2）参见故障现象"供油压力低" 3）拆检修理 4）更换轴承

第五章 典型工程机械液压系统故障分析与排除

第一节 推土机液压系统故障分析与排除

推土机液压系统的组成参见第二章中第一节内容。推土机的一般常见故障诊断与排除方法见表 5-1。

表 5-1 推土机的一般常见故障诊断与排除方法

故 障	故 障 原 因	排 除 方 法
推土板升不起或上升力弱	1）溢流阀压力调节不符合要求	调整压力到要求值
	2）液压缸内泄漏	检查或更换液压缸组件
	3）换向阀卡紧或内泄漏	检查或更换阀组件
	4）油面过低或过滤器堵塞	加足油，清洗过滤器
	5）液压泵有毛病	检查或更换液压泵
松土器升降不起或上升力弱	1）溢流阀压力调节不符合要求	调整压力到要求值
	2）液压缸内泄漏	检查或更换液压缸组件
	3）换向阀卡紧或内泄漏	检查或更换阀组件
	4）油面过低或过滤器堵塞	加足油，清洗过滤器
	5）液压泵有问题	检查或更换液压泵
	6）单向阀泄漏	检查单向阀阀芯与阀座磨损情况、单向阀弹簧是否有疲劳与变形等
推土铲自由下落量大	1）液压缸内泄漏	更换组件
	2）操纵阀内泄漏	
操纵杆沉重	1）操纵机构有问题	检查、调整、更换不合格的零件；清洗阀件；检查液压油清洁度
	2）操纵阀阀芯卡紧（制造、安装问题，污物问题）	
液力变矩器及补偿系统有毛病，如液力变矩器无力，动力换挡失灵，油温过高等	1）液力变矩器无力 ①液力传动油量不足 ②调压不当 ③背压不足	检查液力传动油的质量、用量，是否误用液压传动油，检查变矩器调压阀、背压阀及调定压力值
	2）动力换挡失灵 ①快回阀、减压阀、动力变速阀、换向阀出现卡死，内泄漏 ②油污染严重	检查阀卡死的原因并排除，过滤或更换液力传动油
	3）油温过高	检查冷却器是否有问题，检查液力传动油质量
转向不灵活	1）转向器有毛病	检查转向器、阀件、弹簧及油液质量并排除
	2）转向阀阀芯卡死或内泄漏过大	
	3）转向离合器内弹簧失灵	
	4）油液污染严重	

第二节　液压叉车、装载机液压系统故障分析与排除

一、CPC 05 型液压叉车故障分析与排除

该叉车的工作装置（货叉升降、门架倾斜）与转向系统均采用液压传动。

（一）工作装置的故障诊断

图 5-1 所示为工作装置的液压系统图。

故障现象 1：升降无力或不能起升

原因分析与排除：

1）齿轮泵 3 因使用太久而内部磨损，致使供油压力与流量不足。可更换齿轮泵磨损零件或修复齿轮泵，必要时更换齿轮泵。

2）升降液压缸 9 有故障。

① 活塞上密封圈损坏，致内泄漏过大。应更换密封圈。

② 活塞杆拉毛、与缸盖衬套别劲，或缸盖没有装正。可分别进行处理。

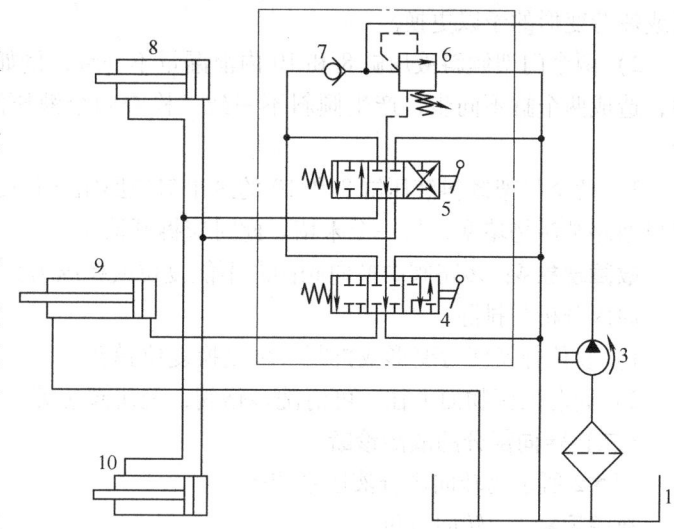

图 5-1　工作装置液压系统
1—油箱　2—过滤器　3—齿轮泵　4、5—换向阀　6—溢流阀
7—单向阀　8、10—门架倾斜液压缸　9—升降液压缸

3）多路阀故障。

① 多路阀中安全（溢流）阀 6 的阀芯卡死在打开的位置，或设定压力太低，齿轮泵来油经此阀部分流回油箱，致使系统压力上不去。当全部油液流回油箱时，就无提升动作。排除此安全阀故障。

② 多路阀中单向阀 7 的阀芯卡死在小开度的位置或关闭的位置，致使液压泵来油受阻，油液只有少量或完全不能进入后续系统。可拆开清洗、清除毛刺。

③ 多路阀中换向阀 4 和 5 的阀芯与阀体孔磨损严重，致使内泄漏增大，使进入液压缸 9 的油液流量不够。可修复阀芯（如电镀）或更换阀芯，重新配研阀体孔，并保证装配间隙。

④ 多路阀阀体有四块阀体组合，阀体之间密封破坏或漏装，造成漏油，使进入液压缸的油液不够。更换或补装密封件后此故障便可排除。

4）液压油管及接头处漏油。更换密封圈，拧紧管接头。

5）油温过高，油液粘度下降，使齿轮泵和系统泄漏增大。可停车降温，并检查油温过高的原因予以排除。

6）超载。使用时不能超过规定的起升重量。

故障现象 2：升降缸不能锁住，有下滑现象

原因分析与排除：

1）同故障现象1中2）中的①和4）、5）、6）。

2）换向阀4未处于中位。使其处于中位。

故障现象3：自倾及前后倾斜，倾斜不一致

原因分析与排除：

1）换向阀5内泄漏太大，或阀芯不能回中位。检查内泄漏的原因并排除。复位弹簧折断或疲劳变形的予以更换。

2）两个门架倾斜液压缸8和10内泄漏量不一致，例如，一个密封完好而另一个密封破损，造成两个缸不同步，产生倾斜不一致。检查两个液压缸的密封状况，更换破损的密封圈。

3）两个门架倾斜液压缸8和10的进出口通路阻塞程度不一致，例如，一个液压缸的进出口通路被污物堵塞，另一个未堵。此时应拆开清洗。

故障现象4：多路阀中换向阀阀芯不能复位或操纵力大

原因分析与排除：

1）复位弹簧疲劳变形或折断。可更换复位弹簧。

2）阀芯因污物而卡住。可清洗多路阀，配研阀芯等。

（二）转向部分的故障诊断

图5-2所示为转向部分液压系统图。

故障现象1：转向沉重

原因分析与排除：

1）转向液压泵5（CBF-E25型齿轮泵）供油量不足。原因为发动机转速过低时，可提高发动机转速；原因为液压泵本身故障时，可拆检排除或更换液压泵。

2）全液压转向器2内单向阀因污染而卡住，动作失灵。可拆开清洗。

3）转向液压缸1别劲。检查原因予以排除。

4）转向液压缸1内泄漏量过大。可更换液压缸活塞的密封。

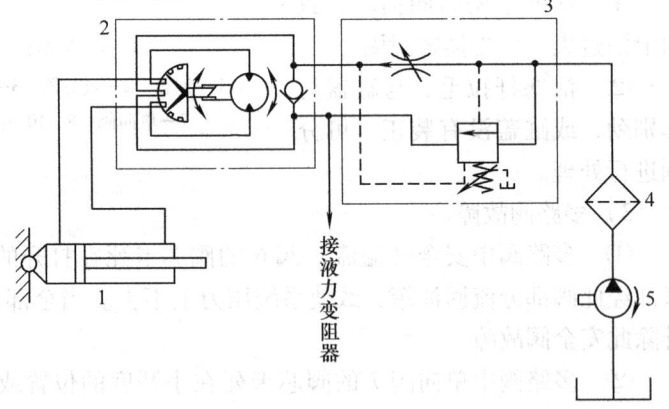

图5-2 转向部分液压系统
1—转向液压缸 2—全液压转向器 3—流量控制阀
4—过滤器 5—转向液压泵

5）油箱液面过低。可给油箱加油。

6）污染物堵塞过滤器4或油管。根据情况分别进行清洗。

故障现象2：转向不平稳

原因分析与排除：主要是空气进入系统所致。可查找进气原因，进行排除。

故障现象3：转向失灵

原因分析与排除：

1）转向器拨销折断或变形。需更换。
2）联轴器损坏。更换联轴器。

故障现象 4：转向器转子复位失灵

原因分析与排除：

1）转向轴与阀芯不同心，或转向轴顶死阀芯，或其他原因造成转向轴转向阻力大。可针对故障产生的部位及时检查修复。

2）定位弹簧片折断。予以更换。

故障现象 5：无人力转向

原因分析与排除：主要是由于摆线液压马达的转子和定子间隙过大，不能向转向液压缸输送具有足够压力的油液所致。此时应拆修液压马达。

二、装载机液压系统故障分析与排除

装载机液压系统的组成参见第二章第四节内容。装载机的一般常见故障诊断与排除方法见表 5-2。

表 5-2 装载机的一般常见故障诊断与排除方法

故障现象	原因分析	排除措施
执行元件不能动作	1）液压泵故障	检查维修或更换液压泵总成
	2）工作油量不足	检查液面，油量不足时补充油液
执行元件动作慢	液压泵供油不足	检查维修或更换液压泵总成
执行元件工作无力	1）液压泵工作不良	检查维修或更换液压泵总成
	2）溢流阀调定压力过低	检查调整压力
	3）工作油量少	检查液面，补充油液
	4）吸油过滤器堵塞	清洗过滤器
	5）吸入空气	检查吸油管堵漏，排除空气
	6）液压马达工作不良	检查维修或更换液压马达总成
操纵手柄不能回到中位	1）控制阀弹簧不良	检查清洗、更换弹簧
	2）控制阀的阀芯卡滞	更换修复阀的总成

三、ZL50 装载机液压系统故障分析与排除

ZL50 装载机液压系统原理图如图 2-17 所示。

（一）工作装置液压回路故障

故障现象 1：铲斗及动臂均无动作

原因分析：

1）液压泵失效，可通过测量泵的出口压力确定。可能的原因有泵轴扭断或损坏，旋转不灵或卡死，轴承锈死或卡住，泄漏严重，浮动侧板严重拉伤或拉毛等。

2）过滤器堵塞，并伴有噪声出现。

3）吸油管破裂或与泵的管接头松动。

4）油箱油液太少。

5) 油箱通气口堵塞。

6) 多路阀中的主溢流阀损坏失效。

排除方法：检查液压泵，查明原因，排除液压泵故障；清洗或更换过滤器滤网；检查管路、接头、油箱通气口及主溢流阀，排除故障。

故障现象 2：动臂起升无力

动臂起升无力的直接原因是动臂液压缸无杆腔压力不足。其主要原因有：

1) 液压泵内泄漏严重或过滤器堵塞，导致液压泵输油不足。

2) 液压系统发生严重内、外泄漏。

内泄漏的原因有：多路换向阀的总安全阀压力调整过低，或主阀阀芯被脏物卡住在开启位置（先导式阀的主阀阀芯弹簧很软，容易被脏物卡住）；多路阀中动臂换向阀卡死在泄油位置，阀芯与阀体孔的间隙过大或阀内单向阀密封不严；动臂缸活塞上的密封圈损坏或严重磨损；动臂缸缸筒磨损严重或拉伤；流量控制阀阀芯与阀体孔间隙过大；油温过高。

排除方法：

1) 检查过滤器，若堵塞则清洗或更换；检查油温过高的原因并排除，若油液变质则更换。

2) 检查总安全阀是否卡住，若卡住，只需拆卸清洗主阀阀芯，使其能自由移动即可。若故障还不能排除，则操纵多路换向阀，旋转总安全阀的调节螺母，观察系统压力反应，若压力能调到规定的值，说明故障基本排除。

3) 检查液压缸活塞密封圈是否失去密封作用：将动臂缸收到底，再将无杆腔出口接头的高压胶管拆下，继续操作动臂换向阀，使动臂缸活塞杆进一步收回，由于此时活塞杆已经收到底不能再动，所以压力不断升高。然后观察观察出油口是否有油液流出，若只有少量油液流出，说明密封圈没有失效，若有较大的油流（大于 30mL/min），则说明密封圈失效，应予以更换。

4) 根据多路阀的使用时间可以分析出阀芯与阀体孔之间的间隙是否过大。正常间隙为 0.01mm，修理时极限值为 0.04mm。拆洗滑阀，消除卡滞现象。

5) 检查流量控制阀阀芯与阀体孔的间隙。正常值为 0.015~0.025mm，最大不超过 0.04mm。若间隙过大，则应更换阀。检查阀内单向阀的密封性，若密封不良，可研磨阀座，更换阀芯。检查弹簧，若变形、变软或断裂，则均应更换。

6) 若上述可能原因都被排除，故障仍然存在，则必须拆检液压泵。对于本机常用 CBG 型齿轮泵，主要检查泵的端面间隙，其次检查两个齿轮之间的啮合间隙及齿轮与壳体之间的径向间隙。如果间隙过大，说明泄漏过大，因而无法产生足够大的压力油，这时应更换主泵。该齿轮泵的两个端面是靠两个镀有一层铜合金的钢制侧板来密封的，如果侧板上铜合金脱落或严重磨损，也会使液压泵输送不出足够的压力油。此时也应更换液压泵。

7) 如果动臂提升无力而铲斗收斗正常，则可说明液压泵、过滤器、流量分配阀、总安全阀及油温正常。只需要验证并排除其他方面故障即可。

故障现象 3：铲斗收斗无力

原因分析：

1) 主泵失效，过滤器堵塞，致使液压泵输油不足、压力不足。

2) 总安全阀失灵。主阀阀芯被卡住或密封不严或调压过低。

3) 流量控制阀失灵。间隙过大,阀内单向阀密封不严。
4) 铲斗换向阀阀芯与阀体孔配合间隙过大,被卡死在泄油位置,回位弹簧失效。
5) 双作用安全阀失灵。主阀阀芯被卡住或密封不严。
6) 铲斗液压缸密封圈损坏,磨损严重,缸筒拉伤。

排除方法:

1) 检查动臂举升是否有力,若动臂举升正常,则说明液压泵、过滤器、流量控制阀、总安全阀和油温正常。否则,按故障现象2所述的方法排除故障。

2) 检查铲斗换向阀阀芯与阀体孔间隙,极限间隙在0.04mm以内,清洗滑阀,进行修理或更换零件。

3) 拆检双作用安全阀的阀芯与阀座、单向阀的阀芯与阀座之间的密封性、灵活性,清洗阀体与阀芯。

4) 拆检铲斗液压缸。可按故障现象2中所述动臂液压缸的检查方法进行。

故障现象4:动臂液压缸沉降量过大(掉动臂)

将满载的铲斗举起,多路阀处于中位,此时动臂液压缸活塞杆的下沉距离即为沉降量。本机要求当铲斗满载升高到最高位置30min后,下沉量不大于10mm。沉降量过大,不仅影响生产率,而且影响工作装置作业的准确性,有时甚至会发生事故。

动臂液压缸沉降的原因:

1) 多路换向阀阀芯不在中位,油路不能封闭,造成掉动臂。
2) 多路换向阀阀芯与阀体孔间隙过大,密封件损坏,造成内泄漏大。
3) 动臂液压缸活塞密封失效、活塞松动、缸筒拉伤。

排除方法:检查多路换向阀不能到中位的原因并排除;检查多路换向阀阀芯与阀体孔间隙,确保间隙在修理极限值0.04mm以内,更换密封件;更换动臂液压缸活塞密封圈,紧固活塞,检修缸筒;检查管路及管接头,有泄漏及时处理。

故障现象5:掉斗

装载机作业时,收斗后铲斗换向阀回到中位,铲斗会自然下翻称掉斗。掉斗的原因有:

1) 铲斗换向阀未在中位,油路不能封闭。
2) 铲斗换向阀密封件损坏,阀芯与阀体孔间隙过大,泄漏大。
3) 铲斗缸无杆腔双作用安全阀密封件损坏、卡死、过载压力过低。
4) 铲斗液压缸密封圈损坏,磨损严重,缸筒拉伤。

排除方法:清洗双作用安全阀,更换密封圈,调整过载压力。其他参照故障现象3的排除方法。

故障现象6:油温过高

油温过高的原因主要有:环境温度过高,长时间连续工作;系统在高压下工作,溢流阀频繁打开;溢流阀调定压力过高;液压泵内部有摩擦;液压油选用不当或变质;油量不足。检查确定油温高的原因,并加以排除。

(二) **转向液压回路故障**

故障现象1:转向沉重

原因分析与排除:

1) 转向泵吸油不畅。

① 油箱油量不足。检查油箱液面高度，加足油液。
② 过滤器堵塞。清洗或更换滤芯。
③ 油液粘度大或环境温度太低。更换合格的液压油，采取措施，提高液压油的温度。
④ 进、出油口堵塞或油管压扁。清理进、出油口，更换油管。
⑤ 回路中有空气，导致吸空。该故障特点是油中有气泡，发出不规则的响声，转动方向盘时转向液压缸时动时不动。排除回路中空气。
⑥ 油管接头泄漏。紧固管接头，确保密封良好。

2）转向泵故障导致供油量不足。该故障特点是慢转动转向盘时轻便，快转动转向盘时沉重。
① 转向泵过度磨损，内泄漏严重。检查转向泵的故障情况，修理或更换泵。
② 转向泵驱动部分故障：连接键损坏，传动带打滑。修理或更换连接键，调整传动带张紧度。

3）转向系统安全阀故障。该故障特点是轻载或空载时转动转向盘轻便，增加负载或重载时转动转向盘沉重。
① 调定压力过低。重新调整压力。
② 弹簧弹力不足或损坏。在弹簧与弹簧座之间加垫片或更换弹簧。
③ 阀座密封不严或阀体损坏，造成泄漏严重。检查密封情况，使密封良好；更换阀。

4）转向器（转向阀）故障。
① 阀芯与阀套变形导致卡死。修理研磨。
② 内泄漏大。更换转向器。
③ 单向阀因外物卡住而失效。清洗转向器。

5）流量控制阀故障。弹簧过软，泄漏严重，导致快转向时供油不足，感到沉重。检查流量控制阀，必要时更换。

6）转向机构故障（该故障不属于液压系统故障）。

故障现象 2：转向轮跑偏

原因分析与排除：

1）转向阀阀芯与阀套间的定位弹簧损坏或太软，使阀套不能自动回到中间位置。必须更换定位弹簧。

2）油液污染物使转向阀阀套运动受到阻滞。清洗阀套，使其运动灵活。

3）转向阀阀套与阀芯台阶位置偏移，使阀套不在中间位置。拆解检修阀套与阀芯，必要时更换。

4）流量控制阀卡住，使油液压力过大，造成转向液压缸前、后两腔压差过大。拆解检修流量控制阀。

5）单侧转向液压缸密封件损坏。拆解检修液压缸密封件。

6）其他非液压系统的故障导致跑偏。按系统相应的故障排除方法进行故障排除。

故障现象 3：转向轮晃动

原因分析与排除：

1）转向液压缸内有空气。排除空气的方法是，把转向液压缸一边的油口接头松开，转动转向盘，使转向器向转向液压缸的油口接头未松开的一腔充油，直到松开的油口接头不冒气泡只流油液时拧紧接头。

2) 非液压系统的故障导致。

故障现象 4：转向失灵

原因分析与排除：

1) 转向液压缸活塞密封圈损坏、活塞脱落或活塞杆断裂。更换转向液压缸密封圈，更换活塞或活塞杆。

2) 转向器内弹簧片折断。更换转向器弹簧片。

3) 转向器内严重泄漏。更换转向器。

第三节 挖掘机液压系统故障分析与排除

一、挖掘机的故障诊断与排除

挖掘机液压系统的组成参见第二章第五节内容。挖掘机的一般常见故障诊断与排除方法见表 5-3。

表 5-3 挖掘机的一般常见故障诊断与排除方法

故障现象	原因分析	排除措施
工作装置、行走、回转机构不能动作	1) 液压泵故障	更换液压泵
	2) 工作油量不足	补充加油
	3) 吸油软管破裂	检查修理或更换
	4) 溢流阀不良	检查阀、阀座和弹簧，更换零件或总成
工作装置、行走、回转无力	1) 液压泵性能低劣	因磨损而性能降低时可更换液压泵
	2) 溢流阀调定压力低	检查调整压力
	3) 工作油量不足	补充加油
	4) 空气进入	拧紧密封漏气部位
动臂的动作有冲击，上升不平稳	1) 过滤器堵塞，引起气蚀	清理过滤器，检查油箱液面，不足时加油
	2) 液压泵吸入空气	检查吸油系统，修理泄漏部位，排除泵中空气
挖掘力弱（液压缸推力不足）	1) 液压缸内部泄漏	检查内泄漏情况，如泄漏量过大需更换总成
	2) 调定压力低	调整溢流阀压或更换溢流阀总成
动臂的自然沉降量大	1) 液压缸内部泄漏	更换密封圈或液压缸总成
	2) 控制阀的泄漏大	更换控制阀总成
液压缸杆部漏油	液压缸活塞杆密封不良	更换密封件，如杆部弯曲受伤时需更换液压缸
工作台不能回转	1) 溢流阀或过载阀调定压力过低	检查，如有弹簧弯曲变形或无力时更换弹簧，并按要求调整压力
	2) 平衡阀工作不良	检查清洗，弹簧不良时更换弹簧或平衡阀
	3) 回转液压马达工作不良	检查液压马达输出轴是否断裂、控制阀有无卡滞。是则更换液压马达轴、控制阀的损坏件
液压缸的速度慢	供油量不足	检查液压泵磨损程度，修复或更换液压泵

（续）

故障现象	原因分析	排除措施
回转速度低	1）调定压力太低	检查调整溢流阀的调定压力
	2）溢流阀不良	检查清洗，查看弹簧有无折断、无力，更换不良的弹簧
	3）控制阀不良	
	4）液压泵供油量不足	检查液压泵磨损程度，修复或更换液压泵
回转时启动、停车有冲击	调定压力过高	检查调整溢流阀，根据要求调定压力
回转时不能停止	缓冲阀（平衡阀）的弹簧折断或有灰尘、卡死	检查缓冲阀，进行清洗，更换弹簧
不能行走或一侧不能行走	1）溢流阀调定压力低	检查调整压力，检查清洗，更换失效的弹簧，必要时更换阀
	2）中心回转接头不良	更换回转接头总成
	3）液压马达不良	检查液压马达输出轴是否断裂、控制阀有无卡滞。是则更换液压马达轴、控制阀的损坏件
行走的速度慢	供油量不足	检查液压泵磨损程度，修复或更换液压泵
扳动操作手柄执行元件不动作	1）的滑阀粘连或损坏	根据不同情况修理或更换阀
	2）过滤器损坏	检查清洗或更换
	3）配油挠性管破裂	检查、拧紧或更换配油挠性管
	4）控制压力低	检查控制压力，进行调整
操作手柄沉重或扳不动	1）滑阀卡滞或损坏	更换总成
	2）操作手柄连杆机构不良	检查调整或更换
操作手柄不能回到中位	1）控制阀的弹簧不良	检查清洗或更换不良的弹簧
	2）控制阀的滑阀卡滞	更换控制阀总成
	3）操作手柄连杆机构不良	检查调整或更换
挠性软管损坏	1）调定压力过高	进行压力调整
	2）软管扭转安装	重新正确安装
	3）管夹松动（低压软管）	拧紧管夹
工作油温上升	1）工作油液不足	补充加油
	2）溢流阀溢流过度	检查调整压力、弹簧、阀及阀座
	3）冷却器散热片积垢	清洗或更换零件
	4）冷却风扇转速低	按规定要求调整皮带

二、YW180 挖掘机液压系统故障分析与排除

YW180 挖掘机液压系统图如图 2-39 所示。WY180 挖掘机的故障诊断与排除方法见表 5-4。

表 5-4 WY180 挖掘机的故障诊断与排除方法

故障现象	原因分析	排除措施
减压阀式先导阀操作系统失灵	1）减压阀式先导阀故障 ①手柄、压盘、钢球、推杆、导杆、调压弹簧磨损、变形、折断 ②回位弹簧变形、折断 ③污染造成阀内及油口卡死、堵塞、泄漏	检查减压阀式先导阀及连接油路
	2）先导阀与主液控阀连接油路松动、进气、泄漏、别劲	
	3）油液粘度不合适或油温过高	检查油温、油液质量
液压泵不供油或供油不足	1）两台分功率调节变量泵中有一台出现故障 ①主泵内零件磨损 ②调节器失灵 ③因油温过高、油液杂质使泵运转失灵 ④自控、互控、远控油路堵塞	视情况进行检修，若换新泵则同时更换两台泵，检查油温、油液质量，过滤或更换油液
	2）泵组内定量泵出现故障	检查并排除故障
回转回路故障（回转动作失灵或速度过慢）	1）压力值调节过低	检查回转回路各元件质量及油液质量，并进行修理或更换
	2）主换向阀内泄漏严重	
	3）制动阀失灵	
	4）过载阀失灵	
	5）回转液压马达损坏	
动臂回路故障（动臂举不起或速度过慢）	1）压力值调节过低	检查动臂回路各元件质量及油液质量，并进行修理或更换
	2）主换向阀内泄漏严重	
	3）平衡阀故障	
	4）动臂缸内泄漏	
	5）合流管路出现故障，无合流量	
行走回路故障（左右行走不动或速度失调）	1）压力值调节不当	检查行走回路各元件质量及油液质量，并进行修理或更换
	2）主换向阀内泄漏严重	
	3）行走液压马达总成（包括液压马达、过载补油阀、制动阀）故障	
斗杆回路故障（斗杆动作失灵或速度过慢）	1）压力值调节不当	检查斗杆回路各元件质量及油液质量，并进行修理或更换
	2）主换向阀内泄漏严重	
	3）过载补油阀失灵	
	4）合流管路出现故障，无合流流量	
回转接头故障	出现异常声音：轴和转子之间或推力板附近堵塞	检查回转接头，检修或更换

第四节 振动压路机液压系统故障分析与排除

一、振动压路机的一般常见故障诊断与排除

振动压路机液压系统的组成参见第二章第六节内容。

振动压路机的一般常见故障诊断与排除见表5-5～表5-7。

表5-5 振动压路机振动回路一般常见故障分析与排除

故障现象	故障原因	排除方法
单挡振动	振动开关至振动电磁阀电路断路	检查线路,将断点接好
振动均无反应或只有微弱振动	1) 振动开关至振动电磁阀电路断路	检查线路,将断点接好
	2) 联轴器尼龙套损坏	检查联轴器,损坏时更换
	3) 液压泵内部磨损严重	检查液压泵,进行修复
	4) 液压马达内部磨损严重	检查液压马达,进行修复
压实无力或振动时整车抖动	1) 发动机工作不常,功率不够	检修发动机
	2) 过滤器堵塞	更换滤芯
	3) 液压泵内部磨损严重	检查液压泵,进行修复
	4) 液压马达内部磨损严重	检查液压马达,进行修复
系统中进入了空气	1) 油箱中油液不够	检查油位,加油至规定高度
	2) 吸油管不密封	检查吸油管,拧紧连接处
振动液压泵效率低	液压泵元件、密封件损坏	拆检液压泵,更换新件
振动马达效率低	1) 泵元件、密封件损坏	拆检液压泵,更换新件
	2) 套、花键轴切齿	更换新件
液压回路堵塞	1) 油箱中油液过脏	过滤或更换油液
	2) 液压软管或接头处堵塞	检查堵塞处,清除
	3) 过滤网堵塞	拆卸清洗干净
	4) 冷却器内部堵塞	拆卸清洗干净
振动频率异常	1) 系统效率低、漏油、压力不适等	检查原因并排除
	2) 振动偏心块油腔油液过多或过少	检查油腔油液,放出或加入适量油液
	3) 油门操纵机构不适	检查调整操纵机构
	4) 发动机转速不适合	调整到合适转速

表5-6 振动压路机行驶回路一般常见故障分析与排除

故障现象	故障原因	排除方法
行驶无力	1) 发动机功率不够	检查发动机
	2) 过滤器堵塞	清洗或更换滤芯
	3) 液压泵、液压马达内部磨损	检查维修
液压系统中进入空气	1) 油箱中油量不足	检查油位,加油
	2) 吸油管不密封	检查吸油管,拧紧连接元件
行驶时前进正常,后退无力	内部调节阀失灵	检查,排除

表 5-7 转向及其他回路一般常见故障分析与排除

故障现象	故障原因	排除方法
转向液压泵效率低	密封件、元件磨损严重	检查，更换新件
全液压转向器失效	1）压力不适	调整压力
	2）滤网或管路堵塞	检查滤网和管路，清除堵塞污物
	3）漏油	更换接头或密封件
转向液压缸故障	1）转液压缸无力，内泄严重	检查活塞密封情况，更换密封圈
	2）外部泄漏	更换密封圈

二、YZC12Z 振动压路机液压系统常见故障诊断与排除

YZC12Z 振动压路机常见故障诊断与排除见表 5-8～表 5-12。液压系统图如图 2-49、图 2-54、图 2-60、图 2-61 所示。

表 5-8 YZC12Z 振动压路机行走系统故障分析与排除

故障现象	故障原因	排除方法
行驶无力	1）发动机功率不够	检查发动机
	2）泄油阀损坏	修复或更换
	3）补油泵失效	检修
	4）液压泵、液压马达内部磨损	检查维修
	5）行走液压马达中单向阀失效	修复或更换
行驶时前进正常，后退无力	1）行驶泵旁通阀单侧阀失效	检查，修复排除或更换
	2）补油单向阀单侧失效	检查，修复排除或更换
	3）行走液压马达中单向阀失效	修复或更换液压马达中单向阀
	4）液压泵内部调节阀失灵	修复
停车制动失灵	摩擦片磨损严重或损坏	调整摩擦片间隙或更换摩擦片
不能前进也不能后退	1）行驶泵旁通阀严重泄漏或失效	更换旁通阀
	2）泄油阀失效	修复或更换泄油阀
	3）补油单向阀失效	修复或更换单向阀
	4）行走液压泵或液压马达泄漏	修复
驱动系统反应迟缓	1）油箱中油量不够	检查液面，加入新油
	2）补油单向阀失效	修复或更换单向阀
	3）行走液压马达中单向阀失效	修复或更换液压马达中单向阀
	4）行走液压泵轻微泄漏	修复
行走困难	1）制动电磁阀损坏	修复或更换
	2）减速机损坏	更换
行走速度异常	1）发动机转速不当	调定合适的转速
	2）发动机加速踏板操纵机构松脱	重新调整操纵机构

表 5-9　YZC12Z 振动压路机振动系统故障分析与排除

故障现象	故障原因	排除方法
只有单档振动或不能单档振动或振动关不掉	1）振动开关至振动电磁阀电路断路 2）振动开关阀损坏	检查线路，将断点接好 修复振动开关阀
两档振动均无反应或只有微弱振动	1）振动开关至振动电磁阀电路断路 2）联轴器尼龙套损坏 3）液压泵内部磨损严重 4）液压马达内部磨损严重	检查线路，将断点接好 检查联轴器损坏时更换 检查液压泵，进行修复 检查液压马达，进行修复
压实无力	1）发动机工作异常，功率不够 2）液压泵内部磨损严重 3）液压马达内部磨损严重	检修发动机 检查液压泵，进行修复 检查液压马达，进行修复
振动频率异常	1）系统效率低、漏油、压力不适等 2）振动偏心块油腔油液过多或过少 3）油门操纵机构不适 4）发动机转速不适合 5）液压泵排量变化	检查原因并排除 检查油腔油液，放出或加入适量油液 检查调整操纵机构 调整到合适转速 调整排量限制螺钉

表 5-10　YZC12Z 振动压路机转向系统故障分析与排除

故障现象	故障原因	排除方法
不能转向、换向迟缓	1）油箱中油量不足 2）发动机转速不合适 3）单向阀严重泄漏 4）比例换向阀不能正确换向 5）转向液压缸泄漏	检查油位，加入新油 调定合适的转速 修复或更换单向阀 修复或更换比例换向阀 更换液压缸
单方向有转向	1）比例换向阀失效 2）单侧单向阀失效	修复或更换比例换向阀 修复或更换单向阀

表 5-11　YZC12Z 振动压路机调幅系统故障分析与排除

故障现象	故障原因	排除方法
不能调幅	1）油箱中油量不足 2）发动机转速不合适 3）换向阀不能换向 4）调幅液压缸卡住	检查油位，加入新油 调定合适的转速 修复或更换换向阀 检修或更换液压缸
只能单方向调幅	1）换向阀不能换向 2）一侧的节流阀堵塞 3）单向阀单向不能打开	修复或更换换向阀 修复或更换节流阀 修复或更换单向阀

表 5-12 YZC12Z 振动压路机蟹行系统故障分析与排除

故障现象	故障原因	排除方法
不能蟹行	1）油箱中油量不足	检查油位，加入新油
	2）发动机转速不合适	调定合适的转速
	3）控制电磁阀部分不能工作	修复或更换电磁阀
	4）蟹行液压缸卡死	检修蟹行液压缸
只能单方向蟹行	1）控制电磁阀部分不能工作	修复或更换电磁阀
	2）组合单向阀一侧不能开启	修复或更换单向阀

第五节 摊铺机液压系统故障分析与排除

沥青、水泥混凝土摊铺机液压系统的组成参见第二章第八节和第九节内容。

一、LTU4 型沥青混凝土摊铺机故障分析与排除

LTU4 型沥青混凝土摊铺机液压系统图如图 2-70 所示。液压系统常见故障分析与排除方法见表 5-13。

表 5-13 LTU4 型沥青混凝土摊铺机故障分析与排除方法

故障现象	故障原因	排除方法
行驶速度慢或动力损失太大（行驶速度应在 0～18.4m/min）	1）发动机转速低	使发动机在规定转速下工作
	2）液压马达磨损过量内泄漏严重	修复或更换
	3）液压泵输出流量不够	检查液压泵，修复或更换
液压泵或液压马达外泄漏严重或管接头漏油	1）密封件损坏	更换
	2）密封件装配时没有放正	重新装配
压力不足	1）安全阀调压过低	调整压力
	2）液压元件磨损过限	更换液压件
	3）液压件内泄严重	检查，修复或更换
液压泵输出流量不够	1）发动机转速不够	使发动机在规定转速下工作
	2）液压泵调节不适	重新调节变量机构
	3）油位过低	加油至规定油量
油路泄漏	油封损坏、接头松动、接头质量差、软管损坏	更换、拧紧
噪声严重	1）油箱油量不足	加满油液
	2）管路中空气未排尽	打开小油箱排气塞，排尽空气
	3）油液粘度过高或油温低	更换适当粘度的油液
	4）过滤器、油路堵塞	清洗过滤器、油路或更换滤芯

故障现象	故 障 原 因	排 除 方 法
油温高（环境温度不高于35℃，接近满负荷工况下连续工作4h，系统油温不超过80℃）	1）油箱油量不足	加满油液
	2）油液被污染	更换干净的油液
	3）安全阀调定压力不当	调至正确压力
	4）环境温度过高	采取冷却措施
油压上不去	1）安全阀开启压力过低	调整压力
	2）系统泄漏严重	检查、排除
	3）液压泵损坏	更换
油液起泡沫	1）油位低	加满油液
	2）空气进入输油管	排除空气
	3）液压油的牌号不对	更换正确的油液

二、滑模式混凝土摊铺机故障分析与排除

滑模式混凝土摊铺机液压系统图如图2-76~图2-82所示。液压系统常见故障分析与排除方法见表5-14~表5-18。

表5-14　行走液压系统常见故障分析与排除方法

故障现象	故 障 原 因	排除方法
仅在某一方向不移动（或仅在某一方向移动）	1）行走控制阀在（或不在）中位 2）液压油不够 3）行走控制失效 4）行走泵压力低 5）系统控制压力低 6）行走流量分配阀失效 7）行走液压马达进油单向阀控制失效 8）机械传动故障 9）电气故障	根据不同原因，进行维修或更换组件及有关零部件
系统压力低	1）行走泵失效 2）行走泵溢流阀失效 3）辅助泵失效 4）行走泵进油过滤器堵塞	
系统过热	1）系统油量不足 2）冷却器堵塞或冷却器旁路单向阀阻塞、贯穿 3）压力控制阀失效使系统压力增大	
行走动作缓慢	1）吸油过滤器堵塞 2）行走控制阀失效 3）流量分配阀失效	

表 5-15 螺旋布料器液压系统常见故障分析与排除方法

故障现象	故障原因	排除方法
在任何方向都不运行	1）控制开关在"关"的位置 2）液压油箱油量不够 3）吸油管上单向阀关闭 4）进油过滤器堵塞 5）系统控制压力低或溢流阀失效 6）液压马达失效 7）机械传动装置故障 8）电气故障	根据不同原因，进行维修或更换组件及有关零部件
仅在一个方向运转	单方向上的单向阀、溢流阀失效	
系统过热	1）系统油量不足 2）冷却器堵塞或冷却器旁路单向阀阻塞、贯穿 3）压力控制阀失效使系统压力增加 4）液压泵或液压马达失效	
系统动作缓慢	1）吸油过滤器堵塞 2）压力控制阀失效 3）液压泵、液压马达内泄漏严重	

表 5-16 振动棒液压系统常见故障分析与排除方法

故障现象	故障原因	排除方法
振动棒不工作	1）控制台电源开关处于"关"的位置 2）电器、线路故障 3）振动泵失效	根据不同原因，进行维修或更换组件及有关零部件
单个振动棒不工作	1）快速接头没有连接好 2）流量控制阀堵塞	
系统过热	1）系统油量不足 2）冷却器堵塞或冷却器回油管旁通单向阀阻塞、贯穿	

表 5-17 捣实液压系统常见故障分析与排除方法

故障现象	故障原因	排除方法
捣实板不工作	1）控制台电源开关处于"关"的位置 2）电器、线路故障 3）流量控制阀关闭或失效 4）快速接头与液压马达连接不正确 5）液压马达失效 6）机械故障	根据不同原因，进行维修或更换组件及有关零部件
捣实板不停止工作	1）电磁阀因污物粘滞处于打开位置 2）控制开关失效	
承受载荷时速度低	1）液压泵供油量低 2）液压马达内泄漏大	

表 5-18　辅助液压系统常见故障分析与排除方法

回路	故障现象	故障原因	排除方法
主机架伸缩回路	1）两个液压缸不动作	①电源开关不在接通位置 ②电磁阀故障 ③电气线路故障 ④主机架的加固件未放松或取下	根据不同原因，进行维修或更换组件及有关零部件
	2）一个液压缸有动作	①主机架其中一边的加固件未放松或取下 ②液压缸故障	
水喷射系统	1）水泵不起动	①电源开关不在接通位置 ②电磁阀故障 ③电气线路故障 ④液压马达进口无压，或马达失效 ⑤水泵失效	
	2）系统水压低	①水箱储水量不足、水过滤器堵塞、水泵溢流阀失效、水泵漏气或失效 ②液压马达进油压力低或失效 ③电磁阀故障	
调平系统	1）手动调平所有升降缸，不工作	①控制开关未打开 ②处于自动状态 ③电气线路故障	
	2）手动调平一个升降缸，不工作	①支腿液压锁故障 ②支腿液压缸故障 ③电磁阀电气线路故障	
	3）自动调平所有升降缸，不工作	①控制开关未打开 ②处于手动状态 ③电气线路故障	
	4）自动调平一个升降缸，不工作	①支腿液压锁故障 ②支腿液压缸故障 ③调平传感器故障 ④电磁阀电气线路故障	
转向回路	1）手动转向所有转向缸，不工作	①控制开关未打开 ②处于自动状态 ③电气线路故障	
	2）手动转向一个转向缸，不工作	①电气线路故障 ②电磁阀故障 ③转向液压缸故障	
	3）自动转向所有转向缸，不工作	①控制开关未打开 ②处于手动状态 ③电气线路故障	
	4）自动转向一个转向缸，不工作	①电气线路故障 ②转向传感器故障 ③转向液压缸故障 ④转向反馈阀故障 ⑤转向反馈缆绳断开或损坏	

(续)

回路	故障现象	故障原因	排除方法
摊铺装置回路	液压缸处于某一位置时出现爬行现象	液压缸内泄漏严重	根据不同原因，进行维修或更换组件及有关零部件
辅助泵主回路	1）噪声或振动大	①油箱油量不足 ②系统内有空气 ③泵的联轴器损坏 ④泵的吸油压力低	
	2）系统工作温度过高	①油箱油量不足 ②冷却器堵塞或损坏 ③减压阀设置压力过低、污染或损坏 ④控制阀故障 ⑤液压泵泄漏严重或进油压力过低	
	3）系统反应过慢	①控制阀设置不正确 ②液压泵泄漏严重	
	4）泵输出流量过低	①油箱油量不足 ②减压阀、流量阀设置不正确 ③泵进油压力过低 ④发动机转速低	
	5）进油口高度真空	①油温太低 ②过滤器堵塞，油液粘度过高，进油管弯曲或堵塞	

第六节 移动式起重机液压系统故障分析与排除

移动式起重机液压系统的组成参见第二章第十节内容。

一、QY8起重机液压系统故障分析与排除

QY8起重机液压系统图参见图2-93。

（一）支腿回路故障

故障现象1：车轮总落地，车体支不起来

原因分析与排除：

1）液压泵1故障，吸不上油。排除液压泵故障。

2）溢流阀13故障，压力上不去。排除溢流阀13的故障，调整至规定压力。

3）换向阀22未处于左位，无油液进入后支腿液压缸8与前支腿液压缸9。在放下支腿时，换向阀22一定要处于左位。

4）稳定器液压缸5未将后桥板簧锁住，主要是稳定器液压缸5内泄漏大。必须更换稳定器液压缸5的活塞密封。

故障现象2：车体前后方向倾斜

原因分析与排除：

1）前支腿液压缸 9 或后支腿液压缸 8 的活塞破损，内泄漏大，在起吊作业受载时引起车体前后倾斜。可拆开前支腿液压缸 9 和后支腿液压缸 8 检查活塞密封情况，密封破损的予以更换。

2）前支腿液压缸 9 或后支腿液压缸 8 中混有空气。可往复运动支腿液压缸数次或拆松管接头（不可全卸）排气。

故障现象 3：车体下落

具体表现为车体在未起吊时能支起支腿，但在起吊作业中车体下落，特别是在起吊较重的重物或满载时尤为严重。

原因分析与排除：除了上述支腿液压缸内泄漏大外，主要是由于液压锁 6、7 有故障，不能锁住液压缸保压所致。排除液压锁故障。

（二）吊臂伸缩回路故障

故障现象 1：臂梁不能伸出（上升）

原因分析与排除：

1）换向阀 22 处于左位。应使其处于右位。

2）换向阀 25 未手动推到位。正确的位置应处于左位。

3）溢流阀 11 故障，造成压力上不去。排除溢流阀 11 的故障。

故障现象 2：臂梁不能缩回（下降）

原因分析与排除：

1）同故障现象 1 中的 1）和 3）。

2）换向阀 25 未手动推到位。正确的位置应处于右位。

故障现象 3：臂梁停位点不准确及下滑

具体表现为臂梁回缩时不平稳，出现停位点不准确，以及伸缩臂液压缸 14 停止（换向阀 25 中位）时，臂梁缓慢下滑或断续下滑。

原因分析与排除：

1）当换向阀 25 急剧地向臂梁收缩方向（从左位换到右位）转换时，平衡阀 12 由于控制油的延迟作用而未及时打开，使伸缩臂液压缸 14 的上腔及这一段管路内的压力瞬时升高至 25～26MPa，此时平衡阀 12 的主阀阀芯突然打开，开度很大，产生臂梁瞬时快速较大行程的下降，这种现象成称为"缩臂点头"。

为了控制"缩臂点头"现象的发生，必须控制伸缩臂液压缸 14 的上腔至平衡阀 12 之间的瞬时压力峰值。可在二者之间增设一安全阀，其压力设置稍高于溢流阀 11，或装压力补偿器，可使"缩臂点头"现象得到缓和。

2）缩臂回程过程中，有时需要中途停住，这可操纵换向阀 25 使其处于中位来实现。但是，往往换向阀 25 移到中位时伸缩臂液压缸 14 却不能立即停住，而是要下滑一段距离后方可停住，即停位点不准确。如果起吊时出现这种情况是很危险的。

产生这一现象的原因是由于臂梁缩回时的惯性会对液压缸的下腔产生一个压力冲击，换向阀换向太快也会产生压力冲击，二者之和造成平衡阀的内泄漏很大（此时换向阀 25 关闭），通过平衡阀内的泄漏油道流回油箱，所以液压缸要下滑一小段距离。排除办法是采取措施，减少泄漏。

(三) 变幅回路的故障

变幅回路的组成及工作原理与吊臂伸缩回路完全相同，因而变幅回路可能产生的不能增幅、不能减幅及减幅时不平稳等故障的原因和排除方法可参照吊臂伸缩回路。

(四) 回转回路的故障

故障现象 1：回转时车体倾斜

原因分析与排除：

1) 个别支腿液压缸内混有空气。需进行排气。

2) 个别液压锁有故障，如单向阀不密封、单向阀阀芯卡死、控制活塞卡死和控制活塞密封失效。可逐一检查并排除。

故障现象 2：回转时速度变慢

1) 液压泵 1 内泄漏大，输出流量不足。如果是液压泵使用时间长，内部零件（如配油盘、活塞等）磨损，可更换或修复液压泵；如果是由于发动机转速不够，造成液压泵转速低，而使输出流量小，可加大发动机油门。

2) 回转液压马达 17（为 ZMD40 型轴向柱塞液压马达）的泄漏大，可修复或更换液压马达。

3) 溢流阀 11 的故障溢流量大。应排除溢流阀有关故障。

4) 其他部位泄漏大。找出泄漏部位并采取加强密封等措施。

(五) 起升回路的故障

故障现象 1：吊钩升不上去，吊不起重物

1) 溢流阀 11 的调节压力过低。可调节溢流阀升高压力。

2) 溢流阀 11 有故障，导致系统压力升不上去。可排除溢流阀 11 的故障。

3) 提升液压马达 18 有故障。例如，内泄漏大，造成输出转矩下降。可采取修复液压马达有关零件，减小内泄漏等措施予以解决。

4) 制动器液压缸 19 不能松开闸瓦。查明原因予以解决。

故障现象 2：吊钩下不来，吊起的重物悬在空中

1) 平衡阀 20 有故障。可参照吊臂伸缩回路故障有关内容予以排除。

2) 提升液压马达 18 有故障。如内泄漏大，内部零件损坏等。可拆修提升液压马达 18，更换或修复有关零件以恢复液压马达性能。

二、QY16 起重机液压系统故障分析与排除

QY16 起重机液压系统图参见图 2-94。液压系统常见故障分析与排除方法见表 5-19。

表 5-19 QY16 起重机液压系统常见故障分析与排除方法

故障现象	故 障 原 因	排除方法
支腿收放失灵	双向液压锁失灵	检修双向液压锁
吊重时支腿自动收缩	1) 双向液压锁中的单向阀密封性不好	检修双向液压锁上的单向阀
	2) 液压缸内部泄漏	检修活塞上的密封元件
压力表不指示	1) 阻尼孔堵塞或进油路堵塞	疏通、清洗
	2) 压力表损坏	检修或更换
	3) 压力表转换开关不在正确位置	调整

(续)

故障现象	故 障 原 因	排除方法
吊臂伸缩时压力过高或有振动现象	1) 平衡阀阻尼孔堵塞	清洗平衡阀
	2) 运动副摩擦力过大或有异物堵塞	检修并在滑动部位涂润滑油
变幅落臂时有振动	1) 液压缸内有空气	空载时多起落几次，进行排气补油
	2) 平衡阀阻尼孔堵塞	清洗平衡阀
制动时重物缓慢下落	制动器制动力不够	去除制动盘表面油液，排除制动缸内泄漏
空载油压过高	系统管路或过滤器堵塞	拧开接头排除异物，清洗或更换滤芯
吊重不能起升	油压过低	检查调整液压泵或溢流阀
不能回转	1) 油压过低	检查调整液压泵或溢流阀
	2) 松闸阀不动作	检查松闸阀、弹簧是否失效
吊钩不能自由下放	离合器或制动器分离不彻底	调整检修制动器或离合器

第六章　工程机械液压传动系统的污染控制

液压传动技术有其不可比拟的优点，因而液压传动系统在工程机械上得到了广泛的应用，但同时液压传动设备又有其脆弱的一面，其中抗污染能力差是突出的弱点。据统计，液压设备故障有 70% ～ 80% 是由于油液的污染导致的。液压系统的污染问题直接影响着工程机械的使用寿命。因此，要保证液压系统可靠地正常运行，保证油液清洁是至关重要的。如何正确使用与维护液压系统，保证油液清洁，是工程机械日常维护和使用中的一项重要工作。如何有效地控制液压系统的污染，是确保工程机械安全可靠运行和提高经济效益的关键。

第一节　液压系统的污染物及其危害

一、污染物的概念

液压系统的污染物是指液压介质中存在的一切对系统有危害作用的物质和能量。它包括固体颗粒、水、空气、化学物质、微生物、静电、热能、磁场和辐射等。

二、液压污染物的分类

1. 按污染物形态不同分类

1）固体污染物：主要有金属切屑、毛刺、硅砂、磨料、焊渣、锈片、添加剂、粉尘、砂粒、纤维物、氧化生成物和灰尘等。

2）液体污染物：一般包括不符合系统要求的液压油（新旧油及异种油的交叉污染）、水、涂料、氯及氯化物等。

3）气体污染物：主要是混入系统中的空气。

在众多的污染物中，系统残留的金属颗粒（如铁屑、铁锈、焊渣及金属粉末等固体颗粒）为液压系统及油液的主要污染物。一般情况下，系统使用时间越长，油液中的污染物越多。

注意，油液中的水和空气等的形态在不同的压力和温度等环境下是相互转化的。

2. 按污染物的产生地点不同分类

1）固有污染物。

2）外界侵入的污染物。

3）内部生成的污染物。

4）维护、保养与维修中造成的污染物。

3. 按污染物产生的时间分类

1）在生产阶段产生的污染物。

2）在物流阶段产生的污染物。

3) 在使用阶段产生的污染物。

三、液压污染的来源（原因）

液压污染的具体来源主要有以下几个方面：
1) 随新加的液压油进入。
2) 在装配过程中系统内部就有。
3) 随周围空气进入。
4) 液压元件内部磨损产生。
5) 通过泄漏或损坏的密封部位进入。
6) 在液压系统检修时带入。

四、液压污染的危害

污染物对液压系统的危害很大。各种污染物的危害分述如下。

1. 固体颗粒的危害

（1）磨损　固体颗粒进入液压元件运动副表面使运动副磨损、间隙增大、表面拉伤，加速密封件损坏，使内泄漏增大，压力、流量下降，造成液压缸推力不足、运动不稳定、爬行、速度下降、产生振动与噪声，使系统效率降低、元件寿命缩短。

（2）卡紧　固体颗粒进入滑阀间隙使滑阀卡住或滑动摩擦阻力增大，造成滑阀动作缓慢或失灵，导致执行机构动作失控及其他故障；如电磁阀阀芯卡死会导致烧毁电磁线圈。

（3）堵塞　固体颗粒堵塞元件功能性小孔，使元件功能失效。过滤器严重堵塞，导致液压泵吸油不足，产生气穴、气蚀，进而引起爬行、振动、噪声，严重堵塞时将滤网击穿，使已附着在滤芯上的污物进入系统，造成恶性循环。

（4）破坏润滑　固体颗粒破坏润滑油膜，使润滑性能降低，使运动元件摩擦阻力增大。

（5）油液劣化变质　金属颗粒的存在使油液的酸值升高而劣化变质。污染劣化的油液在系统中运转，会使系统产生故障，造成漏油，缩短油液使用寿命，造成油液利用率低，从而增加维修费用及生产成本。

2. 水的危害

（1）腐蚀　水腐蚀金属表面，生成的锈片进一步污染油液。

（2）加速油液劣化　水与金属颗粒同在时，使油液氧化速度急剧加快，与添加剂作用产生沉淀物、胶质等，从而腐蚀并加速金属表面疲劳失效。

（3）低温结冰　低温时，自由水变成冰粒，堵塞元件的间隙或小孔，淤塞运动元件。

3. 空气的危害

（1）气蚀　空气在系统中会产生气蚀，从而破坏元件的表面。

（2）降低弹性模量　空气在油液中降低液体的体积弹性模量，使系统的响应缓慢。

（3）加速油液劣化　空气在油液中加速了油液氧化变质。

4. 化学物质的危害

（1）腐蚀　化学物质与水反应形成酸，腐蚀金属表面。

（2）洗涤　化学物质将附着在金属表面的污染物洗涤下来落入油液中，劣化油液。

5. 微生物的危害

油液劣化变质：微生物引起油液变质，降低油液润滑性能，使元件失效。

6. 静电的危害

（1）危害安全　静电与油液蒸气作用可引起爆炸或火灾。

（2）腐蚀　静电引起元件电流腐蚀。

7. 热能的危害

（1）改变油液性能　热能降低油液粘度，使泄漏增大，降低容积效率。

（2）油液劣化变质　热能加速油液氧化，产生积炭和油泥。

（3）加速元件老化　热能加速密封圈老化。

8. 磁场的危害

吸附颗粒：将油液中的铁磁性颗粒吸附在元件间隙内，引起磨损、卡紧等。

9. 辐射的危害

加速油液劣化：放射性物质加速油液的劣化变质。

第二节　污染物特征描述及污染度

为了保证液压系统的工作可靠性和元件的使用寿命，必须对液压系统污染进行控制，使系统油液的污染程度保持在液压元件的污染耐受程度以内。下面对油液的污染程度作有关说明。

一、污染量

油液被污染的程度用油液中污染物的含量即污染量来衡量。油液中的污染量为

$$污染量 = 原有污染量 + 侵入污染量 + 自然污染量 - 滤去的污染量$$

二、污染物的特征描述

液压系统的污染物既有以物质形式存在的，如固体颗粒、水、空气、化学物质和微生物等，也有以能量形式存在的，如静电、热、磁和辐射等。化学物质主要以种类和含量进行描述；微生物除了能繁殖与游动外，其污染特征与固体颗粒相近；静电污染一般以电荷、电压来描述；热一般以温度高低来描述；磁一般以磁场强度来描述；辐射主要以其种类和能量来描述。下面主要对最常见的固体颗粒、水及空气的特征描述进行介绍。

1. 固体颗粒

固体颗粒具有不规则的形状，描述固体颗粒污染特征的参数有很多，经常使用的参数是尺寸、尺寸分布和浓度。

（1）尺寸　在污染控制领域，固体颗粒大小的尺寸定义为：一是颗粒的最大弦长，二是颗粒等效投影面积的直径（图6-1）。颗粒是三维的，这两种关于固体颗粒大小的尺寸定义是不严密的，但是在工程上具有统计学意义，也就是说在颗粒众多的情况下，各种尺寸的颗粒的形状具有相对稳定性，它基本上真实地反映了液压系统中各种颗粒的大小及数量。

（2）尺寸分布　不同尺寸的颗粒对液压系统、元件的影响和危害是不一样的，常用不同尺寸段的颗粒数所占的比例来描述颗粒的尺寸分布。

(3) 浓度 用单位体积油液中不同尺寸段的颗粒数，或单位体积油液中固体颗粒的质量来描述颗粒浓度。

2. 水

水的污染特征描述主要有水的存在形式和含量。

(1) 水的存在形式 油液中的水有三种存在形式：溶解水、乳化水及自由水。溶解水是指油液分子间存在的

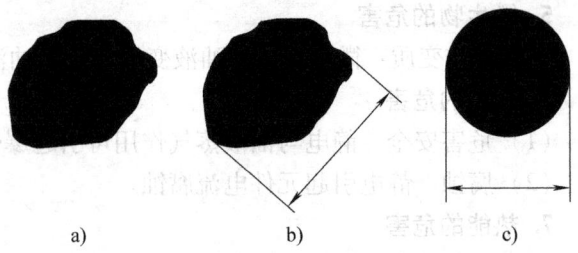

图 6-1 颗粒尺寸的定义
a) 颗粒 b) 颗粒的最大弦长 c) 颗粒的等效投影面积的直径

水，乳化水是指高度分散在油液中的水，自由水是指沉降在油液下部的水。在压力、温度变化条件下，三种形式的水能够互相转化。温度降低、压力下降时溶解水析出成为乳化水或自由水；温度升高、压力升高时，乳化水和自由水溶解在油液中形成溶解水。自由水在剧烈搅动时形成乳化水；乳化水在长时间静置后会变成自由水。

(2) 水的含量 油液中水的含量用质量分数或体积分数表示。

3. 空气

空气的污染特征描述主要有空气的存在形式和含量。

(1) 空气的存在形式 空气与水类似，在油液中有三种存在形式，即溶解态、乳化态及自由态。溶解态是指油液分子间存在的空气，乳化态是指高度分散在油液中的空气泡，自由态是积聚在液压系统内部高点处的空气。在压力、温度变化条件下，三种形式的空气也能够互相转化。温度升高、压力下降时，溶解态空气析出成为乳化态气泡或自由态空气；温度降低、压力升高时，乳化态气泡和自由态空气溶解在油液中形成溶解态空气。

(2) 空气的含量 油液中空气的含量用体积分数表示。

三、油液污染度表示法

通常意义上的油液污染度是指单位体积油液中固体颗粒污染物的含量。污染度具体表示方法很多，常见的有质量污染度和颗粒污染度两种。

质量污染度是指单位体积油液中，所含的固体颗粒污染物质量，单位一般为 mg/L。

颗粒污染度是指单位体积油液中，所含各种尺寸固体颗粒污染物的数量。

液压油在生产使用过程中不可能做到没有颗粒，国际标准和国家标准规定了油液颗粒污染度等级。

1. GB/T 14039—2002 固体颗粒污染度等级代码方法

表 6-1 列出了 GB/T 14039—2002《液压传动 油液固体颗粒污染等级代号》规定的污染度等级代码。国标 GB/T 14039—2002 等同采用国际标准 ISO 4406。本标准采用 1～2 位数字从 0～30 共 31 个代码来代表污染度等级，每一个代码代表每毫升油液中含固体颗粒数目的范围。

本标准采用两个污染度等级代码来标识某一油液的污染度。两个代码间用斜线隔开，从左向右两个代码依次表示每毫升油液中尺寸不小于 $5\mu m$、$15\mu m$ 的颗粒数范围。

例如：某一油液的污染度等级标识为 22/13，表示每毫升油液中尺寸不小于 $5\mu m$ 的颗粒数范围为 2000～4000 个，不小于 $15\mu m$ 的颗粒数范围为 40～80 个。

表 6-1 GB/T 14039—2002 污染度等级代码

代码	每毫升颗粒数		代码	每毫升颗粒数	
	大于	不大于		大于	不大于
30	5 000 000		14	80	160
29	2 500 000	5 000 000	13	40	80
28	1 300 000	2 500 000	12	20	40
27	640 000	1 300 000	11	10	20
26	320 000	640 000	10	5	10
25	160 000	320 000	9	2.5	5
24	80 000	160 000	8	0.13	2.5
23	40 000	80 000	7	0.64	0.13
22	20 000	40 000	6	0.32	0.64
21	10 000	20 000	5	0.16	0.32
20	5 000	10 000	4	0.08	0.16
19	2 500	5 000	3	0.04	0.08
18	1 300	2 500	2	0.02	0.04
17	640	1 300	1	0.01	0.02
16	320	640	0		0.01
15	160	320			

2. NAS 1638 油液固体颗粒污染度等级

NAS 1638 为美国国家科学院标准,在我国得到了广泛应用。表 6-2 列出了 NAS 1638 按颗粒个数分级的污染度等级。本标准将油液中的颗粒按尺寸大小分为 5~15μm、15~25μm、25~50μm、50~100μm 和大于 100μm 五个尺寸段。

按 100mL 油液中各尺寸段颗粒数的多少给出 14 个(从 00~12)污染度等级。各污染等级间具有倍数关系,按此规律可以外延。标识如 NAS 00,表示 100mL 油液中颗粒尺寸段在 5~15μm 的颗粒数为 125、在 15~25μm 的颗粒数为 22、在 25~50μm 的颗粒数为 4、在 50~100μm 的颗粒数为 1 和在大于 100μm 的颗粒数为 0。

表 6-2 NAS 1638 污染度等级标准

污染度等级	每 100mL 油液中颗粒数				
	5~15μm	15~25μm	25~50μm	50~100μm	>100μm
00	125	22	4	1	0
0	250	44	8	2	0
1	500	89	16	3	1
2	1000	178	32	6	1
3	2000	356	63	11	2
4	4000	712	126	22	4
5	8000	1425	253	45	8
6	16 000	2850	506	90	16

(续)

污染度等级	每100mL油液中颗粒数				
	5~15μm	15~25μm	25~50μm	50~100μm	>100μm
7	32 000	5700	1012	180	32
8	64 000	11 400	2025	360	64
9	128 000	22 800	4050	720	128
10	256 000	45 600	8100	1440	256
11	512 000	91 200	1620	2880	512
12	1 024 000	182 400	32 400	5760	1024

表6-3列出了NAS 1638按杂质质量分级的污染度等级。

表6-3 NAS 1638污染度等级标准（100mL油液中的污染物颗粒允许质量）

等级	100	101	102	103	104	105	106	107	108
mg/100mL	0.02	0.05	0.10	0.30	0.50	0.70	1.0	2.0	4.0

3. 工程机械液压系统污染度标准

我国工程机械行业1980年制定的污染度标准中规定了测定部位为油箱内（包括主过滤器等）全部液压油中杂质，其分级标准见表6-4。

表6-4 工程机械液压系统污染度标准

检查部位	以油箱容积折算，每升容积含有杂质质量/（mg/L）		
	合格	一等	优等
工作油箱内（包括主过滤器等）的全部液压油中杂质	45~50	30~40	<30

四、油液污染度（污染物含量）的测定

油液污染成分与含量分析常见方法有光谱分析（检测油液中的元素及含量）、铁谱分析（检测油液中的铁磁性颗粒污染物的成分、大小和数量）与红外光谱分析（对油液中的化合物进行定性定量分析）三种。在此仅简单介绍污染物固体颗粒的尺寸、数量及质量和水分与空气的含量的测定方法。

（一）质量污染度的测定

油液质量污染度的测定是利用微孔滤膜将一定体积的油液过滤、烘干，用天平称取微孔滤膜过滤前后的质量，滤膜的质量差与过滤油液的体积之比便为油液的质量污染度，再按表6-3与表6-4查得污染等级。在国际标准ISO 4405中规定了油液质量污染度的测定方法和步骤。

（二）颗粒污染度的测定

颗粒污染度的测定（即固体颗粒尺寸与数量的测定）有显微镜计数法、自动颗粒计数器计数法两种定量法，还有显微镜比较法、滤网堵塞法两种半定量法。

1. 显微镜计数法

利用微孔滤膜将一定体积的油液过滤，油液中的颗粒收集于滤膜表面，然后将滤膜制成试片，在光学显微镜下对试片上的颗粒进行人工计数，从而计算出油液的颗粒污染度。ISO 4405规定了显微镜计数法的操作方法和步骤。

2. 自动颗粒计数器计数法

采用遮光原理和激光光源的自动颗粒计数器是油液颗粒污染度测定的主要仪器。其工作原理是让被测试的油液通过一面积狭小的透明传感区，激光光源发出的激光沿与油液流向垂直的方向透过传感区，透过传感区的光信号由光电二极管转换为电信号。若油液中有一个颗粒通过，则光源发出的激光有一部分被该颗粒遮挡，使光电二极管接收到的光量减弱，于是产生一个电脉冲。电脉冲的幅度与颗粒的投影面积成正比，即与颗粒的大小成正比，电脉冲的数量即为颗粒的数量。

要注意的是，油液中的水分和气泡会影响计数准确性，注意消除其影响。另外，自动颗粒计数器必须经过标定才能使用。ISO 11171 规定了自动颗粒计数器的标定方法和步骤。

3. 显微镜比较法

将一定体积的油液过滤，再将过滤油液的滤膜制成能在显微镜下观察的试片，然后在显微镜同一个视场下，对试片与不同污染等级的标准样片分别进行比对，当试片与标准样片上的颗粒分布基本一致时，标准样片的污染度等级即为被试油液的污染度等级。

4. 滤网堵塞法

将被污染的油液通过一标准滤网，随着颗粒在滤网上的不断堵塞，通过滤网的油液油量与压降的关系发生相应的变化。当滤网上、下游的压差一定时，流过滤网的流量将减小；流过滤网的流量一定时，滤网上、下游的压差将增加。通过滤网的油液油量与压降的关系与油液污染度之间存在着一定的关系，据此可以测定出油液的污染度等级。

上述各种测试方法的比较见表 6-5。

表 6-5 污染度各种测试方法的比较

	测 定 方 法	优 点	缺 点
质量污染度	质量测定法	设备简单、便宜	操作费时，不能给出颗粒尺寸分布
颗粒污染度	显微镜计数法	设备简单、便宜，能给出颗粒尺寸分布	操作费时
	自动颗粒计数器计数法	操作简单、迅速，能给出颗粒尺寸分布	设备昂贵
	显微镜比较法	设备简单、便宜	半定量，不能给出颗粒尺寸分布
	滤网堵塞法	操作简单、迅速	半定量，设备昂贵

（三）水分的测定

蒸馏法与卡尔-费休法是油液中水分测量的两种主要方法。此外还有红外光谱法与爆声测量法等。

蒸馏法是在一定体积的油液中加入一定体积的溶剂，混合均匀后在一定的温度下蒸馏。油液中的非溶解水（包括乳化水和自由水）随溶剂一起被蒸馏出来，再经冷却形成水滴被收集起来，根据收集水的体积算出油液中水的含量。蒸馏法测量仪器简单，测量灵敏度低，一般能测定 0.03%（体积）以上的含水量。

卡尔-费休法分为滴定法和电量法两种。这两种方法都需要使用卡氏试剂。卡氏试剂中含有碘和二氧化硫，在水的作用下，碘和二氧化硫发生氧化反应，并产生电流。卡氏滴定法根据卡氏试剂的消耗量计算出油液中水的含量。卡氏电量法是根据氧化反应过程中产生电流的大小测定油液中水的含量。

卡尔-费休法测定水的含量为油液中总水（包括溶解水、乳化水和自由水）含量，测量灵敏度较高，一般在油液中含有微量水分的情况下使用。

红外光谱法是利用水对红外光谱的吸收原理而进行含水量的确定的，其测定的是油液中的总水含量。

爆声测量法是利用油液中的水在高温下汽化爆裂产生的响声大小测定油液中的含水量，其测定的是油液中的非溶解水含量。

（四）空气含量的测定

油液中的空气有三种状态，不同的状态与液体和系统的特性有密切的关系。状态不同的空气差异很大，测量方法也有所不同。

1. 油液外观检查法

对于以微小气泡均匀悬浮在油液中的空气，可以通过油液外观大致评定空气的含量，如图 6-2 所示。这种方法所需设备简单，操作简便。然而，依靠主观判断气泡状态，会给结果带来误差。只能用于粗略地评定工作系统的空气含量。

2. 浊度计法

油液的混浊度是指油液阻止光线通过的特性，它受油液中悬浮气泡的影响。利用浊度计测定油液的混浊度，可以确定以气泡状态悬浮在油液中的空气含量。

浊度计为一光电检测装置。从光源射出的平行光束照射油液，入射光受气泡的影响而发生散射，而透过油液的光强减弱。通过测量散射光或透射光的强度，可以确定油液中悬浮气泡的含量。

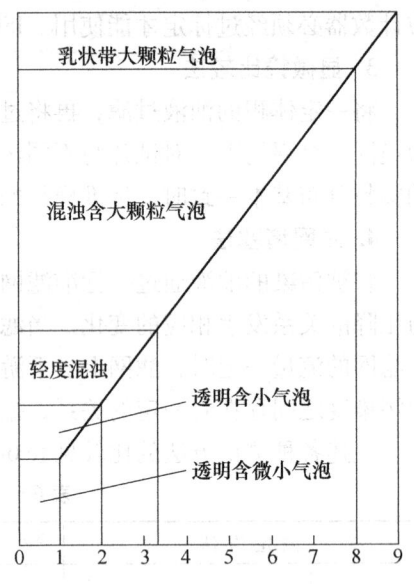

图 6-2 油气外观与空气含量

浊度计的工作原理如图 6-3 所示。浊度计可有三种形式：直接检测透射光、直接检测散射光、同时检测透射光和散射光。当用透射光检测的油液含空气量很小时，其灵敏度低。这是因为透射光的强度减小极微。在这种情况下，用散射光检测可以获得较好的效果。

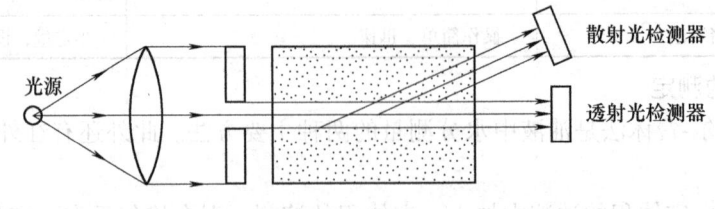

图 6-3 浊度计工作原理

3. 声速法

当油液中混有空气时，声波在油液中的传播速度将发生明显的变化。这样，通过测定油液中的声速，就可以获得油液中的空气含量。

4. 真空释气法

油液在真空作用下将释放出溶解在其中的空气，利用这一原理可以测定油液中空气含量。

测定装置类似于一注射器,如图 6-4 所示。其容积约 50mL,在进油管上装有一转阀,被测油液通过转阀进入测定装置内,挤压柱塞将油液上部的空气排尽,关闭转阀,缓慢向外拉动柱塞,在真空作用下溶于油液中的空气全部释放出来,然后放松柱塞,释放出的空气收集在转阀下部的玻璃管中,从刻度读出空气的体积,由此计算油液内溶解的空气含量。这种测定方法所用的装置简单,操作方便,但精度不高。

5. 体积压缩法

油液的可压缩性与空气含量有关。当油液中混有空气时,其容积弹性模量减小,可压缩性增大。因此,通过测定在一定压力下油液体积的变化率,就可以计算油液中的空气含量。

图 6-5 所示为一种空气含量在线测定装置。在系统的低压油路上装设一旁通管,用两个球阀控制。开启球阀,油液进入旁通管内,当油液体积达到一定值时关闭球阀。然后水银活塞以一定的压力压缩旁通管内的油液,根据波义耳定律,由测得的油液压缩量可以计算油液中的空气含量。

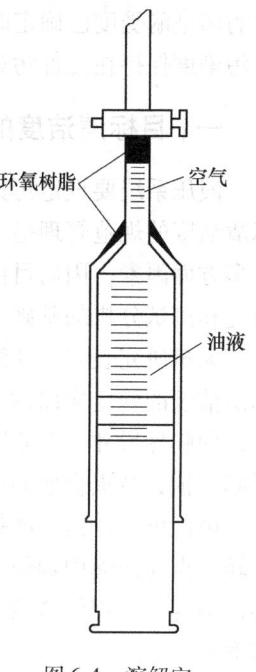

图 6-4 溶解空气测试装置

目前现场维护多凭经验目测判断油液的污染度,它是靠油液颜色是否混浊及气味是否难闻等状态判断的。由于人眼的能见度下限为 40μm,所以看上去脏的油液已是严重污染了。但是对于要求不高的油液系统,这种检验方法还是比较有效的。除此之外,还可将油液滴一滴于炽热的铁板上,如果有"哧哧"声,说明油液含有水分。对于工程机械液压系统,希望能每月从油箱中抽取油样作目测检查。油液污染程度的外观判断与处理措施可参考表 6-6。

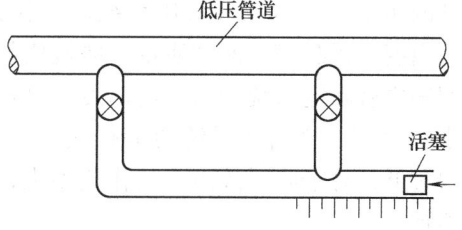

图 6-5 空气含量在线测定装置

表 6-6 油液污染程度的外观判断与处理措施

外观	气味	状况	处理措施
颜色透明无变化	正常	良	照常使用
透明,但颜色变淡	正常	混入别种油	检查粘度,若符合要求可继续使用
变成乳白色	正常	混入空气和水	分离掉水分,或半或全量换油
变成黑褐色	有臭味	氧化变质	清洗、全量换油
透明而有小黑点	正常	混入杂质	过滤后使用或换油
透明而闪光	正常	混入金属粉末	过滤或换油

第三节 目标清洁度与取样

从技术和经济的观点出发,完全去除系统油液中的污染物是不现实的。最实际的选择是通过有效的污染控制措施使油液的污染度与元件的污染耐受程度之间达成合理的平衡。当元件的污染耐受度已确定时，应定期检查系统油液的污染度，以便及时采取必要的措施使油液的污染度保持在元件污染耐受度以内，保证系统的工作可靠性与元件寿命。

一、目标清洁度的设定

液压系统要设定污染控制的目标即目标清洁度（目标清洁度用污染度来标定）。没有目标清洁度的规范管理是一种盲目的管理。由于液压元件和液压系统对清洁度水平的要求决定于多方面因素，因而目标清洁度的拟订应该建立在对实际液压系统污染状况进行广泛的调查研究和测试分析的基础上。

大量研究表明，油液中颗粒污染物是引起液压元件污染磨损失效的主要原因。因此，目标清洁度的确定应以污染磨损理论为主要依据。研究理论认为，污染磨损存在一种链式反应，即临界尺寸（接近于液压元件间隙的尺寸）的颗粒，进入液压元件运动副间隙后，将引起磨损，磨损会使间隙逐渐扩大，使更大尺寸的颗粒得以进入间隙，引起更为严重的磨损。由此可见，污染磨损存在着由正常微量磨损阶段转向严重的崩溃磨损阶段的转折点，这个转折点与油液中颗粒污染度有直接关系。一般把发生链式反应所对应的油液污染度称为临界污染度。合理的清洁度应该能保证液压系统或元件在正常工作期限内不发生链式反应或崩溃磨损。

临界污染度是在实验条件下提出来的，在实际工程当中难以测定，通常在综合考虑液压元件的污染敏感度以及液压系统的工作强度、工作温度、暂载率、油液质量、停机代价和安全问题之后确定系统的目标清洁度。目标清洁度定得过高，会增加系统的运行成本、费用；定得过低，对于降低故障率的作用不大，且费用增加。

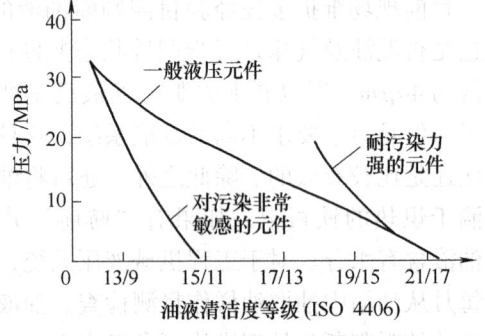

图 6-6　液压元件清洁度等级

一般液压系统油液清洁度要求如下：

在大间隙、低压系统中，采用 NAS 10 ~ NAS 12，相当于 ISO 19/16 ~ ISO 21/18。

在普通中高压系统中，采用 NAS 7 ~ NAS 9，相当于 ISO 16/13 ~ ISO 18/15。

在敏感及伺服、高压系统中，采用 NAS 4 ~ NAS 6，相当于 ISO 13/10 ~ ISO 15/12。

工程机械一般控制在 NAS 9 ~ NAS 11。

图 6-6 所示为某公司根据调研分析结果提出的液压元件清洁度等级建议，供设定目标清洁度时参考。具体方法是，先根据推荐的清洁度等级确定系统中所有液压元件的清洁度，选定对油液清洁度要求最高的液压元件的清洁度作为系统的目标清洁度，然后再根据工作性质和工作环境等因素进行适当修正。工程机械目标清洁度可参见表 6-4。

二、液压油的取样

1. 取样点的设定

设定取样点时要考虑两个因素：一是必须使所取的样具有代表性，即测量结果能够代表整个系统油液的污染状况；二是要考虑取样装置的安装方便。通常在系统内污染最严重且容易发生故障的部位附近设立取样点,如回油管过滤器的上游、主液压泵的下游等。如果从油箱直接取样,要确保取样管的末端进入油液深度的一半左右,否则由于油液分层,使油液无代表性。而通过管路从系统内取样,则需验算取样点的雷诺数,使管中液流保证呈湍流状态(雷诺数 $Re > 2000$)。

2. 取样方法

取样时首先要把容器清洗干净,确保数据准确。当系统不工作时(即在静止状态下)可分别在油箱上部、中部、下部各取相同数量的油样,搅拌均匀后进行化验;当系统在工作时,可在系统的总回油管口取样;化验所需要的油样量一般为每次 300~500mL。

3. 取样间隔

在进行油液污染监测和故障诊断过程中,一般以运行时间确定取样时间。取样间隔由设备工作性质和系统油压力而定,并根据系统运行时间长短和技术状态进行调整。工作初期(500h 以内)系统元件处于磨合状态,为了及时掌握系统的内部运行情况,取样间隔要短。特别要注意设备初始安装运行或大修后的第一天或运行一周、一个月后要进行采样分析。快到维修期限时,同样要缩短取样周期。在正常工作期间,一旦出现异常现象,如系统发热、工作不稳定、噪声与振动大,则应立即采样分析。

在工程实际中常用的取样时间为:对已规定了换油周期的液压设备,可在换油前的一周对正在使用的液压油进行取样化验;对于新换的液压油,经过 1000h 连续工作后应对其取样化验;对于大型精密液压设备使用的油液,在使用 600h 后应取样化验。

表 6-7 所列为某公司推荐的取样频率,供参考。

表 6-7 取样频率表

目标清洁度	日工作时间	系统压力		
		<14MPa	14~21MPa	>21MPa
等于或低于 ISO 15/12	≤8h	4 个月	3 个月	3 个月
	>8h	3 个月	2 个月	2 个月
等于或高于 ISO 16/13	≤8h	6 个月	4 个月	4 个月
	>8h	4 个月	3 个月	2 个月

4. 注意事项

1)必须保证取样过程中油样不被污染。

2)必须使分析结果代表实际情况,应在系统正在运行或刚停止工作时进行取样。

3)按油料化验规程进行化验,并将化验结果填入油料化验单,存入设备档案。

第四节 液压系统的污染控制

防止液压系统污染的主要措施有两个方面:一是防止污染物进入系统,二是对系统油液进行过滤净化。下面从液压元件的制造、装配到液压系统的组装、使用与维护的全过程对液压污染的控制进行介绍。

一、液压元件在制造、装配及液压系统安装过程中的污染控制

液压元件在加工、装配或维修等环节后不可避免地残留有污染物,因而必须采取有效的

净化措施，使元件达到清洁度的要求。

1. 零件加工前及加工过程中的污染控制

元件的污染控制应该从零件的加工最初工序开始，每一个工序过程后都应采取相应的净化措施，这样在最后装配完成后只需清除装配时带入的污染物，从而减轻元件的清洗工作，且能够有效地保证元件的清洁度。

首先是零件加工前的净化。零件铸造毛坯的表面粘结的型砂、氧化皮等一般用钢丝刷刷洗、喷丸或旋转筒中翻滚等方法清除，也可用化学的方法清除。

零件的加工过程一般要求采用"湿加工"法，即在零件的各机加工工序都要滴加润滑液和清洗液，以保证零件的加工质量。

2. 零件加工后的净化

零件加工后的净化包括零件的粗洗、精洗操作。

（1）零件的粗洗 主要是清除附着在零件表面的各种颗粒污染物（加工后切屑、毛刺和灰尘）、腐蚀物、纤维和油脂等污物。粗洗是元件净化的重要步骤，它是进一步清洗所必需的第一步。评定粗洗的净化程度以肉眼检验为准。常用的粗洗方法有：碱洗液浸泡冲洗，可去除灰尘、油脂及可溶性金属氧化物等；酸洗液浸泡冲洗，可去除氧化皮、锈蚀物、有机物及无机物等；溶剂浸泡刷洗，可去除油脂、润滑液及有机物等；机械清洗（钢丝刷刷洗、喷丸或旋转筒中翻滚），可去除零件表面粘附的污物。

（2）零件的精洗 零件表面清洁度要求极高时需要进行精洗。精洗在粗洗后进行，常用的方法有：蒸气浴洗和超声波清洗。

蒸气浴洗是将被清洗的零件放置在加热的溶剂蒸气中，蒸气在零件表面冷凝，从而将污物洗去。

超声波清洗是将零件浸泡在清洁溶剂的超声波槽内，利用超声波清除零件表面粘附的污物。其原理是超声波在槽内液体中产生正负交变的压力驻波，频率为20kHz或更高。当压力降低到液体蒸气压力以下时，液体内形成大量的微小气泡。当压力瞬间变为正压时，气泡迅速向内破裂，产生激烈的冲击，从而将零件表面粘附的污物松动，最终脱落。超声波清洗的效果主要决定于超声波的功率和强度。

清洗过程中应做到以下几点：

1）液压件清洗（或拆装）应在符合国家标准的净化室中进行，操作室最好能充压，使室内高于室外，防止大气灰尘污染。若受条件限制，也应将操作室单独隔离，一般净化室（包括液压件装配室）不允许与机械加工车间或钳工间同处于一室。绝对禁止在露天、棚子、杂物间或仓库中清洗（或拆装）液压件。

2）清洗（或拆装）液压件时，操作人员应穿戴纤维不易脱落的工作服、工作帽，以防纤维、灰尘、毛发及皮屑等散落入液压系统造成人为污染。严禁在操作间内吸烟、进食。

3）清洗液压件应在专用清洗工作台上，若受条件限制，也要确保临时工作台的清洁度。

4）清洗液允许使用煤油、汽油以及和液压系统工作用油相同的油液。

5）清洗后的零件不准用棉麻丝和化纤织品擦拭，以防止脱落的纤维污染。也不准用皮老虎向零件吹风，因皮老虎内部带有灰尘和颗粒，必要时可用洁净干燥的压缩空气吹干零件。

6) 清洗后的零件不准直接放在土地、水泥地、地板、钳工台和装配工作台上,而应该放入带盖子的容器内,并注入液压油。

7) 元件的零件净化后一般应立即进行装配,以防零件锈蚀或受环境污染。暂时不进行装配时应妥善防护和储存。通常放入缓蚀油中保存,潮湿的地区和季节尤其要注意防锈。

3. 元件装配中的污染控制

1) 元件的装配应在清洁的环境内进行,并符合国标中对净化室的规定。

2) 采用"干装配"法,即零件清洗后,为了不使清洗液留在零件表面而影响装配质量,应待零件表面干燥后再进行装配。

3) 装配时如果需要敲击,禁止用铁制锤头敲打,可以使用木锤、橡皮锤、铜锤或铜棒敲击。

4) 装配时不需戴手套,不准用纤维制品擦拭安装表面,以防止纤维类污染物浸入阀内。

5) 已装配完的液压元件、组件,暂时不进行进一步的组装时,所有的连接面和孔口都需用清洁的材料或堵头(塑料塞子)密封。

4. 液压元件运输、保管中的污染控制

液压元件、组件运输中应注意防尘、防雨。一定要用防雨纸或塑料包装纸打好包装。不许水、其他杂质接触液压元件。装箱前和开箱后应仔细检查所有油口是否用塞子堵住、堵牢。对于受到轻度污染的油口及时采取补救措施,对于污染严重的液压元件必须再次分解、清洗。

5. 液压系统总装过程中的污染控制

油箱和管道是液压系统的重要组成部分,在液压系统组装前,其清洁与否对整个液压系统的污染状况有直接的影响,因此,必须对油箱和管道进行彻底的清洗。

油箱和管道表面残留的焊渣和锈蚀物一般可以用机械方法清除。油箱和管道内壁的污染物可采用向管道内通压力蒸气的方法清洗。然而,对于牢固粘附在油箱和管道内壁的氧化物,必须采用酸洗的方法。

酸洗可采用槽洗和循环冲洗两种方法。采用槽洗时,将油箱或管件浸泡在酸洗槽内进行刷洗。采用循环冲洗是将管件串联成一个回路,用液压泵供液,使酸液在管道内循环流动进行酸洗。循环冲洗效果好。

酸洗过程的主要步骤为:

1) 脱脂:先去除毛刺及焊渣,再用 70~80℃ 的碱性(氢氧化钠及碳酸钠)水溶液或四氯化碳去除油脂后,用温水清洗。

2) 酸洗:采用盐酸和乌洛托品的水溶液作酸洗液,盐酸占 10%~14%(质量分数,下同),乌洛托品占 1%,或 20%~30% 的稀盐酸,或 15%~20% 的稀硫酸溶液,浸渍和清洗后,再用温水清洗。清洗过程中应轻微敲打或振动油管使氧化皮脱落。

3) 中和:在 10% 的苛性钠溶液中浸渍清洗,或采用稀释的氨水作中和液,中和后 pH 值不大于 11。再用蒸汽或温水清洗。

4) 钝化:使清洗后的金属表面生成保护膜,减缓腐蚀。采用亚硝酸钠作钝化剂,用氨水稀释,pH 值调节到 10。亚硝酸钠的浓度为 10%~14%(质量分数)。

5) 缓蚀处理:在清洁干燥的空气中干燥后,涂以缓蚀油。

在脱脂、酸洗和钝化处理后，均需要用压力水冲洗。最后用热风或过热蒸汽进行快速干燥，并喷涂缓蚀油，以防再次氧化生锈。

清洗油箱时需使用绸布或乙烯树脂海绵等，不能用棉纱化纤类织品擦拭。油箱四角的焊渣、铁屑等可用面粉团或胶泥团粘取。清洗后的油箱要加盖密封，所有的接口要用塑料盖或薄膜密封。清洗后的管道也需要用塑料盖或塑料薄膜封管口。

酸洗操作应根据实际情况确定配方和处理时间，以达到满意的效果。对于需要防止被酸腐蚀的表面（如联接螺纹表面），酸洗前在这部分需涂敷一层油脂进行保护。

油管在安装前要清理头部盖帽，绝对禁止污染物进入。安装过程中，如有较长时间的中断，须及时封好管口。为了防止焊渣、氧化皮侵入系统，建议管道焊接采用气体保护焊，如氩弧焊。

液压软管、接头体在安装前要清洗干净，并用洁净的压缩空气吹干。中途若需要拆卸软管，则要及时包扎好软管接头。对于需要生料带密封的接头体，缠生料带时要注意两点：一是要顺螺纹方向缠绕；二是生料带不宜超过螺纹端部，否则，超出部分在螺纹拧紧过程中会被螺纹切断而进入系统。

旧的元件、零件必须经过清洗方可使用。

6. 液压系统的清洗

经过上述步骤，液压系统组装完毕后，为了清除在系统组装过程中带入的污染物，需要进行全面的清洗。

根据系统的具体情况，可利用液压系统的油箱和液压泵，也可以利用专用的清洗装置，采用流通法进行清洗。清洗装置的过滤器应有足够高的过滤精度和纳污容量，对于大型系统，宜采用可清洗滤芯，建议采用双过滤器，可交替更换而不中断清洗。为了加强循环清洗效果，应尽可能采用高的液流速度，一般不低于系统额定流速的两倍，并且在系统所有区段内的液流应呈湍流状态。

采用的清洗液对系统各元件（特别是密封件）应具有相容性，并且与系统使用的工作油相容。一般使用粘度较低的油液，不要使用煤油等溶剂。

复杂的系统可分几个回路分别进行清洗。对污染敏感的元件或对油液流速有限制的元件，在清洗时应用相应的管件旁路代替。

整个清洗过程包括空载、加压清洗，并在压力反复变化（1~10MPa）下清洗。在清洗过程中，需要用木锤或铜锤敲打管道的焊口、法兰和接头等部位，敲打时沿管道的上游端逐渐移到下游端。清洗过程中注意过滤器的压差指示器，当过滤器堵塞，压差超过极限值时，应及时更换滤芯。

清洗一段时间后，拆除旁路管路，并将系统内元件接入，再利用系统本身的液压泵进行循环清洗。操作所有的液压阀，具有液压缸的系统使液压缸全行程往复运动，以便使系统中各元件内部所残留的污染物全部清洗出来。

在清洗过程中，可按一定的时间间隔进行污染度测定。系统清洗一直到污染度达到规定要求为止。

清洗完成后，排尽系统内全部油液，然后注入工作油。必须经过试运行，将系统中的气体排除后方可正式运行。

二、液压系统在使用过程中的污染控制

液压系统在工作过程中外界污染物不断地通过各种渠道侵入系统，而油箱的呼吸孔和液压缸活塞杆的密封是污染物侵入的主要渠道。此外，向系统注油和维修操作往往也会将污染物带入系统。因此，液压系统污染控制贯穿于整个日常使用、维护与保养过程。为了有效地控制污染物的侵入，必须针对一切可能的污染物侵入渠道，采用防范和控制措施。要求操作者和维修人员在每一步都要考虑到保洁措施，最大限度地降低系统污染，确保液压系统安全、可靠地运行。

1. 防止加油时污染物侵入液压系统

符合国标规定的从炼油厂出厂合格的石油产品，其污染度可能超过实际液压系统容许的污染度，因此，在液压油购进后应对其进行检验，对清洁度不符合要求的新油，在使用前必须进行过滤。新油可采用精过滤器进行过滤，过滤精度根据需要选用（3~10μm）。如果新油的含水量超过规定值，则需采用油液综合净化装置进行净化。

新油的清洁度应比液压系统要求的清洁度高 1~2 级。对于有伺服阀的液压系统，新油的清洁度应不低于 NAS 5 级。对于一般的液压系统，新油的清洁度应不低于 NAS 7 级。

2. 系统过滤精度的控制

过滤是控制系统污染的重要手段，也是保持液压油清洁的行之有效的方法。

应根据液压元件对污染的敏感度，确定并选择不同精度的过滤器，对液压油进行多次强迫过滤，并定期更换滤芯，保持油液的清洁度在规定的范围内。过滤器的过滤精度一般按系统中对污染敏感性最大的元件选择。

根据系统元件的不同要求，分别在吸油口、压力管路及伺服阀的进油口等重要元件处设置过滤器。

3. 及时更换油液

液压油使用过程中由于受机械、物理和化学的作用，其性能逐渐劣化。当油液主要性能劣化到对系统有危害作用时，必须更换。目前确定是否应更换油液的方法有：

1）定期更换。

2）根据经验和对油液的观察确定是否更换油液。

3）规定换油指标，根据化验结果确定是否更换油液。

前两种方法简便但不够科学合理。第三种方法既能充分利用油液，又能保证系统工作可靠性和寿命，在具备条件的情况下，尽量采用此方法。工程机械液压系统采用第二种方式判断是否更换油液时可参考表 6-6。

换油时主要有下列要求：

1）要注意清洁，防止加油管、加油工具及环境中的污物侵入液压系统。

2）不可混用或换错液压油。更换的新油或补加的新油必须是本系统所规定使用的液压油，并经过化验其油质达到规定的性能指标。

3）为了保持新加油的清洁，换油前要将油箱内部及主管道内部的旧油放尽，并把油箱、过滤器、过滤网（在油箱结构上过滤气泡用）、软管清洗干净。损坏的滤网应更换。检查合格后方可加油。

4）加的新油必须经过加油机过滤，不允许将液压油直接倒入油箱。

5）加油量要达到油箱油标规定位置。方法是：先加油至油箱最高油标位置，开动液压泵把液压油供至系统各管道；再加油至油标规定位置，再开动液压泵。这样多次，直至油箱液面保持在油标线以内为止。

为了延长油液的使用寿命，节省购买新油的费用，并节省油料资源，对于更换下来的只是污染程度超过限度的脏油，往往理化性能没有达到劣化程度，这类液压油经过适当的净化处理仍可继续使用。根据脏油的污染情况，可采用不同的净化方法，主要有机械过滤、磁性过滤、离心分离、沉降分离、静电净油、真空脱水（空气）、吸收和吸附法除水、聚结法除水等。

4. 使用超微过滤装置

即使抽光油箱的液压油，仍会有旧油存在于液压系统中，当新油注入后，必然受到残留旧油的污染。因此，只有在液压系统运行中同时选择超微量过滤装置进行循环过滤，随即将污染物清除，才能从根本上提高液压油的清洁度。

5. 防止污染从油箱侵入

在油箱的呼吸孔上装设空气过滤器，必要时使用带干燥器的空气过滤器，防止灰尘、水分进入液压系统。保持油箱液面的高度在规定范围内，回油管必须浸入液面以下，以防止空气进入液压系统。油箱内悬浮的气泡可通过滤网去除。

6. 防止污染物从活塞杆伸出端侵入

液压缸活塞杆伸出端是污染物侵入的重要途径。目前普遍在活塞杆压力密封外端装防尘密封圈以防止外界污染物侵入。防尘密封圈的工作性能和可靠性对保护液压缸和整个液压系统具有重要的作用。及时更换防尘密封圈是避免外界污染进入系统的最好方法。

尽管防尘密封圈能有效地外界污染物侵入液压缸，但是，由于密封唇部具有一定的弹性，又因为防尘密封圈和活塞杆之间存在一层极薄的油膜，因而总有一部分污染物可能逃脱防尘密封圈的阻挡而侵入内部。

7. 强化管理

强化管理是防止液压系统在使用过程中外界污染物侵入液压系统的和滤除系统中污染物的有效措施。

1）建立液压系统保养制度，并严格按制度进行保养。
2）定时检查系统液压油、油箱及过滤器的清洁度。
3）定期对液压油取样化验，定性、定量分析以确定是否需要更换液压油。
4）定期更换油箱空气过滤器，油箱加防尘装置，严防灰尘进入液压油。
5）定期清洗系统。定期清除滤网、滤芯、油箱、油管及元件内部污垢。
6）在维修、拆装元件与油管时要特别注意清洁，对所有的油管、接头都要加堵头或塑料布密封，防止脏物侵入系统。

过去，主要致力于固体颗粒污染的控制，而对水、空气等的污染控制不够重视，今后应重点解决。为了延长液压系统及液压元件的使用寿命，降低工程机械的故障率，除了严格控制产品生产、安装和使用过程中的污染外，应在元件和系统设计上使之具有更大的耐污染能力。同时开发耐污能力强的高效滤材和过滤器，研究对污染的在线测量，开发油水分离净化装置和排湿元件，以及开发能清除油中的气体、水分、化学物质和微生物的过滤及检测装置。

第七章 工程机械液压传动系统、元件、工作介质的使用与维护

第一节 液压泵与液压马达的使用与维护

一、液压泵与液压马达的选型

在工程机械上常用的液压泵和液压马达有齿轮式、叶片式和柱塞式，在实际工作中到底选择哪种合适，应根据具体的情况来决定。

(一) 液压泵的选型

液压泵的选型应首先考虑主机工况、功率大小、液压系统要求、元件技术性能及可靠性等因素。首先确定类型，然后根据系统所需要的压力、流量的大小确定其规格型号。各类型的液压泵各自有突出的特点，其结构、功用和运转方式各不相同。

齿轮泵结构简单、体积小、价格便宜、工作可靠、维修方便，可适用于多尘、温度高和具有剧烈冲击的恶劣使用条件。工程机械环境差，加上工作空间的限制，对于低压和中高压的泵多选用齿轮泵。随着齿轮泵性能的提高，高压系统已有选用齿轮泵的。对于双泵和多泵系统，可选双联或三联齿轮泵，这样只需要一根传动轴，结构简单，便于布置。齿轮泵的不足之处是寿命短，流量较小，不能变量输出。

叶片泵的结构比较复杂，对油液的污染比较敏感。目前在工程机械的液压系统中只有少数选用中高压叶片泵。

柱塞泵通常在高压、大功率的情况下使用。斜盘式轴向柱塞泵在起重机械上应用较多。挖掘机液压系统多采用斜轴式轴向柱塞泵或径向柱塞泵。这两种泵抗冲击性强，寿命较长，适合于挖掘机恶劣的工作环境。对于变量系统，通常选用变量轴向柱塞泵。

无论采用何种类型的液压泵，都要使液压泵有一定的压力储备，即液压泵的额定压力要比系统压力高一些。

(二) 液压马达的选型

液压马达的选型应根据工作压力、排量及工作要求选择。

在中小功率的场合选用高速小转矩的液压马达，常用齿轮式、叶片式和轴向柱塞式。齿轮式液压马达功率较小，转矩小，适用于小功率传动。叶片式液压马达的功率比齿轮液压马达略大一些。轴向柱塞式液压马达的转矩和功率都比较大，可以无级变量以实现无级调速。

高转速小转矩的液压马达体积小、重量轻，一般与减速器配合使用。

在大功率的场合选用低速大转矩液压马达，常用的有曲轴连杆式、静力平衡式和内曲线多作用式。它们的工作转速低，输出转矩大，通常可达几千到几万牛·米。在这三种低速大转矩液压马达中，内曲线多作用式液压马达的工作压力高、输出转矩大、性能参数高、外形尺寸小、使用可靠。近年来应用越来越广泛。

二、液压泵与液压马达的安装、使用与维护

(一) 对液压泵、液压马达的安装要求

1) 液压泵和液压马达与其他机械装置连接时要对中,采用弹性联轴器联接,同轴度误差不大于 0.2mm。

2) 液压泵和液压马达的轴端一般不得承受径向力(特殊泵和马达除外),不得将带轮、齿轮等传动件直接安装在液压泵和液压马达的轴上。

3) 液压泵的吸油总高度不大于 0.5m,对于斜盘式轴向柱塞泵应设辅助泵低压供油,在闭式系统中,辅助泵供油量为主泵流量的 120%,在开式系统中为 115%。

4) 液压泵和液压马达对系统过滤精度有一定的要求,齿轮泵不大于 $50\mu m$,叶片泵不大于 $30\mu m$,柱塞泵不大于 $25\mu m$。进油管口处设置粗过滤精度的过滤器。过滤器通流面积要大于油管通流面积 2 倍。

5) 液压泵和液压马达的泄油既要通畅,又要保证壳体内充满油,并且在停车时也不流走。壳体内的压力通常应保持在 0.03~0.05MPa,泄油管一般需要单独接回油箱,而不与回油管连接。

柱塞泵的泵体上有两个漏油口,有两种连接方法。当作漏油用时,将最高处的漏油口接上通往油箱的油管,另一口堵死;当作漏油及冷却用时,高处的漏油口仍接上通往油箱的油管,低处的漏油口通往冷却油。管道阻力不应使泵内压力超过 0.1MPa。

6) 对于某些液压马达,主要是内曲线液压马达和双斜盘轴向柱塞液压马达在回油路要装背压阀,以使液压马达回油口具有足够的背压以保证正常工作。背压数值通常在 0.5~1MPa(转速高时取大值)。

7) 为了防止振动与噪声沿管道传到系统而引起系统振动与噪声,在液压泵的进、出油口可安装一段胶管,出油口胶管应垂直安装,长度一般不超过 0.8m;进油口胶管不允许因管内有真空而出现变扁的现象。

8) 进、出油管与液压泵、液压马达连接处不得有漏气、漏油,严防吸入空气。

9) 油箱的容量为液压泵流量的 3~6 倍,油箱还应设置空气过滤器。

10) 液压泵、液压马达的安装支架应有足够的刚度,管道过长要安装支架固定,以防振动。

11) 安装的管道和元件,必须严格保持清洁,不得有任何杂物进入。

(二) 对液压泵液压马达的使用与检查

1) 工作压力和转速必须按铭牌上的规定值使用,不能超过规定值。峰值压力连续工作时间不应超过 1min,峰值压力间隔工作的时间累计不应超过运转时间的 10%。

2) 检查旋转方向,规定了旋转方向的液压泵不得反向旋转;检查液压泵的进、出油口连接是否正确,不得接反。

3) 液压泵和液压马达的工作介质通常为石油基液压油,必须正确选用液压油,特别注意粘度(油箱内正常工作粘度为 $17~38\times10^{-6}m^2/s$ 或 $2~6°E_{50}$)及粘温特性,正常使用温度范围为 20~65℃。还要有好的润滑性及化学稳定性。定期检查工作油的质量,定期检查清洗过滤器,定期换油。严格禁止使用未经过滤的旧油。

4) 液压泵避免带负荷起动以及在有负荷情况下停车;低温起动后先轻负荷运转,待温

度上升后再进入正常运转；注意不要将热油突然输入冷元件，以免发生配合面咬伤事故。

5）对于有辅助泵供油的，起动时，应先起动辅助泵，待排除管道内空气后再起动主泵；停车时，应先停主泵，待主泵停稳后再停辅助泵。

6）在泵运转过程中经常检查运转情况，发现异常立即停车。

7）非必要不能随意拆卸。必要拆卸时必须保持场地、元件工具的清洁。

8）长期存放不用，应将泵体内工作油放尽，充满酸值较低的液压缓蚀油，各油口用螺塞堵住。

9）初次使用或长期存放后，运转时应在低压（2.5MPa）下磨合一段时间（1~2h）。

三、液压泵和液压马达的维修

（一）齿轮泵和齿轮马达的维修

1）齿轮两侧面与配油盘或泵盖之间磨损后，其配合间隙（表7-1）比规定值大30%时可用研磨的方法修复。

2）轴用旋转密封件或其他密封件丧失密封性时应当更换，并对密封件质量精心检查。安装时要注意唇口方向，且不要损坏密封件唇口。

3）液压泵和液压马达的容积效率比规定值低10%~15%时，必须进行检修。

（二）叶片泵和叶片马达的维修

1）定子内表面有异常磨损或有条痕存在会造成压力波动和噪声，因此必须在专用磨床上修磨。如果磨损不严重可用油石修磨，不能修复的应更换。

2）配油盘有条形划痕等缺陷存在，可用研磨的方法修复。

3）个别叶片胶粘或磨损、折断，应清洗或更换叶片。

4）转子端面有划痕或磨损点或金属胶合，应进行修磨同时要对叶片宽度和定子厚度作相应的修磨，使转子、定子、叶片三者的配合间隙达到规定值。

5）轴用旋转密封件或其他密封件丧失密封性时应当更换，并对密封件质量精心检查。安装时要注意唇口方向，且不要损坏密封件唇口。

6）容积效率比规定值低10%~15%时，必须进行检修。

（三）柱塞泵和柱塞马达的维修

1）柱塞与柱塞缸磨损后，其配合间隙（表7-1）比规定值大10%~15%时，应重做柱塞并与孔配研修复。

表7-1 液压泵的配合间隙（供维修用）

液压泵名称	配合部位	配合间隙/mm
中低压齿轮泵	齿顶与壳体内孔	0.05~0.10
	轴向间隙	0.04~0.08
中高压齿轮泵	齿顶与壳体内孔	0.05~0.10
	轴向间隙	0.03~0.05
中高压叶片泵	叶片与转子叶片槽	0.02~0.03
	叶片与配油盘	0.01~0.03
	转子与配油盘	0.02~0.04

液压泵名称	配合部位	配合间隙/mm
柱塞泵	柱塞孔与缸体柱塞孔	$0 < d \leqslant 12$ 时，$0.01 \sim 0.02$ $12 < d \leqslant 20$ 时，$0.015 \sim 0.03$ $20 < d \leqslant 35$ 时，$0.02 \sim 0.04$
	缸体与配油盘	$0.01 \sim 0.02$

2）转子缸体端面与配油盘有磨损或有条状划痕，可用研磨的方法修复。

3）变量控制阀的阀芯与阀孔磨损后，其配合间隙比规定值大 15%～20%，应重做新的阀芯并与孔配研修复。

4）如变量泵控制弹簧弹力不足会影响变量性能，则应更换弹簧。

5）轴用旋转密封件或其他密封件丧失密封性时应当更换，并对密封件质量精心检查。安装时要注意唇口方向，且不要损坏密封件唇口。

6）容积效率比规定值低 10%～15% 时，应进行检修。

第二节 液压缸的使用与维护

一、液压缸的性能试验

为了确保液压缸的技术性能，对新购置的或检修后的液压缸应进行性能试验。

1. 运动平稳性试验

在最低驱动压力 p_1 作用下，使活塞在全程动作 5～10 次，检查活塞运动是否平稳、灵活，是否有阻滞现象。最低驱动压力 p_1 与密封件的种类有关。使用 O 形、Y 形和 U 形夹织物密封圈时，推荐取 $p_1 = 0.3$ MPa，使用 V 形夹织物密封圈时，推荐取 $p_1 = 0.5$ MPa，活塞环取 $p_1 = 0.15$ MPa。

2. 负荷试验

在活塞杆上加最大工作负荷，此时液压缸中的压力为最大工作压力 p_{max}，在 p_{max} 作用下，使活塞在全程往复运动 5 次以上，要求活塞运动平稳、灵活，各部件没有永久变形和其他异常现象。

3. 外泄漏试验

在试验压力 p_2（一般取 $p_2 = p_{额}$）作用下，使活塞在全程往复运动 5～10min，各密封及焊接处不得泄漏油液；活塞杆导向密封处的泄漏不能成滴。

4. 内泄漏试验

在活塞杆上加上一定的静载荷 F（$F = p_{max} \times$ 活塞有效工作面积）。当活塞用密封圈密封时，在 10min 内活塞的移动距离不得大于 0.5mm。

5. 强度试验

液压缸活塞两端同时加上试验压力 p_3（$p_3 = 1.5p_{额}$），试验 2min，各零件不得有破损或永久变形。

6. 试验后再度紧固

在各项试验后可能出现缸的紧固松弛现象，所以为慎重起见，在试验后再度拧紧拉杆、压盖螺栓等。如果不重视再度紧固，而在液压缸试验后直接使用，由于螺栓上的载荷不均匀而使螺栓逐个破坏，会造成严重事故。

二、液压缸的使用注意事项

1) 工程机械使用环境恶劣，在工作中应避免损伤活塞杆的外表面及活塞杆端部螺纹，避免用铁锤敲打活塞杆和缸体端部。

2) 注意液压缸性能试验后的再紧固。液压缸试验后必须再度拧紧缸盖紧固螺栓及有关联接螺栓，以免单边拧紧受力不均而逐个破坏。

3) 在使用过程中，应经常检查液压缸的漏油情况以及液压缸与工作机构连接部位有无松动。注意对耳轴和铰轴等轴承部位注油。

4) 有排气装置的液压缸，应注意将液压缸内的空气排除干净。排气方法是：先将工作压力降至 0.5~1MPa，当活塞运动到行程终端压力升高时，将高压腔的排气阀打开，使带有浊气的白泡沫状油液从排气阀喷出（有"嘘嘘"的排气声）。在活塞由终端开始返回的瞬间关闭排气阀。如此多次，直至喷出澄清色的油液为止。然后再用另一侧的排气阀，将另一腔的空气排除。由于空气会循环进入整个液压系统，一般将空气排净需要约 25min 的时间。排气操作必须注意安全、谨慎。

5) 液压缸设有缓冲阀的还应对缓冲阀进行调整，主要是调整缓冲效果和动作的循环时间。当液压缸上作用有工作负载条件时，活塞速度按小于 50mm/s 运行，逐渐提高速度。开始先把缓冲阀调节在缓冲节流阻力较小的位置，然后逐渐增大节流阻力，使缓冲作用逐渐增强，一直调到符合缓冲要求为止。

三、液压缸的拆卸检查

(一) 液压缸拆卸注意事项

液压缸工作一定时间后，定期检查、维修或拆卸时应注意以下几点：

1) 拆卸前首先应起动液压系统，将活塞移到适合于拆卸的一个顶端位置；在拆卸之前，松开溢流阀使其卸荷，应使液压回路的压力降为零，切断电源，使液压装置停止运动。

2) 着手从机器上拆下液压缸时，应先拆卸进、出油口的配管，活塞杆的连接头和安装螺栓等需要全部松开。

3) 液压缸的结构和大小不同，拆解的顺序也稍有不同。一般先松开缸盖的紧固螺栓或连接杆，然后按缸盖、活塞杆、活塞和缸筒的顺序拆卸。

4) 拆卸过程中应十分注意，活塞杆和活塞不能硬性从缸筒中拉出，不适当的敲打以及突然掉落都会损坏螺纹或活塞表面产生划痕。

(二) 液压零件的检查和判断

液压缸拆卸后，应对零件进行检查，判断哪些零件可以继续使用，哪些必须更换或修理，一般可按下面步骤进行：

1) 缸筒内有很浅的线状摩擦伤痕或点状伤痕是允许的，对于使用无妨。如果有线状拉伤深痕，则必须对内腔进行研磨，也可用极细的砂纸或油石修复。深痕无法修复时必须更换新缸筒。

2) 活塞杆滑动面有划痕，造成漏油，每 2~3s 滴一滴，可以用活塞杆表面刷胶液或银焊的方法修复；活塞杆滑动面一般是镀铬的，当镀层的一部分剥离形成线状伤痕漏油多时必须进行磨削，除去旧有的涂层后重新镀铬、抛光，镀铬厚度为0.05mm。

3）检查密封件的唇口有无伤痕，密封摩擦面的摩擦情况及支撑环、挡圈有无损伤。如有则应更换新件。

4）活塞导向套的内表面有些伤痕，对使用没有什么妨碍，然而当不均匀磨损深度在0.2~0.3mm以上时，就应更换新的导向套。

5）活塞表面有轻微的伤痕，不影响使用；若伤痕深度在0.2~0.3mm以上时就应更换新的活塞。还应检查密封槽有无损伤，活塞有无因碰撞引起的裂纹，如有则必须更换。

6）其他部位的检查随液压缸的构造及用途而异。通常检查时应留意缸底、缸盖、耳环及铰轴是否有裂纹，活塞杆顶端螺纹、油口有无异常。

四、液压缸的组装、安装

（一）液压缸组装注意事项

1）检查零件上有无毛刺或锐角。保护被誉为密封圈生命的唇边是十分重要的。应去除液压缸各零件上的孔口、导向锥面、密封圈接触摩擦的相应表面上的毛刺，如有伤痕则必须研磨修正，以免密封圈在安装过程中损坏。

2）装入密封圈时可用一些高熔点的润滑脂以减小安装摩擦阻力。注意密封圈不要被尖角部分划伤损坏。当密封圈需要经过螺纹部分时，可将螺纹上卷上一层密封带，在带上涂上润滑脂，再进行安装，使密封圈能顺利通过螺纹或孔口，必要时可使用金属导套及专用工具安装。

3）密封是有方向性的，各部分密封圈分别装入各相关部分时切勿搞错密封的方向。对于V、Y形等唇状密封圈，高压对着密封圈的唇口一边；如果是O形密封圈就没有方向性，但前面受压，后面需要加保护环，保护环可以防止O形密封圈受压后变形、挤出或拧扭。

（二）液压缸安装注意事项

工程机械中液压缸是直接拖动负载的装置，考虑到负载大小、性质与方向等因素，在安装时必须注意以下几点：

1）连接基座必须有足够的刚度。如果基座不坚固，加压时缸筒将呈弓形向上翘起，致使活塞杆弯曲或折损。

2）大行程、大直径的液压缸，在安装时必须安装活塞杆的导向支承环和缸筒本身的中间支座，以防活塞杆和缸筒挠曲。挠曲结果轻则使缸筒、活塞杆、导向套之间的间隙不均匀，造成滑动面的不均匀磨损和拉伤，出现内外泄漏；重则使液压缸不能使用。

3）耳环式液压缸是以耳环为支点，它可以在与耳环轴线相垂直的平面内摆动的同时作直线往复运动。所以，活塞杆头部的耳环连接转轴的孔的轴线方向必须与缸筒耳环轴孔的轴线方向一致。否则，液压缸就会受到以耳环孔为支点的弯曲载荷，会发生活塞杆弯曲，使活塞杆端螺纹折断，而且活塞杆在处于弯曲状态下进行往复运动，容易拉伤缸筒表面，使导向套的磨损不均，发生漏油现象。

4）当要求耳轴式液压缸能以耳轴孔为中心作自由摆动时，可使用万向接头或万向联轴器，这样液压缸整体能自由摆动，可将扭别现象减小到最小。

5）其他形式的液压缸在安装方法上根据要求参照以上几点考虑。

第三节 液压控制阀的使用与维护

一、液压控制阀的安装与使用

（一）安装注意事项

1）注意检查阀的结合面的平直度、安装密封件的沟槽尺寸和质量，若有缺陷应修复或更换。

2）要注意进、出、回、控、泄等油口的位置，严禁装错。换向阀以水平安装较好；液控单向阀严格按箭头指示方向安装；压力继电器必须处于垂直位置安装，调节螺钉头部向上。

3）安装时要注意质量。对于密封件质量要精心检查，避免装错及划伤或损坏；紧固螺钉拧紧时用力要均匀，对于高压元件要注意螺钉的材质和加工质量，不符合要求的不准使用。

4）安装时要注意清洁，不准戴手套操作，不准用纤维制品擦拭安装结合面，防止纤维类杂物侵入。

5）安装完毕后检查下列项目：

① 用手推动换向阀的阀芯，要求复位灵活、正确，换向阀阀芯一般处于中立位置状态。

② 压力控制阀的调节螺钉应处于放松状态。

③ 调速阀的调节手轮应处于节流口较小开口的状态。

④ 检查应堵住的油口是否已经堵住，应接油管的油口是否已经接好。

（二）使用注意事项

1）阀的压力、流量范围应满足系统要求，否则会引起阀工作失常。

2）压力控制阀调节螺栓顺时针方向转动为增压，逆时针方向转动为减压；压力继电器调节螺栓逆时针方向转动为升压，顺时针方向转动为降压。调整后要锁紧。

3）溢流阀用于节流调速系统时，在液压泵起动前应使溢流阀卸荷。

4）流量控制阀调节螺栓顺时针方向转动时流量增大，逆时针方向转动时流量减小。

5）对于电磁换向阀，电源电压应与电磁铁规定电压相符，电压值变化幅度不得超过额定电压值±15%。

6）电-液换向阀的控制油路（先导油路）实行内控时，应将外孔口堵死，以免内控油液从此溢出；实行外控时，控制油液压力允许与液动换向阀油压不一致，但不得低于0.35MPa。

7）多路换向阀中组合有溢流阀，调节压力时调节螺栓顺时针方向转动为增压，逆时针方向转动为减压，调整后要锁紧。

二、液压控制阀的维修内容及方法

1）阀芯与阀体孔磨损后，其配合间隙比规定值（表7-2）增大20%～25%时，需做新的阀芯或将阀芯镀铬再与阀体孔配研修复。

2）锥阀芯与阀座的圆锥面接触不良，封闭性差时，应进行修复。

3）调压弹簧弯曲、变弱或折断时，应更换弹簧。

4）密封件老化、失效时，应更换密封件。

5) 阀类零件工作不正常，如卡阻、振动、动作迟缓等，要进行清洗。

表 7-2 液压控制阀配合间隙（供维修使用）

类别与部位	配合间隙/mm			
	$0 < d \leqslant 16mm$	$16mm < d \leqslant 28mm$	$28mm < d \leqslant 50mm$	$50mm < d \leqslant 80mm$
中低压滑阀阀芯与阀套	0.008~0.025	0.010~0.030	0.012~0.035	0.015~0.040
高压滑阀阀芯与阀套	0.005~0.015	0.007~0.020	0.009~0.025	0.011~0.030

注：d 为活塞直径。

第四节 辅助元件的使用与维护

一、密封件的安装

密封件的安装质量对密封性能和使用寿命均有重要影响，在更换安装过程中必须注意以下几点：

1) 熟悉密封件的结构，按顺序拆装，所用工具必须恰当或采用专用工具。防止选用工具不当造成密封圈密封部位缺陷。

2) 安装前检查密封件质量和密封槽尺寸和表面状况。密封件质量不好（有变形、伤痕、飞边或毛刺）、库存时间过长（老化）都不准使用。密封槽有磕碰、划伤应修整。

3) O 形、唇形密封圈在安装时所通过的轴端、孔端必须有倒棱式修圆及引入导角。

4) 安装 O 形、唇形密封圈需要通过外螺纹和退刀槽时，应用金属导套。

5) 为了减小阻力及摩擦损伤，应在密封圈安装通过部位涂润滑脂或工作油；避免密封件有过大的拉伸引起塑性变形。应防止带入铁屑、砂土及棉纱等杂物。

6) 安装唇形密封圈时，应注意唇口的安装方向，还应该注意分清轴用和孔用密封圈。

7) 安装 V 形夹织物橡胶密封圈时，如果不能从轴向装入，或者当规格不能满足需要而选择相邻大小规格的密封圈时，可切口安装（注意纯橡胶密封圈不能切口安装）。切口方向是从密封圈唇边开始向底边成 45°角；相邻密封圈的切口必须相互交错 90°（只有使用两个时才交错 180°）安装。V 形密封圈在使用中逐渐变形磨损，需要经常调节其压紧力。调节方法一般采用加垫片或用螺母调节松紧度。

8) 采用皮革密封圈或挡圈时，应在油中浸泡至少 24h。

二、油管的装配注意事项

1) 管路尽量短，布置整齐，转弯少，避免太小的转弯半径，并保证必要的伸缩变形的余地。规定硬管的弯曲半径大于其直径的 3 倍，管径较小时弯曲半径还要加大。弯曲后管径的圆度误差不得大于其直径的 10%，弯曲部分的内外侧应过渡平整圆滑，不得有波浪变形、凸凹不平及压裂扭坏等现象。油管悬伸太长时要有支架，布置接头的位置要保证拆卸方便。

2) 管路最好平直布置，少交叉。平行和交叉的管路间距不得小于 10mm，并给安装管路接头留有足够的空间。

3) 管子在安装前一般要用质量分数为 20% 的硫酸或盐酸进行酸洗，然后用质量分数为 10% 的苏打水中和，再用温水清洗后进行干燥、涂油，并做预压试验，确认合格后再安装。

4) 安装管接头时，首先要检查密封圈质量，如有缺陷应更换。操作时避免损坏密封圈。安装时接头体的螺纹部分洗净涂上密封胶，或用聚四氟乙烯塑料带顺螺纹旋向缠绕，以提高密封性。安装要使接头体与管子端面对准，两个结合面结合良好才能拧紧，并具有足够的拧紧力矩，保证结合严密。

5) 吸油管各处接头必须装紧，密封严密，在接头处涂密封胶可提高密封性。吸油管要尽量短，尽量减少弯头及管道弯曲。

6) 吸油管及回油管在油箱中布设时应尽量远离，回油口切成45°斜角，斜口面向箱壁。回油管口与箱底的距离应大于管径的3倍，吸油管口与箱底的距离应大于管径的2倍，与箱壁的距离应大于管径的3倍。回油管水平布置时要有坡度。

7) 系统的泄漏油路不应有背压，当总回油管路上有背压时应单独设置泄漏回油管。

8) 溢流阀的回油管道不得直接与液压泵的吸油管口相通，防止泵温急剧上升。

9) 全部管道安装一般分为两次，第一次为预安装，为正式安装做准备，这是确保安装质量的必要步骤。

10) 安装软管还要注意：

① 弯曲半径不小于软管外径的9倍，管接头距弯曲处的距离至少为管外径的6倍。如果结构要求弯曲半径必须是较小的，则应选用耐压性较好的胶管。

② 软管在直线安装时要留有一定的长度余量，以适应温度、压力变化引起的振动、胀缩的需要。

③ 软管在安装后及工作中均不许有扭曲现象。

④ 软管不得靠近热源，无法避免时应装隔热板。

三、过滤器的安装与维护

1) 过滤器只能单方向使用，不能安装在液流方向有改变的油路上。按壳体上标明的液流方向，正确安装在系统中。

2) 按维护规定经常观察、定期清洗。当过滤器堵塞、压差指示超差或发信装置报警时，应及时清洗或更换滤芯。

3) 清洗或更换滤芯时，应堵住滤芯端口，防止污物进入滤芯内腔，同时要防止外界污染物侵入液压系统。

4) 清洗金属孔网滤芯元件时，可在汽油等溶液中用刷子刷洗，清洗高精度的滤芯则需使用干净的清洗液或清洁剂。金属丝编织的特种网和不锈钢纤维烧结毡等可用超声波或液流反向冲洗；纸质滤芯及化纤滤芯不能用超声波清洗，只能在清洗液中刷洗。

四、蓄能器的安装与使用

1) 充气式蓄能器是压力容器，在搬运拆装时应将充气阀打开，排除充入的气体。

2) 蓄能器应将油口向下竖直安装，且有牢固的固定装置。安装在远离热源并便于检修的位置。

3) 蓄能器与液压泵之间应设单向阀，以防止油液倒流。蓄能器与系统之间应设截止阀，供充气、检查、检修或长时间停机时使用。

4) 蓄能器用于吸收压力冲击和脉动时，应尽可能安装在振源附近，并便于检修。

5）不能拆卸在充油状态的蓄能器。绝对禁止向蓄能器充氧气。

6）蓄能器的充气压力应选择为系统最低工作压力的60%～70%，蓄能器的容量应根据用途、系统要求确定。

7）检查囊式蓄能器的充气压力的方法：将压力表安装在蓄能器油口附近，用泵向蓄能器注满油液，然后停泵。让压力油通过与蓄能器相连的阀慢慢从蓄能器中流出。在排除油液的过程中观察压力表，指针会慢慢下降，达到蓄能器充气压力时，蓄能器中的提升阀就关闭，所以压力表指针迅速降为零。在压力迅速下降前的时刻，压力表的读数即为蓄能器充气压力。此外，还可以利用充气工具直接检查充气压力，由于检查一次需要放掉一点气体，故这种方法不适于容量很小的蓄能器。

第五节 液压油的选用与合理使用

从污染对液压系统的危害可以看出，合理地选择、使用、维护与保管液压油是关系到液压系统工作的可靠性、耐久性和工作性能好坏的重要方面。

一、对液压油的基本要求

液压油在工作中既是传递能量的介质，又是液压元件的润滑剂，还是液压系统的冷却剂。为了保证液压系统的正常工作，液压油必须满足必要的性能要求。

1）低凝点，即低温流动性要好，保证在一年四季及不同的环境下使用。
2）较高的闪点，保证使用中的防火安全性好。
3）具有适宜的粘度和良好的粘温特性，保证液压系统在工作环境下正常使用。
4）具有良好的润滑性，以减小金属零件的磨损，延长元件使用寿命。
5）具有良好的对密封材料的适应性，这是保证系统安全可靠工作的重要条件。
6）具有对热、氧化、剪切的良好稳定性，保证系统工作稳定，保持较长的使用寿命。
7）缓蚀性和耐蚀性要好，保证液压元件的寿命。
8）抗泡沫性好，不易溶入空气，含杂质少，保证系统工作性能稳定。

二、液压油的选用

选择合适的液压油是液压系统设计和使用应考虑的重要内容之一。选用液压油可从以下两个方面考虑。

1. 液压油的类型

根据使用要求、运转条件（防火、缓蚀、防腐、消泡、抗氧化要求及工作环境温度）、使用压力（低压、中压、高压）、液压油的使用寿命、品质和价格等综合考虑选定液压油的类型（石油型、乳化型、合成型）。

2. 液压油的粘度

液压油类型确定后，主要考虑粘度。粘度是一个重要指标，依此可决定液压油的规格、品种。有关粘度的确定可作如下考虑：

（1）液压系统工作压力的高低 高压时，系统泄漏成为突出问题，宜选用较高粘度的液压油；压力低时，粘性阻力成为突出问题，宜选用较低粘度的液压油。一般压力小于

7MPa 时，可选用运动粘度 $\nu = (32 \sim 68) \times 10^{-6} m^2/s$ 的油液；当压力在 7～20MPa 时，可选用 $\nu = 90 \times 10^{-6} m^2/s$ 的油液。

（2）液压系统工作环境温度的高低　环境温度高时选用粘度较高的油液，反之选用粘度较低的油液。

（3）液压系统工作速度的高低　工作装置运动速度很高时，油液流速很高，能量损失大，漏油率相对减小，宜于选用粘度较低的油液；反之，油液流速低，漏油率相对增大，对工作装置运动速度产生影响，故宜选用粘度较高的油液。

一般情况下，按设备使用说明书的指定品种选用液压油，还可以液压泵的类型来选用液压油。

工程机械液压系统常用的液压油类型为石油型，主要品种、规格有：

（1）L-HL 普通液压油　有 L-HL15、L-HL22、L-HL32、L-HL46、L-HL68、L-HL100 共 6 个规格，它是精制矿物油，并添加抗氧化剂、防锈剂和抗泡沫剂等，粘温性能好，抗氧化安定性好，适用于环境温度 0℃ 以上的低压系统。常用的有 L-HL32、L-HL46、L-HL68。

（2）L-HM 抗磨液压油　有 L-HM15、L-HM22、L-HM32、L-HM46、L-HM68、L-HM100、L-HM150 共 7 个规格，在普通液压油的基础上添加了抗磨剂，具有良好的抗氧化性、缓蚀性和抗磨性能，适用于低、中、高压工程机械液压系统。常用的有 L-HM32、L-HM46、L-HM68。

（3）L-HV 低温液压油　有 L-HV15、L-HV22、L-HV32、L-HV46、L-HV68、L-HV100 共 6 个规格，在抗磨液压油的基础上添加了降凝剂，具有良好的粘温性能和较低的凝点（不高于 -35℃），以及良好的抗氧化、抗泡沫、缓蚀、抗磨和一定的抗剪切性能，用于 -40～-20℃ 的低温环境。适用于寒区或温度变化范围较大的野外作业的中、高压工程机械液压系统。常用的有 L-HV32、L-HV46、L-HV68。

（4）拖拉机传动、液压两用油　此油是由精制的中性油加多种添加剂调制而成的，按 40℃ 时的运动粘度分为 68D、100D、100D 三个规格。其具有适宜的粘度、良好的粘温特性、较好的抗磨性能，较高的油膜强度和较好的抗氧化、抗泡沫、抗乳化和防腐性能，主要用于传动与液压系统共用一个油箱的大中型拖拉机和工程机械。

按液压泵类型、粘度范围、工作压力及工作温度推荐用油见表 7-3。

表 7-3　按液压泵类型、粘度范围、工作压力及工作温度推荐用油

名称	粘度范围/cSt		工作压力 /MPa	工作温度 /℃	推荐用油
	允许	最佳			
叶片泵 (1800r/min)	20～220	25～54	>14	5～40	L-HL32、L-HL46
				40～80	L-HL46、L-HL68
齿轮泵	4～220	25～54	>12.5	5～40	L-HL32、L-HL46
				40～80	L-HL46、L-HL68
			10～20	5～40	L-HL46、L-HL68
				40～80	L-HM46、L-HM68
			16～32	5～40	L-HM32、L-HM46
				40～80	L-HM46、L-HM68

(续)

名称	粘度范围/cSt		工作压力 /MPa	工作温度 /℃	推荐用油
	允许	最佳			
径向柱塞泵	10~65	16~48	14~35	5~40	L-HM32、L-HM46
				40~80	L-HM46、L-HM68
轴向柱塞泵	4~76	16~47	>35	5~40	L-HM32、L-HM46
				40~80	L-HM46、L-HM68

三、合理使用液压油

合理使用液压油是保证液压系统正常工作的前提条件。根据实践经验，使用液压油时应注意以下几个方面。

（一）防止污染

1）加强油液库存及现场管理，建立严格的油料管理制度和化验制度。油料要按牌号专桶储存，严禁乱放，切勿在露天日晒雨淋或靠近火源，保存温度一般以 20~30℃ 为宜。用机械加油时注意清洁，加油工具必须保持清洁，加油前必须过滤油液。

2）保持液压元件清洁，特别是油箱周围的清洁。油箱通气口要装过滤器，在室外或低温作业时，应防止油箱外露处的凝结水进入油箱。

3）经常清洗滤网、滤芯，换油时要将油箱内及主管道的油液放净，并清洗油箱及过滤器。

4）油液定期更换。

（二）防止工作油温过高

液压系统油温过高将产生不良影响，为此工作油温要保持适当，液压泵入口处应在55℃以下，油路中局部区段的最高油温不应超过120℃。如果以油箱内油温为准，理想的温度范围是 30~45℃，超过 55℃ 时，系统寿命将缩短。对于稠化油，允许达到 85℃。

防止油温过高可采用强制冷却的方法，同时还应注意：

1）经常使油箱液面处于所要求的高度，使油液有足够的冷却条件。

2）防止过载，防止高温物体靠近。

3）当发现油温过高时应停止工作，查找原因并及时排除。

（三）防止空气混入液压油

1）防止空气在油箱中被油液带入系统。必须经常注意油箱内液面高度，保持足够的油液量，吸油侧与回油侧用隔板隔开以拦污去泡。

2）注意液压泵至油箱的吸油路密封。

3）随时排除进入液压系统中的空气。排气后要再次检查油箱中的油液量，发现不足时，应及时添加到要求的液位高度。

第六节　液力传动系统的使用和维护

正确使用与合理维护液力传动系统是提高系统寿命和可靠性的重要保证。正确使用与合理维护液力传动系统指的是正确使用工作油和液力元件，做好定期检查和维护。

一、正确使用工作油

（一）对液力传动油的要求

液力传动机械的功率大，作业条件恶劣，负荷变化大而频繁，对传动油的要求较高。

液力传动的功率与工作油的重度成正比。在传动功率不变的情况下，使用重度大的工作油可使液力元件相对小些。一般液力传动油的重度为 $(8.00 \sim 9.50) \times 10^3 \text{N/m}^3$。

为了满足不同使用工况的需要，要求液力工作油的粘度随温度的变化要小。低温时粘度不能太高，以提高低温起动性能，保证较高的传动效率。一般液力传动油在50℃时的运动粘度 ν 为 55~70cSt，粘度指数大于170。

液力传动装置的工作温度允许值可达 70~110℃，甚至可达 120℃左右。要求闪点大于180℃。凝点随不同的地区和季节而异，一般均高于 -20℃。酸值应低于 0.15mg(KOH)/g。不得含有水溶性酸或碱。

此外，对液力传动油的临界载荷值、抗氧化安定性、抗乳化性、抗泡沫性、含水及机械杂质等均有指标规定。

（二）液力传动油的品种、选用

我国生产的液力传动油主要用于工程机械的是：

N32 普通液力传动油（相当于原 6 号变矩器油），相当于国外（美国材料试验、石油学会）的 PTF-2 型，对抗磨、极压性较高，对低温粘度要求放宽，适用于重负荷压力系统。用于内燃机车、越野车及工程机械等。

另外，N46 普通液力传动油（相当于原 8 号变矩器油），相当于国外的 PTF-1 型，对低温粘度要求较高，对抗磨、抗泡沫性也要求严格，主要用于轿车等。N68 抗磨液力传动油，相当于国外的 PTF-3 型，对抗磨要求高、对低温粘度要求也严格，用于低速高负荷的机械，主要用于拖拉机。还有 N46D 普通液力传动油。

（三）使用工作油注意事项

1. 日常检查

（1）油面检查　在任何情况下，变矩器的油量都应符合规定的油面高度。需注意防止因泄漏而引起的油面高度降低。如果液力变矩器与变速箱使用同一个油箱，则直接检查变速器的油面高度即可。

（2）油温检查　通常在驾驶室装有液力传动装置出口油温表。变矩器正常油温范围为80~90℃；在重载工况，允许油温到110℃，最高不得超过120℃。若油温超过此值，可将变速器顺序降挡，直至油温低于此值。若在正常行驶情况下油温超过此值，则应停车，将变速器置于空挡，使发动机怠速运转一段时间，待油温降到正常值后再行车。若油温仍不下降，应停车检查过热原因并予以排除。对于液力耦合器，连续工作的最高油温规定为 90℃。

（3）进、出油口油压检查　检查时发动机油门全开，变矩器分别处于起动工况和空载工况，检查进、出油口油压的最大值和最小值。如果油压不正常，则应排除故障。

2. 定期检查

（1）油质检查和换油周期　工作油在使用过程中的状态经常发生变化，应经常观察，防止使用变质油液。对于油中的气泡、水油混合物及污染等要特别注意。工作油的使用期限取决于清洁度,与机器的作业条件、工作油质量、油温和过滤精度有关。

1) 油质的检查。检查油液时,在手指上擦少许油液,用手指互相摩擦查看是否有渣粒存在,并从油尺上嗅闻油液气味,如果发现有沉淀、水分、油泥及异常气味应及时处理,最好每月抽检化验一次。

2) 工作油的更换。新油的过滤精度为 $40\mu m$ 时,使用 100h 后要更换;过滤精度为 $20\mu m$ 时,使用 500h 后要立即更换。

根据使用条件,对于工程机械来说,每次更换油液间隔时间约为 1000h;酸值达 2mg (KOH)/g 时必须更换。

油液中杂质增多或长期高温作业使油液变质时,应及时换油。

每次换油时必须清洗或更换过滤器。在恶劣工况下,应经常清洗或更换过滤器。如果在油中出现金属颗粒,必须对油路系统的所有部件进行彻底清洗和检查。

目前我国液力变矩器用油通常为 6 号和 8 号液力传动油,此两种油为专用油品,加有染色剂,为红色或蓝色透明液体,绝对不能与其他油品混合使用,同牌号不同厂家生产的也不宜混兑使用。

(2) 放油和充油

1) 放油。在发动机停止运转的情况下放油。液力系统放油时,油应该是温的。同时更换或清洗所有的过滤器、滤网,检查工作油中是否有金属渣粒或高温作业产生的积炭。

液力元件放油是指部分油要排到变速器里,只要挪开压力油的进油管即可。变矩器里可能有残余油液,可起动发动机在 1000r/min 的转速下运转 20~30s 将剩油排出。因此时润滑不良,变矩器的运转时间不应超过 30s。

变速器放油时,首先取下变速器管接头处及壳体的放油塞,然后取下过滤器,在不挥发的矿物油里用软毛刷清洗。

2) 充油。液力系统加油时,先在发动机停止运转时通过变速器加油口加入一定量的油液,然后起动发动机急速运转,变速器空挡怠速,使整个系统充油。在 2min 后,再加到规定的油液高度即可。

(3) 保持油箱通气口通畅 无论是装在油箱上的或变速箱上的通气口,都需要经常检查和清洗。如果通气口堵塞,油液将迅速氧化、变稠,形成油泥。每次换油时应清洗通气口。

(4) 油液的储存 液力传动油在储存过程中应严格防止污染,容器与加油工具必须清洁、严密,防止乳化变质。

二、正确使用液力系统

正确使用液力系统即指对液力系统及其元件(变矩器、耦合器)进行定期检查、保养和维护。

1. 检查变矩器与发动机的同心度

检查发动机曲轴对发动机飞轮壳端面的偏差,不应超过规定值。如果同心度偏差过大,应进行校正,否则轴承将承受偏差引起的附加载荷而过早损坏。

2. 导轮是否正常工作的检查

导轮工作是否正常,可通过观察油温下降的快慢来检查。在制动变矩器输出轴情况下,使发动机油门全开,使变矩器的出口油温升到 100℃,然后松开变矩器的输出轴,使输出轴转速到达最大值，立即检查油温下降的速度。油温应在 15s 之后开始下降。如果温度下降迅速，则说明导轮工作正常。如果温度下降缓慢，则表示导轮没有松脱，继续处于固定状态，可能是单向离合器失效。

3. 变矩器零速工况的检查

检查变矩器零速工况的目的是判断发动机与变矩器匹配是否合理和运转是否正常。检查时，先将发动机起动预热并急速运转，将变矩器输出轴制动（即处于零速工况），提高发动机转速直到油门全开。变矩器处于零速工况下的时间不应超过 30s。记录发动机的转速、变矩器进油口油压、出油口油温和润滑油压，与推荐数据比较是否一致。一般变矩器出油口油温不得超过 120℃，进油口油压在 0.35~0.85MPa（供油泵压力最低为 0.35 MPa，最高为 0.54MPa，当发动机油门全开零速工况下，变矩器允许的最高工作压力为 0.85MPa）之间，润滑油压不小于 0.56MPa。

4. 变矩器泄油管路的设置

变矩器要有合适的泄油管路并保持与油箱畅通。泄油管内径不小于 10mm，不能扭结弯折，泄油管必须装在变矩器中心线以下 90mm 或更低一点。如果安装不好会导致通过泵轮壳密封或输出轴双油封的泄漏过大。

5. 注意变矩器在使用中的油温

油温过高不仅会使油质变坏，而且会引起积炭，使泄油管路不畅通，引起泵轮壳密封处压力过高而使密封失效或报废。

6. 长期存放时应注意的事项

装有液力变矩器的工程机械，如需要存放一个月以上时，可将原工作油排空，更换过滤器并装上放油塞，然后将防护油充到作业油位，运转设备使油温升到最高工作油温后停止运转，待设备冷却到能用手摸时，将所有的开口和通气孔用防潮的胶布或软木塞封好，所有外露未刷漆的表面均涂上优质防护脂。

第七节 工程机械液压系统的安装使用与维护

一、液压系统的安装、清洗与调试

（一）液压元件及管道的安装

1. 安装前的质量检查

液压系统在安装前应按有关技术资料做好各项准备工作，认真进行质量检查。

（1）外观检查注意事项

1）购置和领用的各类液压元件的型号、规格必须与元件清单明细表或原使用件一致。

2）查明元件的生产厂、保管期限，若时间过长，应考虑元件内部密封件的老化程度，必要时进行拆洗、更换，并进行性能试验。

3）每个液压元件的调节螺钉、手轮及锁紧螺母都要完整无损。

4）管式连接的元件的联接口螺纹不应有破损和滑扣等现象。

5）将通油口的堵塞取下，检查元件内部是否清洁，各元件上的附件必须齐全。

6）各密封件的外观质量必须符合要求，保管期过长或有异常的密封件不准使用。

(2) 管子和管接头的检查注意事项

1) 管子的材料、通径、壁厚和接头的型号、规格及加工质量与原机械所用一致。

2) 所用的管子不能有缺陷。若出现管子内、外壁表面已腐蚀或伤口、裂痕深度为管子壁厚的 10% 以上，表面凹入深度达到管子直径的 20% 以上，内壁有小孔等情况，均不准使用。

3) 弯曲的管子，如果弯曲部位的内外壁表面曲线不规则或有锯齿形，内壁表面扭坏、压坏或波纹凸凹不平，弯曲部位椭圆度大于 10% 以上，则均不准使用。

4) 所有管接头不准有缺陷。若接头体或螺母的螺纹有伤痕、毛刺或断扣，接头体与螺母配合不良，有松动或卡涩现象，结合面加工精度和安装密封圈的沟槽尺寸及加工精度未达到规定的技术要求，则均不准使用。

5) 若胶管和接头表面有伤皮及老化现象，接头体有锈蚀，接头体螺纹有伤痕、毛刺或断扣，接头体与螺母配合不良、有松动或卡涩现象，则均不准使用。

6) 对于法兰件，若密封面有气孔、裂纹、毛刺及径向沟槽，法兰盘上安装 O 形密封圈的沟槽尺寸及加工精度不符合技术规定时均不准使用；法兰上的金属垫片表面要用平尺目测检查，并应达到接触良好、无缝隙、凹槽及加工不良等缺陷。

2. 液压元件的拆洗、装配与测试项目

液压元件在运输或库存期间会侵入砂土、灰尘或氧化物。新的或检修后的液压元件有可能遗留少量的铁屑、型砂。这些杂质若不清除则将影响液压系统的正常工作，甚至造成事故。因此，对主要液压元件在安装前都要单独进行测试，检验其性能和质量，若发现有异常现象都应该拆开清洗，然后重新装配测试，以确保元件工作可靠。

1) 液压元件属于精密机件，它们的拆、洗、装比普通机件要求严格。液压元件的拆、洗、装注意事项如下：

① 解体液压元件应在净化室中进行。一般不允许液压元件的装配间与机加工或维修车间处于同一室内，防止环境和人为对液压件的污染。

② 对液压元件的结构、装配图了解透彻，熟悉装配关系、拆卸顺序和方法，严禁破坏性拆卸。

③ 拆卸件允许用煤油、汽油及用与液压系统相同牌号的液压油清洗，不得用不同牌号的液压油清洗。清洗后不准用棉麻丝和化纤织品擦拭。暂时不装的零件应放入缓蚀油中保存。

④ 在拆洗过程中，要检查零件的锈蚀情况和密封件的老化程度，不符合技术要求的零件应更换。

⑤ 装配时应在零件上涂上工作油，切勿把零件与密封件错装、漏装，注意盘状零件的正反面、上下位置，弹簧、销钉、挡圈及卡环等不要漏装。

⑥ 对于滑阀等滑动件装配时，不要强行装入。根据配合要求，装入时要用手转动，能自如正常工作为止。严禁野蛮装配，严禁用铁锤敲打零件，必要时允许用木锤、铜锤或橡胶锤敲打。

⑦ 紧固螺栓时应按对角顺序平均拧紧，拧紧力矩应按照使用说明书的规定要求。

⑧ 装配完毕后必须仔细检查与校核有无零件遗忘，暂时不总装的或长期搁置保管时，必须涂好缓蚀油，并封闭每个入口。

2) 液压元件的测试就是对拆洗、装配完毕的元件或领用的新元件进行技术指标的测定和试验。各类液压元件均应先用与系统同牌号的油液进行循环运转式清洗，然后换清洁的系统用油，才能进行测试。测试应按有关标准规定的设备、方法与项目进行。常用的液压元件主要测试项目如下。

液压泵、液压马达：运转情况、容积效率、额定流量、额定转速、额定压力。

液压缸：运动状态、内外泄漏、缓冲效果、最低起动压力。

压力控制阀：调压范围、压力摆差、卸荷压力、泄漏。

流量控制阀：调节状况、泄漏。

方向控制阀：换向性能、内泄漏。

3. 液压元件和管道的安装要求

液压元件和管道的安装遵循本章第一节至第四节提出的有关要求。

（二）液压系统的清洗

清洗是控制液压系统的污染，减少液压系统故障的重要措施。新元件在出厂时都已清洗检验过，安装时只需对检修、加工装配的部位进行清洗。液压系统的清洗分为一次清洗和二次清洗。

1. 一次清洗——分解清洗

一次清洗是指在预装后将管道及元件全部拆下进行解体清洗。一次清洗的主要要求是把金属毛刺、粉末、砂粒、灰尘、油渍、漆涂料、氧化皮、棉纱及胶粒等污物清洗干净。

一次清洗是酸洗管路、清洗油箱及各类元件。酸洗过程的主要步骤见第六章第四节中"液压系统总装过程中的污染控制"的相关内容。一次清洗合格后才能正式安装进行第二次清洗。

2. 二次清洗——系统清洗

二次清洗是在正式安装连成清洗回路后进行的系统内部循环清洗。二次清洗的目的是，把正式安装后管道残留的污物及不同品质的清洗液、缓蚀油等冲洗干净。

二次清洗的步骤和方法见第六章第四节中"液压系统的清洗"相关内容，另外补充以下几点：

1）清洗前先把溢流阀进油管路断开，液压缸的进、出油口隔开，在主油路上连成临时回路。较复杂的液压系统可分解成几个部分进行清洗。

2）清洗液要选用所洗的液压系统的工作油或试车油。清洗液用量通常为油箱内容量的60%~70%。

3）清洗回路上应接上临时的过滤器，清洗初期用80目的滤网，到预定清洗时间的60%时换用150目的滤网。

4）清洗时，一边使泵运转，一边用加热装置将油加热到50℃~80℃，使油液在回路中循环。为了提高清洗效果，应使换向阀换向、泵间歇运转，间歇运转时间一般为20~40min。为了促进污物脱落，在清洗中可用橡皮锤或木锤对管道焊接处轻轻反复敲打，锤击时间约为清洗时间的10%~15%。

5）清洗时间根据系统的复杂程度、污物程度及过滤精度要求等确定。

6）二次清洗结束后，泵应在油液温度降低后停止运转，以免外界湿气引起锈蚀。油箱内的清洗油应全部清除干净，不得有清洗油残留在油箱内，同时按前述方法将油箱再清洗一次。经检查二次清洗合格后,将管路恢复到设计规定的状态。

(三) 液压系统的调试

液压系统经过修理及重新装配之后,必须进行调试才能使用。调试的目的是了解和掌握液压系统的工作性能与技术状况,对调试过程中出现的缺陷、故障应及时改善与排除,从而使液压系统工作稳定可靠。同时将调试资料纳入设备技术档案,作为机械投产使用和维修的原始技术依据。

液压系统的调试与试车往往交替进行,不能截然分开。调试的主要内容有单项调试、空负荷试车和负荷试车。

压力调整是保证液压系统正常工作的重要因素,下面以图 7-1 所示液压系统为例,说明调压的一般步骤与方法。

1) 调试前首先要做好准备工作。对系统及所用各调压元件必须有充分的了解;了解设备机-电-液相互关系;根据液压系统图认真分析所用元件的结构、作用、性能和调压范围;清楚每个液压件在机械上的实际位置。

2) 调压时将系统中溢流阀 3、4、6 的调压弹簧放松。

3) 将换向阀 8 置于中位,然后低速起动液压泵,查看液压泵是否出油。如果不出油则进行检修,如果出油则往下进行。

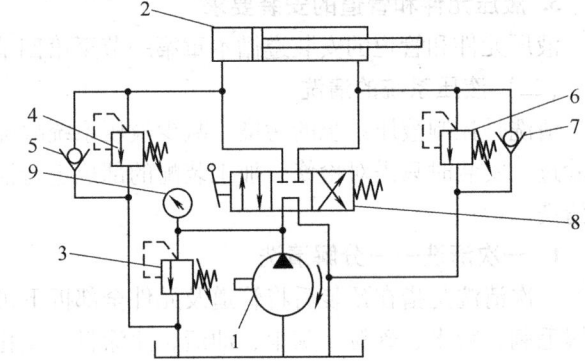

图 7-1 液压系统调压简图
1—液压泵 2—液压缸 3、4、6—溢流阀
5、7—单向阀 8—换向阀 9—压力表

4) 排除液压系统中的空气。再检查油箱油液面,液面降低时加油。

5) 进行调整。应先调控制压力比较高的溢流阀 4 和 6。操纵换向阀 8 使液压缸活塞杆向某一方向运动至行程终点为止(例如向右),这时可调整溢流阀 4。应先将溢流阀 3 的调压弹簧拧至最紧,然后逐渐拧紧溢流阀 4,这时压力表的读数逐渐上升,直到所规定的数值(过载阀的开启压力)为止。使用同样的方法调整溢流阀 6 的开启压力。最后调整溢流阀 3 (主安全阀),此时只要逐渐拧松阀 3 的调压弹簧,使压力表的读数下降到主安全阀的工作压力。调整好后,将锁紧螺母拧紧。

如果压力调不出来,则要分别检查并修复溢流阀 3、4、6。

液压系统调压后,即可进行空负荷试车和负荷试车,见后述内容。

二、液压系统的使用与维护

液压传动具有许多优点,但是液压系统的故障排除较为困难。因此,优良的设计与制造固然重要,正确使用与维护液压机械也是非常重要的。一台液压机械能否保持良好的工作状态,保证使用寿命,与正确使用与维护有关。必须重视使用和维护,掌握使用和维护技术,建立必要的维护制度。

(一) 液压机械验收试车

新的或经修复的液压机械或元件,在正式投入使用前必须认真进行验收检查,然后进行试车，确定元件及系统工作正常后才能投入正式使用。

1. 使用前的验收检查

1）检查液压系统所有液压元件是否齐全，有无损坏，特别是液压胶管、弯管有无损坏；液压元件上应带的防尘罩或螺塞是否齐全，防止污物、杂物带入液压系统。

2）检查液压元件的安装及管道连接是否正确可靠。例如，各阀的进、出口是否接错，液压泵的入口、出口及旋转方向与泵上的标注是否符合等。特别注意检查吸油管接头螺栓的紧固情况，以防吸入空气。

3）检查换向阀手柄在各个位置的定位及移动情况，确保定位、回位机构工作可靠，操作灵活。

4）检查油箱有无污物杂质，必要时进行彻底清洗。注意确保液压油在规定油面高度。

5）检查液压泵和液压马达在运行时有无妨碍。

2. 空负荷试车

空负荷试车的目的是全面检查液压系统及各液压元件工作在空载情况下是否正常可靠，执行机构运动是否符合要求。

1）开始试车时，将发动机转速控制在额定转速的50%左右，使液压泵处在卸荷状态下（换向阀手柄处于中位），运转检查液压泵是否工作正常，有无异常噪声；观察油箱中油液循环，是否有空气吸入系统；观察液压泵温升情况。经过一段时间（约15~20min）后，使发动机在最大转速下运转，继续对液压泵的工作状况进行检查，确定一切正常后再继续下一步检查。

2）操纵换向阀使液压缸往复运动数次，使液压马达在某一转速下运转，排除液压系统中的空气。观察运转情况，检查各元件、管道及接头处有无漏油现象。

3）检查换向阀在各种位置时动作是否可靠。

4）液压系统连续空负荷运转一定时间（约30min）后检查油液温升。温升不得超过规定值（一般为35~60℃）。在空负荷试车排除一切故障后再进行负荷试车。

3. 负荷试车

负荷试车的目的是检查液压系统能否实现预定的工作要求，检查工作部件运动和换向的平稳性，不应有振动、爬行和冲击现象。

负荷试车开始应在较轻的负荷下进行，然后再以满负荷运行。

运转过程中还要检查有无外泄漏现象、有无异常噪声和连续工作后油液温升情况。在试车运转中排除一切故障，确定一切工作正常后，再将油箱中的全部油液放出，清洁油箱，灌入规定的液压油即可投入生产使用。

（二）液压系统的正确使用

1）按设计规定和工作要求，合理使用工作压力及工作流量。

2）按使用说明书的要求选用液压油和液力传动油，并合理使用液压油和液力传动油（按本章第五节内容中的要求执行）。使用中定期取样化验。工程机械液压油工作油温不得超过60℃，一般控制在50℃左右。

3）正确执行操作规程。要正确执行工程机械的操作规程，防止粗暴操作和随意操作。例如，挖掘机拖拉着插入地面的铲斗行车，利用机体下落的重力进行挖掘，一边回转一边用铲斗侧挖或冲撞作业等，都属于应禁止的不合理操作。

4）液压系统低温起动时注意预热。低温时，开始工作前应预热，使油温逐渐升高后再开始工作。预热时不得用明火直接加热液压系统，否则会损坏密封件。

5）电磁阀在使用时应保证电压稳定，波动值不得超过额定电压的 5%~15%；注意定期检查润滑管路及其元件，检查润滑液是否充足；检查蓄能器充气、油气混合情况；经常注意紧固管接头、法兰盘、密封件、高压软管要定期检查及更换；主要液压元件要进行定期性能测定及维修、更换。

6）液压系统某部位发生故障时要及时停机处理。

（三）液压系统的维护与保养

液压设备与其他机械设备一样需要维护，使其精度与性能保持最佳状态，充分发挥设备的功能。维护与保养应按使用说明书、操作规程或特定的要求进行，并对液压系统建立技术状况检查制度。对液压系统的检查维护可分为日常检查维护、定期检查维护和综合检查修理三个阶段进行。

1. 日常检查维护

日常维护是减少液压系统故障的最主要环节，正常工作时每天均应检查。检查的主要内容有：各连接处有无漏油现象，油箱油量是否充足，管道有否变形或损伤，紧固件和管接头有无松脱，油温是否合适，液压泵、液压马达的温度是否正常及有无不正常噪声，过滤器有无堵塞，系统中空气是否排尽等。

日常检查还应包括对液压泵起动前后、运转停止工作时的情况进行检查，具体如下：

1）泵起动前检查油量与油温，在卸荷状态下起动，一般最好在 0℃ 以上起动，气温低于 0℃ 时必须按照要求小心起动，必要时加温起动。当温度低于 10℃ 时应在无负荷下运转 20min 以上。检查压力表是否正常。

2）用间歇法或点动法逐渐起动液压泵，使油温逐渐上升。在液压泵运转灵活后再进入正常运转。在起动过程中如果发现泵无输出，应立即停止运转并检查原因。起动后噪声过大则要查明原因，排除后方可进行正常工作。

3）液压泵工作在稳定工况下应随时注意油量、油温、压力及噪声，注意查看液压缸、液压马达、换向阀与溢流阀的工作情况，注意整个系统有无泄漏和松动。

2. 定期检查维护

为了保证液压系统正常工作，提高寿命与可靠性，必须进行定期检查维护，以便早日发现潜在的故障，及时排除或修复。

定期检查维护的内容主要有：测试泵的压力和流量；检查液压油污染情况，清洗或更换过滤器；检查油箱内脏污情况、定期清洗；测试液压缸的沉降量和工作速度；检查活塞杆有无损伤；检查多路阀的操作性能；检查液压马达的转矩大小；检查管道、胶管有无损伤及各部位紧固螺母的松紧情况，定期紧固；检查密封件老化、磨损情况（密封件的使用寿命一般为一年半左右）。

定期检查维护时应注意不要盲目拆卸各类元件，不能任意解体，不能把不同牌号的液压油混合使用，更换管类辅件必须在油压消失后进行。

液压工程机械重点检修项目及周期见表 7-4。

液压工程机械在日常和定期维护过程中特别要注意以下要求：

1）熟悉液压设备、系统工作原理与主要液压元件的作用。

2）重点对液压系统的工作压力、流量和温度进行观察。
3）开动液压设备前注意油箱的油位是否符合要求，电磁阀是否处于原始状态。
4）在冬季，开机工作前，要使液压泵空运转一会，使油箱内油液温度达到要求。
5）保持设备清洁，防止灰尘、金属磨粒和棉纱等杂质进入油箱。
6）保证定期检查维护内容的进行，将故障排除在萌芽状态。

表 7-4 工程机械液压系统维护检修周期表

检修重点项目	周期	检修方法与内容
液压泵的声音异常	1 天	听检。检查油中空气、滤网堵塞、异常磨损情况等
液压泵的吸入真空度	3 个月	在靠近吸油口处安装真空计，检查滤网堵塞情况
泵壳温度	3 个月	手感。检查内部机件有无异常磨损，轴承是否烧坏
液压泵的输出压力	3 个月	压力表检查。液压泵异常磨损
联轴器声音异常	1 个月	听检。检查异常磨损和同心度
清除过滤网上的附着物	3 个月	用溶剂冲洗或从内测吹风清除
液压马达的声音异常	3 个月	听检。检查异常磨损
各个压力表的指示情况	6 个月	检查并校正压力表异常摆动、零件异常磨损情况
液压执行元件的运行速度	6 个月	检查工作部件动作是否正常及磨损引起的泄漏程度
轴承温度	6 个月	轴承异常磨损
蓄能器的封入压力	3 个月	压力不足时用肥皂水检查有无泄漏
压力表、温度计和计时器的校正	1 年	与标准仪表作比较校正
胶管类检查	6 个月	观察胶管的破损情况
各元件、管道及密封件	3 个月	检查各密封处的密封情况
液压泵的油封、液压缸活塞杆的密封漏油情况	6 个月	检查各密封处的密封情况
各元件安装螺栓和管道支承松动情况	6 个月	听检与视察各元件、管件支撑连接处的松动情况
全部液压设备	1 年	各元件的拆卸、清洗、维修，管道、油箱冲洗
工作油液的性能和污染状况	3 个月	检查。如不合标准应予以更换
油温	1 天	超出规定时应及时查明原因进行修理
油箱内液面位置	1 个月	低于标记时应加油，并查明漏油情况
测定电源电压	3 个月	电压有异常变动会烧坏电气元件，导致绝缘不良
测定电气系统的绝缘阻抗	1 年	检查是否低于额定值。对电动机、电磁阀、压力继电器等逐项检查
泄漏	1 天	观察与手摸各密封部位有无渗漏现象

3. 综合检查修理

综合检查修理如同整机的全面检修（大修），内容比较全面。部件、零件、管件及其他辅助装置等都要一一拆卸分解检查，分别鉴定各元件的磨损情况、精度及性能，重新估算寿命。根据检查鉴定进行必要的修理和更换。

第八节 典型工程机械及液压系统的维护与保养

一、装载机液压系统的维护与保养

(一) 液压油供给

(1) 油量的检查 检查工作油箱油位计，油面需要保持在油位计中间刻度以上，不足时予以补给。注意，检查油位时铲斗要保持水平状态放置在地面，发动机要在停止状态。

(2) 更换新油 系统的液压油必须是按说明书规定的高质量、清洁的液压油。装载机使用 2000h 后工作油必须更换，如果工作环境恶劣，则应缩短换油间隔时间。更换油液时按下列方式进行：

1) 操作铲斗上转和提升动臂到最高位置，关闭发动机，然后利用自重下转铲斗和下降动臂，使液压缸彻底排油。

2) 应在油温未降低前放出废油，以把灰尘、沉淀物一起放出。

3) 打开油箱底部螺塞，拆卸动臂、转斗液压缸底部的软管以排除污油，并用柴油（煤油）清洗油箱、过滤器、加油口及各吸回油口过滤器。损坏的过滤器必须更换。

4) 从注油口加入新油至油位计规定位置。不允许拿掉油口过滤器直接往油箱内注油。

5) 加入新油后使发动机低速运转，且操纵各工作装置动作几次，以排除系统中的空气。这时，油面会稍微降低一些，再测几次油位，必要时予以补给。

(二) 液压系统检修

1) 检修液压系统之前要安全锁定液压缸和其他液压装置，冷却液压油，释放液压系统的所有系统压力。

2) 不要弯曲或锤击高压管路，不要将非正常弯曲的或损坏了的硬管或软管装在机器上。

3) 及时修理或更换任何松动或损坏了的燃油和润滑油路、液压系统的硬管和软管。泄漏可能造成火灾。

4) 仔细检查管路并按规定力矩拧紧所有接头。不要用裸手来检查泄漏，要使用板或板纸来检查泄漏。因为即使是针孔大小的压力液体泄漏也可能穿透肌肉，造成人员伤亡。如果漏液射在皮肤上，在几个小时内应由熟悉这种损伤的外科医生来处置。如果发现下列所述问题，软管或接头应予以更换。

① 接头损坏或泄漏。
② 软管外层磨损或割裂及加强钢丝裸露。
③ 软管局部隆起。
④ 软管有明显的扭转或压扁。
⑤ 软管加强层钢丝嵌入外层。
⑥ 端接头错位。

5) 保证所有管夹、护板和防热盖安装正确，以免振动或与其他零件摩擦产生过热。

6) 更换液压系统用油及过滤器等元件时，应选用合适的容器盛放液体，废液处理应符合当地的环境保护法规。

(三) 液压系统的维护与保养

1) 应定期把油箱中积存的水和杂质从油箱底部放油塞排除。
2) 应保证液压油箱中工作油充足、油液清洁,并按规定定期更换液压油。
3) 对液压系统中的各管接头处应经常检查,保证系统的密闭性,防止气穴现象的发生。
4) 非专业维修人员禁止对液压系统的安全阀、调压阀等进行调整,以免对液压系统造成不良影响。
5) 更换液压元件前应释放液压系统的所有系统压力。
6) 液压元件拆装时必须保证作业场所清洁,以防灰尘、污垢及杂物落入。重新装配液压元件时,对于原有的密封圈必须进行检查,对于有变形、老化、划伤等会影响密封性能的,应更换新的。拆装液压元件时不得敲打撞击,以免损坏零件。

(四) 液压油

在装载机液压系统中,常使用的石油型工作介质有普通液压油(L-HL)、抗磨液压油(L-HM)和低温液压油(L-HV)等。对液压油的要求及选择见本章第五节内容,在此不再赘述。

二、LTU4 型沥青摊铺机的液压系统技术维护

(一) 维护须知

系统采用 YC-N46 液压油,大油箱容量约为 100L,小油箱容量约为 10L。采用的过滤器为一个磁性过滤器、一个网式过滤器和两个纸芯过滤器($p = 1.6$MPa,$q = 63$L/min,过滤精度为 $10\mu m$)。

检查液压油位和更换过滤器时应在液压油冷却后进行,以免热油溢出。

(二) 维护规程 (见表 7-5)

表 7-5 维护规程

作业项目	要求及说明
1. 例行维护(每班进行)	
1) 检查液压泵出口四个压力表的读数	正常工作时,压力表读数应小于 10MPa
2) 检查大、小油箱的油量	缺油时及时补充
3) 检查接头是否有漏油现象	无渗漏
4) 检查胶管是否有破损现象	无破损
2. 一级维护(每 200 工时)	
1) 检查大、小油箱液面高度	在规定范围内
2) 清洗网式过滤器、磁性过滤器、更换纸芯过滤器滤芯	注意保证油液的清洁
3. 二级维护(每 600 工时)	
清洗液压油冷却器外部污垢,检查有无泄漏	清洁,消除泄漏
4. 三级维护(每 1800 工时)	
1) 去除胶管外部的油污和沥青粘结物	用柴油清洗,损坏的更换
2) 清洗全部油管接头	去除油污

(续)

作业项目	要求及说明
4. 三级维护（每1800工时）	
3）换油	
4）清洗全部操作阀、溢流阀和单向阀的外部表面	用柴油清洗
5）清洗全部液压泵、液压马达的外部表面	去除油污
6）检查全部管接头处是否有渗漏	无泄漏
7）检查工作液压缸有无泄漏	必要时更换密封件
8）检查系统调定压力	四个溢流阀安全溢流时均应指示10MPa
5. 大修技术要求	
1）清洗软管和硬管，损坏者更换	
2）清洗全部操作阀、溢流阀和单向阀	
3）清洗冷却器及全部油管接头	
4）清洗过滤器，更换过滤器滤芯	
5）检查全部液压泵和液压马达，轻微损坏者修理，严重者更换	
6）检查全部操作阀、溢流阀和单向阀，并进行复位安装和调试，对损坏者进行修复或更换	
7）更换全部液压油，总容量为110L	
8）检查全部液压泵、液压马达和液压缸，应无泄漏现象	
9）系统压力均调整为10MPa	

三、压路机的维护与保养

为保证压路机经常处于优良的技术性能状态，应充分重视技术维护规范。压路机技术维护一般分为日常技术维护、周期性技术维护及长期停放技术维护。

（一）日常技术维护

1）清洁压路机，清除压路机表面堆积的泥块和粘砂；清除发动机、液压元件和各部件表面上的尘土、油垢。注意切莫让污物进入各加油口和空气过滤器内。

2）检查压路机各零部件的连接和紧固情况，特别是减振块是否在正常压缩状态下工作，轴承座与振动轮的联接螺栓、驱动轮的轮辋联接螺栓是否松动或断裂，对松动和断裂者予以紧固或更换。

3）检查和排除压路机各部位的渗、漏油现象。

4）检查发动机的机油、燃油及液压油油量，并按规定加入新油至油标指示刻度。

5）检查振动轮内的冷却润滑油是否处于正常油位。方法如下：转动振动轮，使一个油口处于轮轴正上方（可向另一个油口方向稍偏），拧开另一个油口上的螺塞，此时若有油溢出则为正常。否则，应从正上方的油口加注新的冷却润滑油至有油溢出为止。油料和辅助用料见表7-6。

（二）周期性技术维护

1. 发动机50h磨合后的技术维护

在投入使用之前，压路机应进行50h以磨合柴油机为目的的试运行，否则不得投入正式使用。50h的磨合运行按发动机使用说明书有关规定进行。

表 7-6 油料和辅助用料一览表

用料名称	牌号及标准	所用部位	用量	季节或环境温度
轻柴油	-10#或00#	发动机燃油箱	340L	冬季用-10#
机油	20#（30#）机油	发动机曲轴箱	适量	冬季用20# 夏季用30#
工业润滑油	20#（30#）齿轮油	后桥曲轴箱	适量	冬季用20# 夏季用30#
	Mobil-629	振动轮	22L	全年
润滑脂	锂基润滑脂	振动轮十字轴承	按需	全年
	钙基润滑脂	各操纵装置测距油嘴	按需	全年
液压油	美孚68#抗磨油	液压油箱	150L	全年
不冻水		发动机冷却水	4瓶（有暖气装置时另加1瓶）	全年

50h 的磨合试运行结束后，须按以下内容进行技术维护。

1）更换柴油机机油。热车时放出旧机油，然后注入新机油，经短期运行后检查机油油位是否在规定高度。

2）更换机油过滤器。

3）更换柴油过滤器。

4）检查液压油油位，加液压油至规定量。

5）检查减振块是否有裂纹，如裂纹长度大于10mm则必须更换。

6）振动轮、后桥及液压系统是否有渗漏现象，有则必须排除。

7）柴油机每工作50h，必须清理空气过滤器。

2. 压路机工作100h的技术维护

1）进行日常技术维护的全部项目。

2）按发动机使用说明书中100h技术维护项目进行柴油机的维护。

3）向振动轮十字轴承加注锂基润滑脂。

3. 压路机工作200h技术维护

1）重复100h技术维护全部项目。

2）按发动机使用说明书中200h技术维护项目进行柴油机的维护。

3）检查压路机振动频率，必要时进行调整。

4）检查后桥各部件油位和油液污染情况，必要时进行加油或换油。

4. 压路机工作600h技术维护

1）重复200h技术维护全部项目。

2）按发动机使用说明书中200h技术维护项目进行柴油机的维护。

3）检查减振块的弹性，对变形大、已破裂或缺损的予以更换。

4）检查后桥、车架和振动轮等重要部件的焊接处有无裂纹，传动件有无变形。如有则予以更换。

5）检查后桥和振动轮的轴承径向间隙，必要时予以调整。

6）检查轮辋和轮毂的连接情况，若损坏则必须立即更换。

7）检查电动开关、操纵监视装置的电气线路是否正常，如有损坏应立即修复。

8）检查振动液压马达与偏心轴之间的弹性联轴垫的完好情况，若损坏则更换。

5. 压路机工作 1200h 技术维护

1）重复 600h 技术维护全部项目。

2）按发动机使用说明书中 1200h 技术维护项目进行柴油机的维护。

3）更换液压油和液压油冷却器。

4）给振动轮中十字轴轴承及转向液压缸关节轴承加注润滑油。

5）除了以上介绍的周期性技术维护外，压路机在每年的冬季须进行大维护——对压路机进行一次全面的检查维修，并更换振动轮内的润滑油。

6. 振动轮等冷却润滑油的更换

将压路机停在水平地面上，使振动轮的两个油口之一位于轮轴的正下方，拧开旋塞放尽旧油，然后将压路机少许移动，使振动轮的两个油口之一位于轮轴的正上方，拧开旋塞，从处于正上方的油口注入规定标号的润滑油，直至另一个油口溢出润滑油为止，最后将油口旋塞擦净并重新装上、拧紧，换油完毕。

当后桥主减速器、轮边减速器、附加减速器中润滑油使用已达到 1000~1200h 后，也应在大维修中予以更换。

（三）长期停放技术维护

如果压路机停放 3 个月不使用，应按下列要求维护：

1）按发动机使用说明书的要求做长期停放的技术维护，做缓蚀处理。

2）将压路机内外表面清洗干净，有条件时停在库房内，露天停放在通风处，用帆布盖好。

3）平行垫起前车架，调整垫块厚度，直至减振块完全不产生剪切与拉伸变形为止。

4）用中央铰接架固定装置将前、后车架固定在一起。

5）对压路机各润滑点加注新油或润滑脂。

参 考 文 献

[1] 张奕. 工程机械液压系统分析及故障诊断［M］. 北京：人民交通出版社，2008.
[2] 张凤山，静永巨. 工程机械液压、液力系统故障诊断与维修［M］. 北京：化学工业出版社，2009.
[3] 颜荣庆，李自光，贺尚红. 现代工程机械液压与液力系统——基本原理 故障分析与排除［M］. 北京：人民交通出版社，2001.
[4] 湛从昌，傅连东，陈新元. 液压可靠性与故障诊断［M］. 2版. 北京：冶金工业出版社，2009.
[5] 黄志坚. 液压设备及故障图解分析［M］. 北京：机械工业出版社，2010.
[6] 张青，宋世军，张瑞军. 工程机械概论［M］. 北京：化学工业出版社，2009.
[7] 唐银启. 工程机械液压与液力技术［M］. 北京：人民交通出版社，2003.
[8] 张宏. 现代施工机械［M］. 北京：机械工业出版社，2008.
[9] 张应龙. 液压识图［M］. 北京：化学工业出版社，2007.
[10] 刘延俊. 液压回路与系统［M］. 北京：化学工业出版社，2009.